Hofmann / Spindler

Verfahren in der Beschichtungs- und Oberflächentechnik

Hansgeorg Hofmann

Jürgen Spindler

Verfahren in der Beschichtungs- und Oberflächentechnik

4., aktualisierte Auflage

HANSER

Autoren:
Prof. (em.) Dr. rer. nat. Hansgeorg Hofmann
Hochschule Mittweida, Fakultät Ingenieurwissenschaften
Email: hofmann1@htwm.de
www.hs-mittweida.de/bandotec

Prof. (em.) Dr.-Ing. habil. Jürgen Spindler
Hochschule Mittweida, Fakultät Ingenieurwissenschaften
Email: spindler@htwm.de

Bibliografische Information der Deutschen Nationalbibliothek:
Die Deutsche Nationalbibliothek verzeichnet diese Publikation in der Deutschen Nationalbibliografie; detaillierte bibliografische Daten sind im Internet über
http://dnb.d-nb.de abrufbar.

Internet: www.hanser-fachbuch.de

Lektorat: Dipl.-Ing. Natalia Silakova-Herzberg
Herstellung: Anne Kurth
Titelmotiv: © shutterstock.com/Bogdan Vija
Covergestaltung: Max Kostopoulos
Coverkonzept: Marc Müller-Bremer, www.rebranding.de, München
Satz: Kösel Media GmbH, Krugzell
Druck und Bindung: Friedrich Pustet GmbH & Co. KG, Regensburg
Printed in Germany

Print-ISBN 978-3-446-46455-1
E-Book-ISBN 978-3-446-46498-8

Vorwort

Eine wesentliche Voraussetzung dafür, ein Lehrbuch zu einem derart umfangreichen Gebiet, das Kenntnisse der Physik, Chemie und Werkstofftechnik vereinigt, vorzulegen, ist die langjährige Erfahrung in der Ausbildung von Studenten auf den Gebieten der Oberflächen- und Werkstofftechnik.

Die praktischen Zielstellungen der Oberflächentechnik sind äußerst vielfältig – angefangen vom Korrosionsschutz über die Erhöhung der Verschleißfestigkeit einer Oberfläche. Unter dem Begriff Oberflächentechnik verstehen die Autoren aber nicht nur auftragende Techniken wie Schichtabscheidung, sondern darüber hinaus abtragende und umwandelnde Verfahren. Will man ihre Vielfalt nicht nur aneinanderreihend beschreiben, sondern ihre technologischen Gemeinsamkeiten und Unterschiede sowie die Ursachen der Schichteigenschaften verstehen, muss man auf den Kenntnissen zum spezifischen physikalischen und chemischen Verhalten der verschiedenen Substratoberflächen aufbauen und darauf zurückgreifen können. Die Autoren betrachten deshalb die Charakterisierung der Oberflächen einzelner Werkstoffgruppen als Ausgangspunkt für das Verständnis der behandelten Kapitel, wie

Aufbau und Eigenschaften oberflächennaher Werkstoffbereiche, Vor-, Zwischen- und Nachbehandlung, Schichtabscheidung, Verfahren zur Herstellung von Konversionsschichten, strukturierte Oberflächen, Prüfmethoden für Schichten und Oberflächen und Aspekte des Umweltschutzes und der Arbeitssicherheit.

Es ist nicht ausreichend, unter dem Begriff der Oberflächentechnik lediglich Vorbehandlung, Beschichten und Schichtumwandlung zu verstehen. Erst durch die Einbeziehung der Strukturierungsverfahren wird der heute erreichte Stand der Oberflächentechnik erfassbar. Die Autoren sehen in der Aufnahme eines solchen Kapitels einen bedeutenden Faktor zur Vermittlung eines Gesamtüberblicks der Oberflächentechnik. Ebenso trifft das auf die Kapitel der Prüfung von Schichteigenschaften und des Umweltschutzes und der Arbeitssicherheit zu.

Das Buch verfolgt keinesfalls das Ziel, die zu den genannten Verfahren eingesetzten Anlagen, Prozessplanung, Geräte usw. detailliert zu beschreiben. Technologische Angaben werden nur in dem für das Verfahrensverständnis notwendigen Umfang gebracht. Umso größeren Wert haben die Autoren auf die bildhafte Veranschaulichung der Veränderung von Werkstückoberflächen gelegt.

Die Abbildungen im Lehrbuch und auch die Visualisierung durch die Bildfolgen sowie zusätzliche Übungsaufgaben als Multiple-Choice-Tests mit Lösungen auf *www.hs-mittweida.de/bandotec* sollen unser Grundanliegen *Darstellung des Zusammenhangs zwischen grundsätzlichen chemischen und physikalischen Stoffeigenschaften und den erzielbaren Änderungen von Oberflächeneigenschaften* unterstützen.

Es ist unser Ziel, nicht sämtliche Verfahren zur Beschichtung in der Oberflächentechnik hinsichtlich aller Aspekte der Verfahrensdurchführung und der erzielbaren Resultate umfassend in diesem Buch abzuhandeln. Gerade deshalb halten wir unser Buch für die Ausbildung in den Studiengängen Elektrochemie, der Physikalischen Chemie, der Werkstoffwissenschaft, Kunststofftechnik, Schweißtechnik, Leiterplattentechnik u. a. m. für besonders geeignet.

Ein Vorwort ist auch geeignet, all denen herzlich zu danken, die in den zahlreich dem Verlag zugesandten Rezensionen ihre Meinungen, Kritiken und Anregungen mitgeteilt haben. Sehr viele Einschätzungen heben die gute Eignung des Buches als begleitende Literatur für das Studium der Beschichtungs- und Oberflächentechnik bei der Ausbildung von Ingenieuren hervor. Auch die in Vorbereitung der vierten Auflage erhaltenen Hinweise fanden Berücksichtigung. Uns ist aber auch bestätigt worden, dass das Anliegen dieses Buches eben nicht darin bestehen kann, ein Grundlagenlehrbuch vorzulegen, dafür gibt es genügend Spezialliteratur.

Um die Aneignung des Stoffes zur erleichtern, sind am Ende eines jeden Kapitels Schwerpunkte und Literaturangaben zusammengefasst. In der hier vorliegenden Auflage haben die Autoren die Verfahren, insbesondere das Kapitel „Strukturierte Oberflächen“, notwendig durch die in den letzten Jahren erfolgten rasanten Neuentwicklungen, aktualisiert und durch neue bildliche Darstellungen ergänzt.

Es ist uns nach wie vor ein Anliegen, Herrn Andreas Eysert für die metallografischen Aufnahmen und Herrn Enrico Gehrke für die REM-Bilder zu danken.

Die Autoren bedanken sich auch beim Hanser Verlag, namentlich Natalia Silakova-Herzberg und Christina Kubiak und ihren Mitarbeiterinnen und Mitarbeitern für die gute Zusammenarbeit.

Mittweida, im Frühjahr 2020

Hansgeorg Hofmann
Jürgen Spindler

Inhaltsverzeichnis

1 Einführung

Jeder Gegenstand steht über seine Oberfläche in Wechselwirkung mit der Umgebung. Vordergründig betrachten wir dabei die Oberfläche von Werkstücken. Sie kann sowohl organischer als auch anorganischer Natur sein. Hauptsächlich handelt es sich um Metall, Kunststoff, Keramik oder Glas. Als Konsequenz daraus folgt:

Eine Oberfläche befindet sich immer in Wechselwirkung mit der Umgebung, verbunden mit einer Veränderung ihrer Eigenschaften. Durch eine gezielte Oberflächenveränderung lässt sich ein neues Oberflächenverhalten schaffen.

Oberflächentechnik beinhaltet sowohl den Schichtauftrag auf eine geeignete Substratoberfläche als auch die gezielte Veränderung der vorhandenen Oberfläche.

Durch sie wird die Werkstückoberfläche so modifiziert, dass sich insbesondere definierte mechanische, optische, elektrische und chemische Eigenschaften ergeben, die das Grundmaterial ohne diese Behandlung nicht aufweisen würde.

Bei der Einteilung der Fertigungsverfahren nach DIN 8580:2003-09 sind Urformen (1), Umformen (2), Trennen (3), Fügen (4), Beschichten (5) und Stoffeigenschaftändern (6) Hauptgruppen. Von den 6 Hauptgruppen berühren unser Anliegen im Wesentlichen die Hauptgruppen 3, 5 und 6, den Schwerpunkt aber bildet die Hauptgruppe 5 „Beschichten".

Reinigen, Entfetten, Beizen und Ätzen sind eingeordnet in die Hautgruppe 3 „Trennen" und muss damit in einem Lehrbuch der Oberflächentechnik Berücksichtigung finden. Ausgangspunkt für die garantierbare Qualität einer durch ein Verfahren der Oberflächentechnik erreichten Erzeugnisoberfläche ist die Schaffung eines definierten Oberflächenzustandes.

Stoffeigenschaftändern bedeutet in der Oberflächenrandzone durch Umlagern, Aussondern oder Einbringen von Stoffteilchen Stoffeigenschaften verändern. Beim Stoffeigenschaftändern wird das Substrat in der Hauptsache durch mechanische und thermische Einwirkung in seiner Struktur bzw. dem Gefüge verändert, durch thermo-chemische Einwirkung bzw. durch Materialaufnahme von außen (Diffusion) in der Zusammensetzung. Die Hauptgruppe 6 bleibt Lehrbüchern zur Eigenschaftsänderung metallischer Werkstoffe vorbehalten.

Die Hauptgruppe 5 „Beschichten" beinhaltet das Merkmal den „Zusammenhalt (zwischen Substrat und Schicht) vermehren". Bei der Beschichtung wird das Material, das die gewünschten Eigenschaften aufweist, zusätzlich als Schicht auf den Grundkörper aufgebracht. Es entstehen Verbunde, wobei das Volumen des Werkstückes den Festigkeits- und Zähigkeitsanforderungen (mechanisches Verhalten) genügt, während die aufgebrachten Schichten darüber hinausgehende spezifische Anforderungen erfüllen müssen, wie Korrosions- und Verschleißverhalten, elektrische Leitfähigkeit, Reflexionsvermögen und dekorative Wirkung. Eine ausreichende Haftung der Schicht auf dem Grundkörper ist deshalb die Voraussetzung für die Funktion dieser Verbunde, auch beim Auftreten mechanischer Spannungen, z.B. hervorgerufen durch unterschiedliche thermische Ausdehnung.

Verfahren zur Herstellung funktioneller und dekorativer Oberflächen sind Schlüsseltechnologien im modernen Maschinen- und Anlagenbau, im Fahrzeugbau, der Medizintechnik, der Raumfahrt sowie in der Elektrotechnik/Elektronik. Sie finden ihren Einsatz aber traditionell auch in der Schmuck- und Bekleidungsbranche sowie bei der Herstellung von Möbeln, Gebrauchsgegenständen und Verpackungsmaterialien. Durch Veredeln der Oberfläche werden viele Produkte erst einsetzbar oder konkurrenzfähig. Die Attraktivitätserhöhung eines Erzeugnisses und das damit verbundene wirtschaftliche Ergebnis übersteigen die durch die Oberflächentechnik verursachten Aufwendungen – Oberflächentechnik ist in jedem Falle ein Gewinn. Man kann diese Aussage durch das folgende Beispiel verdeutlichen:

Um einem Kontakt die Gebrauchswerteigenschaften von Gold zu verleihen, muss er nicht aus massivem Gold bestehen, es genügt eine Vergoldung in geringer Schichtdicke.

Für das Beschichten von Oberflächen kann man verschiedene Ordnungsprinzipien wählen. Nach DIN EN 8580 sind die Verfahren nach den physikalisch-chemischen Vorgängen im schichtbildenden Werkstoff beim Beschichten gegliedert in Gruppen:

Gruppencharakteristik	Verfahrensbeispiele (Untergruppe)
5.1 flüssiger, 5.2 plastischer oder 5.3 breiiger Zustand	Tauchen, Spritzen, Streichen, Drucken
5.4 körniger, pulvriger Zustand	Wirbelsintern, Pulverspritzen, thermisches Spritzen
5.6 Schweißen, 5.7 Löten	Auftragschweißen, Auftraglöten
5.8 gas- oder dampfförmiger Zustand	PVD (Vakuumbedampfen und -bestäuben), CVD
5.9 ionisierter Zustand	Galvanisieren, außenstromlose Verfahren, Eloxieren, KTL

Die Gruppe 5.5 entfällt in der Norm, da Beschichten aus dem spanförmigen Zustand nicht vorkommt.

Um Schichtbildung und damit verbundene Schichteigenschaften verstehen zu können, muss man den Werkstoff, aus dem die Schicht besteht, charakterisieren. Gleiche Bedeutung besitzt der Substratwerkstoff, weil aus der Art der Bindungen und der Anordnung der Bausteine in oberflächennahen Bereichen das typische Verhalten von Oberflächen resultiert und sich damit der Schichtbildungsmechanismus ergibt. Für die metallischen, nichtmetallisch organischen und nichtmetallisch anorganischen Schichten sind deshalb die Wechselwirkungen zwischen Schicht und Substratoberfläche herauszuarbeiten.

Zur Herstellung funktioneller Schichten kommen chemische und physikalische Abscheidungsverfahren zur Anwendung, ebenso wie Verfahren und Methoden zur Oberflächenumwandlung mit folgenden Zielen:

- Korrosionsschutz,

- Verschleißverhalten,
- Leitfähigkeitsverhalten, elektrisch und thermisch,
- optisches Verhalten,
- Dekoration und Ästhetik,
- Benetzbarkeit,
- biochemische Aktivität,
- spezielle Topografie.

Zunehmend gewinnen Bestrebungen an Bedeutung, die eine Senkung des Energieaufwandes, des Materialeinsatzes und der Personalkosten bewirken. Die Beachtung aller drei Komponenten bei der Verfahrensauswahl bewirkt einen systemischen Ansatz. Das führt u. a. dazu, die teilweise umweltbelastenden sowie material- und energieintensiven Technologien durch neue Verfahren zu ersetzen bzw. etablierte den genannten Forderungen entsprechend anzupassen.

Bei Abscheidungsverfahren mit wässrigen Elektrolyten steht die Verminderung der Spülwassermenge im Vordergrund; neue Elektrolytrezepturen führen zu niedrigeren Arbeitstemperaturen. Die Absenkung der Arbeitstemperaturen in thermischen Verfahrensschritten, wie z. B. Einbrennen, ist eine weitere Möglichkeit zur Energieeinsparung. In der Beschichtungs- und Oberflächentechnik kommen in unterschiedlichem Umfang umwelt- und gesundheitsschädigende Stoffe zum Einsatz. Es gilt, diese zu minimieren bzw. sie völlig zu vermeiden.

Die Wettbewerbsfähigkeit angewendeter Verfahren hängt mit ab von den Möglichkeiten Prozessabfälle, Spülwässer und Inhaltsstoffe aus ausgearbeiteten Elektrolyte in den Prozess zurückzuführen, Wertstoffe zurückzugewinnen sowie deren Entgiftung.

Für die Herstellung von Gerätesystemen der Informationstechnik, der Mechatronik und der Mikrosystemtechnik sind strukturierte Schichtareale notwendig. Deshalb ist es sinnvoll, Verfahren zur Strukturierung von Schichten zu behandeln. Zur Strukturierung eignen sich zwei prinzipielle Wege; gezieltes Abtragen von Material aus einer geschlossenen Schicht *(Subtraktivtechnik)* oder strukturiertes Abscheiden des Schichtwerkstoffes *(Additivtechnik)*.

Mit dem geeigneten „Werkzeug“ lässt sich das Schichtmaterial in vorherbestimmten Bereichen abtragen. Die Ausdehnung der Bereiche korrespondiert wesentlich mit dem gewählten „Werkzeug“. Durch mechanische Verfahren sind Strukturbreiten im Bereich von 50 µm realisierbar. Mittels Laserabtrag erreicht man geringere Strukturbreiten bis etwa 15 µm. Erfolgt das Abtragen durch Ätzmittel, würde der Schichtwerkstoff „flächig“ abgetragen. Eine Struktur lässt sich auf diese Weise durch Anwendung einer strukturierten Maske erzielen. Mithilfe der Fotolithografie und Elektronenstrahllithografie können derartige Masken, je nach angewandter Strahlung, bis in den Nanometerbereich strukturiert werden. Strukturen beim Auftragen des Schichtwerkstoffes lassen sich mit Maskentechnik bzw. Drucktechnik herstellen. Die laseraktivierte Schichtabscheidung stellt ein weiteres Additivverfahren dar.

Durch ständige Überwachung der Betriebsparameter im Verlaufe der Schichtherstellung wird die Reproduzierbarkeit der Schichteigenschaften gewährleistet. Dazu steht eine Vielzahl von analytischen und den Prozess steuernden Methoden und Geräten zur Verfügung. Rechnergestützt wird gleichzeitig eine hohe Anzahl von Parametern erfasst, verarbeitet und zur Prozesssteuerung verwendet. Eine Behandlung dieses Komplexes würde weit über das Anliegen dieses Buches hinausgehen.

Um die Einhaltung der vorgegebenen Schichteigenschaften (Zielgrößen) nachzuweisen und die Reproduzierbarkeit der ausgewählten Technologie überprüfen zu können, kommt den Methoden zur Charakterisierung der Schicht ebenfalls große Bedeutung zu. Sie sind deshalb unverzichtbarer Bestandteil eines Lehrbuches der Oberflächentechnik. Mit an vorderster Stelle, hinsichtlich ihrer Bedeutung für die Schichtqualität stehen Haftung, Schichtdicke und Perfektion der Schicht.

Als fachübergreifende Disziplin umfasst die Oberflächentechnik die Vorbehandlung, die Verfahren zur Schichtherstellung, die Fertigungskontrolle und die Werkstoffprüfung sowie den Umweltschutz und das Recycling.

Zusammenfassung

Aufgaben und Ziele der Beschichtungs- und Oberflächentechnik

- Oberflächentechnik beinhaltet sowohl Schichtauftrag als auch gezielte Veränderung der vorhandenen Oberfläche.
- Von sechs Hauptgruppen der Fertigungsverfahren nach DIN 8580:2003-09 tangieren die Oberflächentechnik insbesondere das Trennen, das Beschichten und das Stoffeigenschaftändern.
- Bei der Beschichtung entstehen Verbunde aus dem Werkstück (Grundkörper) und einer Schicht, wobei der Grundkörper hauptsächlich mechanische und die Beschichtungen zusätzliche Anforderungen erfüllen.
- Ein systemischer Ansatz bei der Verfahrensauswahl führt zur Substitution umweltbelastender sowie material- und energieintensiver Technologien.
- Viele Anwendungen von beschichteten Bauteilen bedingen die Erzeugung strukturierter Schichtareale.
- Zum Nachweis der Schichteigenschaften und der Reproduzierbarkeit der angewandten Technologie kommen zahlreiche Untersuchungsmethoden zum Einsatz. ■

2 Aufbau und Eigenschaften oberflächennaher Werkstoffbereiche

In vielen Lehrbüchern der Oberflächentechnik stehen die Verfahren der Schichtbildung und die Methoden zur Bestimmung von Schichteigenschaften im Vordergrund. Um aber Zusammenhänge zwischen Technologie und Eigenschaften erfassen zu können, sind genauere Kenntnisse zu den Eigenschaften der Substratwerkstoffe und ihrer oberflächennahen Bereiche erforderlich. Den gesamten Komplex Substrat – Oberfläche – Schicht soll Bild 2.1 veranschaulichen.

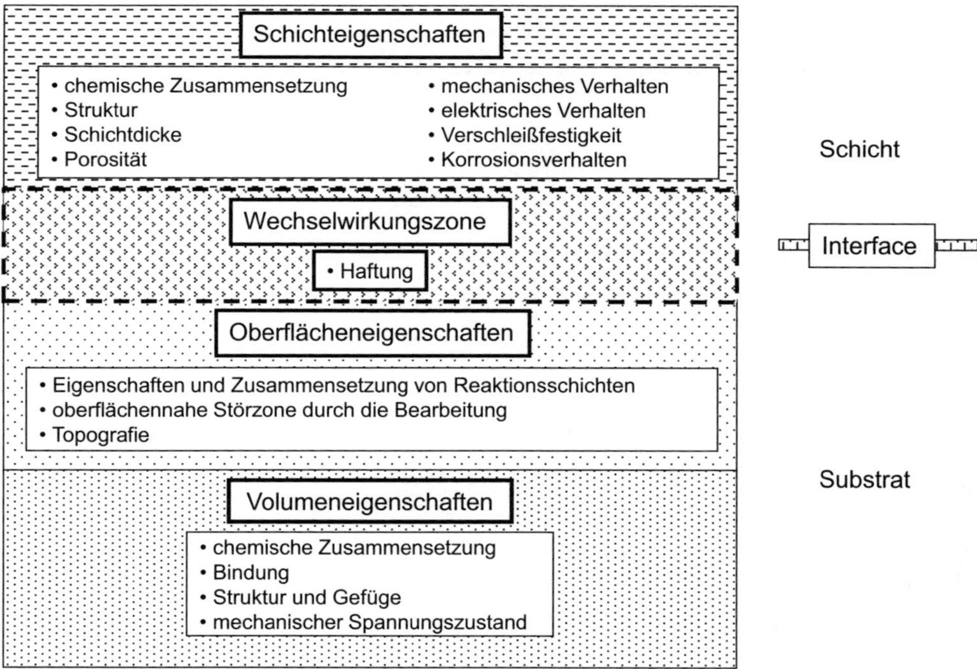

Bild 2.1: Strukturschema der äußeren Bereiche eines beschichteten Substrates

Dieses Schema umfasst die physikalischen und chemischen Verhältnisse einer Werkstückoberfläche nach erfolgter oberflächentechnischer Bearbeitung. Im Bild 2.2 ist der Zustand des Werkstückes vor der Vorbehandlung skizziert. Unter Substrat soll der Werkstoffzustand unterhalb von Fremd- und Deckschichten verstanden werden (Grundwerkstoff). Die Bereiche 1, 2 und 3 lassen sich zum Begriff **Randzone** zusammenfassen.

Als Substratwerkstoffe sollen die Werkstoffgruppen Metalle, Kunststoffe, Keramiken und Gläser näher charakterisiert werden. Ihre Eigenschaften resultieren immer aus dem Bindungszustand zwischen den elementaren Bausteinen (Atome, Ionen, Moleküle) sowie ihrer räumlichen Anordnung und Verteilung; zu beachten ist dabei, dass die unmittelbar die Oberfläche bildenden Bausteine nichtabgesättigte Bindungszustände besitzen. Als Folge davon findet zur Absättigung dieser Bindung die Wechselwirkung mit der Umgebung statt. Für die oben genannten Substratwerkstoffe erfolgt im Weiteren eine modellhafte Darstellung der Bindungsarten und resultierenden Ordnungszustände im festen Zustand.

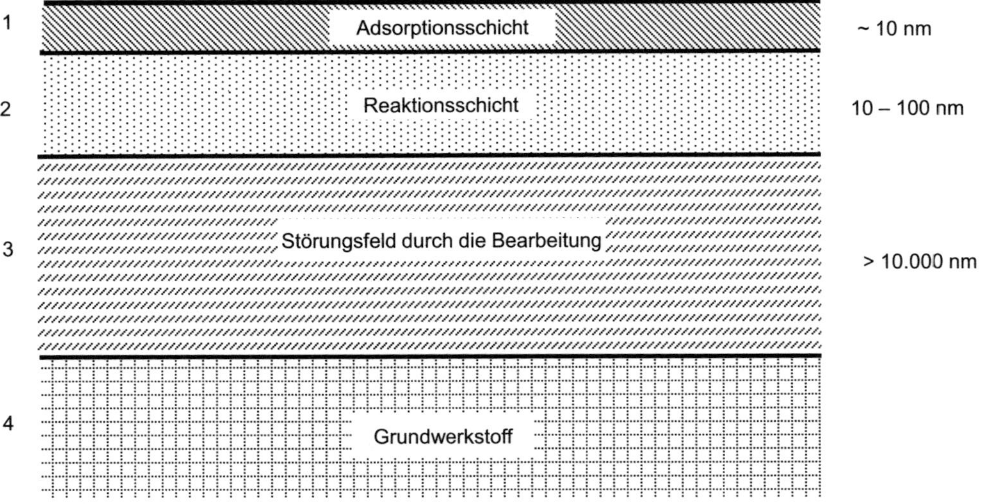

Bild 2.2: Oberflächennahe Bereiche eines Substrates
1 H_2O, organische Substanzen, O_2, N_2, CO_2 u. a.
2 Oxide, Sulfide, Carbonate u. a.
3 mechanische und thermische Bearbeitung
4 Substrat

2.1 Metallische Werkstoffe

Im Vergleich zu den Edelgasen und Nichtmetallen besitzen die Metalle eine geringere Ionisierungsenergie. Zur Ionisierung eines Metallatoms muss ein Elektron unter Energiezufuhr die Hülle verlassen.

$$\mathrm{Me} \xrightarrow{\text{Ionisierungsenergie}} \mathrm{Me}^+ + e^-$$

Diese Elektronen gehören keiner Elektronenhülle eines benachbarten Atoms mehr an und sind somit keinem speziellen Atom zuordenbar. Die Metallbindung beruht auf der elektrostatischen Wechselwirkung zwischen den Metallkationen, oft auch in diesem Zusammenhang als positive Atomrümpfe bezeichnet, und im Festkörperverband beweglichen Elektronen (Leitungselektronen). Mit einer Bindungsenergie von ca. 200 kJ · mol^{-1} zählt die Metallbindung zu den schwächeren Hauptvalenzen. In Analogie zur Gastheorie nennt man die sogenannten „frei“ beweglichen Elektronen auch Elektronengas. Die wellenmechanische Theorie der Metallbindung geht bei der Bildung des kristallinen Festkörpers von der Aufweitung diskreter Energieniveaus des Einzelatoms zu Energiebändern aus. Dabei bildet sich das sog. Leitungsband, in dem unter Aufnahme von Energie diese Leitungselektronen verschiebbar werden. Bei der Metallbindung handelt es sich um eine ungerichtete Bindung. In einem Volumenelement des metallischen Festkörpers lässt sich deshalb eine maximale Packungsdichte erreichen. Es bilden sich die bekannten Gitterstrukturen, wie kubisch flächenzentriert, kubisch raumzentriert und hexagonal. Außerdem ergibt sich hieraus die relativ leichte Austauschbarkeit der Metallkationen gegen andere mit ähnlichem Atomvolumen und gleicher Valenzelektronenzahl.

Mit diesem Modell der Metallbindung lassen sich die für die Oberflächentechnik bedeutsamen Eigenschaften der Metalle ableiten. Das Elektronengas ist hauptsächlich verantwortlich für die hervorragende Leitfähigkeit der meisten Metalle für Strom und Wärme sowie ihren metallischen Glanz. Die hohe Packungsdichte und Austauschbarkeit der Atomrümpfe im Metallgitter wird zum strukturbestimmenden Faktor und erklärt die Möglichkeit der Legierungsbildung und die Duktilität (Verformbarkeit).

Hinsichtlich ihrer Struktur sind Metalle kristalline Werkstoffe, deren Bausteine dreidimensional, sich periodisch wiederholend, in Form einer Fernordnung vorliegen. Das entspricht der Vorstellung von einem Idealgitter. Das Realgitter weicht von diesem Modell ab und besitzt Gitterfehler (Defekte), wie:

- Punktdefekte (Leerstelle, Zwischengitteratom, Fremdatom),
- Liniendefekte (Versetzungen),
- Flächendefekte (Korngrenzen, Phasengrenze u. a.) wie im Bild 2.3 (1) veranschaulicht.

Neben den Gitterfehlern in atomaren Bereichen entstehen in Metallen technischer Reinheit zusätzlich makroskopische Defekte (Volumendefekte), wie Einschlüsse, Ausscheidungen u. a. (siehe Bild 2.3 (2))

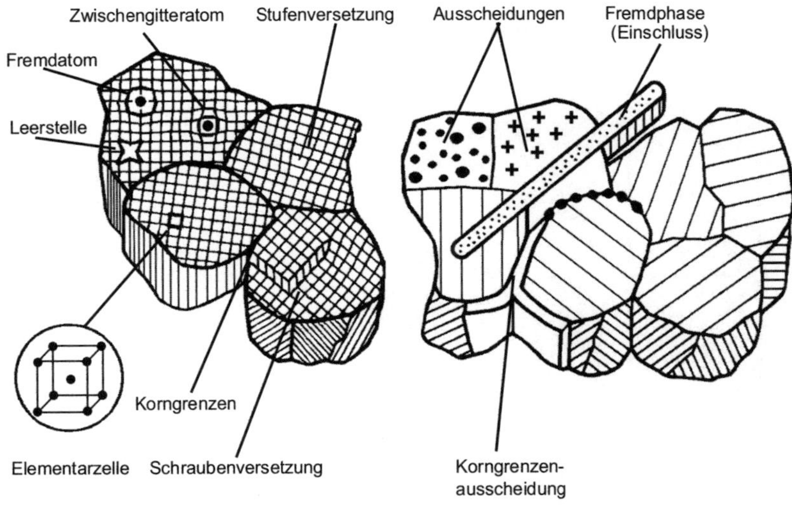

Bild 2.3: Strukturdefekte in Metallen (nach SCHREIBER)
1: Gitterfehler in einem reinen Metall
2: Gefüge in einem Metall technischer Reinheit

Jede Abweichung vom idealen Metallgitter verursacht eine Abweichung vom Gleichgewichtsabstand und führt damit zur Ausbildung eines Spannungszustandes im atomaren Bereich. Das wirkt sich insbesondere auf das mechanische Verhalten der Metalle und in bedeutendem Maße auf die elektrische Leitfähigkeit aus. Gitterfehler beeinflussen auch das Korrosionsverhalten. Die in der Praxis eingesetzten Metalle sind in den allermeisten Fällen polykristallin. Sie bilden einen Verband vieler kleiner Kristalle, die man als Kristallite oder Körner bezeichnet. Die Bildung der Kristallite beginnt an einem Keim, sodass z. B. in einer Schmelze gleichzeitig viele Kristallite wachsen. Mit Abschluss der Kristallisation stoßen also einzelne zufällig orientierte Kristallbereiche gegeneinander. Es entstehen Grenzbereiche (Korngrenze) mit vom Korninneren abweichender Anordnung. Jeder Kristallit ist in sich anisotrop, d. h. die Eigenschaften sind richtungsabhängig. Ein polykristallines Material mit einer Vielzahl unterschiedlich orientierter Kristallite verhält sich quasiisotrop. In den Korngrenzen finden wir eine Anhäufung von Gitterfehlern, wie Punkt- und Liniendefekte. Die Korngrenze, ein Gebiet mit gestörter interatomarer Ordnung, stellt einen Bereich mit erhöhtem Energieinhalt dar. Sie unterscheidet sich deshalb in den chemischen und physikalischen Eigenschaften vom Korninneren. Korngrenzen führen zur Erhöhung des elektrischen Widerstandes, zur Behinderung von Verformungsvorgängen, zu erhöhter chemischer Reaktionsfähigkeit und zur Ausbildung von Diffusionswegen.

Während die Bindungen zwischen den Atomrümpfen im Inneren des Metallgitters abgesättigt sind, trifft das für die Oberfläche und auch den oberflächennahen Bereich nicht zu. Sie verfügen nach außen hin über noch bindungsfähige Elektronenzustände (freie Oberflächenenergie) und bewirken die Ausbildung von Bindungen mit zur Verfügung stehenden Atomen, Ionen oder Molekülen an der Grenzfläche zwischen Metalloberfläche und Umgebung (siehe Bild 2.4).

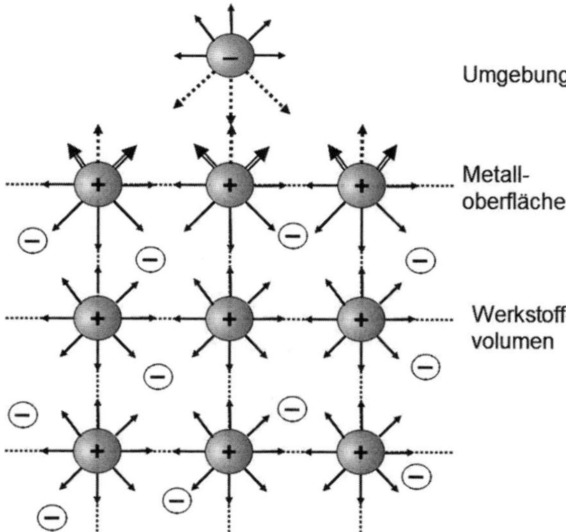

Bild 2.4: Wechselwirkung der freien Metalloberfläche mit anderen Medien

Für die Beurteilung von Bindungszuständen ergibt sich die Notwendigkeit, in Haupt- und Nebenvalenz zu differenzieren. Hauptvalenzen sind die Ionen-, Atom- und Metallbindung. Zu den Nebenvalenzen zählen schwache elektrostatische Wechselwirkungen, z. B. zwischen Dipolen und sehr schwache elektrostatische Wechselwirkungen durch London- oder Dispersionskräfte. Nebenvalente Bindungskräfte werden auch zwischenmolekulare Bindungen genannt.

Ein besonderes Merkmal der Metalloberfläche besteht in der Anwesenheit frei verschiebbarer Elektronen im Leitungsband. Nähert sich eine elektrische Ladung der Metalloberfläche auf den Abstand a, so verteilen sich die Elektronen innerhalb eines oberflächennahen Bereiches neu. Ihre ursprünglich homogene Verteilung wird gestört und es kommt zur Ausbildung eines Coulomb-Feldes. Das Metall wirkt wie eine entgegengesetzte Ladung im Abstand a von der Oberfläche. Diese Vorstellung von jener Spiegel- oder Bildladung führt für den Fall der Annäherung einer negativen Ladung zur Anziehung durch die sog. Bildkraft.

Insgesamt kommt es also an Metalloberflächen durch Coulomb-Kräfte der Atomrümpfe und der Bildladung zur elektrostatischen Wechselwirkung mit geladenen Teilchen, die sich der Oberfläche annähern.

Jede Bearbeitung des Metalls führt zu nachhaltigen Änderungen von Struktur und Gefüge. Eine bildliche Darstellung der realen Werkstückoberfläche nach erfolgter Bearbeitung zeigt Bild 2.5. Bei einigen Fertigungsverfahren (Walzen, Schmieden) werden Kristallite erzeugt, die bevorzugt in Bearbeitungsrichtung orientiert sind, es entsteht die Textur. Orientierte Strukturen entstehen ebenfalls z. B. beim Gießen.

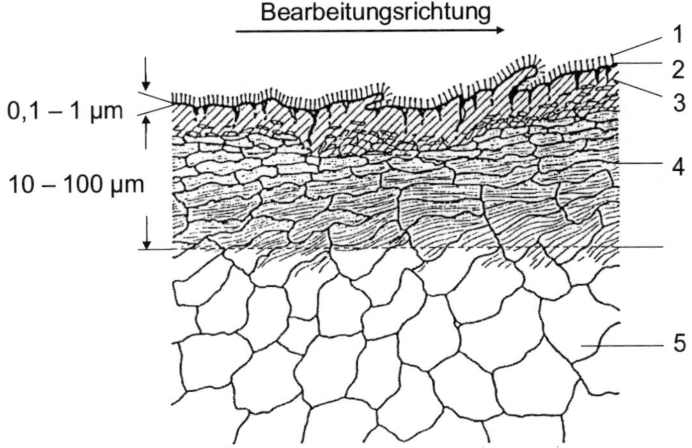

Bild 2.5: Beispiel der bearbeiteten Werkstückoberfläche eines Metalls
1 Fett- oder Ölfilm *2* Adsorptions- und Reaktionsschicht (*1* + *2* bilden die äußere Grenzschicht) *3* Übergangszone *4* innere Grenzschicht *5* ungestörtes Metallgefüge

Als Folgen einer Bearbeitung sind neben der Formgebung weiterhin zu berücksichtigen:

- Änderung des elektrochemischen Potenzials,
- Verfestigung,

- anisotropes Verhalten der Metalle mit Textur,
- Änderung des Oberflächenprofils.

Das elektrochemische Potenzial verändert sich zu negativeren Werten und damit wird die Oberfläche korrosionsanfälliger. So muss man von einem hochlegierten Chromnickelstahl mit hoher Korrosionsbeständigkeit die Verformungsrandzone entfernen, um die ursprüngliche Korrosionsfestigkeit wiederherzustellen, z. B. durch elektrochemisches Polieren.

In der Folge der Verfestigung bilden sich in der Oberflächenzone mechanische Spannungen aus, die bei einer Beschichtung zur ungenügenden Haftung zwischen Oberfläche und Schicht führen können. Um dem vorzubeugen, baut man durch geeignete Wärmebehandlungsverfahren, wie Spannungsarmglühen und Rekristallisieren, derartige Spannungen ab.

Anisotropie in der Oberflächenschicht bewirkt bei Ätzprozessen eine unterschiedliche Angriffsgeschwindigkeit und damit eine unterschiedlich große Ätzrate.

Bei der Bearbeitung von Oberflächen durch Verformen entsteht durch abrasiven und/oder adhäsiven Verschleiß die Profiländerung. Die damit verbundene Vergrößerung der geometrischen hin zur wahren Oberfläche kann zur Erhöhung der Haftung von Beschichtungen auf solchen Oberflächen genutzt werden. Ein weiterer Beitrag kann sich durch die mechanische Verankerung ergeben.

2.2 Nichtmetallisch anorganische Werkstoffe

Im engeren Sinne handelt es sich hier um keramische Werkstoffe und Gläser. In beiden Werkstoffgruppen findet man sowohl Ionen- als auch Atombindungen (= Kovalenz) vor. Keramiken sind vom Bindungstyp her ionisch, aber auch durch polarisierte Kovalenzen gekennzeichnet. Der dominierende Bindungstyp in Oxidkeramiken, z. B. in Al_2O_3- und ZrO_2-Keramik, ist die Ionenbindung. Die Elektronegativitätsdifferenz der Bindungspartner entscheidet über die Ausbildung einer Ionenbindung oder einer polarisierten Kovalenz. Als Richtwert gilt eine Differenz im Bereich um 1,7. Liegt die Elektronegativitätsdifferenz der Bindungspartner unter 1,7, bilden sich im Gitter keine Ionen mehr, es entstehen polarisierte Atombindungen, wie z. B. in Carbiden (SiC, WC) und Nitriden (Si_3N_4, TiN).

Ionenbindungen entstehen durch Abgabe und Aufnahme von Elektronen zwischen den sich bindenden Teilchen, es entstehen dadurch Kat- bzw. Anionen, deren Ionenladungen zwischen eins und drei liegen können. Um jedes einzelne Ion bildet sich im Idealfall ein kugelsymmetrisches elektrostatisches Feld. Infolge der Coulombschen Anziehung zwischen vielen entgegengesetzt geladenen Ionen entsteht das Ionengitter. So beschränkt sich also die Bindung eines einzelnen Kations nicht auf ein bestimmtes einzelnes Anion, sondern sie besteht gleichmäßig mit allen benachbarten Anionen und umgekehrt. Die Ionenbindung stellt demzufolge eine ungerichtete Bindung dar. An der Oberfläche werden die elektrostatischen Ladungen infolge des Fehlens der Partnerionen nur teilweise abgesättigt. Eine solche Oberfläche zeigt immer das Bestreben, mit geladenen Teilchen aus der Umgebung zu wechselwirken. Demgemäß können sich z. B. Wasserdipole nebenvalent an die Oberfläche einer solchen Keramik binden, was hydrophilem Verhalten entspricht (siehe Bild 2.6).

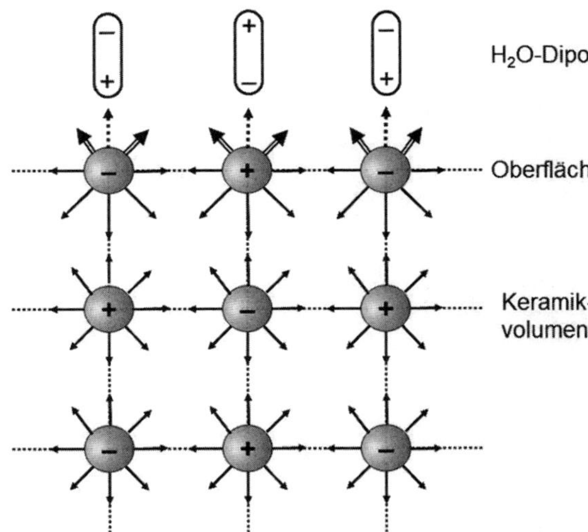

Bild 2.6: Wechselwirkung einer ionischen Keramikoberfläche mit Wasser (Als Ladungsverhältnis für diesen Modellfall gilt Kation : Anion = 1 : 1)

Werden die Elektronen nur anteilig abgegeben und aufgenommen, entsteht eine polarisierte Atombindung und im Ergebnis ein polarisiertes Atomgitter. Die bindenden Orbitale überlappen sich im Sinne der Atombindung, aber infolge der vorhandenen Elektronegativitätsunterschiede ist diese polarisiert. Auf der Oberfläche einer derartigen Keramik wirken darum schwächere elektrostatische Kräfte im Vergleich zum Ionengitter.

Aufgrund des Fehlens „frei" beweglicher Elektronen im Gitter sind Keramiken elektrisch nichtleitend und infolge der relativ hohen Bindungsenergie sind die Gitterbausteine in den Ionengittern bzw. polarisierten Atomgittern schwer gegeneinander verschiebbar. Keramiken sind hart, spröde und wenig duktil sowie thermisch hoch belastbar. Da keramische Werkstoffe prinzipiell durch Sinterprozesse aus pulverförmigen Ausgangsstoffen hergestellt werden, sind sie porös. Neben der Vergrößerung der wahren Oberfläche bedeutet Porigkeit den Einschluss von Flüssigkeiten und Gasen. Wird eine solche Oberfläche ohne entsprechende Maßnahmen beschichtet, kann das beim Erwärmen zum Abheben der Schicht führen. Andererseits kann die Porosität unter der Voraussetzung einer „sauberen" Oberfläche zur mechanischen Verankerung beitragen und damit die Haftung erhöhen.

Gläser enthalten als bestimmende Bausteine (Nahordnung) SiO_4-Tetraeder und Alkali- und Erdalkalioxide. Die SiO_4-Tetraeder bilden miteinander ein Netzwerk, das durch den Einbau der Alkali- und Erdalkali-Kationen gestört wird (Netzwerkwandler). Im Gegensatz dazu kann sich im Quarzkristall ein ungestörtes Raumnetz von SiO_4-Tetraedern ausbilden. Diese Zusammenhänge soll das Bild 2.7 veranschaulichen.

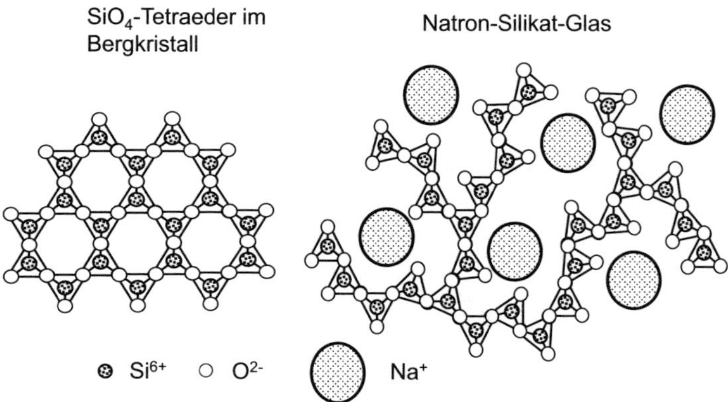

Bild 2.7: Einbau von Alkali-Ionen in das SiO-Netzwerk

In Gläsern existiert damit im atomaren Bereich ein Nahordnungszustand, aber keine weitreichende Fernordnung, die die Voraussetzung für den kristallinen Zustand ist. Gläser sind deshalb amorphe Stoffe. Ihr thermisches, mechanisches und elektrisches Verhalten resultiert aus der Ionenbindung und der amorphen Struktur. Sie besitzen, bedingt durch den nichtkristallinen Zustand, eine geringe Oberflächenrauigkeit. Da beim Abkühlen einer Glasschmelze sich nur die Viskosität erhöht, also keine Ordnungszustände im Sinne des Kristalls gebildet werden, bleibt die Oberfläche glatt, wie die einer Schmelze. Der Faktor der mechanischen Verankerung zur Erhöhung der Haftung entfällt damit bei Glas. Vor einer Beschichtung erfolgt deshalb oft eine chemische oder mechanische Aufrauung.

Obwohl viele Arten von Gläsern eine hohe Widerstandsfähigkeit gegenüber Chemikalien aufweisen, sind sie nicht als inert anzusehen. Es existieren verschiedene Mechanismen, die eine Schädigung der Glasoberfläche hervorrufen. Insbesondere sind das Reaktionen mit H_2O, Säuren, Laugen, Salzlösungen und reaktionsfähigen Gasen.

Oberhalb von 100 °C erfolgt ein hydrolytischer Angriff auf die Glasoberfläche. Mit dem das Netzwerk bildenden SiO_2 kommt es zur Reaktion unter Bildung von Silanolgruppen mit Wasser. Durch diese Reaktion wird das SiO-Netzwerk zerstört.

$$-\overset{|}{\underset{|}{Si}}-O-\overset{|}{\underset{|}{Si}}- \; + H_2O \longrightarrow -\overset{|}{\underset{|}{Si}}-OH \; + \; HO-\overset{|}{\underset{|}{Si}}-$$

Außerdem führt es oberflächlich zu einem Austausch leichtlöslicher Kationen gegen H^+-Ionen aus der wässrigen Phase. Die Alkaliionen (Netzwerkwandler) aus der Glasoberfläche gehen in Lösung, wobei sich wieder Silanolgruppen bilden.

$$-\overset{|}{\underset{|}{Si}}-O-Na^+ + H_2O \longrightarrow -\overset{|}{\underset{|}{Si}}-OH + Na^+ + OH^-$$

Durch diese OH-Gruppen am Silizium und die chemisch gebundenen Na^+-Ionen entsteht an der Glasoberfläche die sog. permanente Wasserhaut. Sie ist ihrerseits bestrebt, mehrere Schichten von Wassermolekülen, die temporäre Wasserhaut, adsorptiv anzulagern. Diese

Schichten sind durch zwischenmolekulare Kräfte an die permanente Wasserhaut gebunden und sie stehen mit dem Wasserdampfdruck der Atmosphäre im Gleichgewicht (siehe Bild 2.8).

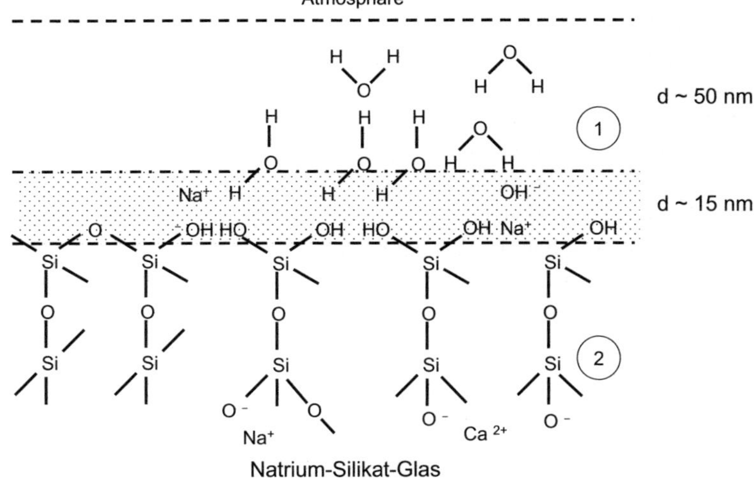

Bild 2.8: Schematische Darstellung einer adsorbierten Wasserschicht auf Glas
1 adsorbiertes Wasser (temporäre Wasserhaut) *2* Gelschicht (permanente Wasserhaut)

Durch Erhitzen auf 450 bis 500 °C kann man die temporäre Wasserhaut von der Glasoberfläche entfernen. Bei allen Verfahren der Beschichtung aus der Gasphase, wie PVD und CVD, verfährt man deshalb so. Genauer betrachtet scheidet sich das Metall nicht auf dem Glasnetzwerk, sondern auf der permanenten Wasserhaut der Glasoberfläche ab.

Für die Abscheidung von Metallschichten auf Glas durch Aufdampfen im Vakuum eignen sich vor allem solche Metalle mit kleiner Elektronegativitätszahl, wie z. B. Cr, Fe, Ni und Co. Sie geben im Vergleich zu den Edelmetallen, wie Gold, Platin u. a., ihre Valenzelektronen relativ leicht ab. Zwischen Metallschicht und Glas können sich über die Silanolgruppen, insbesondere bei den unedleren Metallen, stabile Sauerstoffbrücken ausbilden. Eine ausreichende Haftung von Edelmetallschichten auf Gläsern erreicht man deshalb durch Zwischenschichten aus z. B. Chrom. Die Zunahme der Haftung von solchen Metallschichten wie Al und Mg über die Zeit weist auf Diffusionsprozesse zwischen Glas und Metall hin.

Soll das hydrophile Verhalten einer Glasoberfläche unterbunden werden, erzeugt man eine Silikon-Schicht. Dabei wird ein Dampf aus Dimethyldichlorsilan unter HCl-Abspaltung mit der Glasoberfläche zur Reaktion gebracht. Es entsteht eine polymere Schicht, deren nach außen gerichtete CH_3-Gruppe wasserabweisend ist.

2.3 Nichtmetallisch organische Werkstoffe

Im Vergleich zu den Metall-, Keramik- und auch Glasoberflächen ist die Oberfläche nichtmetallisch organischer Werkstoffe durch das Vorliegen abgesättigter Bindungszustände gekennzeichnet. Unter dem nichtmetallisch organischen Werkstoff soll im Weiteren Kunststoff verstanden werden.

Kunststoffe bestehen hauptsächlich aus C- und H-Atomen, in einigen Fällen enthalten sie N-, O- und S-Atome sowie Halogene. Binden sich C-Atome miteinander, z. B. zu einer Kohlenstoffkette, bilden sich Atombindungen aus; unpaarige oder nur halbbesetzte Orbitale überlappen. Solche Bindungen besitzen eine Bindungsenergie in der Größenordnung von bis zu 800 $kJ \cdot mol^{-1}$. Bindet sich das C-Atom mit H-Atomen, entsteht eine polarisierte Atombindung, da der Kohlenstoff mit der Elektronegativitätszahl von 2,5 die Elektronen stärker anzieht als der Wasserstoff mit 2,1. Wäre das C-Atom aber z. B. mit einem O-Atom verbunden, beträgt die Differenz der Elektronegativitäten 1 und diese Bindung wäre stärker polarisiert. Bei unsymmetrischer Ladungsverteilung in einem kleinen Molekül entsteht ein Dipol, in einem makromolekularen Kunststoff eine polare Gruppe. Zur Veranschaulichung des Begriffs Dipolmolekül soll das Wassermolekül dienen. Aufgrund der gewinkelten Bindung zwischen O- und H-Atomen fallen deren Ladungsschwerpunkte nicht zusammen und somit entsteht der Dipol (siehe Bild 2.9). Bei einer linearen Anordnung der durch eine polarisierte Kovalenz gebundenen Atome fallen die Ladungsschwerpunkte zusammen und es kann sich somit kein Dipol bilden, wie im Beispiel des CO_2-Moleküls im Bild 2.9.

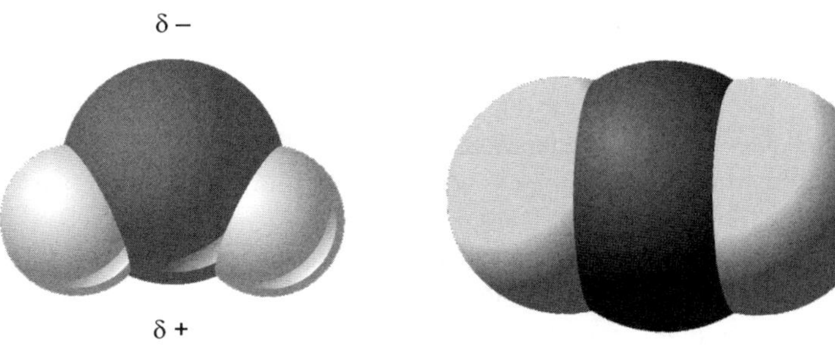

Bild 2.9: Polarisierte Atombindungen

Wenn in einem Kunststoff, der aus Makromolekülen besteht, an C-Atome elektronegativere Atome, wie N-, O-, S- und Halogene gebunden sind, und die Ladungsverteilung unsymmetrisch erfolgt, entsteht im Makromolekül an dieser Stelle eine polare Gruppe. Solche Kunststoffe weisen darum eine polare Oberfläche auf. Im Vergleich zur Oberfläche von Keramik und Glas sind die nichtabgesättigten elektrostatischen Kräfte wesentlich schwächer und weniger gleichmäßig verteilt. Besteht der Kunststoff nur aus C- und H-Atomen ist dessen Oberfläche nahezu unpolar. Ein unpolarer Kunststoff wird demnach immer nur eine schwächere Wechselwirkung zu anderen Stoffen, wie Wasser, Metallen und anderen haben. Soll zwischen einem solchen Kunststoff und einer Beschichtung eine praktisch verwertbare Haftung bestehen, kann man das entweder durch mechanische Verankerung (Druckknopfeffekt) oder durch Schaffung polarer Gruppen als Folge einer sekundären Oberflächenbehandlung erreichen.

In Kunststoffen liegt kein Kristallgitter wie in den Werkstoffen Metall und Keramik vor. Makromoleküle können sich aufgrund ihrer Größe nicht auf Gitterpunkten zueinander ordnen. Bei thermoplastischen Kunststoffen bilden die fadenförmig vorliegenden Makromoleküle im festen Zustand oft ein ungeordnetes Knäuel. Die schwachen zwischenmolekularen Bindungskräfte erlauben die Löslichkeit solcher Kunststoffe und ihr Erweichen unter

Wärmeeinwirkung, evtl. bis zum Schmelzen. Ihre Anwendung als Substrat für Beschichtungen bei erhöhten Temperaturen bleibt deshalb begrenzt. Ebenso schränkt ihre Angreifbarkeit durch Lösungsmittel und Quellbarkeit die Anwendung einiger Beschichtungsverfahren ein. Eine Reihe thermoplastischer Kunststoffe bildet kristalline Bereiche, die sich durch eine dichte parallele Anordnung von Abschnitten der Fadenmoleküle auszeichnen. Mögliche Formen dieser parallelen Anordnungen bestehen in der sog. Fransen-Micelle oder als Sphärolith (siehe Bild 2.10).

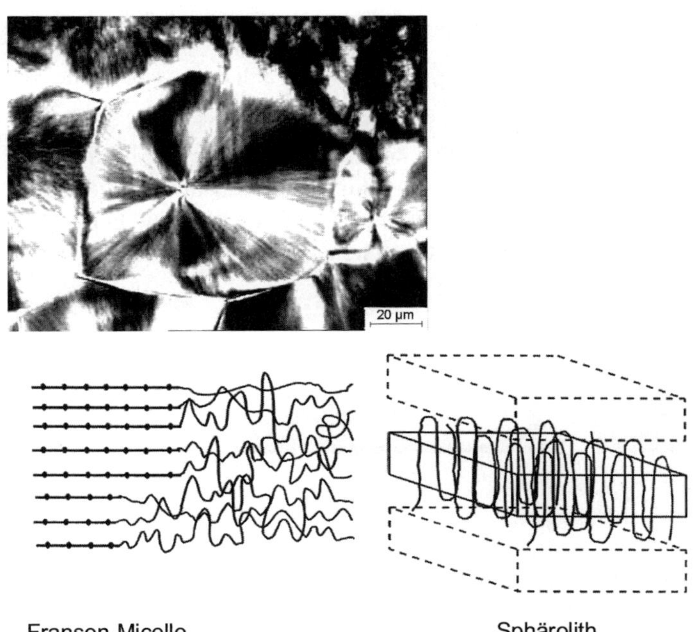

Bild 2.10: Teilkristallinität in Thermoplasten, oben: Sphärolith im polarisierten Licht (lichtmikroskopische Aufnahme), unten: Modellstrukturen

Durch die erhöhte zwischenmolekulare Wechselwirkung im teilkristallinen Bereich bilden sich Gebiete, die sich in ihren Eigenschaften gegenüber den amorphen unterscheiden. Im Ergebnis davon entsteht eine heterogene Oberfläche.

In duroplastischen Kunststoffen (Duromere) liegt ein vollständig vernetztes Makromolekül vor. Den Zusammenhalt zwischen den Segmenten der Makromoleküle bewirken kovalente Bindungen. Dadurch ist ein Erweichen solcher Kunststoffe und ein Auflösen dieses Netzwerkes nur unter Zerstörung dieser Bindungen möglich. Die thermische Belastung bei einer Beschichtung kann im Allgemeinen also höher liegen als bei einem Thermoplast. Außerdem sind diese Kunststoffe unlöslich.

Reine Kunststoffe werden in der Praxis eher selten eingesetzt. Oft enthalten sie Füllstoffe und Faserverstärkungen oder bestehen aus einem Gemisch mehrerer Kunststoffe (Polyblend). Das hat entscheidenden Einfluss auf deren Beschichtbarkeit und die resultierenden Schichteigenschaften.

2.4 Vorgänge an Grenzschichten

Für die Ausbildung der Schichten auf dem festen Substrat können die Schichtwerkstoffe im Ausgangszustand sowohl im festen als auch im flüssigen oder gasförmigen Zustand vorliegen. Bei Berücksichtigung dieser Betrachtungsweise führen die bindungsfähigen Oberflächen zu solchen Grenzflächeneffekten, wie:

- *Adhäsion* → Wechselwirkung fest - fest,
- *Benetzung* → Wechselwirkung fest - flüssig und
- *Adsorption* → Wechselwirkung fest - gasförmig, als spezieller Fall der Adsorption.

Ist der Schichtbildungsprozess mit der Ausbildung einer festen Schicht abgeschlossen, wirken zwischen Substrat und Schicht ausschließlich Adhäsionskräfte. Damit es zur gleichmäßigen Schichtbildung kommen kann, muss der Beschichtungsstoff auf der gesamten Substratoberfläche verfügbar sein. Bei der Kombination fest - flüssig kann die Flüssigkeit die Oberfläche in unterschiedlichem Ausmaß benetzen (siehe Bild 2.11).

1

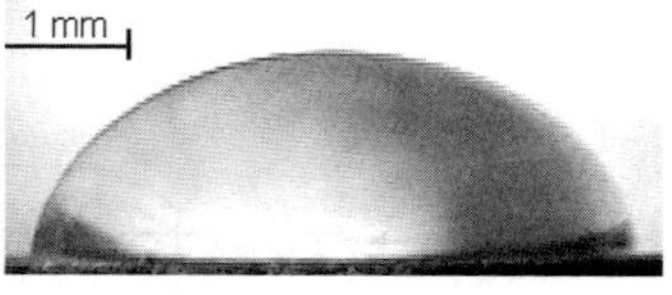

2

Bild 2.11: Benetzungsverhalten einer Flüssigkeit auf verschiedenen Substratoberflächen
1 gute Benetzung (H_2O auf entfetteter Metalloberfläche)
2 schlechte Benetzung (H_2O auf nichtentfetteter Metalloberfläche)

Das Ausmaß der Benetzung wird mit Angabe des Benetzungsrandwinkels θ den die Oberfläche des Flüssigkeitstropfens mit dem Substrat im Kontaktpunkt bildet, quantitativ beschrieben (siehe Bild 2.12).

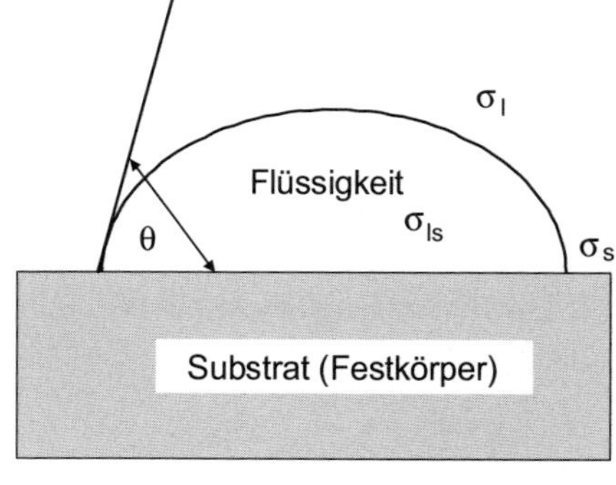

Bild 2.12: Charakterisierung der Benetzung
σ_l Oberflächenenergie der Flüssigkeit,
σ_s Oberflächenenergie des Substrates,
σ_{ls} Energie der Grenzfläche zwischen Flüssigkeit und Substrat, θ Randwinkel

Für den Randwinkel θ kann man drei allgemeine Fälle formulieren:

1. θ gegen 0° bzw. 180° → vollständige Benetzung (Spreitung)
2. 90° > θ > 0° → gute Benetzung
3. θ > 90° → schlechte Benetzung

Welcher dieser drei Fälle für den Randwinkel θ eintritt, ist davon abhängig, wie groß die Wechselwirkungskräfte σ_{ls} zwischen der Substratoberfläche und dem Flüssigkeitstropfen sind, im Vergleich zu den Wechselwirkungskräften in der Flüssigkeit σ_l und denen im Festkörper σ_s. Die spezifische Oberflächenenergie σ wird auch als Oberflächenspannung γ bezeichnet. Beide Ausdrücke sind bei Flüssigkeiten gleichberechtigt. Eine gute Benetzung entsteht also dann, wenn die nichtabgesättigten Bindungen an der Sustratoberfläche in der Lage sind, den Flüssigkeitstropfen zu spreiten, entgegen den Anziehungskräften im Flüssigkeitsvolumen und umgekehrt.

Für die PVD- und CVD-Verfahren hat der Vorgang der Adsorption entscheidenden Einfluss. Adsorption bedeutet in diesem Falle den einseitigen Stoffübergang aus der Gasphase auf die Festkörperoberfläche. Bei Adsorptionsvorgängen heißt die stoffaufnehmende Phase Adsorbens, im technischen Bereich Adsorptionsmittel, die stoffabgebende Phase Adsorptiv. Der Anteil der stoffabgebenden Phase, welcher vom Adsorbens aufgenommen wird, ist das Adsorpt. Adsorpt und Adsorbens bilden das Adsorbat (siehe Bild 2.13).

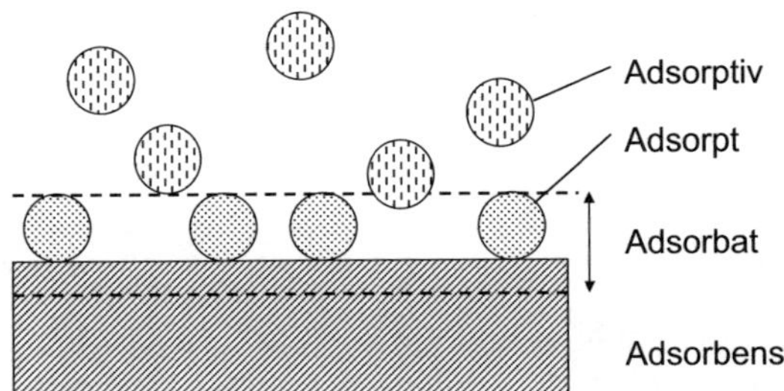

Bild 2.13: Grundbegriffe des Vorganges der Adsorption

Erfolgt die Aufnahme des Adsorpts nur durch die Wirkung zwischenmolekularer Kräfte, liegt die Wechselwirkungsenergie im Bereich von 50 kJ · mol^{-1}. Man bezeichnet diese Art der Wechselwirkung als physikalische Adsorption oder **Physisorption**. Aufgrund der relativ geringen Bindungsenergie handelt es sich hierbei um einen reversiblen Vorgang. Der der Adsorption entgegengerichtete Vorgang ist die Ablösung des Adsorpts und wird als Desorption bezeichnet. In Abhängigkeit von der Temperatur und Konzentration bzw. Partialdruck stellt sich also ein Gleichgewicht von Adsorption und Desorption ein. Adsorpt und Asorbens sind chemisch nicht verändert.

Unter chemischer Adsorption oder **Chemisorption** versteht man die Bindung vom Adsorpt an das Adsorbens durch Hauptvalenzen. Dementsprechend liegen die Werte der Wechselwirkungsenergie bei ca. 500 kJ · mol^{-1} und damit ist eine Desorption ohne stoffliche Veränderung nicht möglich, der Vorgang ist irreversibel.

Für die Beurteilung einer Adsorption spielt neben der Lage des Adsorptionsgleichgewichtes die Geschwindigkeit der Adsorption (Kinetik) eine wesentliche Rolle. Der Adsorptivtransport setzt sich aus einer Reihe von Einzelschritten zusammen, deren erster in der Filmbildung auf der Oberfläche des Adsorbens besteht. Den zweiten bildet die Diffusion in das Innere des Adsorbens, bevorzugt entlang der Korngrenzen oder evtl. vorhandener Hohlräume.

Alle beschriebenen Wechselwirkungen zwischen Substrat und Schicht interessieren uns hauptsächlich in Bezug auf die Haftung. Deshalb sollen im Bild 2.14 alle wesentlichen Faktoren zusammengefasst werden, die einen Beitrag zur Haftung leisten.

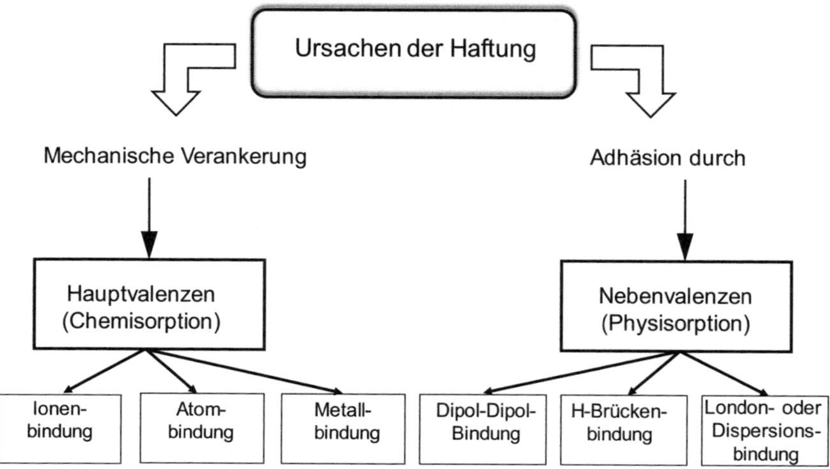

Bild 2.14: Haftungsmechanismen

Zusammenfassung

Substratoberfläche und Schichtabscheidung

- Die Auswahl der Verfahren zur Schichtabscheidung und die Schichteigenschaften sind abhängig von den chemischen und physikalischen Eigenschaften des Substratwerkstoffes und seiner oberflächennahen Bereiche.
- Die Beschichtung metallischer Substrate wird bestimmt durch
  - den Kristallcharakter und die Vielzahl von Gitterfehlern,
  - heterogene Gefüge (mehrere Phasen),
  - die Metallbindung und dem Vorliegen verschiebbarer Elektronen (Elektronengas) und
  - Eigenschaftsänderungen infolge mechanischer und thermischer Bearbeitung.
- Die Beschichtung nichtmetallisch anorganischer Substrate (z. B. Glas und Keramik) wird bestimmt durch
  - Ionen- bzw. polarisierte Atombindung und damit Isolierverhalten,
  - die Porigkeit keramischer Substrate mit der Möglichkeit zum Einschluss von Flüssigkeiten und Gasen und
  - dem Vorliegen einer permanenten und temporären Wasserhaut auf Gläsern.

- Die Beschichtung nichtmetallisch organischer Substrate (z. B. Kunststoffe) wird bestimmt durch
  - die geringe thermische Belastbarkeit, insbesondere der Plastomeren sowie eines möglichen Angriffs durch Lösungsmittel und
  - dem Vorliegen eines heterogenen Systems durch eingearbeitete Füllstoffe, Faserverstärkungen und Polyblends.
- Für die Schichtbildung aus flüssigem Beschichtungsmaterial und festem Substrat ist die Benetzung ausschlaggebend; erfolgt die Schichtbildung aus der Gasphase (PVD, CVD) ist es die Adsorption.
- Haftung zwischen Schicht und Substrat entsteht durch Chemi- und Physisorption sowie durch mechanische Verankerung.

Literatur

BERGMANN, W.: *Werkstofftechnik*, Teil 1: Grundlagen, Carl Hanser Verlag München, 7., neu bearb. Auflage, 2013

BOBE, U.; WILDBRET, G.: *Anforderungen an Werkstoffe und Werkstoffoberflächen bezüglich Reinigbarkeit und Beständigkeit*, Chemie Ingenieur Technik 2006, 78, No. 11, Wiley-VCH Weinheim

FAUSTNER, TH.: *Elektronen nahe Metalloberflächen*, Physik in unserer Zeit, 33, 2002, Nr. 2, S. 68 - 73

Firmenschrift TIGRES Dr. Gerstenberg GmbH, *Oberflächenenergie, Youngsche Gleichung*, 2003

HOFMANN, H.; SPINDLER, J.: *Werkstoffe in der Elektrotechnik*, Carl Hanser Verlag München, 7. Auflage, 2013

HORNBOGEN, E.: *Werkstoffe, Aufbau und Eigenschaften*, Springer-Verlag Berlin Heidelberg New York, 7. Auflage, 2002

LEISCH, M.; STOCKNER, H.: *Feldelektronenmikroskopie Feldionenmikroskopie*, Institut für Festkörperphysik TU Graz, 1995

NÄSER, K.-H.; LEMPE, D.; REGEN, O.: *Physikalische Chemie für Techniker und Ingenieure*, Deutscher Verlag für Grundstoffindustrie Leipzig, 19. Auflage 1990

SCHATT, W.; WORCH, H.: *Werkstoffwissenschaft*, Wiley-VCH Weinheim, 9. Auflage, 2002

3 Vor-, Zwischen- und Nachbehandlung

Für die Nutzung der Verfahren der Oberflächentechnik ist es unerlässlich, die Substrate vorzubehandeln, wobei die Vorbehandlung (engl. *pretreatment*) selbst sich aus mehreren Schritten zusammensetzen kann. Die gewählte Verfahrensweise ist abhängig u. a. von der Zusammensetzung des Grundwerkstoffes und dem Anlieferungszustand, das heißt von der Art und Stärke der Deck- und Fremdschichten sowie den Störzonen durch die Bearbeitung. Die auf der Werkstückoberfläche auszubildenden dauerhaften Schichten für Korrosions- und Verschleißschutz oder dekoratives Aussehen verlangen deshalb eine sorgfältige Vor- und häufig auch noch eine Nachbehandlung.

Unter Vorbehandlung (Vorbearbeitung) versteht man die Vorbereitung von Werkstücken für das Aufbringen, Umwandeln oder Abtragen von Schichten durch Verfahren der Beschichtungs- und Oberflächentechnik sowie die Erzeugung bestimmter Oberflächenstrukturen und -morphologien. Sie dienen der Schaffung einer definierten Werkstückoberfläche, die Voraussetzung ist für haftfeste Beschichtungen oder Oberflächenumwandlungen. Unter Nutzung dieser Verfahren entstehen Werkstückoberflächen mit reproduzierbaren Eigenschaften als Ausgang für die angestrebte Oberflächenqualität.

Eventuell auf der Metalloberfläche verbleibende Schichten, z. B. Wachs- oder Ölfilme, aber auch Reaktionsprodukte, wie Oxide und Sulfide, wirken als Trennschicht zwischen Metall und Beschichtung und beeinträchtigen oder verhindern so die Haftung der Schicht. Welche Vorbehandlungsverfahren (siehe Bild 3.1) auszuwählen sind, hängt von der Art der Substratmaterialien, wie Metalle, Keramiken, Gläser, Kunststoffe, ihren Verunreinigungen und der Oberflächentopographie (Ebenheit, Welligkeit, Rauigkeit) ab.

Obwohl einer optimalen Vorbehandlung der Erzeugnisse, die mit Verfahren der Oberflächentechnik bearbeitet werden sollen, allergrößte Bedeutung zukommt, gestatten die Verfahren zur Bewertung der Ergebnisse von Vorbehandlungen oft nur eine *„gut - schlecht“*-Aussage. Tabelle 3.1 enthält eine Übersicht zur Ermittlung des Reinigungseffektes.

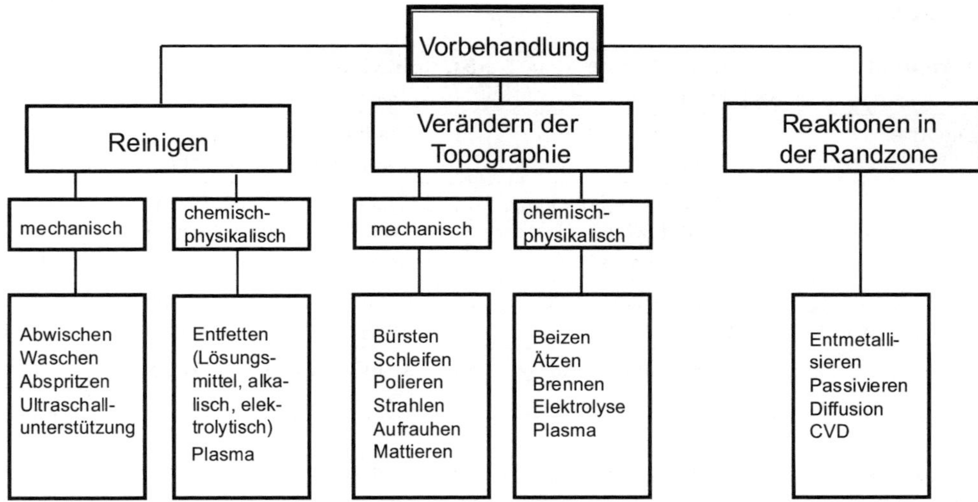

Bild 3.1: Möglichkeiten der Vorbehandlung

Tabelle 3.1: Übersicht zu Verfahren der Ermittlung des Reinigungseffektes durch Vorbehandeln

Verunreinigung	Analyse-/Test-verfahren	Nr.	Ergebnis	Aus-sage
Schmutz in Form von Feststoffpartikeln	Wischtest	1	Entstehung schmutzfreier Spuren	grob
	Klebestreifentest	2		
Passivierungs-schichten	$CuSO_4$	3	Passivschichten verhindern Bildung von Kupferniederschlag aus Kupfersulfatlösung auf unedlen Metallen oder die Bildung von Berliner Blau auf Fe-Werkstoffen	fein
	$K_3[Fe(CN)_6]$	4		
organische Fremd-schichten (Öle, Fette, Lacke)	Benetzung	5	Veränderung der Benetzbarkeit der behandelten Oberfläche gegenüber dem Ausgangszustand	fein – feinst
	Testtinten	6		
	Randwinkelmessung	7		
	Wägeverfahren	8	Massendifferenzbestimmung	
	Kontaktwiderstand	9	Elektrischer Widerstand	fein
	IR-Spektroskopie (ATR)	10	stofftypische Spektren	fein

Tabelle 3.1: *Fortsetzung*

Verunreinigung	Analyse-/Test-verfahren	Nr.	Ergebnis	Aus-sage
alle Arten	Elektronenspektro-skopie	11	Qualitative und quantitative Analysen dünner Schichten	fein – feinst
	Elektronenmikroskopie (REM, EDX, ESMA, SIMS, AES, WDX)	12	Qualitative und quantitative Analysen dünner Schichten, Topologie	
	Röntgenfluoreszens-analyse	13	Tiefenanalyse und Elementbe-stimmung an dicken Schichten	
	Glimmentladungs-spektroskopie	14	Analysen von Schichtfolgen	

Der Zusammenhang zwischen gefordertem Reinheitsgrad und geeignetem Vorbehandlungsverfahren soll am Beispiel der Restbefettung durch die Daten der Tabelle 3.2 dargestellt werden.

Tabelle 3.2: Reinheitsgrade für Prozesse der Oberflächentechnik und dafür geeignete Testverfahren für einen typischen Ausgangszustand der Restbefettung von 2500 mg · m^{-2}

Reinheit		Anforderungen an Reinheit		erzielbare Reinheiten		Test
Restbefet-tung (RB) [mg · m^{-2}]	**Rein-heits-grad**	**Bearbei-tungsstufe**	**Restbefet-tung (RB) [mg · m^{-2}]**	**Vorbehandlungs-verfahren**	**Restbefet-tung (RB) [mg · m^{-2}]**	**Nr. aus Tab. 3.1**
≥ 500	Grob			wässrig-alkalische Reiniger	455	1 - 10 14
10 < RB < 50	Fein-B	Schmelz-tauchen Lackieren	< 30 < 30	wässrig-alkalische und saure Reini-ger	29,3 20,1	5 - 7, 10 - 14
5 < RB < 10	Fein-A	Konversions-schichten Galvanisieren Plattieren	< 10 < 10 < 10	wässrig-alkalisch + Tenside *Sprühreinigen* *Tauchen* *Bürsten + Sprühen* wässrig-alkalisch + KW anodisch/hoch-alkalisch wässrig + Tri-chlorethen[1])	10,3 9,6 6,6 8 8 - 12 5,3 - 7,5	6 - 14
< 5	Feinst	Durchlauf-glühen	< 5	anodisch/hoch-alkalisch, tensid-optimiert	3 - 5	6, 7, 1, 10-14

1) Beachte: 31. BImSchV vom 21.08.2001

Verfahren der Oberflächenbearbeitung

Zur Unterscheidung der Vorbehandlungsverfahren dient die aus dem jeweiligen Verfahren resultierende Veränderung des *Oberflächenzustandes*, somit ergeben sich die Hauptgruppen:

- Reinigen,
- Verändern des Oberflächenreliefs,
- Reaktionen in der Randzone.

Ein anderer Gesichtspunkt systematisiert die Verfahren der Vorbehandlung in:

- abtragende,
- auftragende und
- umwandelnde Verfahren.

Eine dritte Möglichkeit besteht in der Einteilung nach dem Wirkprinzip:

- Mechanische Verfahren,
  - Umformende Verfahren (Walzen, Ziehen),
  - Spanen mit geometrisch bestimmter Schneide (Drehen, Fräsen),
  - Spanen mit geometrisch unbestimmter Schneide (Schleifen, Polieren) ,
  - Strahlverfahren,
- Thermische Abtragverfahren (Erodieren),
- Abtragen mit Laser,
- Plasmaverfahren (Plasmaätzen, Ionenbombardement),
- Chemische und elektrochemische Verfahren,
  - Entfetten,
  - Beizen, Ätzen, elektrochemisches Polieren.

Eine Übersicht zu den wichtigsten Verfahren der Vor- und Nachbehandlung enthält Bild 3.2.

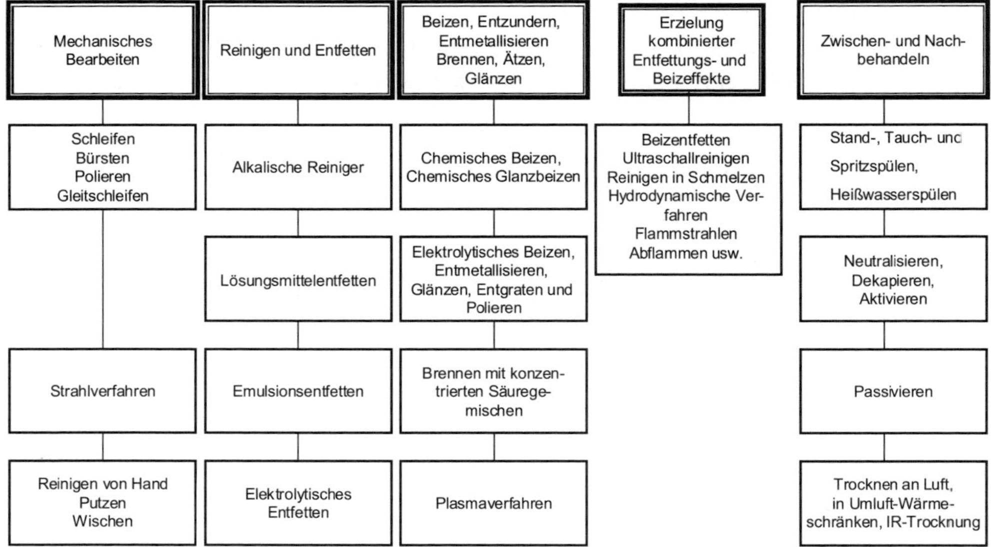

Bild 3.2: Wirkprinzipien von Vorbehandlungsverfahren

Ausgangszustand der Werkstoffoberfläche

Auf den für eine Beschichtung vorgesehenen Werkstoffoberflächen können die verschiedensten Stoffe vorliegen, die aus vorangegangenen Fertigungsprozessen oder Lagerungsbedingungen stammen (Tabelle 3.3).

Tabelle 3.3: Verunreinigungen auf Metalloberflächen

Deckschichten	**Fremdschichten**		
arteigene Auflagen	**artfremde Auflagen**		
	Durch Adsorption aus Umgebung	**Konservierungsmittel**	**Stanz- und Ziehhilfsmittel**
Rost, Zunder, Reaktionsschichten	Wasser, Staub, Schmutz, Flugasche, Materialreste	Wachse, Silikone, Öle, Fette, Überzugslacke	Schmierseifen, Emulsionen, Öle, Fette, Graphit, Molybdändisulfid

Bei der Beurteilung des Ausgangszustands von Werkstückoberflächen ist zu unterscheiden zwischen

- bisher unbeschichteten Oberflächen und
- Oberflächen mit Schichten aus Vorprozessen.

Eine genauere Charakterisierung von arteigenen Auflagen, wie Rost- und Zunderschichten auf Stahl ist in Tabelle 3.4 wiedergegeben. Normreinheitsgrade und Reinigungsverfahren sind in DIN EN ISO 12 944-4 festgelegt.

Tabelle 3.4: Ausgangszustände von bisher unbeschichteten Stahloberflächen (Rostgrad) ISO 8501-1, 8501-2

Rost-grad	Charakteristik
A	Stahloberfläche weitgehend mit festhaftendem Zunder[1]) bedeckt, aber im Wesentlichen frei von Rost
B	Stahloberfläche mit beginnender Rostbildung und beginnender Zunderabblätterung
C	Stahloberfläche, von der der Zunder abgerostet ist oder sich abschaben lässt, die aber nur ansatzweise für das Auge sichtbare Rostnarben aufweist
D	Stahloberfläche, von der der Zunder abgerostet ist und die verbreitet für das Auge sichtbare Rostnarben aufweist
	Andere Oberflächenzustände sind durch ergänzende Angaben zu beschreiben (z.B. „D mit Schichtrost")

[1]) Zunder oder Beschichtungen gelten als festhaftend, wenn sie sich **nicht** durch Unterfahren mit einer Messerklinge abheben lassen.

3.1 Reinigen und Entfetten

Auf Reinigungsverfahren trifft man in außerordentlicher Vielfalt in nahezu allen Bereichen der Technik und des täglichen Lebens. Es muss darum das sehr vielschichtige Gebiet der **Reinigung** für die Oberflächentechnik eingeschränkt werden auf die Reinigung von Werkstücken (Substrate) vor der Beschichtung, im Verlaufe bzw. unmittelbar nach ihrer Herstellung oder vor Nachfolgeverfahren.

Tabelle 3.5: Wirkung von Reinigungs- und Entfettungsmitteln

Verschmutzung	Entfettungsmittel	Funktionsweise
Fette, Öle, Wachse	Kohlenwasserstoffe	Vereinzelung und Verteilung der Fett- und Ölmoleküle im Lösungsmittel
Fettsäureester natürl. Fette	Alkalische Lösung (oft Abkochentfettung)	Verseifung, es entsteht ein Alkohol und das Salz der Fettsäure, beide sind wasserlöslich
Fettsäureester, synth. Fette	Tenside: hochmolekulare Alkohole, Glykole, Sulfonate	Bildung feinster Tropfen (Emulsion), die durch Wasser abspülbar sind
Graphit, Metallabrieb, Schleif- und Poliermittelreste	Na-Salze der Polycarbonsäuren, Alkylnaphthalinsulfonsäuren	Bildung einer Dispersion, welche je nach Dichte an der Oberfläche schwimmt oder als Bodenschlamm absinkt

Das Ziel der Reinigung besteht darin, die betreffenden Teile von Anhaftungen und Verschmutzungen zu befreien. Hierzu zählen u.a. synthetische und natürliche Fette, Öle und Wachse, aber auch Späne, Löt- und Schweißrückstände (Flussmittel, Schlacken), Staub, Ruß, Salze, Sand, Algen, Pilze und Bakterien. Für die vielfältigen Reinigungsaufgaben können die unterschiedlichsten Techniken unter Verwendung verschiedenster Reinigungsmittel zur

Anwendung gelangen. Die mechanischen Verfahren (siehe Bild 3.1) sollen hier nur teilweise dargestellt werden. Für die Vorbehandlung in der Oberflächentechnik sind die chemisch-physikalischen Vorbehandlungsverfahren von größerer Wichtigkeit. Reinigungsmittel auf Basis Wasser oder organischen Lösungsmitteln sind hierfür die am häufigsten eingesetzten. Als alternative Techniken dazu stehen die Ultraschallunterstützung bei der herkömmlichen Reinigung, die Anwendung von Niederdruckplasmen („Abglimmen") und der Einsatz von überkritischem Kohlendioxid zur Verfügung. Es wirkt in diesem Zustand als Lösungsmittel für Fette und Öle. Überkritisch bedeutet, dass CO_2 bei Drücken bis 30 MPa und Temperaturen bis 100 °C flüssig vorliegt. Bei der Expansion scheiden sich die Verunreinigungen ab, CO_2 kann in den Kreislauf zurückkehren.

Unter **Entfetten** versteht man das Entfernen von Ölen, Fetten und Wachsen von Metalloberflächen, die eine Beschichtung oder Umwandlung erhalten sollen. Öle und Fette verhindern die direkte Wechselwirkung von Beschichtungen mit der Werkstückoberfläche. Das Entfetten erfolgt auch stets vor allen weiteren chemisch-physikalischen Vorbehandlungen und Reaktionen in der Randzone. Erforderlich ist das Entfetten auch dann, wenn nur Öl- oder Fettspuren, z. B. Fettstiftsignaturen, Fingerabdrücke u. Ä. vorliegen.

Die Fertigung metallischer Werkstücke erfordert grundsätzlich ein Urformen und im Anschluss daran häufig ein oder mehrere Umformprozesse.

Bei diesen Verfahren wird die Oberfläche mit den verschiedenartigsten Substanzen behaftet und befettet, es bilden sich Fremdschichten auf der Oberfläche. Beispiele dafür sind:

- Kühlmittel auf Kohlenwasserstoffbasis, oft unter Zusatz von Rostschutzkomponenten wie Nitriten, Aminen und anderen Korrosionsinhibitoren,
- Gleitmittel auf Basis von Erdalkali- und Metallseifen,
- Schmiermittel auf Mineralölbasis, langkettige Fettsäuren, Polyester, Chlorparaffine enthaltend,
- Festschmierstoffe, wie Selenide, Sulfide, Graphit, Talk u. a. m.,
- Silikonöle.

Ein Reinigen der Oberflächen erfolgt in Abhängigkeit von der Art der Verschmutzung. Eine Unterstützung der Entfettung kann erfolgen durch:

- Erwärmung bis über den Schmelz- oder Tropfpunkt der Befettung,
- mechanische Bewegung,
- Ultraschalleinsatz und
- elektrolytisch, verursacht durch die Bildung von Wasserstoff- oder Sauerstoffbläschen an der Metalloberfläche beim Stromdurchgang in einer Elektrolytlösung.

Nach der Entfettung ist zur Prüfung auf Fettfreiheit ein Benetzungstest mit destilliertem Wasser vorzunehmen. Das Wasser muss die Metalloberfläche gleichmäßig benetzen und darf nicht abperlen oder Inseln bilden, anderenfalls ist die Entfettung zu wiederholen.

Entfetten in wässriger Lösung

Eine Reinigung in wässriger Lösung nutzt insbesondere den Dipolcharakter des Wassermoleküls aus. Durch Dissoziation und Hydrolyse wirkt es auf Salze und hydrolyseempfindliche organische Verbindungen sowie durch Wechselwirkung mit polaren Gruppen in Molekülen. Zur Unterstützung der Reinigungswirkung wässriger Systeme kommen oft zusätzlich Tenside zum Einsatz. Sie sind längerkettige organische Verbindungen mit hydrophilen Gruppen, wie -COOH oder -OH. Ihre Reinigungswirkung beruht auf der Veränderung der Oberflächenspannung mit dem Ergebnis einer Benetzung, des Ablösens oder Emulgierens der Fremdstoffe. Wässrige Reiniger enthalten meist noch Zusätze, wie Komplexbildner, Inhibitoren und Neutralisationsmittel. Typische Bestandteile wässriger Entfetter enthält die Tabelle 3.6.

Tabelle 3.6: Typische Bestandteile wässriger Entfettungsbäder und ihre Wirkung

Wirkung	anorg. Bestandteile (Builder)	Netzmittel (oberflächenaktiv)	Tenside (grenzflächenaktiv)	org. Zusätze
Benetzung	–	×	×	–
Emulgierung	–	–	×	–
Dispergierung	×	×	×	×
Verseifung	×	–	–	×
Wasserenthärtung	×	–	–	×
Alkalität	×	–	–	–
Puffervermögen	×	–	–	–
Oberflächenaktivierung	×	–	–	×

Entfetten durch Abkochen

Das **Abkochen** erfolgt durch Eintauchen der Werkstücke in alkalische „Waschlauge“, die bis zu 50 g/l NaOH enthalten kann bei etwa 90 bis 100 °C und Tauchzeiten von 10 bis 30 min, je nach Verschmutzung der Werkstücke. Das Entfetten kann durch Einleiten von Dampf oder Pressluft beschleunigt werden. Gespült wird zunächst heiß, dann kalt in nachgeschalteten Behältern. Die Trocknung erfolgt mittels Heißluft. Das Abkochen eignet sich zur serienmäßigen Entfettung in Trommeln bzw. Gestellen. Die Zusammensetzung alkalischer Abkochentfetter enthält Tabelle 3.7.

Tabelle 3.7: Zusammensetzung alkalischer Abkochentfetter

Bestandteil	Rezeptur /1/ $[g \cdot l^{-1}]$	Rezeptur /2/ $[g \cdot l^{-1}]$	Rezeptur /3/ $[g \cdot l^{-1}]$
Na_2CO_3	30	20 - 30	10
Na_3PO_4	60	10 - 20	15
NaOH	10	-	35
$Na_5P_3O_{10}$	-	5 - 15	-
Na_2SiO_3	-	-	10

Tabelle 3.7: *Fortsetzung*

Bestandteil	Rezeptur /1/ [$g \cdot l^{-1}$]	Rezeptur /2/ [$g \cdot l^{-1}$]	Rezeptur /3/ [$g \cdot l^{-1}$]
Komplexbildner	-	2 - 4 (EDTA)	-
Tenside	-	0,2 (nichtionogen)	1[1])
Arbeitsbedingungen			
pH-Wert	12	10 - 11	13 - 14
Temperatur [°C]	80 - 90	70 - 85	90
Expositionszeit [min]	10	5 - 15	5 - 10

[1]) Natriumlaurylsufat
/1/ = für Leiterplattenbasismaterial
/2/ = geeignet für Stahl, Kupfer und Kupferlegierungen
/3/ = zur Universalentfettung, insbesondere für Stahlteile

Entfetten mit Industriereinigern

Die alkalischen, sauren oder emulgierten Reiniger werden meist als 2 bis 10 %ige wässrige Waschlaugen angewendet. Das Entfetten mit Industriereinigern erfordert eine anschließende Spülung mit Wasser bis zur neutralen Reaktion. Anschließendes Trocknen der entfetteten Flächen ist erforderlich.

Entfetten durch Abspritzen

Das Verfahren lässt sich kontinuierlich und diskontinuierlich gestalten und ist zur serienmäßigen Entfettung, insbesondere für sperrige Bauteile geeignet. Die zu entfettenden Bauteile werden mit heißer Waschlauge abgespritzt. Durch rotierende Bürsten kann die Wirkung erhöht werden. Das Spülen erfolgt ebenfalls durch Abspritzen mit warmem Wasser.

Elektrolytisches Entfetten

Es wird angewendet, wenn besonders hohe Anforderungen an die Oberflächenreinheit gestellt werden. Dabei sind die Werkstücke sowohl katodisch als auch anodisch geschaltet, bei Stromdichten von 5 bis 15 $A \cdot dm^{-2}$. Durch die starke Gasentwicklung (Anode = Sauerstoff, Katode = Wasserstoff) wird einerseits die Reinigungswirkung (Turbulenz) unterstützt und andererseits tritt Aerosolisierung der Partikel ein. Zur Anwendung kommen fast ausschließlich alkalische Elektrolyte, die entweder rein alkalisch mit bis zu 100 $g \cdot l^{-1}$ NaOH oder cyanidisch mit bis zu 30 $g \cdot l^{-1}$ NaCN sind. Netzmittel begünstigen die Wirkung. Im Hinblick auf die Arbeitssicherheit erfordert das sich bildende Knallgasgemisch besondere Absaugvorrichtungen.

Entfetten mit organischen Lösungsmitteln

Das Entfetten mit organischen Lösungsmitteln bietet nach ihrer Verdunstung den Vorteil einer trockenen, wasserfreien Werkstückoberfläche. Es erfolgt mit organischen Lösungsmitteln, z. B. aus der Gruppe der halogenierten Kohlenwasserstoffe (HKW), ihrer Untergruppe chlorierte Kohlenwasserstoffe (CKW), wie Trichlorethen (Tri), Tetrachlorethen (Per), Dichlormethan (Methylenchlorid), und der Kohlenwasserstoffe, wie Benzin usw. Kohlenwasserstoffe (KW) sind unpolar und lösen daher gut die schwachpolaren Öle und Fette. Die HKW sind, im Gegensatz zu den KW, nicht entflammbar, beide Gruppen zeigen eine hohe

Flüchtigkeit. Bevor man um die hohe Umweltschädlichkeit der HKW wusste, waren sie die am meisten verwendeten Reinigungs- und Entfettungssubstanzen. Eine drastische Verminderung des Einsatzes bewirkten die Bestimmungen der 2. BImschV, geändert durch Art. 3 GefahrstoffVO-Anpassungs-VO vom 23.12.2004 (BGBl. I S. 3758), FCKW-Halon-Verbotsordnung, zuletzt geändert durch § 9 Chemikalien-OzonschichtVO vom 13.11.2006 (BGBl. I S. 2638) und 31. BImSchV Zitierdatum: 2001-08-21.

Der Umgang mit organischen Lösungsmitteln beim Reinigen und Entfetten erfordert geschlossene Anlagen mit Umluftströmung und Rückgewinnung der Lösungsmittel durch Destillation, für die Anwendung von reinen KW eine explosionsgeschützte Ausführung.

Kohlenwasserstoffreiniger lassen sich über längere Zeit im Kreislauf betreiben, wobei die Fremdstoffe durch geeignete Separation aus dem Kreislauf genommen werden. Im Vergleich zu wässrigen Reinigern und Entfettern ist hier der spezifische Energieaufwand geringer.

Für die CKW vermutet man erbgutverändernde und kanzerogene Wirkungen, sie sind ebenso wie die leichter flüchtigen KW Klimaschadstoffe. KW sind verhältnismäßig schwer wasserlöslich, daher schwach wassergefährdend und chemisch inert.

3.2 Verändern der Topographie

Nach der Systematik der DIN 8580 : 2003-09 sind die Verfahren zur Änderung der Topographie der Verfahrenshauptgruppe Trennen zuzuordnen. Durch Anwendung von abtragenden Verfahren soll die Topografie der Werkstückoberfläche zur Vorbereitung auf nachfolgende Beschichtungs- bzw. Oberflächenumwandlungsverfahren angepasst werden. Abtragende Verfahren gehören ebenso wie das Spanen, Zerteilen oder Reinigen zur Hauptgruppe Trennen. Es sind also alle Fertigungsverfahren, bei denen der stoffliche Zusammenhalt des Werkstückes gemindert wird, unter dieser Hauptgruppe 3 zusammengefasst. Unter der Veränderung der Topographie durch Abtragen wird in dieser Systematik das Abtrennen von Stoffteilchen von der Festkörperoberfläche auf nichtmechanischem Wege bewirkt; mechanische Verfahren wären dann z. B. das Spanen, also Schleifen und Bürsten.

Das Abtragen beinhaltet:

- thermisches Abtragen (u. a. Laser- und Elektronenstrahl, Plasmaabtragen),
- chemisches Abtragen und
- elektrochemisches Abtragen.

3.2.1 Mechanische Verfahren

Die spanenden Verfahren zur Vorbehandlung der Warenoberfläche sind unterteilt nach der geometrischen Bestimmung der Schneidenform. Als typische Beispiele sollen genannt sein:

Schleifen, Gleitschleifen, Polieren und Bürsten. Im weiteren Sinne kann man hier auch die Strahltechniken, wie das Sandstrahlen betrachten.

Am Beispiel des Bürstens von Tafelmaterial soll diese Arbeitsweise vorgestellt werden. Insbesondere erfolgt die Bearbeitung verschmutzter, verzunderter, mit Reaktionsschichten behafteter Oberflächen sowie solcher mit Bearbeitungsgrat.

Bürsten ist ein Spanen, bei dem das Werkzeug, die Bürste, aus gepackten drahtförmigen Gebilden (Borsten) besteht. Ebenso kommen Schleifvlieswalzen in Bürstmaschinen mit automatischer Zuführung zur Anwendung. Das Borstenmaterial ist ein mit Schleifmittel imprägnierter Kunststoff. Die Bürstwalze oszilliert während des Bürstvorganges axial unter Wasserzufuhr. Die so vorbehandelten Oberflächen zeigen ein definiertes Relief, das insbesondere bei Laminierungen oder Lackierungen für die erzielbare Haftung neben der Reinigungswirkung, qualitätsbestimmend ist. Es kann eine manuelle bzw. teilweise mechanisierte und automatisierte Bearbeitung der Oberfläche mit Schleifbändern, Bürstscheiben, Polierscheiben etc. als Vorbehandlung und/oder Zwischenarbeitsgang erfolgen. Der Verfahrensablauf umfasst sowohl die Einzelteilbearbeitung als auch die von Schüttgut und wird als einstufiger, aber teilweise als mehrstufiger Prozess durchgeführt mit der Zielstellung:

- Entfernung von Fremd- und Deckschichten,
- Beseitigung von Oberflächendefekten,
- Erzielung von Struktureffekten, z. B. gewünschte Metalleffekte (Mattglanz) durch Bürsten oder Hochglanz beim Polieren,
- Vergrößerung der wahren Oberfläche (Haftung).

3.2.1.1 Schleifen, Bürsten und Polieren

Oft führt man diese einzelnen Verfahren direkt nacheinander aus. Der Schleifvorgang verläuft so, dass die Spitze des kornförmigen Schleifmittels unter Druck in die Werkstückoberfläche eingreift und entlang der Schleifspur Material abhebt (siehe Bild 3.3).

Bild 3.3: Stahlblech 1.4310 (X10CrNi18-8), bandgeschliffen, Körnung P#120

Zur Anwendung gelangen nahezu ausschließlich Schleifmittel auf Unterlagen und das Gleitschleifen. Zu den Schleifmitteln auf Unterlage zählen Schleifpapiere, Schleifbänder und Lamellenschleifwerkzeuge. Sie bestehen aus drei Grundkomponenten, dem **Trägermaterial** (Unterlage), der **Bindemasse** und dem **Schleifmittel** (Korn).

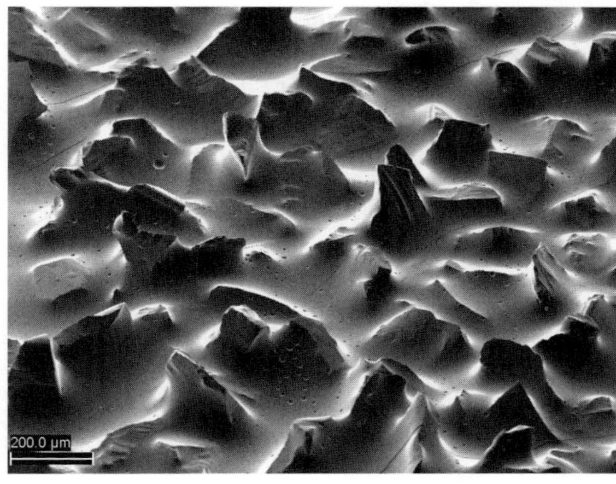

Bild 3.4: REM-Aufnahme von Schleifpapier der Körnung P#120, Bildbreite in den Aufnahmen 3.3 und 3.4 entspr. 1503 µm

Als Unterlage dienen Papier sowie Gewebe aus Natur und Synthesefasern. Den Verbund zwischen Unterlage und Korn vermittelt die Bindemasse, gleichzeitig stützt sie die einzelnen Körner gegeneinander ab. Typische Eigenschaften dieser Schleifmittel, wie sie durch die Herstellungsbedingungen beeinflussbar sind, zeigen die Bilder 3.4 und 3.5. Bindemittel sind der aus tierischen Rohstoffen hergestellte Knochenleim und heute werden zunehmend synthetische Kunstharze und Lacke verwendet, deren Vorteil in der Wasserfestigkeit besteht.

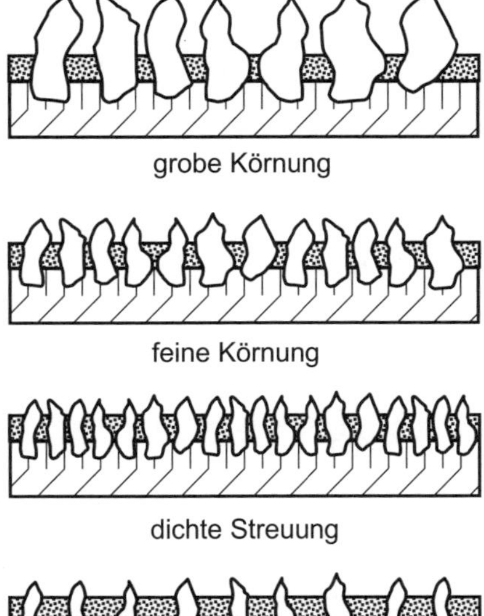

Bild 3.5: Korngröße und Kornverteilung auf Schleifpapieren (schematisch), siehe Tabelle 3.8

Siliziumcarbid (SiC), Kurzzeichen C und Korund (Al_2O_3), Kurzzeichen A, sind die heute bevorzugt verarbeiteten Kornwerkstoffe.

Zur Beurteilung der erzielbaren Bearbeitungsgüte stellt die Körnung des Schleifmittels den Zusammenhang zwischen Oberfläche und Korngröße her (siehe Bild 3.6). Die Körnungsnummer entspricht der Maschenzahl je Inch (25,4 mm) Länge einer Siebseite eines Rüttelsiebes, durch die man das Korngemisch der Schleifstoffe in die Korngrößenfraktionen trennt. Daraus ergibt sich, je feiner das Schleifmittel, desto größer die Kennzahl (siehe Tabelle 3.8).

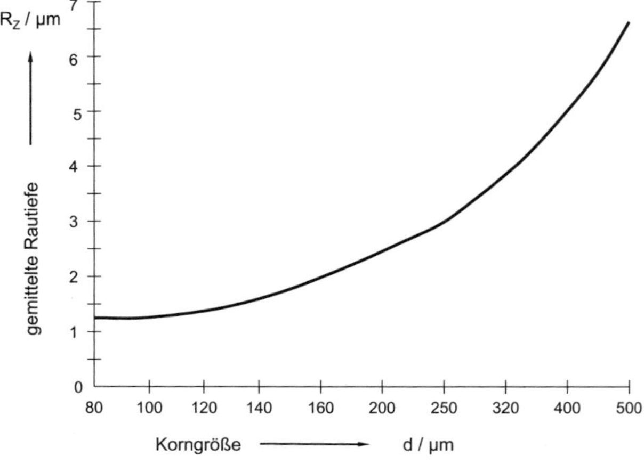

Bild 3.6: Abhängigkeit der gemittelten Rautiefe (R_z) von der Korngröße

Tabelle 3.8: Gegenüberstellung von Körnung und Korngröße nach FEPA P[1]) und DIN ISO 6344 ff

Bezeichnung	Körnungsnummer	Korngröße [µm]
grob	60	297 = 250
mittel	70	250 = 210
	80	210 = 177
	100	149 = 125
	120	125 = 105
	150	105 = 88
	180	88 = 74

Bezeichnung	Körnungsnummer	Korngröße [µm]
fein	200	74 = 62
	220	62 = 53
	240	53 = 45
	280	45 = 37
	320	37 = 31
	400	31 = 27
	500	27 = 22
	600	22 = 18
	800	15 = 11
	1000	11 = 8

[1]) FEPA = Federation of European Producers of Abrasives

Durch Bürsten kann man feine Schleifrisse entfernen, wobei mit Rundbüsten aus Fiber-, Sisal- oder Nylonfasern gearbeitet wird. Auf die Bürsten kann man Schleifpaste oder loses Schleifmittel auftragen oder Schleifvlieswalzen mit in die Lamellen eingelagerten Schleifmitteln einsetzen. Das Schleifkorn ist mit Kunstharz an ein Wirrfaservlies aus verschiedenen Kunstfasern gebunden. Das Resultat ist eine flexible, offene Struktur. Das Material schärft sich selbst und kann für den Trocken- und Nasseinsatz verwendet werden. Das Verfahren (Umfangsgeschwindigkeit 30 bis 40 m/s) wird außerdem bei profilierten Werkstücken, die mit Schleifscheiben oder -bändern nicht bearbeitet werden können, angewandt.

Mit Bürstmaschinen (z. B. Bild 3.7) erreichbare Oberflächengüten veranschaulichen die Bilder 3.8 und 3.9.

Bild 3.7: Bürstmaschine mit Schleifvlieswalze zur Bearbeitung von Leiterplatten

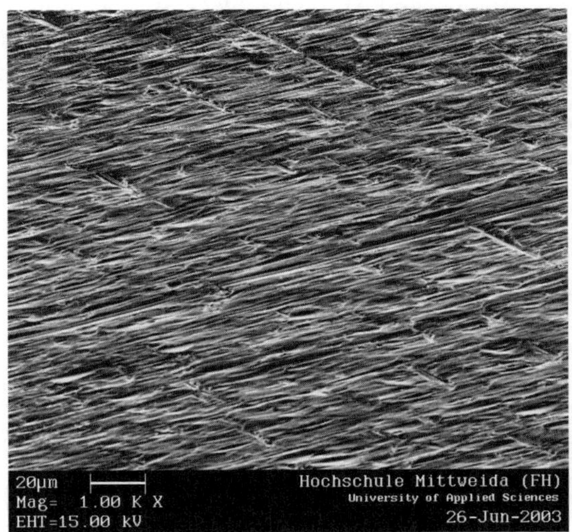

Bild 3.8: REM-Aufnahme von Leiterplattenmaterial, gebürstet (mit Maschine, wie Bild 3.7)

Rt 3,59 Rz 2,87 Ra 0,42

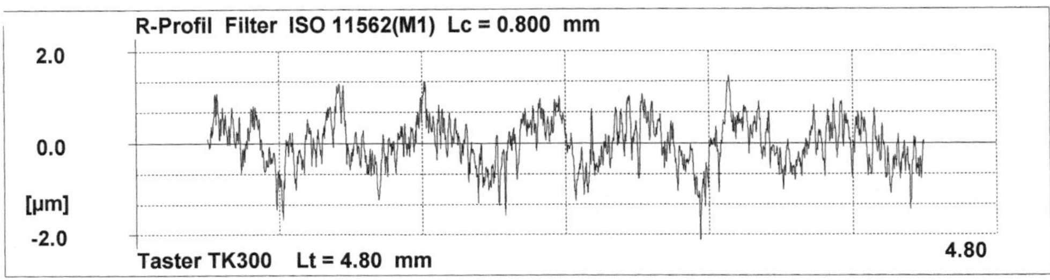

Bild 3.9: Profilogramm der Oberfläche aus Bild 3.8

Läppen (Polierläppen, Polieren)

Das Läppen ist eine Feinbearbeitung, die eine Verminderung der Rauheit, z. B. nach dem Schleifen, und gleichzeitig einen Oberflächenglanz bewirkt.

Bei diesem Verfahren werden u. a. Polierscheiben aus verschiedenen Textilien zusammen mit Polierpasten bei Umfangsgeschwindigkeiten von etwa 30 bis 50 m/s eingesetzt.

Die Polierpasten, bestehend aus in Fett oder Wachs gebundenen Poliermitteln, werden meist in Blockform hergestellt und vor dem Polieren an die rotierenden Scheiben angedrückt. Es können aber auch flüssige Poliermittel als Emulsion über Zerststäuber auf die Polierscheiben gesprüht werden.

Die wichtigsten Poliermittel sind:

- Tonerde (Al_2O_3) zum Polieren aller Metalle,
- Polierrot (Fe_2O_3), besonders geeignet für Edelmetalle,
- Poliergrün (Cr_2O_3) für Stahl und Chrom,
- Wiener Kalk (Gemisch von Kalzium- und Magnesiumoxid), besonders für Nickel und Kupfer.

Neben abtrennenden Vorgängen findet beim Polierläppen durch örtlich hohe Temperaturen auch ein Fließen der Oberflächenschichten statt. Es treten dadurch in einer Schichtdicke von etwa 0,003 bis 0,3 µm Gefügeveränderungen auf. Man nennt diese Schicht nach ihrem Entdecker auch BEILBY-Schicht.

Gleitschleifen bzw. Gleitspanen (auch Entgraten, Trommeln oder Trovalisieren)

Es dient dem Entfernen unerwünschter Reste/Grate, die bei der mechanischen Bearbeitung, z. B. Scherschneiden, entstanden sind, insbesondere für Kleinteile, bei denen andere mechanische Verfahren unwirtschaftlich wären.

Das Verfahrensprinzip ist eine spanende Bearbeitung unter Verwendung von Schleifkörpern und/oder Schleifmitteln. Das maschinelle Gleitschleifen kann als Rotations- oder Vibrationsschleifen durchgeführt werden. Die zu bearbeitenden Werkstücke werden entweder trocken, d. h. ohne Zusätze oder mit Schleifkörpern und Schleifflüssigkeit in rotierenden Trommeln (Rotationsschleifen) oder in vibrierenden Arbeitsbehältern (Vibrationsschleifen) einem Schleifprozess unterworfen.

Schleifkörper sind:

- Stahlkies,
- Gestein in verschiedener Korngröße und
- Korund.

Die Schleifkörper müssen frei von korrodierenden Medien sein. Zur Verhinderung erneuter Korrosion durch die Schleifflüssigkeit können Inhibitoren zugesetzt werden. Nach der Bearbeitung sind die Erzeugnisse zu trocknen. Die Bearbeitungsdauer liegt zwischen 10 und 60 min.

3.2.1.2 Oberflächenbehandlung durch Strahlmittel

Diese Vorbehandlungsmethode besteht im Aufschleudern von Korund oder Stahlkies durch Druckluft oder Zentrifugalkraft, Sandstrahlen, Schleifen, Polieren, Trommeln, Wasserstrahlen, Bürsten, Hämmern und anderen Verfahren.

Strahlentrostung

Die Teilchen des Strahlmittels werden auf die Metalloberfläche geschleudert und lockern bzw. entfernen Zunder und Rost von der Oberfläche. Dabei erfolgt gleichzeitig ein Aufrauen der Metalloberfläche in Abhängigkeit vom Strahldruck und der Teilchengröße des Strahlmittels. Die mittlere Rautiefe soll bei walzfrischem Material 40 µm nicht überschreiten (etwa $^1/_3$ der Gesamtschichtdicke).

Gebräuchliche Strahlmittel sind Korund, Stahlkies, Stahlkugeln, Drahtkorn, Schmirgel, Bronzekies, Hochofenschlacke, Kalziumkarbonat-Granulat, Kunststoffe. Die jeweils günstigste Strahlmittelart und -körnung richten sich nach dem zu strahlenden Material, dem Rostgrad, der Materialstärke, der geforderten Rautiefe und der Anlage selbst und müssen durch Versuche unter Einsatzbedingungen ermittelt werden. Die maximale Korngröße liegt bei metallischen Strahlmitteln unter 1,25 mm, bei Korund und Schlacken unter 2,5 mm.

Druckluftstrahlen

Das Strahlmittel wird mittels Druckluft durch eine Düse auf die Metalloberfläche geschleudert. Das Strahlverfahren kann mit ortsveränderlichen Freistrahlgebläsen oder stationären Strahlgebläsen oder stationären Anlagen mit Strahlmittelrückführung durchgeführt werden. Es ist ein Betriebsdruck von 0,5 bis 0,7 MPa erforderlich.

Es dient dem Entzundern und Entrosten großer Flächen, deren Materialdicke mindestens 3 mm, besser 5 mm beträgt. Auch harte und spröde Anstrichreste können mit entfernt werden. Eine vom Strahlmittel abhängige eventuelle Staubentwicklung ist zu beachten.

Nassstrahlen

Das Nassstrahlen erfolgt im Prinzip wie das Druckluftstrahlen, jedoch unter Verwendung einer 30 bis 40 %igen Strahlmittelsuspension in Wasser, der Inhibitoren zugesetzt werden. Nach Verdunstung des Wassers ist die Oberfläche zwecks Entstaubung abzukehren oder mit Druckluft abzublasen. Die Arbeitsweise ist dem Druckluftstrahlen ähnlich, jedoch insbesondere zum Entfernen von mit Chemikalien belastetem Rost und von Salzrückständen geeignet.

Kugelstrahlen (engl. Shotpeening)

Das „Beschießen“ von Werkstücken erfolgt mit Stahlkugeln, Glasperlen oder anderen Strahlmitteln definierter kugelförmiger Geometrie und Güte.

Ziel des Verfahrens:

- Verfestigung von Bauteiloberflächen,
- Reinigen von oxidierten oder verzundertem Material,
- Mattieren oder Satinieren.

3.2.2 Chemisch-physikalische Verfahren

Von diesen Verfahren zur Vorbehandlung sollen das Beizen, Brennen, Dekapieren, Neutralisieren und Spülen ausführlicher dargestellt werden.

Durch die Wärmebehandlung und das Umformen, ebenso wie durch das Trennen, aber auch während der Lagerung, bilden sich auf der Werkstückoberfläche Deckschichten, wie Oxide, Oxidhydrate oder Salze, z. B. Silikate, Carbonate oder Sulfide und es können Verarbeitungsrückstände verbleiben. Diese Deckschichten müssen entfernt werden, um so eine aktive Oberfläche zu erhalten. Für das Entfernen dieser Schichten werden üblicherweise Lösungen anorganischer Säuren und Säuregemische verwendet. Ihre Konzentration wird in Abhängigkeit von der Art und Stärke der Deckschicht und der Art des Grundmetalls gewählt. Oxidschichten amphoterer Metalle wie Aluminium werden dagegen mit alkalischen Lösungen entfernt.

Durch das nachfolgende Neutralisieren werden in Poren, Rissen oder Sacklöchern der Oberfläche anhaftende Filmreste der Beizlösungen in leicht lösliche Salze überführt und durch ein anschließendes Spülen entfernt.

Bei Nichtbeachtung des Grundwerkstoffes ist natürlich nicht nur der gewünschte Angriff der Deckschichten möglich, sondern auch dessen Auflösung. Für alle chemisch-physikalischen Verfahren ist deshalb die Werkstoffart zu berücksichtigen. So sind z. B. Zinn, Zink und deren Legierungen sowie Aluminium stark alkaliempfindlich.

3.2.2.1 Beizen

Es dient besonders der Entfernung von Zunder und Rost auf Eisenwerkstoffen durch die Anwendung von Beizmitteln. Beim Beizen mit nichtoxidierenden Säuren (z. B. Salzsäure) wird die Zunderschicht durch Wasserstoffentwicklung an der Oberfläche des Metallteils „abgesprengt". Gleichzeitig aber besteht die Gefahr der Wasserstoffaufnahme durch den Werkstoff (Beizsprödigkeit). So ist z. B. bei hochfesten Schrauben daher ein Wasserstoffentspröden durch nachträgliche Wärmebehandlung der Werkstücke vorzusehen.

Beizen unter Auflösen des Metalls

$Fe + 2HCl \rightarrow FeCl_2 + H_2$

$Fe + H_2SO_4 \rightarrow FeSO_4 + H_2$

Beizen unter Rostauflösung

(nicht-reduktive Auflösung)

$Fe_2O_3 + 3H_2SO_4 \rightarrow 2\,Fe^{3+} + 3\,SO_4^{2-} + 3H_2O$

(reduzierend, unter Beteiligung des metallischen Eisens)

$Fe_2O_3 + 3H_2SO_4 + Fe \rightarrow 3Fe^{2+} + 3\,SO_4^{2-} + 3H_2O$

Die letzte Gleichung zeigt, dass die Eisen(III)-schicht unter gleichzeitigem Angriff des Grundmaterials in Lösung geht. Von größter Bedeutung ist deshalb die Einwirkungsdauer der Säure.

Es werden hauptsächlich kontinuierliche Tauch- oder Sprühverfahren in Trommel- oder Gestelltechnik zur serienmäßigen Entzunderung und Entrostung möglichst gleichartiger Bauteile und Werkstücke angewendet. Die Beizzeit ist von der Rostzusammensetzung abhängig. Arbeitsbedingungen für Beizbäder s. Tabelle 3.9. Das Bild 3.10 zeigt die Beizwirkung an einem Baustahl.

Bild 3.10: Beizen eines Baustahles
oben: Ausgangszustand (verrostet), unten: Nach Beizen mit HCl (konz.) bei RT, 5 min.
links: Makrofotos, rechts: REM

Nach dem Beizen sind Spülen und Neutralisation der behandelten Flächen notwendig. Beizmittel- und Eisenkonzentration müssen laufend analytisch überwacht werden. Die Anlagen müssen gegen die eingesetzten Beizmittel beständig sein. Als Werkstoffe kommen deshalb Keramik, PVC, Gummi, säurefeste Steine und hochlegierte Stähle zum Einsatz.

Tabelle 3.9: Arbeitsbedingungen für das Beizen

Beizmedium	Konzentration [%]	Temperatur [°C]	Ausarbeitung [%]
H_2SO_4	5 - 20	40 - 80	2,8
HCl	10 - 20	25 - 30	3 - 5
H_3PO_4	15	ca. 40	3 - 4

Man kann ausgearbeitete Bäder durch Aufheizen oder Nachschärfen (Zugabe von Säure) aktivieren. Beim Beizen werden nicht nur die Korrosionsprodukte abgetragen; auch das Grundmetall wird angegriffen, dadurch entstehen Materialverluste an Beizgut und Beizmittel. Sparbeizen nennt man das Säurebeizen unter Verwendung von Inhibitoren. Inhibitoren vermindern den Angriff der Beizsäuren auf das Grundmetall und senken somit die Materialverluste. Sie werden als industriell gefertigte „Sparbeizzusätze" den Beizbädern in geringer Konzentration zugesetzt.

Elektrolytisches Beizen

Beim elektrolytischen Beizen in verdünnten Säuren oder Alkalilösungen werden die Werkstücke als Katode (katodisches Beizen) oder Anode (anodisches Beizen) an eine Gleichstromquelle geschaltet (siehe auch elektrolytisches Entfetten).

Katodisches Beizen: Starke Wasserstoffbildung am Werkstück bewirkt ein Absprengen von Zunder und teilweise die Reduktion von Oxiden (Gefahr der Wasserstoffversprödung durch Wasserstoffaufnahme).

Anodisches Beizen: Der Zunder wird durch Sauerstoffentwicklung abgesprengt. Es tritt zwar keine Wasserstoffversprödung auf, aber stärkerer Metallabtrag durch das in Lösung gehen der Anode.

Umpolbeizen: Das Werkstück wird durch Umpolen in kurzen Zeitabständen abwechselnd als Katode und Anode geschaltet. Die vorerwähnten Nachteile des katodischen und anodischen Beizens verringern sich deutlich.

Entmetallisieren

Aus den verschiedensten Gründen kann es erforderlich werden, metallische Beschichtungen vor einer Weiterbearbeitung von den Werkstücken zu entfernen. Gründe dafür können unter anderem sein:

- fehlerhafte Schichten, ungenügende Haftung, Blasen, kein Glanz, hohe Porösität,
- Aufarbeitung von Gegenständen mit gealterter Metalloberfläche zur Neubeschichtung.

Eine gleichmäßige Auflösung der Metallschichten kann nur dann erfolgen, wenn Fremdschichten, insbesondere Fette, Wachse und Lacke, aber auch Deckschichten, z.B. Oxide, vorher vollständig entfernt wurden.

Zur Entmetallisierung kommen chemische und elektrolytische Verfahren zum Einsatz (siehe Tabellen 3.10 und 3.11). Die früher angewandten mechanischen Methoden, wie Schleifen oder Bürsten, haben ihre Bedeutung verloren.

Tabelle 3.10: Lösungen zum chemischen Entmetallisieren

Abzulösendes Metall	Grundmetall	Zusammensetzung der Lösung [g · l^-1]	Temperatur [°C]
Ni	Stahl	Variante 1 1000 HNO_3, 10 HCl Variante 2 330 HNO_3, 1200 H_2SO_4	RT RT
	Al	1000 HNO_3	RT
Cu	Stahl	Variante 1 115 NaCN, 55 NaOH, 13 Na_2SO_3, 35 m-Nitrobenzolsulfonsäure Variante 2 250 CrO_3, 15 H_2SO_4	80 - 90 RT
Cr	Stahl, Ni, Cu, Messing	250 - 450 HCl	RT
Zn	Stahl, Cu, Messing	Variante 1 60 - 75 HCl Variante 2 200 NaOH	RT
	Al	400 - 1000 HNO_3	60-80

Tabelle 3.11: Lösungen zum elektrolytischen Entmetallisieren

Abzulösendes Metall	Grundmetall	Zusammensetzung der Lösung [g · l^-1]	Temperatur [°C]	Stromdichte [A · dm^-2]
Ni	Stahl	Variante 1 700 H_2SO_4 Variante 2 500 - 600 $NaNO_3$	RT RT	2 - 10 10 - 20
Cu	Stahl	Variante 1 200 - 400 NaCN (wässrig) Variante 2 100 - 200 Na_2SO_3 Variante 3 150 $(NH_4)NO_3$	RT RT 20 - 30	0,5 - 5 1 - 2 5 - 10
Cr	Stahl, Cu	100 NaOH	RT	5 - 10
Au	Stahl, Cu	90 NaCN, 15 NaOH	RT	0,5 - 2
	Cu-Ni-Zn-Leg.	50 NaCN : 20 $KAl(SO_4) \cdot 12$ 30 $K_4[Fe[CN]_6]$	RT	0,1 - 2

Anmerkung zu den Tabellen 3.10 und 3.11:
Zur Herstellung der jeweiligen Lösung beziehen sich die angegebenen Massen auf die handelsüblichen konzentrierten Säuren mit den Dichten: H_2SO_4: ρ = 1,84 g · cm^-3 HCl: ρ = 1,16 g · cm^-3 HNO_3: ρ = 1,33 g · cm^-3.
Rezepturen nach Gaida, B.; Assmann, K. und Leuze, H., Jelinek, T. W.

Des Weiteren sind die Rückgewinnung von Edelmetallen und die Regenerierung von Galvanikgestellen und Kontakten Verfahren der Entmetallisierung.

Rostumwandlung, Roststabilisierung

Eine **Rostumwandlung** soll den Rost nicht entfernen, sondern durch aufgetragene Chemikalien, wie Phosphorsäure oder Tannin, in beschichtungsverträgliche Eisenverbindungen umwandeln, die bei der Beschichtung auf dem Untergrund verbleiben. Bei der **Roststabilisierung** kann man Rost in verschiedene, auf dem Grundmetall aufwachsende, chemische stabile Oxide (Hämatit und Magnetit) überführen. Eine vorherige Entfernung von lose anhaftendem Roststaub oder grobem Rost, z. B. Plattenrost, ist notwendig.

Die Anwendung solcher Verfahren setzt die Kenntnis der vorhandenen Rostart und -menge voraus, um die zur Rostumwandlung bzw. -stabilisierung notwendige Chemikalienmenge zu ermitteln. Ihre Nutzung könnte als Vorstufe für organische Beschichtungen infrage kommen (z. B. „Streichen auf Rost“).

Dekapieren

Ein kurzzeitiges Beizen zur Entfernung von dünnsten Reaktionsschichten zwischen einzelnen Prozessstufen, z. B. beim Überheben, bezeichnet man als Dekapieren. Als Prozesschemikalien finden verdünnte Säuren, wie verdünnte Salz- oder Schwefelsäure im Konzentrationsbereich zwischen 1 bis 10 %, Anwendung.

Plasmareinigen

Nach der Vorbehandlung mit organischen Lösungsmitteln oder einem vorausgegangenen fotolithografischen Strukturierungsschritt und einer nachfolgenden Beschichtung unter Vakuum ist eine Plasmareinigung angebracht. Im Ergebnis davon weist die Oberfläche eine sehr geringe Restverschmutzung auf, weil hauptsächlich höhermolekulare organische Moleküle unter Einwirkung des Plasmas zu niedermolekularen Bruchstücken zerlegt werden. Mit der Evakuierung lassen sie sich aus der Apparatur entfernen.

3.2.2.2 Elektropolieren

Nahezu alle der bereits dargestellten Vorbehandlungen eignen sich im Allgemeinen immer auch für Stähle. Für hochlegierte Stähle, wie 1.4571 (X10CrNiMoTi18-10) soll auf das Beizen und Elektropolieren, besonders als Methode der Oberflächenbehandlung nach dem Fügen und Spanen hingewiesen werden.

Elektropolieren ist ein Verfahren des elektrochemischen Abtragens ohne formgebende Elektrode, bei dem eine Werkstückoberfläche durch Tauchen in ein spezielles Wirkmedium unter Verwendung einer äußeren Stromquelle eingeebnet wird. Das Werkstück ist dabei anodisch geschaltet, als Voraussetzung dafür, damit Metall an der Werkstückoberfläche in Lösung geht. Die Profilogramme zeigen die Polierwirkung auf einer feingedrehten Welle aus Chrom-Nickel-Stahl (siehe Bild 3.11).

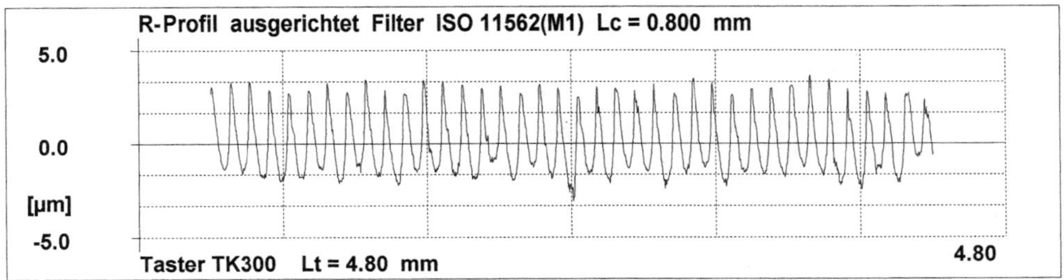

Rt 1,84 Rz 1,65 Ra 0,29

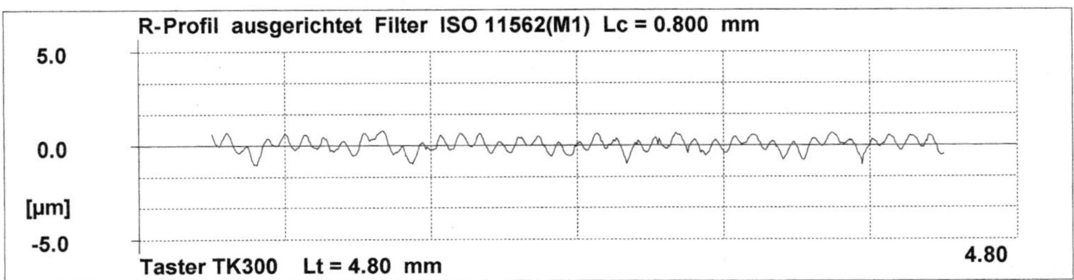

Bild 3.11: Profilogramme einer feingedrehten (oben) und elektropolierten (unten) Cr-Ni-Stahlwelle

Der Abtragprozess erfolgt ohne kristallographisch orientierten Angriff und ohne Veränderung der Gefügestruktur. Zwei Mechanismen sind für den Angriff zu unterscheiden:

- Die Einebnung im Mikrobereich und
- die Feinentgratung im Makrobereich.

Im Verlaufe des Elektropolierens bilden sich an der Phasengrenze Elektolyt/Metalloberfläche unter dem Einfluss des elektrischen Feldes temporäre Deckschichten. Sie bestehen vorwiegend aus Oxiden und Salzen, dem sogenannten Polierfilm. An einer Profilspitze der Oberfläche kann dieser Polierfilm dünner sein als die Schichtdicke in den Tiefen und der Fläche. Die einebnende Wirkung des Elektropolierens ergibt sich daraus, dass der Materialabtrag ausschließlich an jenen „Dünnstellen“ erfolgt. Unterschiedliche Potenziale zwischen Korngrenze und Kornfläche treten weitestgehend in ihrer Wirkung zurück, da sie der entsprechend starke Polierfilm passiviert.

Gleichrangig neben der Einebnung im Mikrobereich steht der Abtrag infolge erhöhter Feldstärke an Ecken und Kanten im Makrobereich. Jener Effekt hat technische Bedeutung zur Feinentgratung von z.B. durch Scherschneiden hergestellten Bauteilen und wird auch als elektrochemisches Badentgraten bezeichnet.

Der anodische Auflösungsvorgang setzt sich aus einer Reihe von Einzelreaktionen zusammen. Bis zum Punkt A der Kurve im Bild 3.12 verhält sich das Metall aktiv und löst sich auf. Im Bereich zwischen B und C ist das Metall passiv und es bilden sich die gewünschten Deckschichten (Polierschicht) aus. Im Punkt C beginnt der transpassive Bereich, der durch die zunehmende Sauerstoffentwicklung gekennzeichnet ist. Der Bereich A bis B stellt ein Gebiet der Instabilität dar. In diesem Bereich wird selten poliert. Der eigentliche Polierbereich liegt zwischen B und C, wobei es ökonomisch ist, möglichst nahe an B zu arbeiten.

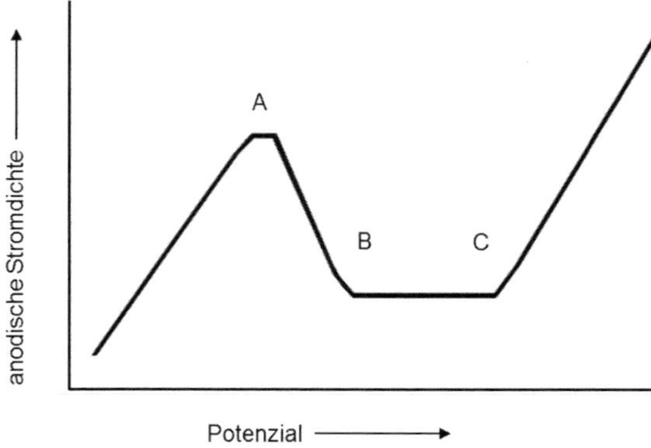

Bild 3.12: Anodische Stromdichte in Abhängigkeit vom Potenzial beim Elektropolieren

Ein Universalelektrolyt, in dem alle Werkstoffe poliert werden können, existiert nicht. Die Elektrolytzusammensetzung, die Arbeitsbedingungen und das zu polierende Metall müssen aufeinander abgestimmt werden. Grundrezepturen für Polierelektrolyte enthalten H_2SO_4, H_3PO_4, Propantriol, $HClO_4$,CrO_3, aber auch auf Basis von NaOH arbeitende sind bekannt.

Durch genügend intensives Elektropolieren lassen sich alle durch vorausgegangene Bearbeitungsvorgänge in der oberflächennahen Zone erzeugten Störungen abbauen, ohne das dadurch erneut Schädigungen in der Oberfläche entstehen, wie das bei allen anderen Verfahren der Fall wäre. Elektropolierte Oberflächen entsprechen in ihren Eigenschaften denen des ungestörten kristallinen Grundgefüges. Sie zeichnen sich deshalb aus durch:

- Optimale Korrosionsbeständigkeit entsprechend dem Grundwerkstoff,
- hohe Reinheit,
- Freiheit von Spannungen und Mikrorissen,
- geringes Adhäsionsvermögen, d. h. günstiges Reinigungsverhalten.

Mit der Anwendung des Elektropolierens verbinden sich auch solche Verfahrensvorteile, wie z. B. das Polieren von Aluminium und Chrom-Nickel-Stählen und das Polieren stark profilierter oder großflächiger Teile (chemische Apparate, Rohrinnenwände).

3.2.2.3 Substrattypische Oberflächenvorbehandlung

Aluminium und Al-Legierungen

Die Oberflächenvorbehandlung von Aluminium und Aluminiumlegierungen beinhaltet Reinigen, Entfetten, Beizen und evtl. Erzeugen von Konversionsschichten. Aluminiumgussteile werden nicht gebeizt, sondern gestrahlt. Die Anlagen und Verfahren zum Entfetten und Beizen entsprechen prinzipiell denen der Vorbehandlung von Eisenwerkstoffen. Den weitaus größten Anteil der Aluminiumerzeugnisse bilden diejenigen, die zu anodisieren sind, siehe Abschnitt 6.5. Ihre Vorbehandlung, insbesondere die von Al-Halbzeugen, ist in DIN 17611 zusammengestellt, einen Auszug daraus enthält Tabelle 3.12.

Zum Entfetten von Aluminiumoberflächen kann man organische Lösungsmittel, wässrige, emulgierte oder schwach alkalische Entfettungslösungen und saure Entfetter mit geringer Phosphatierungswirkung (1 bis 10 % Orthophosphorsäure, technisch 85 %ig) verwenden. Beim Entfetten mit alkalischen Mitteln muss anschließend reichlich mit Wasser gespült werden.

Beizen

Es wird meist alkalisch, selten sauer gebeizt. Als Beizmittel setzt man beim alkalischen Beizen 10 bis 30%ige Natron- oder Kalilauge ein. Die Beizzeit beträgt 1 bis 3 min. Dem Beizen folgt gründliches Spülen mit Wasser und Neutralisieren mit Salpetersäure, 20%ig. Beim sauren Beizen kommt Schwefelsäure und/oder Flusssäure zur Anwendung. Beim Beizen mit Flusssäure sind besondere Schutzmaßnahmen erforderlich.

Erzeugen von Konversionsschichten

Mit dem Ziel, das Haften von organischen Beschichtungen auf der an sich glatten und dichten Aluminiumoberfläche zu verbessern, bringt man Konversionsschichten auf. Dabei sind hauptsächlich Oxid-, Eloxal- und Phosphatschichten von Bedeutung, die oft bei der organischen Beschichtung prozessintegriert sind. Der Ablauf entspricht dem der Herstellung von Konversionsschichten, wie in Kapitel 5.

Tabelle 3.12: Erzielbare Effekte durch Vorbehandlung auf Aluminiumoberflächen (nach DIN 17611)

Symbol	Vorbehandlung	Charakteristik der Oberfläche[1)]
E0	ohne wesentliche oberflächenabtragende Vorbehandlung	anodische Oxidation erfolgt nach Entfetten und Beizen ohne weitere Vorbehandlung. Die herstellungsbedingte Oberflächenmorphologie bleibt erhalten und zeichnet sich ab, auch Korrosionserscheinungen können sich deutlich abzeichnen
E1	geschliffen	Oberfläche erhält ein etwas stumpfes Aussehen. Oberflächenfehler werden weitgehend beseitigt. Struktur schleifkornabhängig
E2	gebürstet	gleichmäßige, helle Oberfläche (Gegensatz zu E1), Bürststriche sichtbar, Kratzer, Feilstriche, Scheuerstellen usw. nur zum Teil entfernt
E3	poliert	glänzende Oberflächen, Kratzer, Feilstriche, Scheuerstellen usw. nur zum Teil entfernt
E4	geschliffen und gebürstet	gleichmäßige, helle Oberfläche, Kratzer, Feilstriche, Scheuerstellen usw. und Korrosionserscheinungen, die nach E0 oder E6 hervortreten können, werden beseitigt
E5	geschliffen und poliert	glattes, glänzendes Aussehen der Oberfläche, Kratzer, Feilstriche, Scheuerstellen usw. und Korrosionserscheinungen, die nach E0 oder E6 hervortreten können, werden beseitigt
E6	chemisch behandelt (in Spezialbeizen)	satinierte bis mattierte Oberfläche, Riefen, Kratzer, Feilstriche lassen sich nicht völlig beseitigen, Korrosionserscheinungen können sichtbar werden
E7	chemisches od. elektrochemisches Glänzen	keine zusätzlichen Informationen
E8	Polieren und chemisches od. elektrochemisches Glänzen	keine zusätzlichen Informationen

[1)] Eine Haupt- bzw. Nachbehandlung erfolgt in allen Fällen durch Anodisieren und Verdichten.

Kupfer

Von oxidierten bzw. angelaufenen Kupferflächen wird die Deckschicht nach vorhergegangener Entfettung durch Bearbeiten mit Schleifvlieswalzen, Strahlen mit Bimsstein/Wasser-Gemisch oder durch Dekapieren in verdünnter H_2SO_4 entfernt. Ein zusätzliches Beizen in $Na_2S_2O_8$ ist ebenfalls möglich. Die Trivialbezeichnung für $Na_2S_2O_8$ ist Natriumpersulfat, eine andere übliche Bezeichnung Peroxidisulfat (nach Nomenklatur: Peroxodisulfat).

Auf glatten Kupferflächen haften Lacke schlecht. Die Vorbehandlung erstreckt sich auf das Entfetten mit organischen Lösungsmitteln und mechanisches Vorbehandeln der Oberfläche. In besonderen Fällen, wie in der Leiterplattentechnik, kann man die Haftung von Fotoresists durch das Sprühstrahlen mit z. B. Bimsmehl deutlich erhöhen.

Zink

Vor allem für eine nachfolgende organische Beschichtung erfordern Spritzverzinkungen und Zinkdruckguss keine besondere Oberflächenvorbehandlung; Zinkblech, feuerverzinkte Bauteile und galvanische Verzinkungen bedürfen einer Vorbehandlung, die im Entfetten und Phosphatieren der Oberfläche besteht. Nach einer Behandlungsdauer bis 30 min wird kalt und warm gespült und danach getrocknet. Ältere, mit einer Zinkkarbonatschicht überzogene Oberflächen werden durch mechanische Verfahren von Staub und Schmutz befreit.

Kunststoffe

Eine Vorbehandlung von Kunststoffen verfolgt meist zwei Ziele. Erstens die Entfettung für das Erreichen einer entsprechenden Benetzbarkeit mit den oben beschriebenen Verfahren und zweitens die Aufrauung der Oberfläche zur Schaffung mechanischer Haftzentren. Ein typisches Beispiel ist die Vorbehandlung von ABS-Kunststoffen und Polypropen zur außenstromlosen Metallisierung (siehe dazu Abschn. 4.1.3 und Bild 4.33), bei denen eine chemische Behandlung erfolgt. Für Kunststoffe, die chemisch schwer angreifbar sind, eignet sich wiederum das Plasma zur Reinigung und Aktivierung. Einen Extremfall stellt die Vorbehandlung von Teflonfolien (PTFE) mit geschmolzenem Natrium dar. Derart behandelte Folien lassen sich verkleben und für besondere Bauteile über eine Aktivierung außenstromlos metallisieren.

3.3 Spülen

Bei nahezu allen, im wässrigen Medium ausgeführten aktiven Behandlungsschritten der Oberflächentechnik folgt im Anschluss daran ein Spülen. Oft wird diese Tatsache in Verfahrensbeschreibungen nicht besonders hervorgehoben. Das Spülen hat zum Ziel:

- den aktiven Prozess definiert zu stoppen,
- die Elektrolytverschleppung zu minimieren und dadurch Badinhaltsstoffe zu sparen,
- eine mögliche chemische Folgereaktion der Oberfläche zu verhindern sowie
- eine Rückgewinnung von Inhaltsstoffen und des Wassers zu ermöglichen.

Geht man beim Spülen von entionisiertem Wasser aus (definierte Reinheit, Wasserhärte) und verwendet geeignete Apparaturen und Technologien, so ergibt sich bei Einhaltung des Spülkriteriums R die geforderte Qualität der Beschichtung. Gleichzeitig lässt sich die seitens des Umweltschutzes und aus betriebswirtschaftlicher Sicht zu stellende Forderung nach Wasser- und Abwassereinsparung erfüllen.

$$R = \frac{C_0}{C_g}$$

Hierin ist C_0 die Konzentration an Salzen im Elektrolyt bzw. der Behandlungslösung und C_g die Gleichgewichtskonzentration im Spülwasser. Das Gleichgewicht stellt sich zwischen den von der Substratoberfläche in das Spülwasser übergehenden Ionen und den auf die Oberfläche zurückkehrenden Ionen ein. Dieser Fall gilt für das nicht strömende Spülwasser. Das entspricht dem Zustand einer **Standspüle**. Der Kehrwert des Spülkriteriums *R* gibt den in der Spüle zu erreichenden Verdünnungsgrad *X* an.

$$X = \frac{1}{R} = \frac{C_g}{C_0}$$

Die Einhaltung des Spülkriteriums *R* und der daraus resultierende Grenzwert der zulässigen Konzentration von Salzen in Spülwasserresten auf der Ware bestimmen die Frischwassermenge. Bei einer eingeschleppten Elektrolytmenge *D* in l/min gilt für die erforderliche Frischwassermenge *W* in l/min:

$$W = D \cdot R$$

In Worten ausgedrückt: Die erforderliche Frischwassermenge zur Durchführung eines Spülschrittes wird durch das Spülkriterium *R* und der in das Spülwasser eingeschleppten Elektrolyt- oder Lösungsmenge *D* beeinflusst. Der Wasserbedarf steigt mit der Konzentration des eingeschleppten Elektrolyten und der in der Zeiteinheit gespülten Fläche.

An allen Warenflächen haften Reste der Behandlungslösungen an. Dazu liegen zahlreiche Untersuchungsergebnisse vor. Allgemein kann man sagen:

- Hochkonzentrierte Elektrolyte (z. B. Nickel) ergeben hohe Ausschleppverluste, sie betragen für ebene, vertikale Flächen etwa 40 bis 70 ml/m^2.
- Bei Mindestabtropfzeiten von 6 bis 10 s streben die Ausschleppverluste dem Minimum zu.
- Durch Zusatz von Netzmitteln ist es möglich, die Ausschleppverluste um ca. 20 bis 30 % zu minimieren.

Für *R* setzt man in der Praxis Erfahrungswerte zur Ermittlung des Frischwasserbedarfes beim Spülen ein. Werte für das Spülkriterium enthält Tabelle 3.13.

Tabelle 3.13: In der Praxis anzuwendende *R*-Werte

Schritt	Spülkriterium *R*
Entfetten	500 - 1000
Beizen	1000 - 2000
Metallisieren	2000 - 5000
Nickel	6000
Metallisieren (cyanidisch)	10 000
Chrom	10 000 - 30 000

Zur Erzielung anspruchsvoller Endoberflächen auf den Gebieten Optik, Elektronik, Vakuumtechnik und Si-Technologie sind Spülkriterien von 100 000 und mehr erforderlich. Das Spülen kann in Abhängigkeit von den Erfordernissen und Gegebenheiten mit vollentsalztem Wasser, Trinkwasser oder Kreislauf- bzw. Brauchwasser erfolgen.

Technisch am einfachsten zu verwirklichen ist das Tauchspülen, wobei man die Ware in ein konstantes Spülwasservolumen eintaucht. Mit der Anzahl der „Tauchungen" steigt die Konzentration der eingeschleppten Elektrolytmenge. Diese Spültechnik bezeichnet man als Standspülen. Durch einen ständigen Zustrom an Frischwasser lassen sich die Nachteile des Standspülens auf Kosten eines höheren Wasserverbrauches beheben, das Fließspülen. Einstufenspülen, unkontrollierter Frischwasserzulauf und ungenügende Warenbewegung erhöhen den Wasserbedarf und verschlechtern das Spülergebnis. Es liegt nahe, Spültechniken miteinander zu kombinieren und damit die Vorteile zu nutzen und die Nachteile möglichst gering zu halten. Realisiert wird dies zum Beispiel durch eine Mehrfachspülkaskade mit nachgeschaltetem Fließspülbad.

Bei der Kaskadenspülung wird in einer Reihe von Spülbehältern das Wasser aus dem jeweils vorherigen in den nachfolgenden geleitet. Das Spülwasser und die zu spülenden Werkstücke bewegen sich dabei im Gegenstrom, wobei die Werkstücke zuletzt in dem Behälter gespült werden, in den das Frischwasser zugeführt wird und zuerst in dem Spülbehälter mit der höchsten Elektrolytkonzentration.

Diese Erkenntnisse für die Spülpraxis spiegeln die Ergebnisse in Tabelle 3.14 wider.

Tabelle 3.14: Spültechnologie und Frischwasserbedarf

Prinzip	**einstufig**	**mehrstufig**		**Gegenstrom**	
Stufenzahl	1	2	3	2	3
Frischwasser [%]	100	71	27	31	1

Für flache und glatte Werkstücke, wie z. B. Leiterplatten, eignet sich besonders das Spritzspülen. Das Spülwasser wird unter Druck aus Spritzdüsen auf die Werkstückoberfläche aufgesprüht und damit kann man eine hohe Anreicherung des Elektrolyten im Spülwasser erreichen. Eine Anlage benötigt im Prinzip nur eine einzige Spritzspülstation, allerdings gestattet das keine Getrenntführung der Spülwässer.

Zusätzlich dazu sind einfache Maßnahmen in begrenztem Umfang möglich, um die Badverschleppung in das Spülwasser zu vermindern. Diese sind:

- Entfernen des Elektrolytfilmes durch Abtropfen lassen, Abquetschen, Abstreifen, Abblasen, Absaugen, Abschleudern sowie Abrütteln,
- abtropfgerechtes Konstruieren (kleine glatte Flächen; keine Schöpf- oder Kapillarwirkung),
- niedriger konzentrierte Bäder,
- erhöhte Badtemperatur (bedeutet geringere Viskosität),
- verminderte Ausfahrgeschwindigkeiten.

Auf das Spülen nach dem letzten Beschichtungsschritt schließt sich das Trocknen an, mit dem Ziel, den Wasserfilm sehr rasch und gleichmäßig von der Warenoberfläche zu entfernen, um z. B. ein Anlaufen oder die Fleckenbildung zu vermeiden. Oft setzt man der letzten Spüle ein Netzmittel zu.

Zusammenfassung

Definierte Oberflächen vor und nach der Beschichtung

- Die Vorbehandlung hat zum Ziel, eine definierte Substratoberfläche zu erzeugen, als Voraussetzung für festhaftende Beschichtungen oder Umwandlungen.
- Die Auswahl des Verfahrens ist abhängig vom Substratmaterial, der Art der Verunreinigungen und der Oberflächentopographie.
- Die Vorbehandlungsverfahren lassen sich einteilen in:
  - werkstoffliche und strukturelle Veränderungen in der Randzone und dem angewandten Wirkprinzip.
- Bei der Beurteilung des Ausgangszustandes von Werkstückoberflächen sind zu unterscheiden:
  - bisher unbeschichtete Oberflächen und
  - Oberflächen mit Beschichten aus Vorprozessen.
- Das Ziel der Reinigung von Werkstücken vor einer Beschichtung besteht in:
  - der Beseitigung von Anhaftungen und Verschmutzungen,
  - dem Entfernen von Ölen, Fetten und Wachsen u. a. m.,
  - dem Entfernen von Deckschichten, wie Oxide, Silikate, Carbonate und Sulfide.
- Methoden der Reinigung sind im Wesentlichen chemische und physikalische Verfahren, wie:
  - Anwendung wässriger Medien, die Säuren bzw. Alkalien oder Tenside enthalten,
  - Entfetten mit organischen Lösungsmitteln,
  - mechanische Verfahren, wie Schleifen, Bürsten, Polieren und Läppen,
  - Plasmareinigung.
- Die Wirksamkeit der gewählten Vorbehandlungsmethode ist oft an Spülprozesse gebunden.
- Für alle Verfahren ist die Art des Grundwerkstoffes zu beachten, da auch dessen Angriff erfolgen kann.

Literatur

BAUMGÄRTNER, E. M.; GABE, D. R.: *Elektrochemisches Prüfverfahren zur Bestimmung der Reinheit von Metalloberflächen*, Jahrbuch der Oberflächentechnik 53/1997, Eugen G. Leuze Verlag Saulgau, S. 283 - 308

BAYER, U.; HENNING, A.: *Elektrochemische Oberflächenbehandlung von Werkstoffen der Elektronenstrahllithographie*, Galvanotechnik, 94 (2003) 5, S. 1130 - 1133

BUHLERT, M.; PLATH, J.; VISSER, A.: *Aspekte des Elektropolierens von Aluminium*, Galvanotechnik, 93 (2002) 5, S. 1226 - 1232

DAHMEN, N.; SCHÖN, J.; SCHMIEDER, H.: *Teilereinigung mit komprimiertem Kohlendioxid*, Metalloberfläche 6/98, S. 438 - 440

ENGEMANN, B.; KRÜMMLING, F.: *Ergebnisse einer technologisch-wissenschaftlich orientierten Lohngalvanik* in: www.10galvaniken.de/Statusseminare/Leipzig/TechnologischeLohngalvanik.pdf, zuletzt aufgerufen 20.07.2014

FALLOT, J.-F.: *Wirtschaftliche und umweltgerechte Teilereinigung*, Galvanotechnik, 93 (2002) 6, S. 1608 - 1610

FESSMANN, J.: *Reinigen und aktivieren von Oberflächen im Plasma*, Metalloberfläche (1992) 2, S. 83 - 88

GAIDA, B.; ASSMANN, K.: *Technologie der Galvanotechnik*, Eugen G. Leuze Verlag Saulgau/Württ., 1996

GERSTENBERG, K.W.: *Metallreinigung mit Korona-Entladung*, Metalloberfläche (1997) 8, Sonderdruck

GRÜN, R.: *Reinigen und Vorbehandeln - Stand und Perspektiven*, Galvanotechnik 90 (1999) 7, S. 1836 - 1844

HAASE, B.: *Wie sauber muß eine Oberfläche sein*? Journal für Oberflächentechnik (1997) 4, S. 52 - 57

HAASE, B.: *Reinigungs- und Vorbehandlungsverfahren* in: ftp://vt4875.hs-bremerhaven.de/Bauteilreinigung%20Haase/Reinigungs-%20und%20Vorbehandlungsverfahren%20120904%20Brigitte%20Haase.pdf; zuletzt aufgerufen 20.07.2014

ISO 8502-12 (2000/04): Preparation of steel substrates, before application of point and releated products ...

ISO 8502-13 (2000/04): Preparation of steel substrates, before application of point and releated products ...

JANCKE, G. (v. i. S. d. P.): *Reinigung und Entschichtung von Metalloberflächen*, Informationsblatt, Herausgegeben von der Sonderabfallgesellschaft Brandenburg/Berlin mbH, Juni 2004

LANDAU, U.: *Reinigung in die Fertigung integrieren*, Metalloberfläche (2000) 3, S. 16 - 25

LEUZE, H.; JELINEK, T. W. (Hrsg.): *Praktische Galvanotechnik*, Eugen G. Leuze Verlag Saulgau, 4. Auflage, 1988

LUTTER, E.: *Die Entfettung - Grundlagen, Theorie und Praxis*, 2. Auflage, Eugen G. Leuze Verlag Saulgau, 1990

MOLZ, Th.: *Wässrige Reinigung metallischer Oberflächen*; Referat, Technische Akademie Wuppertal, Vorbehandlung von Metalloberflächen, 2001

PENZ, O.; BRUNN, K.; JANSEN, R.: *Prozesssicherheit in der Galvanotechnik*, Metalloberfläche (2002) 6, Sonderdruck

Plasmagestützte Verfahren der Oberflächentechnik, Firmenschrift Linde AG, Arbeitskreis Plasmaoberflächentechnologie, ohne Jahr

POHL, M.: *Elektropolieren und Mikrostrukturieren metallischer Werkstoffe*, Institut für Werkstoffe, Ruhr-Universität Bochum, http://www.dgm.de/past/2004/metallographie/download/686_78.pdf, zuletzt aufgerufen 20.07.2014

RITUPER, R.: *Vorbehandlung als Herausforderung*, Metalloberfläche (1998) 10, S. 766 - 771

SCHALLER, A.; BETHKE, M.: *Reinigungskontrolle in Sekunden*, Journal für Oberflächentechnik 7/2003, S. 54 - 57

STILES, M.; HAUSNER,T.: *Überprüfung der Reinigungsqualität und Restschmutzbestimmung* - Teil I, Journal für Oberflächentechnik 6/1998, S. 66 - 71; Teil II, Journal für Oberflächentechnik 7/1998, S. 58 - 63

4 Abscheidung von Metallschichten

Das Ziel der Metallisierung von Substraten besteht darin, die besonderen Eigenschaften des Schichtmetalls dem Erzeugnis für seine spezifische Verwendung aufzuprägen, wobei die Eigenschaften des Trägermaterials in diesem Zusammenhang sekundär sind. Steht der Schichtwerkstoff als Ausgangspunkt der Überlegungen aufgrund bestimmter Eigenschaftsforderungen fest, ergeben sich daraus die Auswahlmöglichkeiten der Abscheidungsverfahren und daran gebunden das Trägermaterial. Ebenso gut kann aber in der Praxis die umgekehrte Abfolge dieses Bedingungsgefüges auftreten, wenn der Trägerwerkstoff der Ausgangspunkt ist, sodass eine Entscheidung immer beide Betrachtungsrichtungen beinhalten wird. Letztendlich aber bestimmt die Wirtschaftlichkeit die jeweilig getroffene Auswahl.

Von allen anderen Werkstoffgruppen heben sich die Metalle und ihre Legierungen durch die hohe elektrische und thermische Leitfähigkeit ab. Darüber hinaus zeichnen sie sich durch besondere Duktilität, Härte, Verschleißwiderstand, thermische Stabilität, in einigen Fällen Korrosionsbeständigkeit und hohes Reflexionsvermögen aus. Eine Übersicht anhand ausgewählter Beispiele zu Werkstoffen, Abscheidungsverfahren, genutzten Eigenschaften und typischen Anwendungsfällen fasst Tabelle 4.1 zusammen. Bei den ECD-Verfahren* finden die wenig gebräuchlichen Metalle, wie z. B. Al, Fe, Co, Mn und W keine Berücksichtigung.

Tabelle 4.1: Übersicht zu Verfahren zur Abscheidung metallischer Schichten

Verfahren	Schichtwerkstoff	Eigenschaften	Anwendungsbeispiele
ECD mit Außenstrom (Elemente)	Zn	korrosionsbeständig, spröde	Korrosionsschutz für Normteile, Stahldraht, -band, -blech, Hydraulikarmaturen
	Sn	korrosionsbeständig, duktil, weichlötbar, physiologisch unbedenklich	Weißblech, Leiterplatte, Bauelementeanschlüsse
	Cr	korrosionsbeständig, hart, verschleißfest, glänzend	Dekor und Korrosionsschutz, Kolbenringe, Zylinderbuchsen, Hydraulikarbeitszylinder und -kolben

* vgl. Abschnitt 4.1

Tabelle 4.1: *Fortsetzung*

Verfahren	Schichtwerkstoff	Eigenschaften	Anwendungsbeispiele
ECD mit Außenstrom (Elemente)	Ni	korrosionsbeständig, wenig duktil, glänzend, ferromagnetisch	Zwischenschicht für Cr und Au, Galvanoformung, galvanische Bindung von Schleifmitteln
	Cu	duktil, weichlötbar	Leiterplatte, Galvanoformung, Unterschicht für Ni und Cr, Abdeckung für partielles Einsatzhärten
	Cu/Ni/Cr	korrosionsbeständig	Korrosionsschutz als Schichtfolge
	Ag	höchste elektrische und thermische Leitfähigkeit, weich, heller metallischer Glanz	Dekor, Kontaktschicht, Schmuck, Besteck und Tafelgeschirr, Galvanoformung
	Au	korrosionsbeständig, goldglänzend, duktil, gute elektrische und thermische Leitfähigkeit	Dekor, elektrische und elektronische Bauelemente (Kontakte)
	Platinmetalle (Ru, Rh, Pd, Pt)	hohe Verschleißfestigkeit, korrosionsbeständig	Dekor, elektrische und elektronische Bauelemente (Kontakte)
ECD mit Außenstrom (Legierungen)	Sn/Pb[1)]	weichlötbar, korrosionsbeständig, geringe Whiskerbildung	Leiterplatte, Bauelemente der E-Technik
	Sn/Ni	weichlötbar, korrosionsbeständig	Dekor, Korrosionsschutz, elektrische und elektronische Bauelemente
	Sn/Zn	weichlötbar, korrosionsbeständig	Korrosionsschutz, elektrische und elektronische Bauelemente
	Cu/Zn (Messing)	weichlötbar, korrosionsbeständig, goldgelb	Dekoration, Haftgrund für Gummi
	Ag/Pd	verschleißfest, dekorativ, anlaufbeständig gegen H_2S, abriebfest	Kontakte, Korrosionsschutz
	Au-Legierungen mit Co oder Ni	korrosionsbeständig und abriebfest	Kontakte
	Pd/Ni	korrosionsbeständig und abriebfest	Kontakte

[1)] beachte RoHS

Tabelle 4.1: *Fortsetzung*

Verfahren	Schicht-werkstoff	Eigenschaften	Anwendungsbeispiele
ECD außen-stromlos	Ni/P	verschleißfest, diffusionsfest, ferromagnetisches Verhalten variierbar	Korrosions- und Verschleißschutz, Beschichtung komplizierter Geometrien einschließlich Innenmetallisierung, Metallisierung nichtleitender Substrate
	Cu	gute elektrische Leitfähigkeit, hohe Haftfähigkeit, weichlötbar	Strike-Schicht für Kunststoffgalvanisierung, Leiterplatte
	Sn	weichlötbar, anlaufbeständig	Leiterplatte, elektrische und elektronische Bauelemente, Selektivverzinnung
	Ag	stark reflektierend	Spiegelherstellung
	Au	korrosionsbeständig, gute elektrische Leitfähigkeit	Selektivvergoldung
Schmelz-tauchen	Zn	korrosionsbeständig, hart, spröde, haftfähig	Feuerverzinken von Stahlteilen
	Sn	korrosionsbeständig, duktil, weichlötbar, physiologisch unbedenklich	Feuerverzinnen, Herstellung von Weißblech, Kupferdraht
	Al	heißgasbeständig	Feueraluminieren von Rauchgassystemen
PVD-Auf-dampfen	Al	hohes Reflexionsvermögen	Reflektoren für Scheinwerfer, Oberflächenspiegel, Compactdisk (CD), Metallisierung von Papier und Kunststofffolien
	Cr	haftfähig, hohe Härte	Metallmasken (auf Glas), Strike-Schicht, Spiegel, Filter, Wärmereflexionsschichten
	Fe, Co	ferromagnetisch	Speicherschichten
	Ga, In, Sb		Dotierungsmaterial für Halbleiterschichten
	Se	fotoelektrisch	Elektrofotografie (z. B. Kopierer)
	Au	korrosionsbeständig, hohes Reflexionsvermögen	halbdurchlässige Spiegel, Filter, lichtdurchlässige Leitschichten (LCD)
	Cu	hohe elektrische Leitfähigkeit	Strike-Schicht
	Ni/Cr	spez. elektrischer Widerstand hoch	Metallschichtwiderstände
	SiO	verschleißfest	Antireflexschicht, kratzfeste Kunststoffbrillengläser
	Me-Fluoride	unzersetzt aufdampfbar	Dekoration (Auroraeffekt)

Tabelle 4.1: *Fortsetzung*

Verfahren	Schicht-werkstoff	Eigenschaften	Anwendungsbeispiele
PVD-Sputtern	Cr	haftfähig, hohe Härte	Metallmasken (auf Glas), Spiegel, Filter, Wärmereflexionsschichten
	Cu bzw. Au	hohes Reflexionsvermögen für IR	Architekturverglasungen
	Ni/Cr	spez. elektrischer Widerstand hoch	Metallschichtwiderstände
	Me-Oxide	supraleitend	hochtemperatursupraleitende Schichten (HTSL)
	Fe, Co	ferromagnetisch	Speichermedien
	Tantalnitrid	hart, verschleißfest	Hartstoffschichten
	In-Sb-Oxid	halbleitend	Displaytechnik, LCD
	SiO_2	hoher spez. elektrischer Widerstand	Isolierschichten, integrierte Schaltung
Chemisch-thermische Verfahren	Al (Alitieren)	korrosionsbeständig, metallischer Glanz	Industrieofenbau, Abgasleitungen, Graugussteile (hoher C-Gehalt)
	Cr (Inchromieren)	korrosionsbeständig, metallischer Glanz	Schutz vor Oxidation und Korrosion des Grundwerkstoffes bis 800 °C, besonders auf Nickelwerkstoffen
	Zn (Sherardisieren)	korrosionsbeständig	Schüttgutteile (Schrauben, Bolzen, Nägel)
Plattieren	hochlegierte Stähle, Nickellegierungen, Kupfer-Zink-Legierungen, Ti, Mo, W, Ta	korrosionsbeständig, dekorativ	Kesselbau, chem. Apparatebau, Thermobimetalle, Halbzeuge, Wärmetauscher, Konstruktionsteile an Bohrplattformen, Meerwasserentsalzungsanlagen, Messerverbundstahl, Münzen, Gürtlerwaren
Metall-spritzen	Al, Zn, Cr-Ni-Stähle, Cu- Legierungen, Co-, Ni-Leg.	korrosionsbeständig, dekorativ, verschleißfest	Gleit- u. Leitschichten, Verschleißschutz (Getriebeteile), Dekorationszwecke, Reparaturtechnik

4.1 Beschichten durch ECD

4.1.1 Einleitung

Mit zu den ältesten Methoden der Metallisierung von Oberflächen gehört die Elektrochemische Metallabscheidung, für die auch das Kürzel ECD (von engl.: *electrochemical deposition*) steht. Besonders im industriellen Anwendungsbereich haben sich die ECD-Verfahren fast ausschließlich in Form der Galvanotechnik in hohem Maße auf empirischer Grundlage entwickelt, sich aber als universell anwendbare und leicht zu modifizierende Verfahren in vielen Bereichen der verarbeitenden Industrie und dem Handwerk etabliert.

Unter elektrochemischer Abscheidung soll im Weiteren verstanden werden: Die Bildung von Metallschichten durch Entladung von Metallionen aus wässrigen Salzlösungen oder Salzschmelzen durch Aufnahme von Elektronen. Elektronenquellen sind entweder die elektrische Stromquelle (galvanische Abscheidung), ein Reduktionsmittel im Elektrolyt (chemisch-reduktive Abscheidung) oder das in den Elektrolyt getauchte unedlere Metall (Zementation).

Fließen die Elektronen, die die Entladung der Ionen bewirken, über einen äußeren Stromkreis, sprechen wir von der ECD-Technik mit Außenstrom; auch galvanische Abscheidung genannt. Liefert ein Reduktionsmittel im Elektrolyt die erforderlichen Elektronen, handelt es sich um die außenstromlose Abscheidung *(electroless plating)*. In der Literatur wird diese Art der Abscheidung auch chemisch-reduktive, autokatalytische und chemische Metallisierung genannt.

Unter Galvanotechnik verstand man ursprünglich nur die Abscheidung von Metallen aus wässrigen Lösungen unter der Wirkung von Gleichstrom. Der Tatsache Rechnung tragend, dass die Schichteigenschaften wesentlich durch die Methoden der Vor- und Nachbehandlung bestimmt werden, ist der Begriff Galvanotechnik in diesem Sinne erweitert worden.

Immer waren Galvanotechnik und naturwissenschaftlicher Fortschritt auf das Engste verbunden. Mit den bekannten Versuchen an Froschschenkeln durch Luigi Galvani im Jahre 1789, unter Anwendung einer elektrochemischen Spannungsquelle, war die als Galvanismus bezeichnete physiologische Wirkung von elektrischem Strom entdeckt und für weitere elektrochemische Prozesse der Name Galvanik geprägt.

Im Jahre 1800 stellte Alessandro Volta, aufbauend auf Galvanis Untersuchungen, die erste technisch anwendbare Spannungsquelle her, die „Voltasche Säule". Sie bestand aus wechselseitig gestapelten Zink- und Silberplatten mit in Säure getauchten Filzzwischenscheiben. Ebenfalls auf Volta (1801) geht die elektrochemische Spannungsreihe der Metalle zurück.

Mit dem von Robert Wilhelm Bunsen 1830 erfundenen Kohle-Zink-Element und dem 1838 erstmals beschriebenen Daniell-Element mit dem Aufbau $Cu/CuSO_4//ZnSO_4/Zn$ standen leistungsfähigere elektrochemische Spannungsquellen zur Verfügung. Trotzdem vergingen bis zur technischen Nutzung der Galvanotechnik in Industrie und Handwerk noch Jahrzehnte.

Erst durch die Erfindung des Prinzips der Dynamomaschine durch Werner von Siemens 1866 wurde es möglich, die für galvanische Verfahren benötigten Ströme auf wirtschaftlich vertretbare Weise bereitzustellen. Mit der Entwicklung von Elektrotechnik und Elektronik kann man heute Strom und Spannung in ihrem zeitlichen Verlauf und ihrem Betrag wesentlich genauer messen und reproduzierbar einstellen.

Im Jahre 1805 gelang LODOWICO BRUGNATELLI das Vergolden von Silbermedaillen aus ammoniakalischer Lösung. Es gilt dies als Geburtsstunde der Galvanotechnik. MORITZ HERMANN VON JACOBI (auch BORIS SEMENOVICH JACOBI) begründete in der ersten Hälfte des 19. Jahrhunderts die Galvanoplastik, indem er Medaillen durch Abscheidung von Kupferschichten aus schwefelsauren Elektrolyten abformte.

Ein entscheidender Entwicklungsschritt zur Nickelabscheidung gelang im Jahre 1916. O. P. WATTS trat mit der Rezeptur eines Ni-Elektrolyten aus $NiSO_4$, $NiCl_2$ und H_3BO_4 an die Öffentlichkeit, dem sogenannten WATTS-Typ, der bis heute Basisrezeptur vieler kommerziell vertriebener Nickelelektrolyte ist. Dazu zählen z. B. die nach 1930 von M. SCHLÖTTER entwickelten Glanznickelelektrolyte mit organischen Zusätzen.

Schon sehr früh arbeitete man auch an der galvanischen Abscheidung von Legierungen aus Kupfer und Zink. Die Firma WILD & WESSEL Berlin z. B. konnte im Jahre 1894 bereits auf 50 Jahre Erfahrung bei der Abscheidung von Cu-, Ni-, Messing- und Bronzeschichten in der Lampenfertigung zurückblicken.

Auch die Abscheidung von Chromschichten gehört schon seit langem zum Leistungsspektrum der Galvanotechnik. Mit dem Erscheinen des Buches *„Die Verchromungsverfahren"* von W. PFANNHAUSER 1926 hatte auch die Verchromung einen modernen Stand erreicht.

Anfangs dienten Kupferschichten als Zwischenüberzug vor der Nickel- und Edelmetallabscheidung, oft auch als Grundlage für nachfolgende Metallfärbetechniken. Im Zusammenhang mit der Galvanoplastik hatte die Kupferabscheidung eine besondere Bedeutung. Als Folge des zunehmenden Einsatzes von Eisenwerkstoffen entstand der Bedarf nach Korrosionsschutzverfahren von Stählen durch galvanische Beschichtung in der klassischen Schichtfolge cyanidisch Kupfer, sauer Kupfer, Nickel und Chrom. Kupferelektrolyte mit neuen Eigenschaften waren notwendig für die Leiterplatten- und LIGA-Technik.

JOHANN WILHELM RITTER (um 1800 in Jena) untersuchte die Beziehungen zwischen elektrischen und chemischen Wirkungen, ähnlich wie vordem schon GALVANI und VOLTA. Er kam zur Erkenntnis, dass die Metalle der VOLTAschen Spannungsreihe so aufeinander folgen, wie sie sich aus ihren Lösungen verdrängen lassen. Er fand damit eine wichtige Beziehung der Elektrochemie. Für die Erforschung der Vorgänge bei der Elektrolyse ist unbedingt MICHAEL FARADAY zu nennen. Im Jahre 1829 konnte er auf Basis seiner Experimente das elektrochemische Äquivalent definieren und unmittelbar damit im Zusammenhang stehend die beiden FARADAYschen Gesetze ableiten.

Bei Konzentrationsmessungen an Elektrolyten stellte JOHANN WILHELM HITTORF 1853 fest, dass in Elektrodennähe unterschiedliche Wanderungsgeschwindigkeiten der Ionen gegenüber dem Elektrolytvolumen bestehen, besonders deutlich bei OH^-- und H^+-Ionen. SVANTE ARRHENIUS legte 1887 mit seiner „Theorie der elektrolytischen Dissoziation" das Fundament zur wissenschaftlichen Bearbeitung elektrochemischer Vorgänge. Aus seinen Arbeiten und denen von WILHELM OSTWALD leiten sich die maßgebenden Größen zur Charakterisierung von Elektrolyten wie Dissoziationsgrad, Dissoziationskonstante und Aktivitätskoeffizient ab. Zu Beginn des 20. Jahrhunderts untersuchte WALTER NERNST die elektrochemischen Vorgänge an Elektrodenoberflächen genauer und formulierte quantitative Zusammenhänge, die vornehmlich in der NERNSTschen Potenzialgleichung zum Ausdruck kommen. Bei seinen Betrachtungen konnte W. NERNST von dem von HERMANN VON HELMHOLTZ 1861 entwickelten Modell der starren elektrischen Doppelschicht an der Phasengrenze Metalloberfläche/Elektrolyt ausgehen. Der damit erreichte Erkenntnisstand zu elektrochemischen Vorgängen stellte die Galvanotechnik auf ein wissenschaftliches Fundament.

Oft wird die elektrochemische Abscheidung von Metallen einseitig als galvanische, im engeren Sinne mit Außenstrom, behandelt. Praktisch sehr bedeutende Verfahren verlaufen aber außenstromlos. Eine erste Beschreibung von außenstromloser Metallisierung gibt JUSTUS VON LIEBIG 1835 für das Beispiel der Reduzierung von Silbersalzen mit Aldehyden. Schon 1841 erhielt A. JONES ein Patent für seine Erfindung, die Oberflächen von Glas und Porzellan durch Kupfer leitend zu machen. Es zeigt sich bereits hier die Hauptanwendung der außenstromlosen Verfahren: die Abscheidung von Metallschichten auf nichtleitenden Werkstoffen. Durchgesetzt hat sich die Startmetallisierung von Kunststoffen mit Kupfer auf diesem Wege im kommerziellen Bereich.

Einen wesentlichen Schritt in der Anwendung der außenstromlosen Metallisierung brachte die Einführung von Hypophosphit als Reduktionsmittel zur Nickelabscheidung durch A. BRENNER und G. RIDDELL im Jahre 1944.

Wenn auch für die Metallbeschichtung von Stählen z. B. die galvanische überwiegt, bietet sich auch dafür das Electroless Plating an. Der erste, in großem Maßstab durchgeführte derartige Abscheidungsprozess war das Kanigen-Vernicklungs-Verfahren der Firma General American Transportation Corp.

Bondfähige Edelmetallschichten, bevorzugt Gold, als funktionelle Endoberflächen haben sich in der Elektronikfertigung weitestgehend etabliert. Sie dienen der Kontaktierung zwischen IC-Chip und Gehäuse bzw. IC-Chip und Leiterplatte. Derartige Bauelemente besitzen eine Vielzahl von Kontaktstellen, die nicht elektrisch leitend miteinander verbunden sind. Damit scheidet eine Vergoldung mit Außenstrom aus. Durch Anwendung außenstromloser Goldbäder lässt sich eine für das Drahtbonden ausreichende Schichtdicke von ca. 0,1 - 0,5 µm erreichen.

Durch ECD-Verfahren abgeschiedene Schichten bzw. Schichtsysteme sind Einschicht- und Mehrschichtsysteme, Gradientenschichten *(pulse plating)*, Legierungsschichten, Dispersionsschichten, Schichten für die MID-Technik *(Moulded Interconnection Devices)* vom Nanometer- bis in den Millimeterbereich.

Heute gibt es kaum einen Industriezweig, der auf die Anwendung elektrochemisch abgeschiedener Schichten bzw. Schichtsysteme verzichten könnte. Die Gebrauchswerteigenschaften von Werkzeugen, Bauteilen, Konstruktionselementen u. v. a. m. werden erst dadurch geschaffen.

4.1.2 Grundlagen der ECD-Technik mit Außenstrom

In elektrochemischen Prozessen verlaufen chemische Reaktionen, verbunden mit Elektronenaustausch. Ihre Besonderheit besteht in der Beteiligung eines Elektrolyten an der Reaktion. Elektrolyte sind Stoffsysteme, die Ionen als bewegliche Ladungsträger enthalten. Sie entstehen durch den Vorgang der Dissoziation aus Salzen, Säuren und Basen in Lösungsmitteln, z. B. in Wasser. Für das Verkupfern löst man Kupfersulfat oder für das Vernickeln Nickelsulfat usw. Bewegliche Ionen bilden sich auch in Schmelzen dieser Verbindungen. Behandelt werden hier aber nur wässrige Systeme.

Für diese Art Metallabscheidung führt man elektrische Energie zu und erzwingt eine Zellreaktion, die zur Entladung der Kationen unter Ausbildung der Schicht an der Katode, bei gleichzeitiger Zersetzung des Elektrolyten, führt. Von praktischer Bedeutung sind einerseits die Reaktionen an der Katode, die im Falle der Schichtabscheidung die Ware ist, und andererseits der Anodenwerkstoff und die Reaktionen im Anodenraum. Den stark vereinfachten prinzipiellen Aufbau einer galvanischen Zelle enthält Bild 4.1.

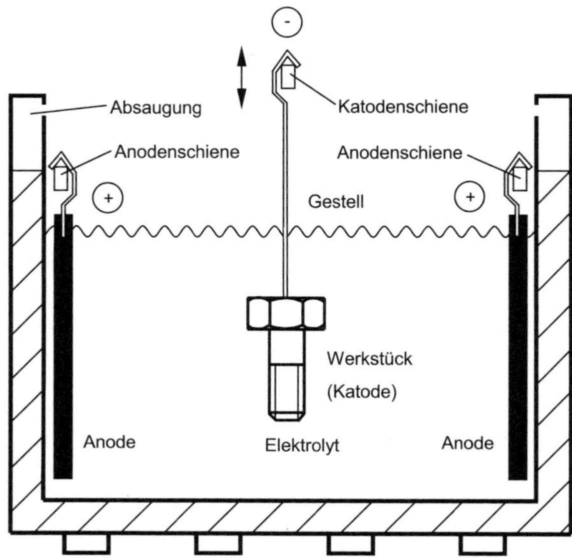

Bild 4.1: Prinzipieller Aufbau einer galvanischen Zelle

Je nach Elektrolyt und Bedingungen bei der Schichtbildung ergeben sich die wesentlichen Vorgänge der galvanischen Metallabscheidung. Der Gesamtvorgang lässt sich in vier Abschnitte aufgliedern:

1. Vorgänge im Elektrolytvolumen
2. Vorgänge an der Phasengrenze Katode/Elektrolyt
3. Vorgänge auf der Katodenoberfläche (Elektrokristallisation)
4. Vorgänge an der Anode (lösliche bzw. unlösliche Anode)

Eine Untersetzung dieser Schritte enthält Tabelle 4.2.

Außer den reinen Metallen lassen sich auch Metalllegierungen galvanisch abscheiden. Bei der Legierungsabscheidung ist es möglich, die Zusammensetzung der Schicht zu steuern.

Tabelle 4.2: Vorgänge bei der galvanischen Metallabscheidung an der Katode

Ort	Vorgang
Elektrolytvolumen	Auflösung, elektrolytische Dissoziation chemische Reaktionen wie: Hydrolyse, Neutralisation, Fällung, Pufferung, Komplexierung An- und Abtransport von Substanzen der Elektrodenreaktionen durch: - Konvektion - Diffusion - Migration
Phasengrenze	Durchtritt Adsorption Entkomplexierung Entladung
Katode	Oberflächendiffusion Kristallisation (Keimbildung und Wachstum) Aktivierung - Passivierung Diffusion und Einbau von schichtfremden Stoffen*)

*) stammen nicht aus den Metallionen des Elektrolyten, wie z. B. organische Moleküle, H_2, feste Partikel

Elektrolyte zur Metallabscheidung

In solchen Elektrolyten liegen Kationen, Anionen und gelöste Moleküle vor. Die Ionen stammen aus der Dissoziation der Metallsalze, Leitsalze, Säuren, Basen und der des Wassers; Moleküle aus den nichtdissoziierbaren organischen Badzusätzen und nichtdissoziierte Anteile der Salze, Säuren und Basen (Dissoziationsgleichgewicht).

Als Kationen liegen vor:

alle Metallionen Me^{n+}, Komplexionen $[Kompl]^{n+}$, H_3O^+ (vereinfacht H^+),

als Anionen:

alle Säurerestionen An^-, Komplexionen $[Kompl]^{n-}$ und Hydroxidionen OH^-.

in molekularer Form:

Glanzzusätze, Inhibitoren und nichtionogene Tenside.

In der wässrigen Lösung erfolgt immer, durch den Dipolcharakter des Wassermoleküls bedingt, seine Anlagerung an die Kationen bzw. Anionen durch eine schwache elektrostatische Wechselwirkung. Der Vorgang wird auch Hydratation genannt. Man hat sich vorzustellen, dass jedes Ion von einer primären Hydrathülle umgeben ist, in welcher sich, in Abhängigkeit von der Ionenoberfläche und -ladung, zwischen 1 und 10 Wassermoleküle befinden (siehe Bild 4.2). Für solche Nebengruppenelemente, die stabile Komplexe bilden können, befinden sich die Wassermoleküle meistens sechsfachkoordiniert (Oktaeder) am Kation (siehe Bild 4.3).

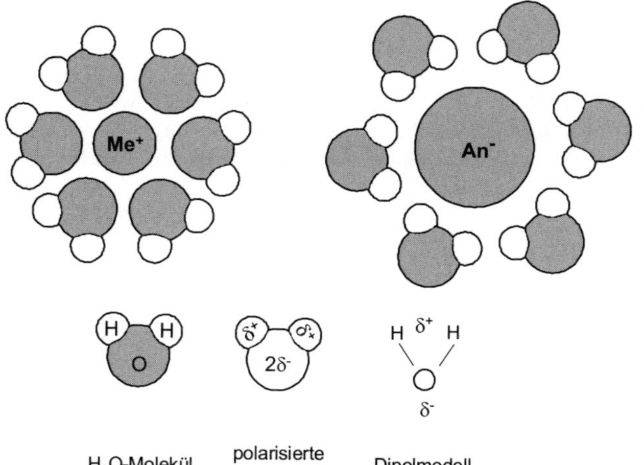

Bild 4.2: Hydrathülle um ein Kation bzw. Anion

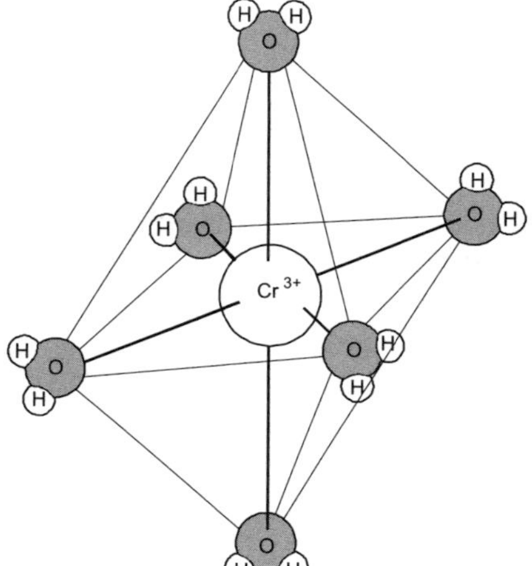

Bild 4.3: Hydratisiertes Cr^{3+}-Ion der Koordinationszahl 6

Daraus leiten sich für den galvanischen Prozess zwei wesentliche Konsequenzen ab:

1. Eine Entladung des Kations auf der Katodenoberfläche kann nur erfolgen, wenn die Hydrathülle nicht mehr vorhanden ist.
2. Ihre Beweglichkeit ist im Vergleich zu nichthydratisierten Ionen (Salzschmelze, nichtwässrige Lösungsmittel) wesentlich geringer und hat damit Einfluss auf die Leitfähigkeit des Elektrolyten.

Das im Bild 4.3 dargestellte hydratisierte Cr^{3+}-Ion besitzt die räumliche Struktur eines Aquokomplexes, der wegen der schwachen elektrostatischen Wechselwirkung zwischen Zentralion und Liganden eine geringe Stabilität aufweist. Stabile Komplexionen bilden sich dann aus, wenn die Liganden kovalente Bindung mit dem Zentralion eingehen.

Liganden ordnen sich aufgrund teilweiser kovalenter Bindung zum Zentralion gerichtet um dieses an, es entstehen spezifische räumliche Strukturen. Damit besitzt das komplexe Ion andere Eigenschaften gegenüber dem nichtkomplexierten. Ein Elektrolyt mit komplexen Kupferionen, z. B. $[Cu(CN)_3]^{2-}$, ermöglicht die Abscheidung von haftfesten Kupferschichten auf Stahl und Zink, ohne dass eine Zementation vorausgeht, da nur sehr wenig freie Kupferionen in Lösung vorliegen.

Typische Vertreter von Komplexbildnern für Metallkationen in Elektrolyten sind die Tetrafluoroborsäure $H[BF_4]$, die Hexafluorokieselsäure $H_2[SiF_6]$, Natrium- bzw. Kaliumcyanid NaCN, KCN und die Chelatbildner, wie Ethylendiamintetraessigsäure EDTA, Ethylendiamindiessigsäure EDDA, Ethylendiamin $H_2N\text{-}CH{=}CH\text{-}NH_2$, Methansulfonsäure $[H_3C\text{-}SO_3]H$ und Amidosulfonsäure (Sulfaminsäure) $[H_2N\text{-}SO_3]H$. In Tabelle 4.3 sind die vorrangig zur galvanischen Metallabscheidung angewandten Komplexionen zusammengefasst.

Tabelle 4.3: Metall-Komplexverbindungen in galvanischen Bädern

Abzuscheidendes Metall	**Metallkomplexverbindung**	
	Bezeichnung	**Formel**
Blei[1]	- tetrafluoroborat - hexafluorosilicat - sulfamat	$Pb[BF_4]_2$ $Pb[SiF_6]$ $Pb[H_2N\text{-}SO_3]_2$
Chrom	- hexafluorosilicat	$Cr[SiF_6]_3$
Gold Au-Cu-Cd-Legierungen	Kaliumdicyanoaurat Natriumsulfitoaurat Kaliumtetracyanoaurat Kaliumdicyanoaurat und Kaliumdicyanocuprat und Kaliumtricyanocadmat	$K[Au(CN)_2]$ $Na[Au(SO_3)]$ $K[Au(CN)_4]$ $K[Au(CN)_2]$ $K[Cu(CN)_2]$ $K[Cd(CN)_3]$
Kupfer Zn-Legierungen	- tetrafluoroborat - sulfamat Kaliumdicyanocuprat Kaliumkupferpyrophosphat Natriumdicyanocuprat und Natriumtricyanozinkat	$Cu[BF_4]_2$ $Cu[H_2N\text{-}SO_3]_2$ $K[Cu(CN)_2]$ $K_6[Cu(P_2O_7)_2]$ $Na[Cu(CN)_2]$ $Na[Zn(CN)_3]$
Nickel	- sulfamat - tetrafluoroborat	$Ni[H_2N\text{-}SO_3]_2$ $Ni[BF_4]_2$
Platinmetalle Pt Pd	Hexachloroplatinsäure Natriumhexahydroxoplatinat Diaminoplatindinitrit Natriumhexahydroxopalladat Diaminopalladiumdinitrit	$H_2[PtCl_6]$ $Na_2[Pt(OH)_6]$ $[Pt(NH_3)_2](NO_2)_2$ $Na_2[Pd(OH)_6]$ $[Pd(NH_3)_2](NO_2)_2$
Silber	Kaliumdicyanoargentat	$K[Ag(CN)_2]$
Zink	Natriumtetracyanozinkat - tetrafluoroborat Kalium-Natriumtartratozinkat	$Na_2[Zn(CN)_4]$ $Zn[BF_4]_2$ $K_2Na_2[Zn(C_4H_3O_6)_2]$
Zinn Pb-Legierungen	- tetrafluoroborat Natriumhexahydroxostannat - tetrafluoroborate	$Sn[BF_4]_2$ $Na_2[Sn(OH)_6]$ $Sn[BF_4]_2 + Pb[BF_4]_2$

[1]) beachte RoHS

Die Leitfähigkeit von Elektrolyten hängt ab vom **Dissoziationsgrad**, der **Wanderungsgeschwindigkeit** (Driftgeschwindigkeit) der Ionen, der Temperatur und der Zusammensetzung des Elektrolyten. Legt man an die Elektroden einer galvanischen Zelle eine Spannung an, folgt die Leitfähigkeit der Ionen dem **Ohmschen Gesetz**.

Nimmt man nur eine Ionenart, z. B. Kationen an, kann man in Analogie zum metallischen Leiter die spezifische elektrische Leitfähigkeit κ wie folgt ausdrücken:

$$\varkappa_K = z_K \cdot e_0 \cdot n^+ \cdot \mu^+$$

Darin bedeuten e_0 die Elementarladung, n^+ die Konzentration der Kationen, μ^+ deren Beweglichkeit und z die Ionenwertigkeit. Die Konzentration der Kationen hängt ab vom Ausmaß der Dissoziation im Elektrolyten. Mit der Beweglichkeit findet die Tatsache Berücksichtigung, dass sich die Ionen nicht geradlinig zwischen Anode und Katode bewegen können, sie werden gestreut. Der in der Zeiteinheit zurückgelegte wahre Weg ist also viel größer als der geradlinig auf der Strecke Katode/Anode messbare. Als Wanderungsgeschwindigkeit v ergibt sich somit die Zeit für das Durchlaufen von einem Zentimeter Elektrodenabstand (geradliniger Weg) bei 1 V Potenzialdifferenz, angegeben in $cm \cdot s^{-1}$.

In Elektrolyten liegen aber immer Kationen und Anionen nebeneinander vor. Daraus folgt:

$$\varkappa_A = z_A \cdot e_0 \cdot n^- \cdot \mu^-$$

Damit ergibt sich die spezifische elektrische Leitfähigkeit eines Elektrolyten χ aus der Summe von $\varkappa_K$ und $\varkappa_A$.

$$\chi = z_K \cdot e_0 \cdot n^+ \cdot \mu^+ + z_A \cdot e_0 \cdot n^- \cdot \mu^-$$

Die spezifische Leitfähigkeit ist proportional zur Summe der Beweglichkeiten von Kationen und Anionen, der Wertigkeit und der Konzentrationen. Auch wenn n und z für Anionen und Kationen unterschiedlich sind, wie z. B. in Na_2SO_4, so ist das Produkt aus n und z für Kationen und Anionen identisch. Ist aber μ beider Ionenarten unterschiedlich, ist es auch $\varkappa$.

Tabelle 4.4: Wanderungsgeschwindigkeiten v und Beweglichkeiten μ einiger Ionen

Ionen	v $[cm \cdot s^{-1}] \cdot 10^{-4}$	μ $[cm^2 \cdot s^{-1} \cdot V^{-1}] \cdot 10^{-4}$
H_3O^+	31,5	36
Na^+	3,67	5,19
K^+	6,06	7,62
NH_4^+	6,7	
Zn^{2+}	5,47	
Cu^{2+}	2,9	
OH^-	16,7	20,64
Cl^-	6,24	7,91
SO_4^{2-}	5,93	8,29

Wie aus Tabelle 4.4 ersichtlich ist, können Kationen und Anionen in einem Elektrolyten unterschiedlich schnell wandern, wenn sie sich im elektrischen Feld auf die ihnen entgegengesetzt geladenen Elektroden zubewegen. Die Gesamtleitfähigkeit setzt sich additiv aus der Summe der sich aus den Kationen- und Anionenwanderungen ergebenden Leitfähigkeitsanteilen zusammen. Wenn die Feldstärke $1 V \cdot cm^{-1}$ beträgt, wandern die H_3O^+-Ionen mit einer Geschwindigkeit von ca. $31,5 \cdot 10^{-4}$ $cm \cdot s^{-1}$ und z. B. die Na^+-Ionen mit etwa $3,67 \cdot 10^{-4}$ $cm \cdot s^{-1}$. In beiden Fällen erscheint dies als sehr langsam. Wenn man aber bedenkt, dass das Ion in einer Sekunde nahezu 10 000 Wassermoleküle passieren muss, ist es das aber nicht. Eine besondere Stellung nehmen die H_3O^+- und OH^--Ionen ein. (Beachte: für das Hydroniumion H_3O^+ wird oft vereinfacht nur H^+ angegeben). Hauptsächlich bedingt durch ihre geringe Größe haben die Hydroniumionen diese hohen Werte für μ und v.

Der Anteil der Kationen bzw. Anionen am Transport der elektrischen Ladung in einem Elektrolyten wird als **Überführungszahl** der Kationen bzw. Anionen bezeichnet. Experimentell lassen sich Überführungszahlen in der HITTORFschen Überführungszelle bestimmen. Hier nutzt man aus, dass es im elektrischen Feld einer Elektrolysezelle infolge unterschiedlicher Ionenbeweglichkeiten von Anion und Kation zu unterschiedlichen Konzentrationen in den Elektrodenräumen kommt. Aus diesen Konzentrationsänderungen können die Überführungszahlen der beteiligten Ionen berechnet werden.

Die Summe aus Kationen- (t_K) und Anionenüberführungszahl (t_A) ist eins.

$$t_K + t_A = 1$$

Haben beide Ionen gleiche Wanderungsgeschwindigkeit und Ladung, so sind die Überführungszahlen 0,5.

Für 0,05-m Lösungen von $CuSO_4$ sind $t_K = 0,4$ und $t_A = 0,6$, von $AgNO_3$ $t_K = 0,47$ und $t_A = 0,53$, von NH_4Cl $t_K = 0,41$ und $t_A = 0,51$ und $ZnCl_2$ $t_K = 0,4$ und $t_A = 0,6$. Im Schnitt liegen also die Überführungszahlen von Salzelektrolyten bei 0,5. Nur bei Säuren und Basen treten starke Unterschiede zwischen t_K und t_A infolge der hohen Wanderungsgeschwindigkeiten von H_3O^+ und OH^- auf, z. B. ergibt sich für 0,05-m Schwefelsäure: $t_K = 0,82$ und $t_A = 0,18$. Im Bild 4.4 soll der Begriff Überführungszahl verdeutlicht werden.

Durch das unterschiedliche Wanderungsverhalten von Kationen und Anionen ist die Lösung in den einzelnen Räumen nicht mehr elektroneutral. Im Katodenraum ist der Überschuss an Kationen, im Anodenraum an Anionen. Nun wird die Elektroneutralität wiederhergestellt.

Aus den experimentellen Befunden zur Bestimmung der HITTORFschen Überführungszahlen lassen sich die Ionenbeweglichkeiten berechnen.

Bei der Betrachtung der Leitfähigkeit eines Elektrolyten ist festzustellen, dass sie mit steigender Konzentration des gelösten Stoffes zunächst zunimmt, ein Maximum erreicht, um dann wieder abzufallen (siehe Bild 4.5). Der ansteigende Kurventeil entsteht infolge zunehmender Ionenkonzentration in der Lösung, gleichzeitig steigt die interionische Wechselwirkung und führt zur Behinderung der Ionenwanderung, die Beweglichkeit der Ionen nimmt ab, folglich fällt auch die Kurve. Der Kurvenverlauf für Schwefelsäure im Bild 4.6 zeigt den realen Fall.

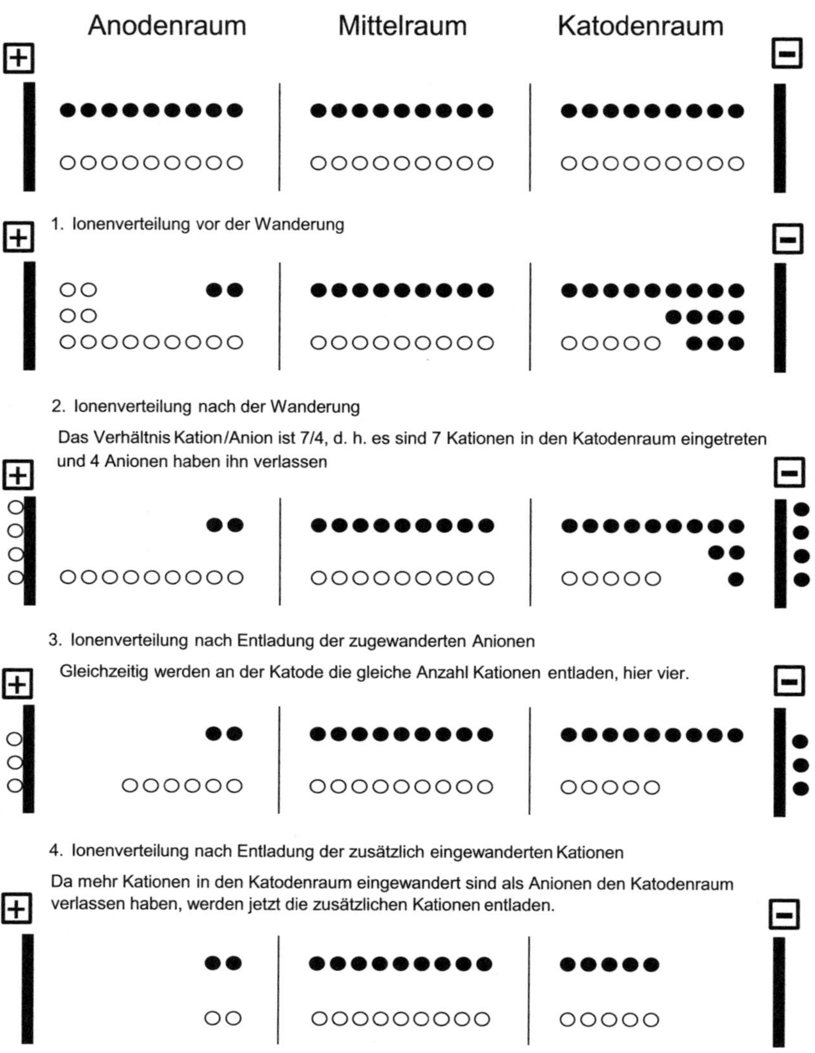

Bild 4.4: Schematische Darstellung der Überführungszahl

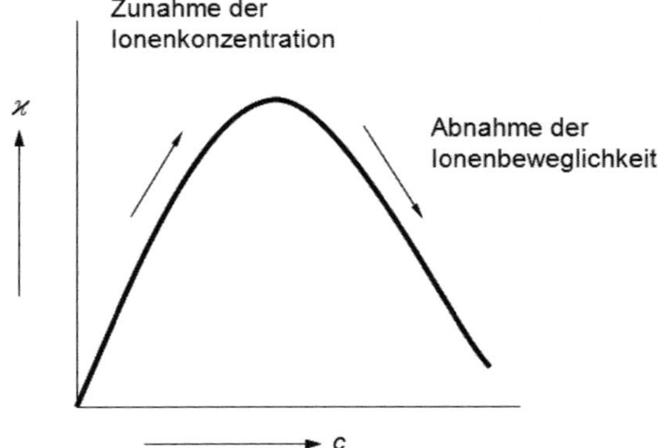

Bild 4.5: Abhängigkeit der spezifischen Leitfähigkeit von der Konzentration (schematisch)

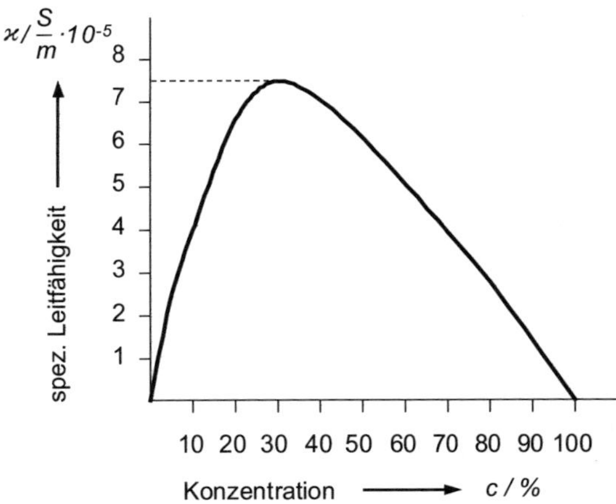

Bild 4.6: Spezifische Leitfähigkeit der Schwefelsäure in Abhängigkeit von der Konzentration

Bedingt durch die Konzentrationsabhängigkeit der spezifischen Leitfähigkeit ist es zweckmäßig, für den Vergleich zwischen verschiedenen Elektrolyten die Leitfähigkeiten auf die molare Konzentration c_{mol} zu beziehen. Damit ergibt sich die molare Leitfähigkeit Λ_{m}

$$\Lambda_{\mathrm{m}} = \frac{\varkappa}{c_{\mathrm{mol}}}$$

Ein direkter Einfluss der Leitfähigkeit der Elektrolyte auf die Ausbildung der Metallschicht besteht nicht. Häufig setzt man den Elektrolyten Salze, Säuren oder Basen zu, die von Praktikern als „Leitsalze" bezeichnet werden. Ihre Wirkung auf den Abscheidungsvorgang ist nicht durch den Effekt der Erhöhung der Leitfähigkeit gegeben, sondern durch die Veränderung der katodischen **Polarisation**, die wesentlich den Abscheidungsprozess der Metallschicht bestimmt. Die anodische Polarisation unterliegt gleichermaßen der Wirkung dieser Zusätze.

Metallabscheidungskonstante

Den Zusammenhang zwischen der an den Elektroden abgeschiedenen Masse m und der geflossenen Elektrizitätsmenge, der Ladung Q, beschreiben die **FARADAYschen Gesetze.**

$$m \sim Q$$

$$m \sim I \cdot t$$

Damit kann der Galvanotechniker den Materialverbrauch, die Galvanisierzeit und unter Einbeziehung der Dichte die abgeschiedene Schichtstärke berechnen. Um ein Mol Metallionen mit der Ladung n+ abzuscheiden, sind n mol Elektronen notwendig. Ein Mol Na^+ benötigt ein „Mol Elektronen", ein Mol Cu^{2+} benötigt aber zwei „Mol Elektronen" usw. Die Ladungsmenge eines „Mols Elektronen", gleich einem Faraday F, berechnet sich damit zu

$$F = e_0 \cdot N$$

$$F = 1{,}6 \cdot 10^{-19}\ \mathrm{A \cdot s} \cdot 6{,}023 \cdot 10^{23}\ \mathrm{mol^{-1}} = \text{rund } 96\,500\ \mathrm{A \cdot s \cdot mol^{-1}}$$

Mit der Ladungsmenge eines Faraday kann man demzufolge ein Mol einwertiger Ionen entladen. Die molare Masse M von Ag^+ beträgt 107,87 g · mol^{-1}, das bedeutet, 1 Faraday bewirkt die Abscheidung von 107,87 g Ag.

Berücksichtigt man das Verhältnis von Molzahl und FARADAYkonstante, unter Einbeziehung der pro Ion zur Entladung notwendigen Elektronenzahl n, ergibt sich:

$$m = \frac{M \cdot I \cdot t}{n \cdot F}$$

Die durch gleiche Ladungsmengen umgesetzten Stoffmengen verhalten sich zueinander wie die molaren Massen dividiert durch die Ionenladung. Für die praktische Galvanotechnik findet sich dieser Zusammenhang wieder in der Angabe von Abscheidungskonstanten (siehe Tabelle 4.5). Für den Begriff Abscheidungskonstante ist in der praktischen Galvanotechnik auch der Begriff elektrochemisches Äquivalent noch üblich.

Tabelle 4.5: Metallabscheidungskonstanten

Metallion	**M/n**	**Dichte g · cm^{-3}**	**Abscheidungskonstanten**	
			mg · (As)$^{-1}$	**µm · min^{-1} bei Stromdichte 1A · dm^{-2}**
Cu^{2+}	31,79	8,93	0,329	0,221
Ni^{2+}	29,35	8,90	0,304	0,205
Cr^{6+}	8,66	7,00	0,09	0,078
Sn^{2+}	59,35	7,28	0,651	0,254
Ag^{+}	107,88	10,50	1,118	0,639
Au^{3+}	65,72	19,30	0,680	0,212
Zn^{2+}	32,70	7,13	0,339	0,285

Die Reaktionen verlaufen real nicht mit der theoretischen Ausbeute der FARADAYschen Gesetze infolge von Wärmeverlusten und Nebenreaktionen, es gilt ein Wirkungsgrad $\eta < 1$.

Vorgänge zwischen Katodenoberfläche und Elektrolyt

Eine elektrochemische Elektrode besteht aus einer elektronenleitenden Phase, wie Metall oder Halbleiter, die an eine ionenleitende Phase grenzt, wie wässriger Elektrolyt, Salzschmelze oder Festelektrolyt. Ausgangspunkt der Vorstellungen zur Metallabscheidung aus wässrigen Elektrolyten an der Katode ist die Ausbildung einer **elektrischen Doppelschicht** zwischen Katodenoberfläche und Elektrolyt. Taucht man ein Metall in die wässrige Lösung eines seiner Salze ein, so gehen Ionen von der Metalloberfläche in die Lösung über und Metallionen lagern sich aus der Lösung kommend an der Metalloberfläche an. Es stellt sich ein Gleichgewichtszustand unter Entstehung der elektrischen Doppelschicht ein. Sie ist charakterisiert durch die auf der Katodenseite zurückbleibenden Elektronen und die auf der Elektrolytseite sich bildende Schicht aus den Kationen. Diese einfache Darstellung der elektrischen Doppelschicht ist Gegenstand des STERN-GRAHAM-Modells, das im Bild 4.7 wiedergegeben wird. Zur Erklärung der Elektrodenvorgänge müssen die Hydratation und Komplexierung der Kationen bzw. der Anionen Berücksichtigung finden. Alle derartigen Modelle basieren auf der Theorie zur HELMHOLTZschen Doppelschicht.

Durch Adsorption von schwachsolvatisierten Kationen unmittelbar auf der Katodenoberfläche bildet sich die innere, auch starre HELMHOLTZ-Schicht. Zwischen diesen Kationen und der Metalloberfläche entstehen Bindungen mit einem hohen Anteil an Ionenbeziehung. Die äußere HELMHOLTZ-Schicht ist charakterisiert durch schwächere zwischenmolekulare Wechselwirkungskräfte mit der Oberfläche. In der darauf folgenden diffusen Doppelschicht sind die solvatisierten Ionen „frei" beweglich, aber in noch höherer Konzentration vorhanden als im Elektrolytvolumen. Ein sich unter Feldwirkung in Richtung Katodenoberfläche bewegendes Kation muss demzufolge die Potenzialbarriere der HELMHOLTZ-Schichten überwinden. Der Durchtritt wird immer an der Stelle erfolgen, an welcher die größte Abnahme der Potenzialdifferenz erreicht wird. Werden an der Katodenoberfläche organische Moleküle adsorbiert, gewollt oder ungewollt, dann erfolgt eine Störung des Abscheidungsvorganges.

Bei der Entstehung der Metallschicht auf der Katode lassen sich modellhaft fünf Etappen darstellen:

1. Transport der hydratisierten bzw. komplexierten Kationen aus dem Elektrolytvolumen an die äußere HELMHOLTZ-Schicht.
2. Dehydratisierung bzw. Entkomplexierung zum freien Metallion an der Grenzfläche Elektrolyt/Katode.
3. Reduktion der Kationen zum Metallatom und damit Adsorption auf der Metalloberfläche (Ad-Atom).
4. Diffusion der Ad-Atome zu energetisch günstigen Oberflächenplätzen unter Bildung von Kristallkeimen.
5. Wachstum der Keime zur Metallschicht unter Bildung von Kristalliten.

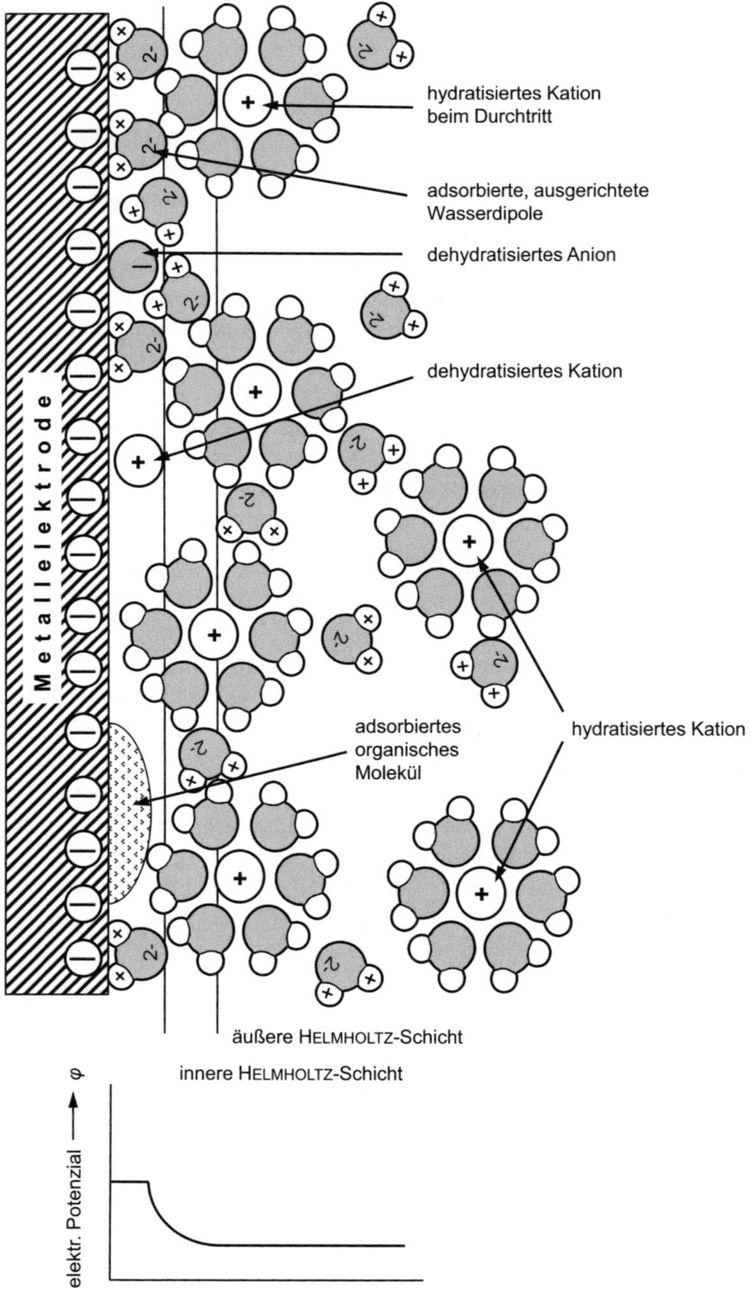

Bild 4.7: STERN-GRAHAM-Modell der elektrischen Doppelschicht

Im Realfall der galvanischen Schichtabscheidung kommt es jedoch zu Hemmungen der genannten Vorgänge, die sich nach Ursache und Ort ihrer Wirkung unterscheiden lassen. Unter dem Begriff der Polarisation versteht man die Hemmung der Abscheidung, zu deren Überwindung die entsprechende **Überspannung** erforderlich ist.

Wird der Durchtritt der Kationen an der Grenze HELMHOLTZ-Schicht/Katode gehemmt, entsteht die **Durchtrittspolarisation**. Durch die sich bei der Entladung an den Elektroden ausbildenden Konzentrationsunterschiede gegenüber der mittleren Zusammensetzung im Elektrolytvolumen tritt die **Diffusionspolarisation** auf. Sie beruht hauptsächlich darauf, dass die Ionen nicht so schnell zu den Elektroden wandern, wie sie abgeschieden werden. Diesen Sachverhalt charakterisieren die Überführungszahlen. Im Katodenraum ergibt sich aus der Verarmung an Kationen ein edleres Katodenpotenzial, was seinerseits zur Überspannung führt. Real bedeutet das die Erhöhung des Abscheidungspotenzials. Laufen vor der eigentlichen Elektrodenreaktion vor- oder nachgelagerte chemische Reaktionen ab, wirkt die sogenannte **Reaktionspolarisation**. Sie entsteht durch Hydratisierung und Komplexbildung der Kationen bzw. dem Zerfall. Eine wichtige nachgelagerte Reaktion ist die Bildung von H_2-Molekülen aus atomarem Wasserstoff. Eine schlechtleitende, an der Katode unmittelbar anliegende Schicht, z. B. Oxidschicht oder Flüssigkeitsschicht, verursacht die Widerstandspolarisation infolge eines rein ohmschen Spannungsabfalls. Für die Entstehung stabiler Kristallkeime und dem Wachstum zu Kristalliten ist eine Kristallisationsüberspannung erforderlich, die Ursache ist die **Kristallisationspolarisation**.

Damit ergibt sich der grundsätzliche Einfluss der Polarisationsarten auf die Schichtausbildung. In der praktischen Galvanotechnik geht man meist von der Gesamtpolarisation als Summengröße der einzelnen Arten aus. Der maßgebliche Anteil kommt dabei der Durchtritts- und der Diffusionspolarisation zu.

Infolge der Polarisationsvorgänge verschiebt sich das Abscheidungspotenzial von z. B. Wasserstoff nach negativeren Werten gegenüber dem Standardpotenzial in der Spannungsreihe (**Wassserstoffüberspannung**). Dadurch ergibt sich die Möglichkeit, aus wässrigen Elektrolyten die in der Spannungsreihe unedleren Metalle, wie Cr, Zn, Ni und Sn aus wässrigen Elektrolyten abzuscheiden. Das Bild 4.8 verdeutlicht diese Tatsache, zeigt aber auch die Unmöglichkeit, z. B. Aluminium oder Natrium aus wässrigen Elektrolyten abzuscheiden. Diese Zusammenhänge stellen sich ebenfalls in den **Stromdichte-Potenzial-Kurven** dar, mit denen man in der praktischen Galvanotechnik die Arbeitsweise eines Elektrolyten beurteilen kann.

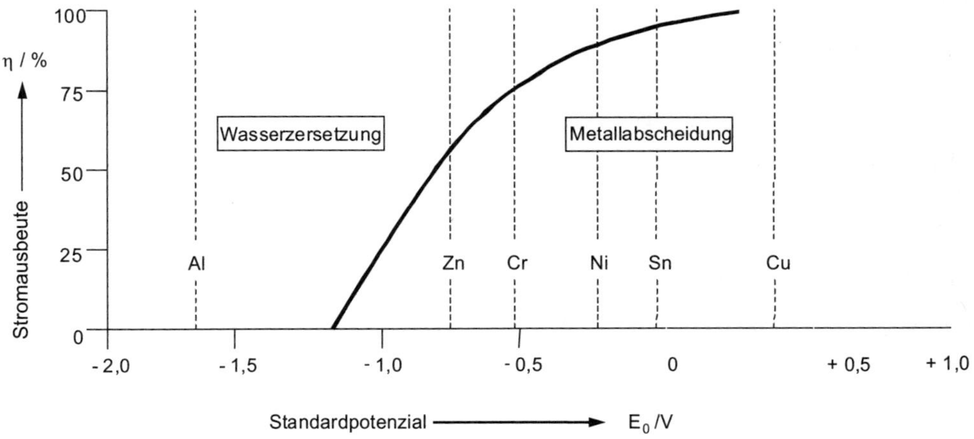

Bild 4.8: Grenzen der Metallabscheidung aus wässrigen Elektrolyten

Oft aber erfolgt bei der galvanischen Metallisierung neben der Reduktion der Metallionen die der Wasserstoffionen zu Wasserstoff. Dieser, in die Metallschicht eingebaut, kann zur Versprödung und Porenbildung führen. Außerdem verschiebt sich dadurch der pH-Wert in den alkalischen Bereich und bewirkt damit das Ausfällen von Hydroxiden.

Zur Beschreibung des Gefüges galvanisch abgeschiedener Metallschichten bedient man sich des Begriffes **Wachstumstyp**. Der Wachstumstyp ergibt sich im Wesentlichen aus der Höhe der Überspannung und bestimmt die Eigenschaften der Schicht (siehe Tabelle 4.6).

Tabelle 4.6: Wachstumstypen in Abhängigkeit von der Überspannung

Wachstumstyp	Überspannung [mV]
FI-Typ	0 - 10
BR-Typ	10 - 100
FT-Typ	100 - 150
UD-Typ	>200

Das Gefüge ergibt sich aus Art und Anteil der Phasen sowie Größe und Form der Kristallite. Auch die galvanische Metallabscheidung ist ein Kristallisationsvorgang, bei dem die Größe der Kristallite durch die Keimbildung und das Kristallwachstum bestimmt wird. Ist die Keimbildungszahl groß, entstehen viele kleine Kristallite, das Gefüge wird feinkörnig. Bei geringer Keimbildungszahl und großer Kristallwachstumsgeschwindigkeit entstehen große Kristallite, das Gefüge wird grobkörnig.

Galvanische Schichten lassen sich folgenden Wachstumstypen zuordnen:

1. **Feldorientierter Isolationstyp (FI-Typ)**; Aufwachsen von nicht zusammenhängenden Einzelkristallen, diese Abscheidungsart ist praktisch nicht erwünscht, tritt auf z. B. bei Blei, Zinn, Blei-Zinn-Legierungen, Nickel, Zink u. a.

2. **Basisorientierter Reproduktionstyp (BR-Typ)**; In der Schicht setzt sich das Gefüge des Substrates fort, flächenhaftes Kristallwachstum, grobkörniger und kompakter Schichtaufbau, Substrat und Schicht besitzen gleichen Gittertyp (vergleichbar zur Epitaxie).

3. **Feldorientierter Texturtyp (FT-Typ)**; Kristallite wachsen faserförmig in Richtung der Feldlinien, dadurch ausgeprägte Anisotropie, Einsatzmöglichkeiten eingeschränkt, wird häufig bei Abscheidung aus zusatzfreien Elektrolyten beobachtet.

4. **Unorientierter Dispersionstyp (UD-Typ)**; Regellose unorientierte Anordnung der Kristallite, meist sehr feinkörnig infolge hoher Kristallisationsgeschwindigkeiten und hoher Keimzahlen, Schichten für technische Anwendungen besonders geeignet.

5. **Zwillingsübergangstyp (Z-Typ)**; stellt den Übergangstyp zwischen BR- und FT-Typ dar.

Darstellungen der unterschiedlichen Wachstumstypen enthält Bild 4.9.

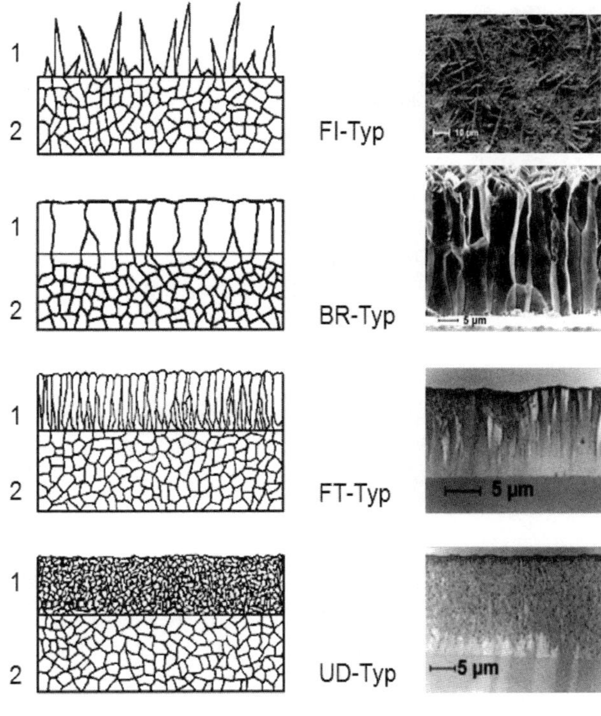

1 galvanisch abgeschiedene Metallschicht

2 Substrat

Bild 4.9: Wachstumstypen galvanischer Schichten, schematische Darstellung und Aufnahmen (Lichtmikroskopie und REM)

Merkmale der galvanischen Abscheidung

Auf einer realen Werkstückoberfläche scheidet sich die Metallschicht nicht gleichmäßig ab. Schichtdickenunterschiede sind desto ausgeprägter, je stärker der Gegenstand profiliert ist, Kanten weisen eine hohe Schichtstärke auf, Hohlräume werden nicht beschichtet. Ursache dafür ist die Stromdichteverteilung auf der Werkstückoberfläche; Kante: hohe Stromdichte, Hohlraum: Abschirmung (siehe Bild 4.10).

Experimentell lässt sich die Feldlinienverteilung nicht direkt messen. Über die Ermittlung der Äquipotenziallinien (siehe Bild 4.11) im Versuch „Elektrolytischer Trog“ sind sie aber einer indirekten Bestimmung zugänglich. An der Spitze des keilförmigen Probekörpers wird die Feldlinienverdichtung besonders deutlich.

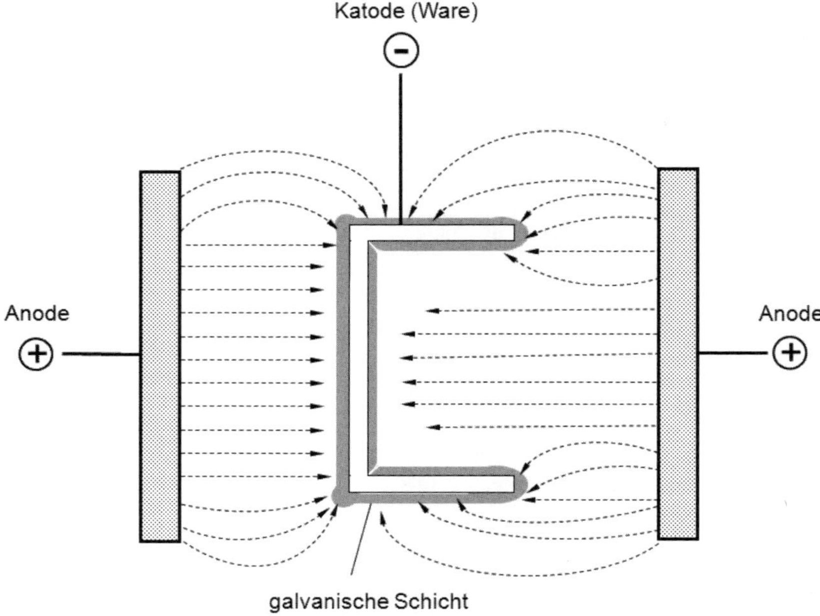

Bild 4.10: Einfluss der Stromdichteverteilung auf die Schichtdickenverteilung

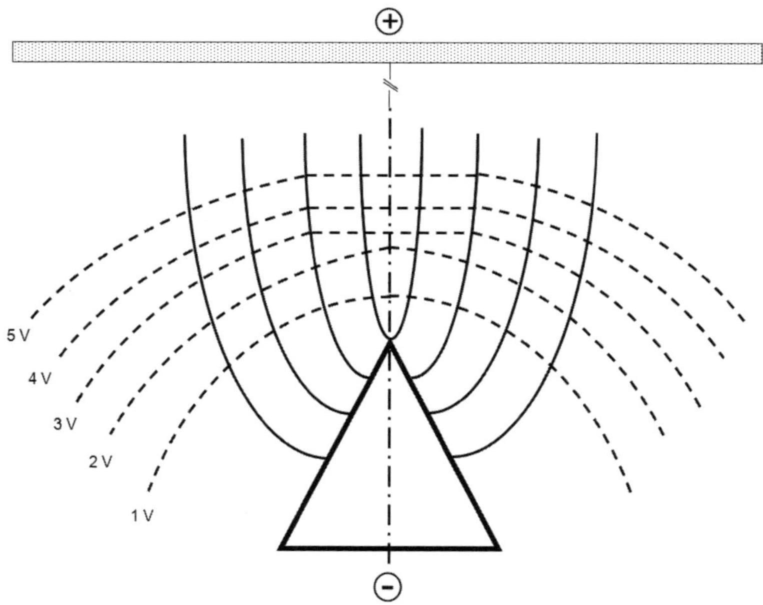

Bild 4.11: Messung der Äquipotenziallinien und Konstruktion der Feldlinien

Charakteristische Eigenschaften eines Elektrolyten hinsichtlich der Verteilung der Schichtdicke sind **Deckfähigkeit**, **Streufähigkeit** und **Einebnung**. Ein weiteres eigenständiges Merkmal ist dessen **Glanzbildung**.

Auf profilierten Oberflächen kann die Schichtbildung, in Abhängigkeit von den Höhendifferenzen, sehr unterschiedlich verlaufen. Die Deckfähigkeit charakterisiert die Eigenschaft eines Abscheidungselektrolyten, die Werkstoffoberfläche auch in den Tiefen zu bedecken, Kenngröße ist die Stromdichte, bei der dieser Effekt eintritt.

Aus der Verteilung der Schichtdicke beurteilt man die Streufähigkeit eines Elektrolyten. Je gleichmäßiger die Schichtdickenverteilung ist, desto besser ist dessen Streufähigkeit. Geometrische Faktoren, wie Katoden- und Anodengestaltung sowie Abstandsverhältnisse und Elektrolytparameter, z. B. Bewegung und Temperatur, bestimmen im Wesentlichen die Streufähigkeit.

Von Einebnung kann dann gesprochen werden, wenn die abgeschiedene Schichtdicke in der Tiefe größer als am Profilrand ist (siehe Bild 4.12).

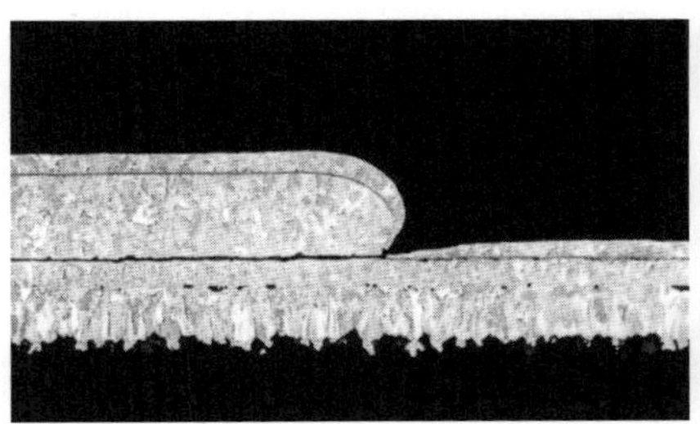

1

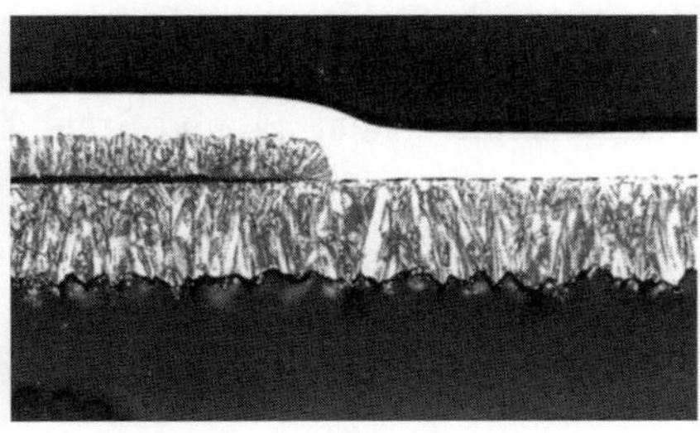

2

Bild 4.12: Einebnung
1 ohne Einebnung, 2 vollständige Einebnung
(galvanisch abgeschiedene Schichten auf Leiterplattenbasismaterial mit 17 µm Cu-Auflage)

Eine Metallschicht erscheint dann glänzend, wenn parallel einfallende Lichtstrahlen auch wieder parallel reflektiert werden. Unebene und mikroraue Oberflächen weisen geringere Spiegelung und geringeren Glanz auf. Eine galvanisch abgeschiedene Schicht, deren Mikrorauigkeiten kleiner als die Wellenlänge des sichtbaren Lichtes sind, zeigt Glanz. Durch Zusatz von Glanzbildnern zum Elektrolyten können an der Katodenoberfläche an bevorzugten Oberflächengebieten Glanzbildnermoleküle adsorbiert werden. Derartige Stellen sind Orte mit erhöhter Stromdichte, wie Profilspitzen oder aktive Gebiete zur chemischen Wechselwirkung mit dem Glanzbildner. Dadurch ist die Abscheidung an diesen Adsorptionsstellen gehemmt, wogegen sie in anderen Gebieten ungestört verläuft (Glanzbildung). Glanzbildner teilt man aufgrund ihrer Funktionsweise in zwei Gruppen ein:

- *Glanzzusätze 1. Klasse*, auch Glanzträger

  Substanzklassen: Aryl-, Vinyl- bzw. Allyl-Sulfonsäuren oder Salze,

- *Glanzzusätze 2. Klasse*, auch Glanzbildner

  Substanzklassen: Aldehyde, Ketone, zyklische Stickstoff- und Schwefelverbindungen

Durch Zusatz von Glanzträgern allein sind noch keine hochglänzenden Schichten erzielbar (Halbglanzelektrolyte), erst deren Kombination mit dem Glanzbildner führt bereits bei geringsten Konzentrationen zum Hochglanz.

Moleküle der Glanzzusätze oder deren Abbauprodukte finden sich mehr oder weniger häufig in die Schicht eingebaut. Damit entstehen Spannungen, die zu erhöhter Härte und verminderter Duktilität führen. Darüber hinaus kann auch eine Abnahme der Haftfähigkeit eintreten.

Vorgänge zwischen Anode und Elektrolyt

An der Anodenoberfläche verlaufen grundsätzlich Oxidationsvorgänge. Hier werden die Elektronen freigesetzt, die an der Katode verbraucht werden. Welche Anodenreaktionen ablaufen, hängt in hohem Maße vom Anodenmaterial ab. In der praktischen Galvanotechnik unterscheidet man zwischen löslichen und inerten Anoden. Allgemein lässt sich der Oxidationsvorgang an einer löslichen Anode schreiben:

$Me \rightarrow Me^{n+} + ne^-$

Zur Abscheidung von z. B. Cu, Zn, Ni und Ag kommen Elektroden aus den entsprechenden Metallen zur Anwendung, es sind dies lösliche Anoden. Für inerte Anoden eignen sich Pt, platinierte Elektroden, Edelstahl, Pb und Graphit. Bevorzugte Reaktionen an ihnen sind z. B.:

- Sauerstoffentwicklung aus Hydroxidionen

  $4\ OH^- \rightarrow 2\ H_2O + 2\ O + 4e^-$

  $2\ O \rightarrow O_2$

- Oxidation nichtkomplexer Anionen

  $2\ Cl^- \rightarrow 2\ Cl + 2e^-$

  $2\ Cl \rightarrow Cl_2$

- Oxidation komplexer Anionen

  $[Sn(OH)_4]^{2-} + 2\ OH^- \rightarrow [Sn(OH)_6]^{2-} + 2e^-$

Stromdichte-Potenzial-Kurven

Für die Beurteilung der Arbeitsweise eines Elektrolyten ist die Messung von Stromdichte-Potenzial-Kurven (SPK) unumgänglich. Der Verlauf dieser Kurven bestimmt sich hauptsächlich durch die Beziehung der Stromdichte und der Spannungsverhältnisse zwischen Elektrodenoberfläche und Elektrolyt. Demzufolge resultiert der Anstieg dieser Kurven im Wesentlichen aus der Grundzusammensetzung des Elektrolyten, dem Zusatz von Glanzbildnern, seiner Temperatur und der Bewegung. Es erscheint als zweckmäßig, anodische und katodische SPK aufzunehmen. Nach internationaler Vereinbarung trägt man die positiven Spannungswerte auf der Ordinate nach oben und die negativen nach unten auf, die Stromdichtewerte auf der Abszisse für die katodischen nach links und die anodischen nach rechts (siehe Bild 4.13).

Anhand des Kurvenverlaufes kann man auf die Stromausbeute, auf die Streufähigkeit und die Möglichkeit der Legierungsabscheidung schließen, dabei kommt jedem Elektrolyt ein charakteristischer Verlauf zu, siehe Bild 4.14, das die Kurven einiger häufig verwendeter Elektrolyte wiedergibt.

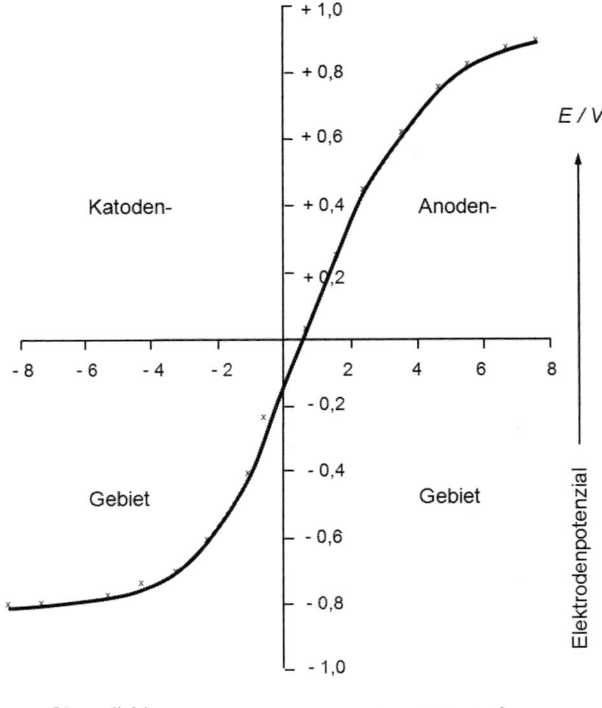

Bild 4.13: Prinzip der Darstellung von Stromdichte-Potenzial-Kurven

Einen besonders steilen Anstieg der SPK weist die Abscheidung von Silber aus einer $AgNO_3$-Lösung auf, da sie fast ohne Polarisation verläuft (Kurve A). Weit flacher sind die Verläufe in cyanidischen Ag-Elektrolyten, was auf eine stärkere Polarisation hinweist (Kurve B). Aus der Darstellung im Bild 4.14 geht weiter hervor, dass die Kurven C und D um ca. 1 V auseinander liegen. Aus diesen Elektrolyten lassen sich Kupfer und Zink nicht gemeinsam abscheiden. Die Kurven E und F für die cyanidischen Kupfer- bzw. Zinkelektrolyten haben einen Schnittpunkt bei einem Katodenpotenzial von etwa - 1,5 V. Bei einer Stromdichte von 2,4 $A \cdot dm^{-2}$ lassen sie sich beide Ionen gleichzeitig entladen und liefern so eine Cu-Zn-Legierung, d. h. Messing.

Werden durch zu hohe Stromdichten an der Katode mehr Metallionen benötigt als die Diffusion nachliefern kann, so ist die **Grenzstromdichte** erreicht. Die Zahl der entladungsfähigen Ionen wird dann ausschließlich durch Diffusion bestimmt (Diffusionsgrenzstromdichte). Erst nach Erreichen des Abscheidungspotenzials einer anderen Reaktion, die vorher unterdrückt war, z. B. die Wasserstoffentladung, kann die Grenzstromdichte überschritten werden.

Eine Messung der SPK erfolgt durch die Verbindung einer Bezugselektrode, z. B. Kalomelelektrode, mit der Versuchselektrode zu einer galvanischen Zelle, deren Potenzialdifferenz gemessen werden kann. Die Messanordnung zur Potenzialmessung während des Elektrolysevorganges besteht aus einem Elektrolyse- und einem Messstromkreis (siehe Bild 4.15).

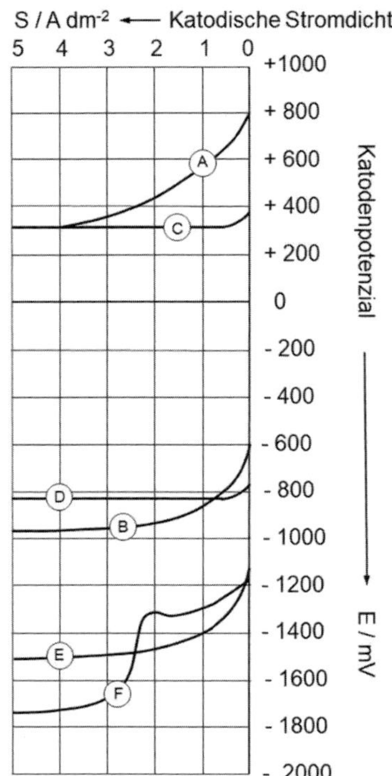

A	$AgNO_3$-Elektrolyt
B	cyanidischer Ag-Elektrolyt
C	saurer Cu-Elektrolyt (1M $CuSO_4$; pH = 2)
D	saurer Zn-Elektrolyt (1M $ZnSO_4$)
E	cyanidischer Cu-Elektrolyt (20g/l CuCN)
F	cyanidischer Zn-Elektrolyt (60g/l $Zn(CN)_2$)

Bild 4.14: Katodische SPK von Elektrolyttypen

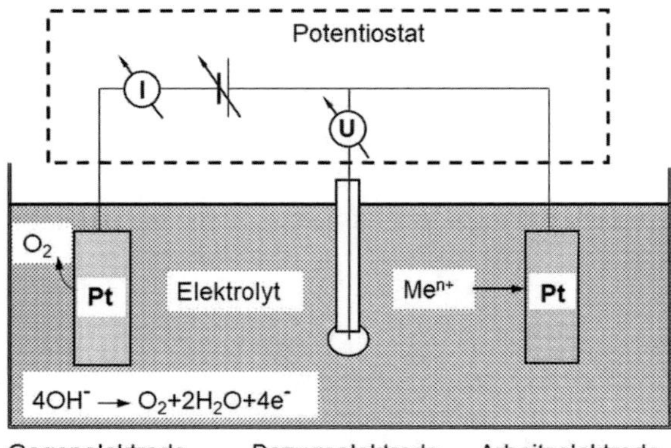

Bild 4.15: Messanordnung zur Aufnahme von Stromdichte-Potenzial-Kurven

Bevorzugt genutzte Elektrolyte zur galvanischen Metallabscheidung

Kupfer-, Nickel-, Zink-, Zinn-, Chrom-, Gold- und einige Legierungsschichten sind die am häufigsten hergestellten galvanischen Schichten. In der folgenden Übersicht, Tabelle 4.7, erfolgen in knapper Form Angaben zu Elektrolytbestandteilen, Betriebsparametern und elektrolyttypischen Merkmalen. Weiterführende Informationen zu den beschriebenen Metallschichten sowie zur Vielfalt anderer galvanischer Schichten sollen der Spezialliteratur vorbehalten bleiben.

Tabelle 4.7: Übersicht zu technisch genutzten galvanischen Elektrolyten

Metall	Elektrolytbestandteile	Betriebsparameter	Elektrolyttypische Merkmale
Cu	$CuSO_4 \cdot 5\,H_2O$ 150 - 200 g/l H_2SO_4 40 - 80 g/l	ca. 50 °C 1,5 - 5 A/dm² Anode: Cu mit P depolarisiert (Knüppelanoden)	Eisenwerkstoffe vorher cyanidisch verkupfern, sonst Zementation und damit keine Haftung, Warenbewegung, Lufteinblasung
	CuCN 20 - 80 g/l NaCN 20 - 120 g/l NaOH, $Na_2CO_3 \cdot 10\,H_2O$	20-40 °C 0,3 - 0,5 A/dm² pH 10-13 Anode: Cu mit P depolarisiert (Knüppelanoden)	Muss immer alkalisch sein, sonst HCN! Bestimmte Menge an „freiem" Cyanid einstellen, Warenbewegung
Ni	$NiSO_4 \cdot 7\,H_2O$ 300 - 350 g/l $NiCl_2 \cdot 6\,H_2O$ 45 - 50 g/l (Leitsalz) H_3BO_3 30 - 40 g/l (Puffer)	20 - 70 °C 2 - 10 A/dm² pH 4,0-4,5 Anode: Ni-Band oder Ni-Pellets	durch Zusatz von Glanzbildnern: Glanznickelschicht (Watts Nickel)
	Ni-Sulfamat 100 - 350 g/l $(Ni(NH_2SO_3)_2 \cdot 4\,H_2O)$ $NiCl_2 \cdot 6\,H_2O$ 10 g/l H_3BO_3 30-40 g/l	30 - 50 °C 5 - 20 A/dm² pH 3 - 4 schwefeldepolarisierte Elektrolytnickelanode	Elektrolyt- oder Warenbewegung
Zn	$ZnCl_2$ 60 - 80 g/l KCl 150 - 200 g/l H_3BO_3 25 - 35 g/l (Puffer)	25 - 40 °C pH 4,5 - 5,5 0,1 - 5 A/dm²	schwachsaurer Elektrolyt, hohe Stromausbeute
	$Zn(CN)_2$ 55 - 65 g/l NaCN 80 - 100 g/l NaOH 80 - 100 g/l	20 - 45 °C bis 5 A/dm² alkalisch Anode: Zn 99,9999	evtl. Glanzzusätze
Sn	$SnSO_4$ 50 g/l H_2SO_4 100 - 160 g/l	20 - 27 °C bis 1 A/dm² (ruhender Elektrolyt) bis 10 A/dm² (bewegter Elektrolyt) Anoden: Reinzinn	Reinigung der Anoden vom „Anodenschlamm" öfter erforderlich, Einebener: Gelatine, Knochenleim, β-Naphtol
Sn	$Sn(BF_4)_2$ 100 g/l HBF_4 70 - 100 g/l	20 - 40 °C 2 - 10 A/dm² Anoden: Reinzinn	Bei höheren Temp. werden die sonst glänzenden Schichten leicht matt, Einebener: Gelatine, Knochenleim, β-Naphtol
	$Na_2SnO_3 \cdot 3\,H_2O$ oder $Na_2[Sn(OH)_6]$ (Natriumstannat) 150 g/l geringe Mengen NaOH und Na-Azetat	60 - 80 °C 2 - 5 A/dm² pH > 12 Anoden: Reinzinn	Bei Weißblechherstellung mit K-Stannat-Elektrolyten bis zu 40 A/dm², pH < 12 Bildung kolloidaler Zinnsäure, Werkstückbewegung

Tabelle 4.7: *Fortsetzung*

Metall	Elektrolytbestandteile	Betriebsparameter	Elektrolyttypische Merkmale
Cr	Viele Chromelektrolyte enthalten schaumbildende Fluortenside, wie z. B. PFOS (Perfluoroctylsulfonat), vgl. Kapitel 9. Beachte REACH, Anhang XIV.		
	CrO_3 250 - 400 g/l H_2SO_4 3,5 - 4 g/l	30 - 50 °C 10 - 20 A/dm^2 Anode: Hartblei	Schichtqualität stark temperatur- und stromdichteabhängig, Kühlung erforderlich! Hartchromschichten: Mikrorisse
	CrO_3 200 - 450 g/l HF 0,8 - 1,6 g/l oder entsprechende Masse NaF	20 - 22 °C ca. 3 A/dm^2 Anode: Hartblei	typischer Kaltverchromungselektrolyt
	CrO_3 150 - 450 g/l H_2SiF_6 0,3-3 g/l H_2SO_4 0,35 - 1 g/l	20 - 22 °C ca. 3 A/dm^2 Anode: Hartblei	Hartverchromungselektrolyt
Cr(III)	$KCr(SO_4)_2 \cdot 12\ H_2O$ 150 g/l $Cr_2(SO_4)_3 \cdot 6H_2O$ 150 g/l Natriumoxalat 50 g/l $Al_2(SO_4)_3 \cdot 18\ H_2O$ 50 g/l NaF 15 g/l	40 - 50 °C 30 - 50 A/dm^2 pH = 1 - 2 Anode: platiniertes Titan	Härte bis zu 1000 HV Schichtdicke bis zu 3µm
Au	$KAu(CN)_2$ ca. 10 g/l KCN 6 - 30 g/l Na_2HPO_4 bis 20 g/l $Na_2CO_3 \cdot 10\ H_2O$ bis 20 g/l	45 - 70 °C 0,5 - 1 A/dm^2 pH 8,5 - 13 Anode: platiniertes Titan	bildet matte, duktile Niederschläge
	$KAu(CN)_2$ ca. 10 g/l ca. 300 mg/l Co- oder Ni-Salze Citronensäure 100 g/l KOH 40 g/l	30 - 40 °C ca. 1 A/dm^2 pH 3,5 - 5 Anode: platiniertes Titan	pH-Wert nicht unter 3, da Zersetzung des Komplexes, glänzende Goldschichten mit erhöhter Härte, da Co bzw. Ni in Schicht eingebaut
	$KAu(CN)_4$ ca. 2 g/l $CoSO_4$ 2 g/l H_3PO_4 (85 %) 75 g/l	25 °C 1 - 2 A/dm^2 pH um 1 Anode: platiniertes Titan	Wirkungsgrad sehr niedrig, deshalb oft nur Strike-Schichten, Nachverstärkung in Dicyanoauratbädern
Ag	AgCN KCN K_2CO_3 Glanzbildner, z. B. Thiosulfat Netzmittel	ca. 30 g/l ca. 120 g/l 15 g/l	RT 0,5 - 3 A/dm^2
Zn/Ni	ZnO 15 g/l $NiSO_4 \cdot 6\ H_2O$ 4 g/l $Na_2CO_3 \cdot 10\ H_2O$ 30 g/l NaOH 120 g/l Polyäthylenimin 5,1 g/l	20 - 30 °C 0,5 - 5 A/dm^2 inerte Anoden aus Reinnickel	nach Patent DE 37 12 511

Technologie der galvanischen Beschichtung

Galvanotechnische Anlagen sind hauptsächlich Tauchanlagen. Die Ware (Werkstücke) muss in die Behandlungslösungen (Elektrolyte, Spülbäder usw.) getaucht und wieder ausgehoben werden. Dazu eignen sich Varianten (siehe Bild 4.16), wie Gestell-, Trommel- oder Korbtechnik. Sonderfälle stellen das Durchlaufverfahren bei der Band- und Drahtgalvanisierung, das Tampongalvanisieren sowie das Jet-Plating dar.

Warenträger fixieren die Werkstücke mechanisch und garantieren ihren sicheren Kontakt zur Galvanisierstromquelle, wobei die Gestelltechnik technologische Besonderheiten aufweist, wie:

- Werkstückgeometrie und -masse, räumliche Ausdehnung,
- Kontaktsicherheit,
- Unerwünschte Metallisierung des Warenträgers,
- Korrosion des Trägers und der Kontaktstellen,
- Bestückung von Hand,
- ungünstige Stromdichteverteilung, damit verbunden unterschiedliche Schichtdicken.

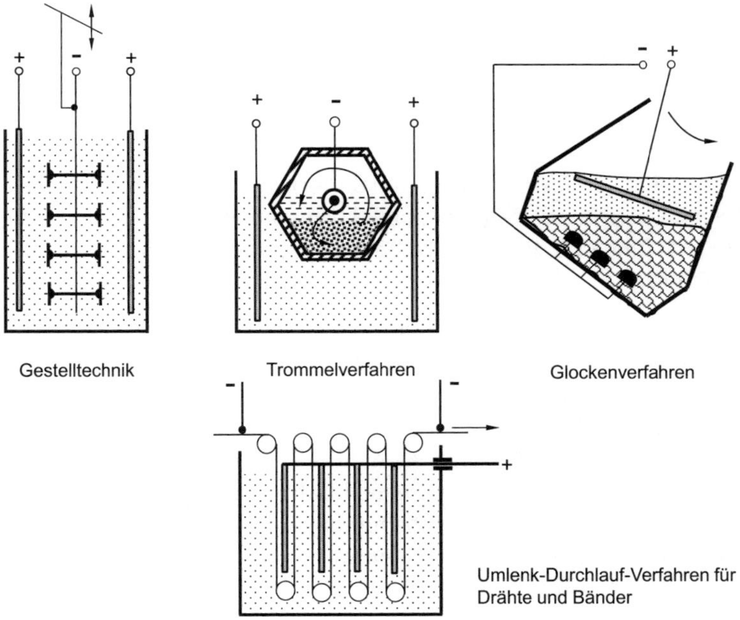

Bild 4.16: Varianten von Galvanisiertechniken

Zu den bestimmenden Teilen einer Galvanikanlage gehören die Behälter für die Prozesslösungen. Behälter für die Elektrolyte und Spülwässer sind die Arbeits- oder Badbehälter. Daneben gibt es noch Ansetz-, Stapel- und Ablassbehälter. Arbeitsbehälter haben nahezu ausschließlich einen rechteckigen Grundriss, wobei dieser nicht der Größe der Einfahröffnung entspricht (siehe Bild 4.17).

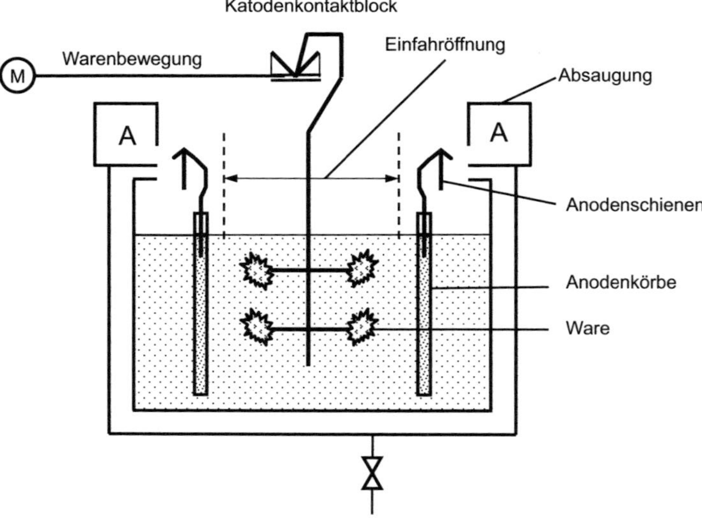

Bild 4.17: Schematische Darstellung eines Arbeitsbehälters

Im Wesentlichen bestimmen Art der Prozesslösung und die Arbeitstemperatur den auszuwählenden Behälterwerkstoff. Bevorzugt kommen Stahl, hartgummierter Stahl, Edelstahl, Titan, die Kunststoffe PE, PP und PVC, faserverstärkte duromere Kunststoffe sowie Glas und Keramik zur Anwendung.

Eine der Warenart, ihrer Oberfläche und dem Elektrolyten entsprechende Gleichstromversorgung ist eine Grundvoraussetzung für ein optimales Beschichtungsergebnis. Sie garantiert eine entsprechende Strombelastbarkeit, die zeitliche Konstanz des eingestellten Arbeitsstromes und eine geringe Restwelligkeit. Gleichrichter für Galvanikanlagen sind heute nahezu ausschließlich mit Halbleiterbauelementen, wie Dioden und Thyristoren ausgestattet. Dem Stand der Technik entsprechend haben Galvanikanlagen eine zentrale Schaltwarte, an die alle elektrischen Funktionseinheiten angeschlossen sind, in die alle Prozessinformationen gelangen, ausgewertet werden und von der aus die Prozesssteuerung erfolgt.

Der Transport der Warenträger zwischen den Arbeitsstationen besteht im Eintauchen, Ausheben und dem Überführen zur nächsten Station. Dabei sind besonders die Verschleppung von Prozesslösungen und stark unterschiedliche Taktzeiten zu beachten.

Darüber hinaus sind alle Anlagen mit Einrichtungen zur Waren- und/oder Badbewegung ausgerüstet, deren Zweck in der gleichmäßigen Wärmeverteilung im Elektolyten und der Einflussnahme auf die Vorgänge in der Phasengrenze zwischen Elektrodenoberflächen und Eletrolytvolumen besteht. Lufteinblasung, Elektrolytflutung und Ultraschall bewirken die

Badbewegung. Eine Relativbewegung von Ware zu Elektrolyt lässt sich ebenso durch eine Warenbewegung erreichen. Ob eine horizontale oder vertikale Bewegung des Warenträgers zu den Anoden erfolgt, hängt wesentlich ab von der Form, der Oberflächenbeschaffenheit, der Durchströmbarkeit der Ware und ihrer Anordnung auf dem Warenträger.

Als Anwendungsformen für Anoden kommen Barren und Bleche kompakt, Pellets und Cylpebs als Schüttung zum Einsatz. Das Schüttgut befindet sich dabei in Anodenkörben oder Kästen aus Titan. Den bei der Auflösung der Anoden entstehenden Anodenschlamm hält man in Säcken aus Kunststoffgewebe zurück.

Zur Vermeidung des Einbaus von festen Teilchen in die wachsende Schicht entfernt man diese aus dem Elektrolyten durch eine kontinuierliche Filtration. Des Weiteren kann es auch zur Badpflege gehören, eine Filtration des Elektrolyten über Aktivkohle durchzuführen, um besonders die sich anreichernden Abbauprodukte aus organischen Zusätzen zu beseitigen.

Die Art und Weise des Zusammenwirkens der beschriebenen verfahrenstypischen Komponenten soll am Beispiel der Verchromung von Stahlteilen am Schema im Bild 4.18 demonstriert werden. Ausführungsformen von vertikalen Galvanikanlagen für dekorative und funktionelle Beschichtungen sind im Bild 4.19 dargestellt.

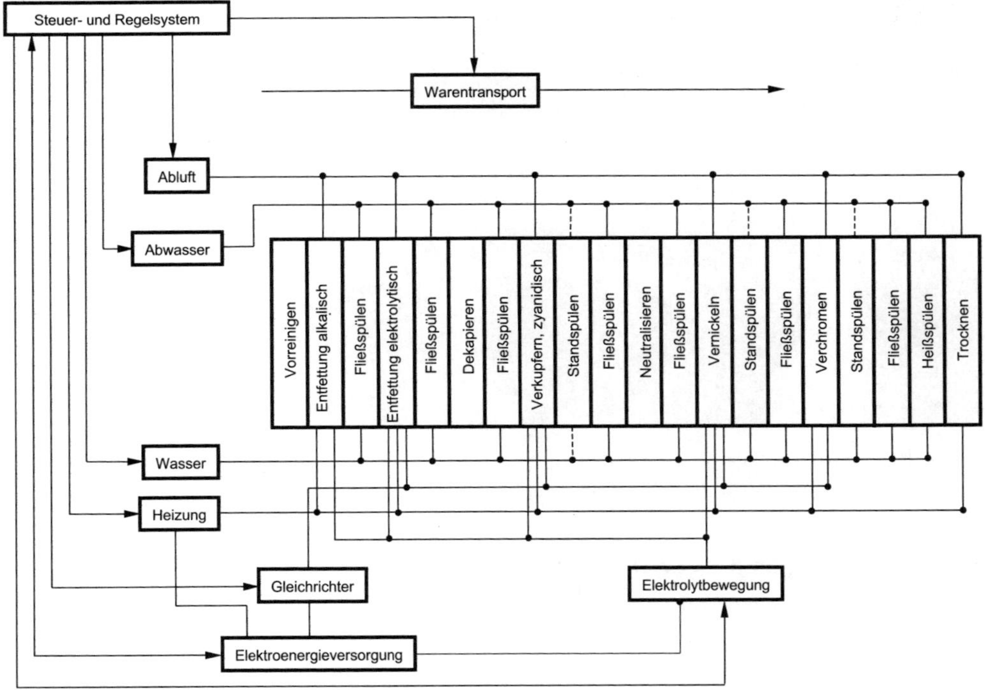

Bild 4.18: Technologischer Ablauf in einer Galvanikanlage zur Abscheidung des Schichtsystems Cu/Ni/Cr

1

2

Bild 4.19: Galvanikanlage Atotech DynaPlus®,
1 Anlage für Gestellware, 2 Trommelanlage

Sondertechnologien der galvanischen Schichtabscheidung

Als Sondertechnologien sollen hier charakterisiert werden:

- Galvanoformung oder Galvanoplastik,
- Abscheidung dicker Schichten,
- Abscheidung in Hochgeschwindigkeits-Strömungszellen,
- Jet-Plating,
- Tampongalvanik,

- Pulse-Plating,
- Abscheidung von Dispersionsschichten.

Unter **Galvanoformung** versteht man die Abscheidung mindestens 100 µm dicker, vorwiegend abtrennbarer Metallüberzüge auf einem Formkörper. Der Zweck kann darin bestehen, die Metallschicht auf der Form zu belassen, Metallschicht und Form zu trennen und die Metallschicht als solche zu belassen oder sie als Matrize weiter zu verwenden. Als Werkstoffe für Formkörper kommen sowohl elektrisch leitende als auch isolierende zur Anwendung. Formkörper aus isolierenden Stoffen, wie Wachs, Gips und Kunststoffe, müssen vor der Galvanisierung eine elektrisch leitende Schicht erhalten, z. B. durch Vakuumaufdampfen mit Metall, außenstromlose Metallabscheidung, Auftragen von Leitlacken oder Graphitierung (siehe Bild 4.20). Elektrisch leitende Kernwerkstoffe können aus niedrigschmelzenden Legierungen und Aluminium bestehen, das letztere lässt sich im Bedarfsfalle mit NaOH abätzen.

Bild 4.20: Verfahrensstufen zur Galvanoformung mit Wachsmatrize

1 Original; 2 Wachsabdruck; 3 Wachsabdruck, graphitiert; 4 galvanisch Kupfer; 5 Duplikat

Mithilfe der Galvanoformung hergestellte Erzeugnisse finden Anwendung in Press-, Spritz- oder Gussformen, insbesondere für die Kunststoffverarbeitung, für Druck- und Prägeformen und für die Herstellung von Metallfolien und Bändern, z. B. Kupferfolien für Leiterplatten. Ein spezifisches Merkmal der Galvanoformung, ihre hohe Abformgenauigkeit, bildet die Basis für die Herstellung von Mikrostrukturen nach dem LIGA-Verfahren oder bei der Fertigung von Mikrosieben (vgl. Abschnitt 7.3.3).

Ausgelöst durch die rasante Entwicklung elektronischer Geräte, verbunden mit hohen Stückzahlen und einer großen Variationsbreite, stand die Forderung an die Galvanotechnik, leistungsfähige Verfahren zur Beschichtung von Kontakten zu schaffen. Zur Gewährleistung der Kontaktsicherheit kommen Edelmetallelektrolyte, insbesondere Gold, zur Anwendung. Für die Herstellung der infrage kommenden Stückzahlen versagen die klassischen Verfahren, wie Gestell- oder Trommeltechnologie. Einen Ausweg hieraus bietet die Beschichtung von Kontaktbändern. Das bedeutet, dass in Abhängigkeit von der Bandgeschwindigkeit, der Strömungsgeschwindigkeit des Elektrolyten, der Konzentration des Metallsalzes und des Stromes in extrem kurzen Zeiten auf kleinsten Flächen die erforderlichen Schichtdicken erreicht werden. Die intensive Elektrolytbewegung führt zu einer Verringerung der katodischen Diffusionsschichtdicke. Dadurch steht in der Zeiteinheit an der Katodenoberfläche eine größere Zahl abscheidbarer Metallionen zur Verfügung. Im Ergebnis davon kann man entsprechend hohe Ströme einstellen. Eingebrachte Blenden und Masken ermöglichen eine selektive Metallabscheidung.

Unter dem Aspekt der hohen Abscheidungsgeschwindigkeit (**Hochgeschwindigkeits-Strömungszellen**) (siehe Bild 4.21) und der Gestaltung der Masken und Blenden ergibt sich eine große Anzahl geeigneter Galvanisiertechniken. Handelt es sich um eine punktuelle Abscheidung von z. B. vergoldeten Bondinseln spricht man vom **Spot-Plating**; beim **Jet-Plating** dagegen steht die Hochgeschwindigkeitsabscheidung im Vordergrund.

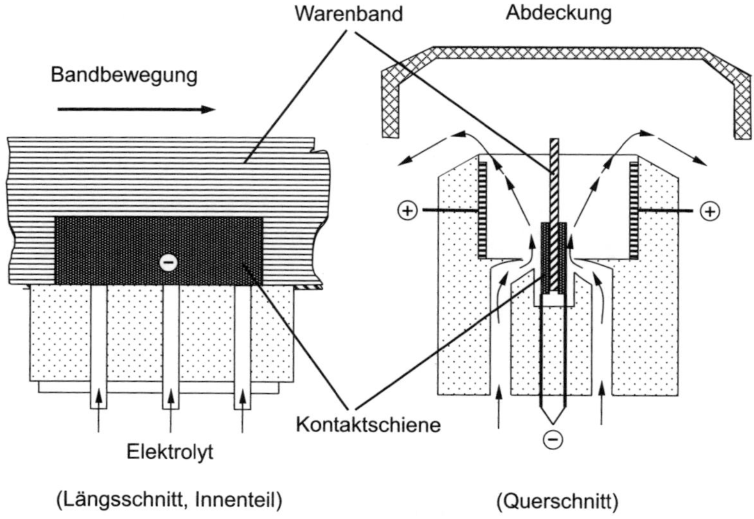

Bild 4.21: Prinzip einer Hochgeschwindigkeits-Strömungszelle

Eine Anlage zur **Tampongalvanik** besteht aus einer mit dem Elektrolyt getränkten Anode (Tampon), einem Griffstück und der Stromversorgung (siehe Bild 4.22). Man hat in diesem Verfahren eine Arbeitstechnik, bei der die Ausrüstung zum Werkstück bzw. Einsatzort gebracht werden kann und nicht die übliche Galvanikanlage. Das Werkstück (Ware) ist mit dem Minuspol der Stromversorgung verbunden, ein zweites flexibles Kabel verbindet die Stromversorgung mit dem Griffstück und damit dem Tampon. Durch das Griffstück erfolgt eine ständige Zufuhr von frischem Elektrolyten zum Tampon. Zwischen Anode und Werkstückoberfläche ist eine intensive Bewegung notwendig, um eine gleichmäßige Metallisierung zu erreichen und „verbrannte“ bzw. raue Oberflächen zu vermeiden. Die dabei erreichbaren hohen Stromdichten bewirken sehr hohe Abscheideraten, wie z. B. 25 µm/min Kupfer aus saurem Elektrolyt, 13 µm/min Zink bzw. Nickel aus schwach alkalischen Elektrolyten. Auch anodische Oberflächenbehandlungsverfahren, wie Elektropolieren, Ätzen, Entgraten u. a. m. sind durch Umpolen mit der gleichen Anlage durchführbar. Das Tamponverfahren eignet sich beispielsweise zur Reparatur galvanischer Überzüge auf Leiterplatten, Brillenfassungen, verzinkten Automobilkarosserien u. a.

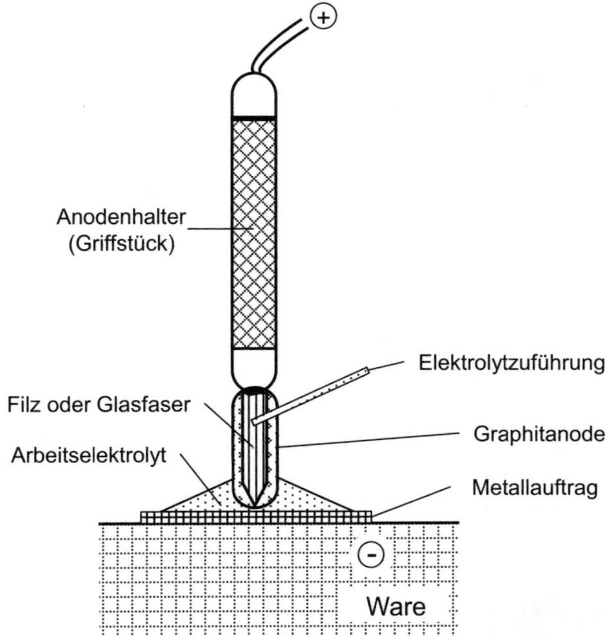

Bild 4.22: Prinzip des Tampongalvanisierens

Beim **Pulse-Plating** erfolgt die Abscheidung mit unterbrochenem Gleichstrom, im Gegensatz zu den bisher beschriebenen galvanischen Abscheidungsverfahren mit konstantem Gleichstrom. Um die Katodenprozesse durch eine Stromunterbrechung beeinflussen zu können, muss die Dauer der Impulse und Pausen im Bereich der Geschwindigkeit dieser Reaktionsabläufe liegen, d. h. im Millisekundenbereich. Eine Realisierung ist nur mithilfe der Leistungselektronik möglich.

Das Ziel der Untersuchungen zum Pulse-Plating besteht in der Hauptsache darin, organische Zusätze zur Feinkornbildung und Duktilitätserhöhung zu vermeiden, Legierungsabscheidung in konstanter Zusammensetzung zu erreichen und die Wasserstoff-Mitabscheidung zu vermindern. In der Strompause zwischen zwei Impulsen beim Pulse-Plating erfolgt der Konzentrationsausgleich aller Ionen, zwischen der die Katode umhüllenden Diffusionsschicht und dem Elektrolyten, wodurch sich die o. g. Zielstellung erreichen lässt.

Im Zeitintervall des Stromflusses sinkt infolge der Metallabscheidung die Metallionenkonzentration im Katodenraum, in der Strompause steigt sie wieder an. Es bildet sich ein quasistationärer Gleichgewichtszustand zwischen Abscheidung und Antransport der Kationen. Durch das Impuls-Pausen-Verhältnis ist dieses Gleichgewicht gezielt verschiebbar. Eine Steigerung der Abscheidungsgeschwindigkeit lässt sich beim Pulse-Plating im Gegensatz zur Gleichstromabscheidung bei Konstanz der Schichtparameter nicht erreichen.

Nach zuerst starkem Interesse am Pulse-Plating hat es heute auf folgenden Anwendungsgebieten Bedeutung behalten, wie z. B.:

- Reinstgoldüberzüge, bessere Bondbarkeit,
- Rhodiumabscheidung, Rissarmut,

- Chrom-Molybdän-Legierungen, extreme Verschleißbeständigkeit,
- wasserstoffarme Chrom- und Palladium-Schichten,
- Zinn-Blei-Legierungen, günstige Metallverteilung und konstante Legierungszusammensetzung,
- Nickel- und Kupferschichten, gesteigerte Härte, ohne Duktilitätsverlust,
- Abscheidung von Mehrfachschichtsystemen *(Compositionally Modulated Multilayers CMM)*.

Suspendiert man in einem Elektrolyt größere Feststoffmengen, können sich diese Partikel in die entstehende, galvanische Metallschicht einbauen; daraus resultiert eine **Dispersionsschicht** wie im Bild 4.23. Von ausschlaggebender Bedeutung für die Schichteigenschaften ist, dass bei ihrer Herstellung eine stabile Suspension vorliegt, hinsichtlich der entsprechenden Größe und Verteilung des Dispersants. Als Dispersanten kommen Hartstoffe, wie SiC, CBN, Al_2O_3 und Diamant; aber auch Kunststoffe, wie PTFE-Pulver oder Schmierstoffe, wie MoS_2 zur Anwendung. Matrixmetalle sind meist Kupfer, Nickel oder Chrom.

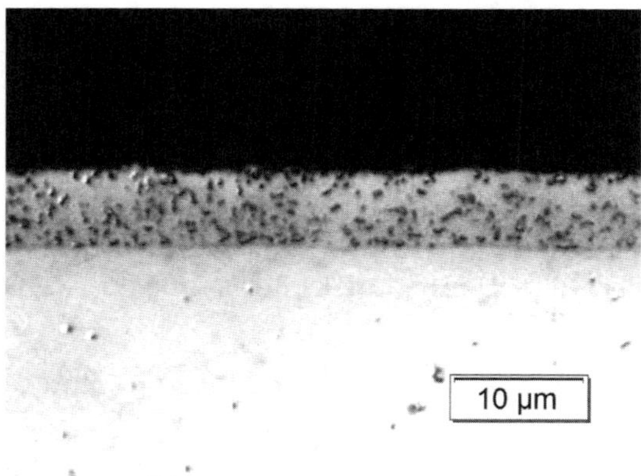

Bild 4.23: Dispersionsschicht: galv. Ni mit SiC-Partikeln

4.1.3 Grundlagen der außenstromlosen Metallabscheidung

Stammen die Elektronen bei der Metallabscheidung mit Außenstrom aus einer Stromquelle, so kommen sie bei der außenstromlosen Metallschichtbildung immer aus einem dem Elektrolyt zugesetzten Reduktionsmittel, das die Metallionen zum Metallatom reduziert und dabei selbst oxidiert wird.

$$R^{n+} \rightarrow R^{(n+z)+} + z \cdot e^-$$

$$Me^{z+} + z \cdot e^- \rightarrow Me^{\pm 0}$$

Ein spezifisches Merkmal der außenstromlosen Metallisierung besteht darin, diesen Vorgang nur an der zu metallisierenden Oberfläche ablaufen zu lassen, anderenfalls würde im gesamten Lösungsvolumen das Metall ausfallen. Das wird möglich durch Stabilisierung der

Elektrolyte. Eine Verminderung der freien Kationenkonzentration als Ergebnis des Zusatzes von Komplexbildnern führt zu einer Hemmung der Reduktion in der Lösung. Um mit solchen Lösungen die Metallisierung zu erreichen, muss durch die Substratoberfläche diese Stabilisierungswirkung herabgesetzt werden. Die Oberfläche muss daher die Reduktion katalysieren. An der Substratoberfläche erfolgt der Elektronenaustausch zwischen dem Reduktionsmittel und den Kationen des abzuscheidenden Metalls. Das Reduktionsmittel gibt Elektronen an die Substratoberfläche ab, die dann hier von den ankommenden Metallionen aufgenommen werden. Als elektronenübertragendes Medium wirkt also die Substratoberfläche (siehe Bild 4.24).

Einige Metalle, z. B. Cu, Ni, Ag, Au und Pd sind für die Reduktion ihrer Metallionen katalytisch wirksam **(Autokatalyse)**, d. h. auf Kupfer lässt sich aus einer außenstromlos arbeitenden Verkupferungslösung Kupfer abscheiden, analog die anderen genannten Metalle. Diese Art Abscheidung verläuft also autokatalytisch, wäre dem nicht so, könnte es nicht zur Abscheidung kommen.

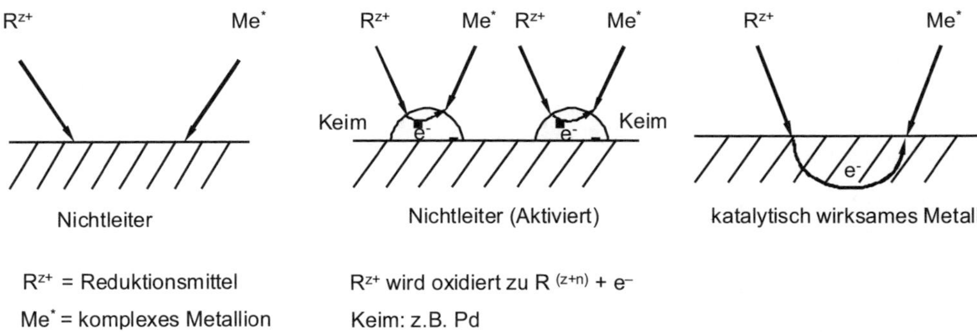

Bild 4.24: Varianten der Elektronenübertragung an Substratoberflächen

Andere Oberflächen, insbesondere nichtmetallische, wie Isolierstoffe, können durch den Vorgang der Bekeimung mit katalytisch wirksamen Metallen aktiviert werden. An diesen Keimen erfolgt dann der Start der Metallabscheidung und in der Folge entsteht eine geschlossene Schicht (siehe Bilder 4.25).

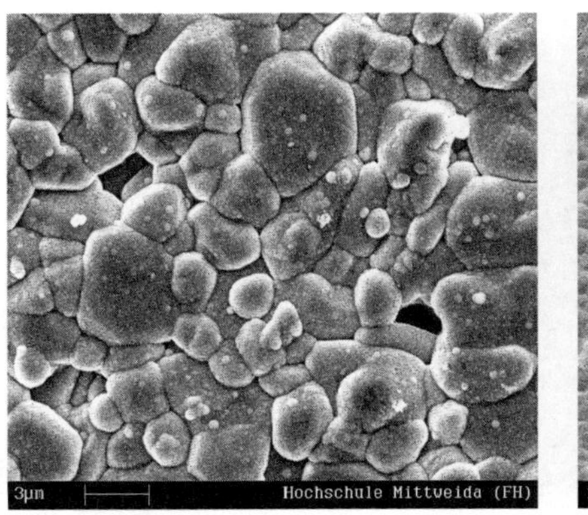

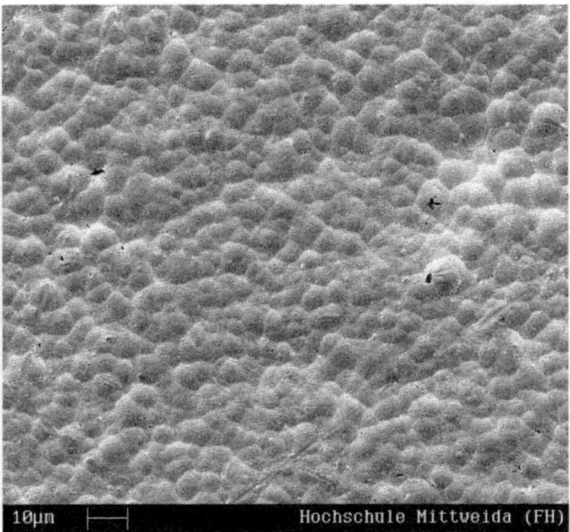

Bild 4.25: Al_2O_3-Substrat, Pd aktiviert,
links: mit beginnender NiP-Abscheidung, rechts: mit geschlossener NiP-Schicht

Die Haftung der Keime auf dem Substrat bestimmt entscheidend die Haftung des darüber befindlichen Schichtsystems. Außenstromlos abgeschiedene Schichten enthalten nicht nur das Metall, sondern auch Badbestandteile und Reaktionsprodukte. Außenstromlos abgeschiedenes Nickel scheidet man mit Natriumhypophosphit als Reduktionsmittel ab; dabei erfolgt ein Einbau der als Nebenprodukt entstehenden Phosphoratome. Exakt muss man in diesem Falle also von NiP-Schichten sprechen. Kommt als Reduktionsmittel Natriumborhydrid ($NaBH_4$) zur Anwendung, entstehen NiB-Schichten, verwendet man Hydrazin (N_2H_4) scheiden sich reine Ni-Schichten ab.

Ein außenstromloser Abscheidungselektrolyt enthält im Allgemeinen folgende Komponenten: Ein Salz des abzuscheidenden Metalls, das Reduktionsmittel, Komplexbildner, Stabilisatoren, Säuren und Basen zur pH-Wert Einstellung und Puffersubstanzen (verantwortlich für die Konstanz des pH-Wertes).

Aus dem Mechanismus der Schichtentstehung mit derartigen Elektrolyten, der charakterisiert ist durch:

- Abscheidung ohne äußere Stromquelle,
- Bekeimung bei nichtleitenden Oberflächen und
- Anreicherung der Oxidationsprodukte des Reduktionsmittels.

resultieren die Schichteigenschaften und Verfahrensmerkmale.

Im Vergleich zu galvanisch erzeugten Metallschichten haben die außenstromlos abgeschiedenen eine Reihe von Vorteilen:

- gleichmäßige Schichtdicke (Bild 4.26),
- Möglichkeit der Innenmetallisierung (Bild 4.27),
- selektive Metallisierung,
- Abscheidung auf nichtleitenden aktivierten Substraten.

Demgegenüber bestehen Faktoren, welche die Badführung erschweren. Chemisch-reduktive Elektrolyte besitzen nicht die Stabilität galvanischer Bäder. Fremdpartikel, Defekte an den Gefäßwänden, Verschleppungen aus der Aktivierungslösung und geringfügige Überschreitung der Arbeitstemperatur führen zur unkontrollierten Abscheidung.

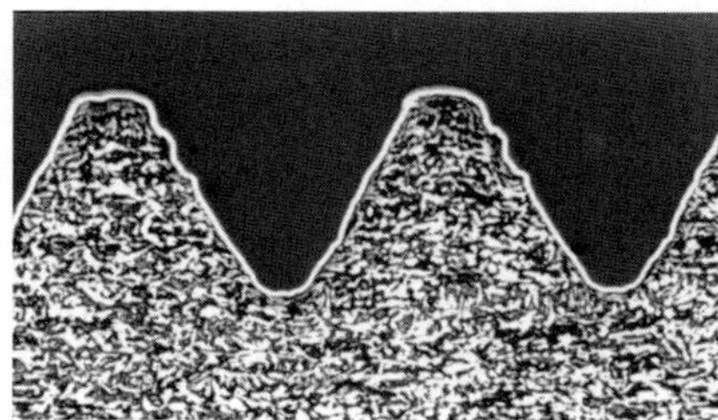

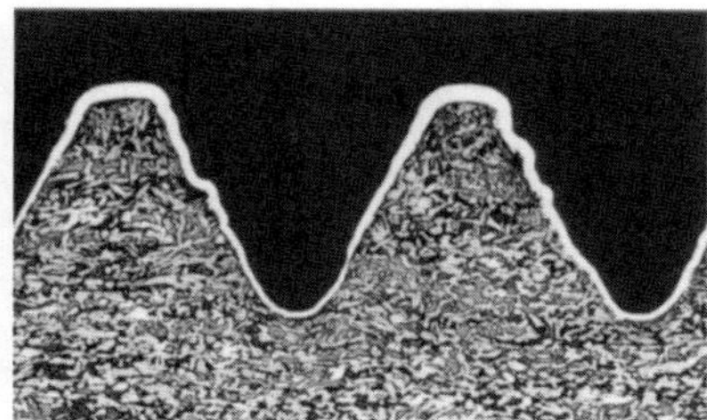

Bild 4.26: Schichtendickenverteilung von außenstromlos abgeschiedenen Schichten im Vergleich zu galvanisch abgeschiedenen (Gewinde M4, P = 0,7)

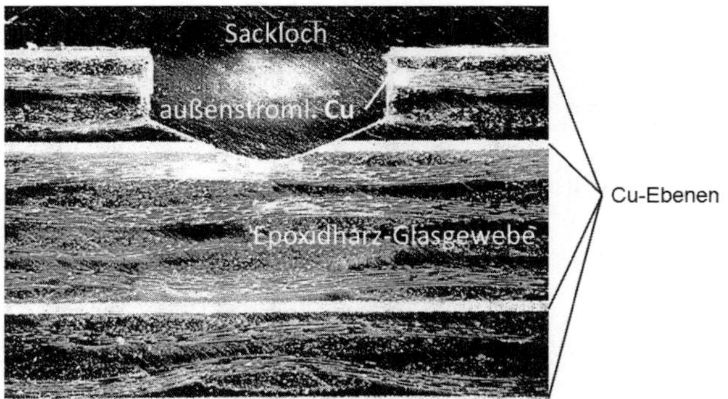

Bild 4.27: Außenstromlose Metallisierung eines Sackloches in einer Mehrlagenleiterplatte

Bevorzugt genutzte Elektrolyte zur außenstromlosen Metallabscheidung

Technische Bedeutung haben Cu-, Ni-, Au- und Sn-Schichten erlangt. Besonders für die in der Literatur als außenstromlos arbeitend bezeichneten Zinnbäder lässt das Fehlen des Reduktionsmittels in der Rezeptur nur eine zementative Abscheidung zu (vgl. Tabelle 4.8, letzte Zeile). Angaben zu Eigenschaften und Anwendungsbeispielen enthält Tabelle 4.1, die nachfolgende Tabelle 4.8 fasst die wichtigsten Elektrolyte bezüglich ihrer Zusammensetzung und Betriebsparameter zusammen.

Tabelle 4.8: Übersicht zu außerstromlosen Metallisierungselektrolyten

Metall	Zusammensetzung	Betriebs-parameter	Hauptreaktionen
Ni (als NiP)	$NiSO_4 \cdot 7H_2O$ 20 - 30 g/l $NaH_2PO_2 \cdot H_2O$ 10 - 20 g/l Essigsäure 10 g/l mit NaOH auf pH 4,5 Thioharnstoff 0,7 mg/l	82 - 84 °C ca. 15 µm/h	$Ni^{2+} + 2e^- \rightarrow Ni$ $[H_2\overset{+1}{P}O_2]^- + H_2O \rightarrow [H_2\overset{+3}{P}O_3]^- + 2H^+ + 2e^-$ Nebenreaktionen: $2H^+ + 2e^- \rightarrow H_2$ $[H_2PO_2]^- + e^- \rightarrow \overset{\pm 0}{P} + 2OH^-$ Einbau von ca. 10 Gew. % P in Schicht → NiP
	$NiSO_4 \cdot 7H_2O$ 20 g/l $NaH_2PO_2 \cdot H_2O$ 15 g/l Milchsäure 30 g/l Propionsäure 3 g/l $Pb(NO_3)_2$ 1 mg/l mit Na-Acetat auf pH 4 - 5	75 - 78 °C 3 - 5 µm/h	$Ni^{2+} + 2e^- \rightarrow Ni$ $[H_2\overset{+1}{P}O_2]^- + H_2O \rightarrow [H_2\overset{+3}{P}O_3]^- + 2H^+ + 2e^-$ Nebenreaktionen: $2H^+ + 2e^- \rightarrow H_2$ $[H_2PO_2]^- + e^- \rightarrow \overset{\pm 0}{P} + 2OH^-$
	$NiSO_4 \cdot 7H_2O$ 20 g/l $NaH_2PO_2 \cdot H_2O$ 15 g/l Zitronensäure 15 g/l $Na_2B_4O_7 \cdot 10\,H_2O$ 15 g/l mit NaOH auf pH 9,5	50 - 60 °C 5 - 8 µm/h	$Ni^{2+} + 2e^- \rightarrow Ni$ $[H_2\overset{+1}{P}O_2]^- + H_2O \rightarrow [H_2\overset{+3}{P}O_3]^- + 2H^+ + 2e^-$ Nebenreaktionen: $2H^+ + 2e^- \rightarrow H_2$ $[H_2PO_2]^- + e^- \rightarrow \overset{\pm 0}{P} + 2OH^-$ Einbau von ca. 7 Gew. % P in Schicht → NiP

Tabelle 4.8: *Fortsetzung*

Metall	Zusammensetzung	Betriebs-parameter	Hauptreaktionen
Cu	$CuSO_4 \cdot 5H_2O$ 10 g/l Methanal (Formalin-lösung 30 %) 20 ml/l EDTA 16 g/l NaOH 10 g/l	50 - 55 °C stark alkalisch	$Cu^{2+} + 2e^- \rightarrow Cu$ $2H\overset{\pm 0}{C}OH + 4OH^- \rightarrow 2H\overset{+2}{C}OO^- + 2H_2O$ $+ H_2 + 2e^-$ $2Cu^{2+} + HCOH + 5OH^- \rightarrow Cu_2O + HCOO^-$ $+ 3H_2O$ (Verbrauch von HCOH ohne Cu-Abscheidung) $Cu_2O + H_2O \rightarrow Cu + Cu^{2+} + 2OH^-$ $2HCOH + OH^- \rightarrow HCOO^- + CH_3OH$ (Cannizzaro-Reaktion)
	$Cu_SO_4 \cdot 5H_2O$ 5 - 10 g/l Methanal (Formalin-lösung 30 %) 35 ml/l Kalium-Natriumtartrat $KNaC_4H_4O_4 \cdot 4\ H_2O$ 5 - 10 g/l Thioharnstoff 0,05 mg/l NaOH 4 - 5 g/l	25 - 35 °C pH 12 - 13 1 - 2 µm/h	$Cu^{2+} + 2e^- \rightarrow Cu$ $2\ H\overset{\pm 0}{C}OH + 4\ OH^- \rightarrow 2H\overset{+2}{C}OO^- + 2\ H_2O +$ $H_2 + 2e^-$ $2\ Cu^{2+} + HCOH + 5\ OH^- \rightarrow Cu_2O + HCOO^-$ $+ 3\ H_2O$ (Verbrauch von HCOH ohne Cu-Abscheidung) $Cu_2O + H_2O \rightarrow Cu + Cu^{2+} + 2OH^-$ $2HCOH + OH^- \rightarrow HCOO^- + CH_3OH$ (Cannizzaro-Reaktion)
Au	$K[Au(CN)_2]$ 5 - 15 g/l KBH_4 12 - 17 g/l KCN 10 - 15 g/l KOH 10 - 13 g/l	60 - 70 °C pH 13 - 14 0,6 - 0,8 µm/h	$Au(CN)_2^- \rightarrow Au^+ + 2\ CN^-$ $\overset{-1}{B}H_4^- + 8\ Au^+ + 8\ OH^- \rightarrow$ $8\ Au + (BO)_2^- + 6\ H_2O$ $\overset{-1}{H^-} \rightarrow \overset{+1}{H^+} + 2e^-$
	$K[Au(CN)_2]$ 5 g/l $CoCl_2 \cdot 6\ H_2O$ 20 g/l $NiCl_2 \cdot 6\ H_2O$ 10 g/l Thioharnstoff 25 g/l Ammoniumhydrogen-citrat 20 g/l	82 - 84 °C pH 3 - 3,3 Einstellung mit Zitronensäure 20 % 1,3 - 1,8 µm/h	$Co^{2+} \rightarrow Co^{4+} + 2^{e-}$ kontinuierliche Filtration des Elektro-lyten während Abscheidung erforderlich
	$Na_3[Au(SO_3)_2]$ 0,6 g/l Methanal (Formalin-lösung 30 %) 20 ml/l 0,3 - 0,5 g/l Na_2SO_3 5 g/l Ethylen-diamin (50 %) 0,85 g/l Natriumcitratdihyd-rat 8 g/l NH_4Cl 15 g/l	60 - 65 °C pH 7 - 7,5 Einstellung mit Zitronensäure 20 % 0,1 - 0,2 µm/h bevorzugt für Au-Strike-Schichten einsetzbar	$[Au(SO_3)_2]^{3-} \rightarrow Au^+ + 2\ SO_3^{2-}$ $2\ Au^+ + 2\ HCOH + 4\ OH^- \rightarrow 2\ Au^+$ $+ 2\ HCOO^- + 2\ H_2O + H_2$

Tabelle 4.8: *Fortsetzung*

Metall	Zusammensetzung	Betriebs-parameter	Hauptreaktionen
Sn	$SnCl_2 \cdot 2\,H_2O$ 7,5 g/l $Na_2HPO_2 \cdot 7\,H_2O$ 2 g/l EDTA 15 g/l Natriumacetat 10 g/l Benzolsulfonsäure 1 ml/l	40 - 45 °C pH 9 - 9,5 0,2 µm/h mit Ammoniak pH-Wert einstellen!	$Sn^{2+} + 2e^- \rightarrow Sn$ $\overset{+1}{[H_2PO_2]^-} + H_2O \rightarrow \overset{+3}{[H_2PO_3]^-} + 2H^+ + 2e^-$
	$SnCl_2 \cdot 2\,H_2O$ 5 g/l Thioharnstoff 50 g/l H_2SO_4 20 g/l	Raumtemperatur max. 0,1 - 0,2 µm	$Me + Sn^{2+} \rightarrow Me^{2+} + Sn$

Technologie der außenstromlosen Beschichtung

Aufgrund der Tatsache, dass die außenstromlose Metallisierung, wie auch die galvanischen Verfahren, in Tauchanlagen durchgeführt wird, ergeben sich viele technologische Gemeinsamkeiten. Anlagentechnisch besteht der Hauptunterschied in der fehlenden Stromversorgung, einschließlich der kritischen Kontaktierung der einzelnen Werkstücke. Die Prozessführung ist zum Teil aufwendiger und anspruchsvoller. Da die Elektrolyte eine geringere Stabilität als galvanische haben, kommt es durch lokale Überhitzung am Heizer zur unkontrollierten Abscheidung, was letztlich zum vollständigen Zerfall des Elektrolyten führt. Eine ständige Umwälzung, eingeschlossen die Temperierung, Filtration, möglichst automatische Nachdosierung verbrauchter Bestandteile, Einstellung des pH-Wertes und Entfernung von Reaktionsprodukten charakterisieren eine moderne Anlage. Ein für diese Technologie typischer Schritt ist die Aktivierung nichtleitender Substratoberflächen. Dazu sind die jeweilige Metallabscheidung katalysierenden Metallagglomerate von wenigen Nanometern Ausdehnung, fest haftend und homogen auf der Oberfläche verteilt, zu fixieren. Diese Agglomerate bezeichnet man in Analogie zur Kristallisation als Keime. Zur Aktivierung kommen bevorzugt Palladium, aber auch Silber, zum Einsatz. Für die Aktivierung mit Palladium gibt es die Varianten des ionogenen und kolloidalen Aktivators.

Als **ionogener Aktivator** wirkt eine salzsaure Lösung mit 0,5 bis 2 g/l $PdCl_2$, in der sich nicht nur Pd^{2+}-Ionen, sondern auch komplexe Ionen, wie $[PdCl_4]^{2-}$, $[PdCl_3]^-$ und $[PdCl]^+$ befinden. Zur Keimbildung müssen die Pd-Ionen zum Palladiumatom reduziert werden. Vereinfacht formuliert gilt die Gleichung:

$$Pd^{2+} + 2e^- \rightarrow Pd$$

Als Reduktionsmittel eignen sich Natriumhypophosphit- bzw. Sn(II)-chlorid-Lösungen. Unbedingt ist Sorge dafür zu tragen, dass Palladiumkeime oder ionogene Reste nicht in die Metallisierungslösung eingeschleppt werden. Sie führen zwangsläufig zum Zerfall des Bades.

Im **kolloidalen Aktivator** liegt das Palladium bereits in metallischer Form verteilt vor. Zur Aufrechterhaltung der kolloidalen Verteilung enthält die Lösung als Schutzkolloid Zinnsäure, die sich während der Reduktion der Palladiumionen mit $SnCl_2$ in stark salzsaurer Lösung in Form eines Hydrosols bildet. Die Ansatzlösung für kolloidales Palladium enthält $PdCl_2$, $SnCl_2$ und HCl. Soll das mit dem Schutzkolloid aufgebrachte Palladium als Keim wirken, muss die Zinnsäure zerstört werden. Praktisch lässt sich das durch Tauchen in HBF_4-Lösung erreichen.

Haftzentren für die Keime erzeugt man durch dem Substratwerkstoff angepasste Vorbehandlungsverfahren, wie mechanische Aufrauung oder chemische Reaktionen. Haftfeste Keime bewirken haftfeste Metallschichten.

Wird im Verfahrensablauf der Warenträger mit aktiviert und kommt in die Abscheidungslösung, metallisiert er ebenfalls. Durch Umstecken der Ware auf einen neuen Träger vermeidet man diesen Umstand.

Kommt es durch Faktoren wie Überhitzung, Einschleppung von Keimen, Aktivierung am Behälter und Warenträger zur unkontrollierten Metallabscheidung, ist der Elektrolyt zu verwerfen, der Behälter zu entmetallisieren und ein Neuansatz vorzunehmen.

Sondertechnologien der außenstromlosen Metallabscheidung

In Übereinstimmung mit den galvanisch abgeschiedenen Dispersionsschichten lassen sich auch auf Basis außenstromlos abgeschiedenen Kupfers oder Nickels **Dispersionsschichten** herstellen, wobei dieselben eingelagerten Stoffe (Dispersanten) Verwendung finden.

Geht man von einer mittleren Teilchengröße der Dispersanten zwischen ein und 20 µm aus, so sollte die Dicke auch mindestens in diesem Bereich liegen. 10 µm Korngröße angenommen, bedeutet das bei schnellarbeitenden Nickelbädern eine Expositionszeit von bis zu 2 Stunden. Damit schränkt sich die praktische Herstellung chemischer Dispersionsschichten nahezu ausschließlich auf außenstromloses Nickel als Matrixwerkstoff ein.

Eine direkte Montage elektronischer Bauelemente in Gehäuseteile (MID) sowie der herkömmliche Schaltungsaufbau in der Mikroelektronik sind auf die strukturierte Abscheidung von Metallschichten auf vorwiegend isolierenden Substratoberflächen angewiesen. Mithilfe der Lasertechnik ist ein lokaler Energieeintrag im Bereich der Oberfläche möglich, und damit verbunden eine örtliche Abscheidung. Man spricht in diesem Zusammenhang von der **laserinduzierten Metallabscheidung**. Ohne die Einwirkung von Laserstrahlen bleibt in einem außenstromlosen Bad die Metallabscheidung beabsichtigterweise bei Raumtemperatur aus. Der Startschritt besteht in der Bildung arteigener Metallkeime auf der Substratoberfläche infolge der Auslösung des selektiven Zerfalls des Elektrolyten auf dem bestrahlten Substratsegment. Sind einmal diese Keime gebildet worden, arbeitet der Elektrolyt, bei Aufrechterhaltung der Arbeitstemperatur, autokatalytisch weiter.

Der auf ein Substratsegment treffende Laserstrahl wird absorbiert und führt zur Erhitzung dieses Areals. Die in Abhängigkeit von den Substratparametern, wie Absorption, Wärmeleitfähigkeit und Wärmekapazität und der Laserleistungsflussdichte entstehenden Temperaturen auf dem Substratsegment führen zur örtlichen Überhitzung des Elektrolyten und damit zu seiner Zersetzung. Der Startschritt zur Metallisierung ist damit vollzogen. Bedingt durch die selektive Erhitzung erhöht sich die Gebrauchsdauer der an sich metastabilen außenstromlosen Elektrolyte und ermöglicht sogar die Verwendung von bei höheren Temperaturen instabilen Bädern.

Neben diesen Vorteilen der laserinduzierten Metallabscheidung sind für eine technische Anwendung aber auch verfahrenseigene Nachteile zu beachten. Mit der wachsenden Metallschicht ändern sich das Absorptionsvermögen, die Wärmeverteilung und die Abscheiderate. Bedingt durch die Lasertechnologie ergeben sich einander überlappende Schichtsegmente. Sie führen zu einer sog. Schuppenstruktur (siehe Bild 4.28) mit Schichtdickenunterschieden, Formabweichungen gegenüber der idealen Struktur und Änderungen in der chemischen

Zusammensetzung. Damit sind dem Einstufenprozess bei der Fertigung von Strukturen für elektronische Baugruppen Grenzen gesetzt.

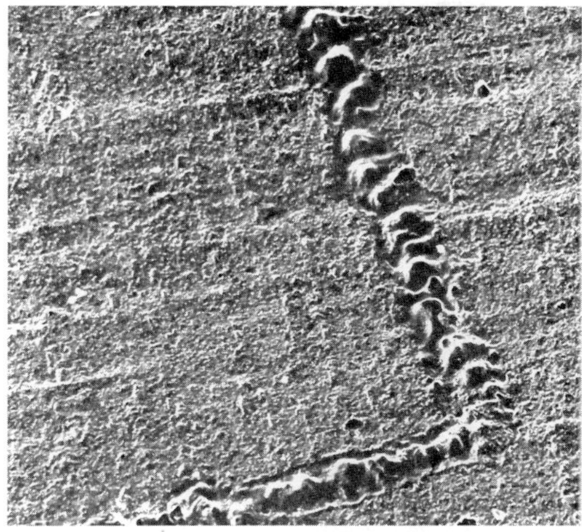

Bild 4.28: Laserinduzierte NiP-Struktur auf Al_2O_3-Keramik (Spurbreite 30 µm)

Voraussetzung für eine derartige Laseraktivierung und Metallisierung in einem einstufigen Prozess sind:

- ausreichende Absorption der verwendeten Laserstrahlung durch das Substrat,
- ausreichende Transmission des Elektrolyten für die verwendete Laserstrahlung,
- ausreichende und einstellbare Laserenergie und
- Abstimmung von Substrat, Elektrolyt und Lasertyp aufeinander.

Benutzt man den Laserstrahl für die Bildung einer Keimstruktur mit artfremden Metallen, wie Pd- oder Ag-Keimen, und metallisiert anschließend in einem herkömmlichen außenstromlosen Elektrolyten (siehe Tab. 4.8) handelt es sich um den Zweistufenprozess. Hauptsächlich kommen hierfür zur Anwendung das Auftragen einer das katalytisch wirkende Metall enthaltenden Paste mit nachfolgendem Einbrennen durch Laser oder der Einsatz von kernkatalysierten Substraten. Auf deren Oberfläche wird durch den Laser das katalytische Metall freigelegt oder durch Zersetzung entsprechender Verbindungen erzeugt, wodurch sich eine höhere Strukturgenauigkeit erreichen lässt.

Außenstromlose Metallisierung von Kunststoffen und Gläsern

Kunststoffe besitzen einige zum Teil vorteilhafte Eigenschaften, wie geringe Dichte, hohe Beständigkeit gegen saure und alkalische Lösungen, hervorragende Verarbeitbarkeit und breite Variierbarkeit ihrer Eigenschaften. Dennoch schränken die geringe dekorative Wirkung, ihre geringe Härte und damit Kratzempfindlichkeit, geringe UV-Beständigkeit sowie die geringe Wärmeformbeständigkeit die Anwendungsmöglichkeiten ein. Durch eine Metallisierung lassen sich diese Nachteile mehr oder weniger kompensieren.

In Erfüllung der Bestimmungen des EMV-Gesetzes bzw. der EMVU (berücksichtigt die Umweltaspekte), sind für elektrische Geräte und elektronische Funktionseinheiten Gehäuse mit Schirmwirkung gegenüber elektrischen Feldern zu verwenden. Solche Gehäuse müssen einerseits die interne elektronische Funktion gegen äußere elektrische und magnetische Felder schützen und andererseits eine unbeabsichtigte Abstrahlung von im Gerät erzeugten Feldern dämpfen. Die Störstrahlung kann die Funktion anderer Geräte beeinflussen und Personen schädigen. Diesen Anforderungen werden die traditionell benutzten Metallgehäuse in hohem Maße gerecht, bedingen aber eine hohe Masse des Erzeugnisses. Eine günstige Lösung stellt das metallisierte Kunststoffgehäuse dar. Entsprechend der an ein Gehäuse gestellten Stabilitätsanforderungen müssen Kunststoffe mit geeigneten mechanischen Eigenschaften metallisiert werden.

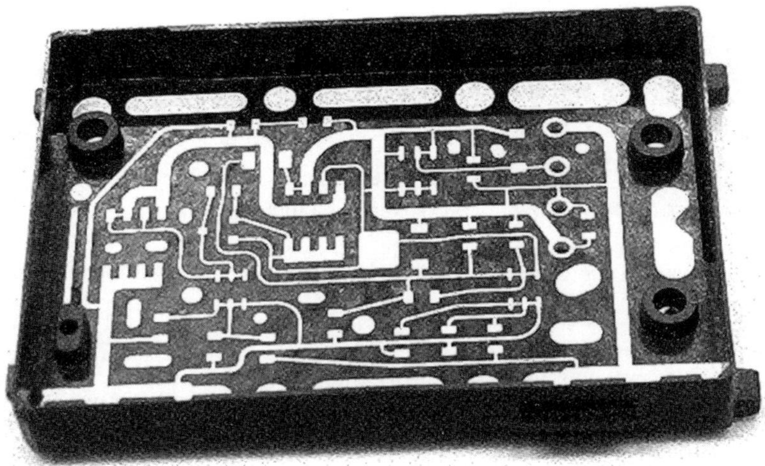

Bild 4.29: Leitstruktur auf PBT

Ein weiteres Anwendungsfeld der außenstromlosen Metallisierung von Kunststoffen besteht in der Herstellung von Leitstrukturen auf Kunststoffträgern (siehe Bild 4.29) sowie der Durchkontaktierung von Bohrungen der Leiterplattentechnik (Bild 4.30).

Das Aussehen und die Gebrauchseigenschaften von Massenteilen aus Kunststoff, wie Möbelbeschläge, Erzeugnisse der Sanitärtechnik, Autozubehörteile, Bijouteriewaren u. a. m. lassen sich durch die Metallisierung wesentlich verbessern. Hierfür kommt nahezu ausschließlich der Kunststoff ABS zur Anwendung (siehe Bild 4.31).

An diesem Kunststoff soll der prinzipielle technologische Ablauf der Kunststoffmetallisierung erläutert werden.

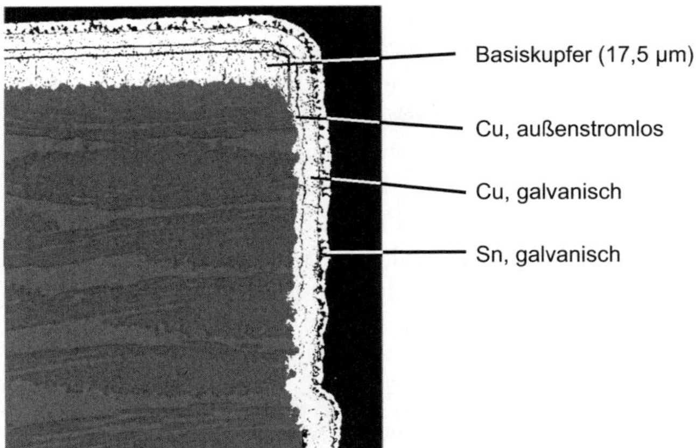

Bild 4.30: Durchkontaktierung einer Leiterplattenbohrung

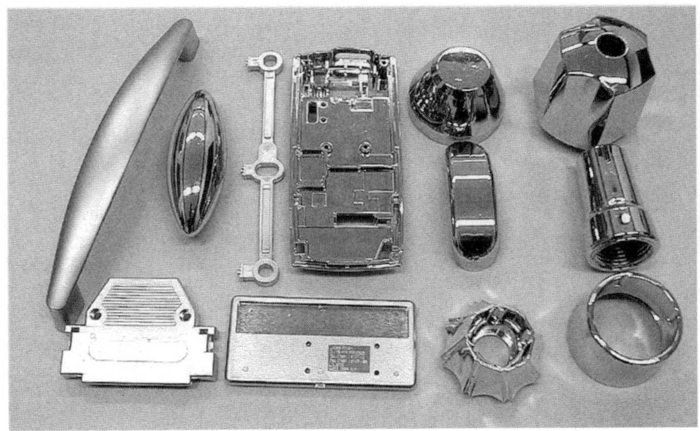

Bild 4.31: Metallisierte Teile aus ABS-Kunststoff

Der Verfahrensablauf gliedert sich in die Schritte:

1. Reinigen und Entfetten
2. Mechanische und chemische Vorbereitung der Oberfläche
3. Aktivieren der Oberfläche (Keimbildung)
4. Außenstromlose Metallisierung (Leitschicht)
5. Galvanischer Schichtaufbau

Bestimmend für die Verfahrensdurchführung sind die Schritte Vorbereitung der Oberfläche und Aktivieren in Abhängigkeit von der Kunststoffsorte. Ziel ist es immer, die Metallkeime (Pd oder Ag) homogen und festhaftend in der Kunststoffoberfläche zu verankern. Bei der schon über viele Jahre gebräuchlichen Vorbereitung der ABS-Oberfläche erfolgt das durch Beizen mit Chromschwefelsäure. Aus Gründen der gesundheitsschädlichen Wirkung der Cr(VI)-Verbindungen erfolgt deren zunehmende Substitution (entsprechend RoHs , REACH).

Der thermoplastische ABS-Kunststoff ist seiner Struktur nach ein Pfropf-Copolymerisat, bestehend aus der SAN-Kette (Styrol-Acrylnitril) und aus an diese Kette angelagerten Polybutadienketten. Die SAN-Kette bildet die sog. Hartphase oder das Hartsegment und das Polybutadien die kautschukelastische Phase (Weichsegment). Der oxidative Angriff des Beizmittels erfolgt an den im Polybutadien noch vorhandenen Doppelbindungen, ohne dass dabei die Hartphase merklich angriffen wird. Nach dem Auswaschen der Reaktionsprodukte liegen an der Oberfläche Poren und Kavernen vor. In ihnen lagern sich im Aktivierungsschritt die Metallkeime an. Eine Haftung der außenstromlos abgeschiedenen Kupferschicht ergibt sich im Wesentlichen durch ihre mechanische Verankerung in den Poren und Kavernen (Druckknopf- oder ABS-Effekt) (siehe Bilder 4.32 und 4.33).

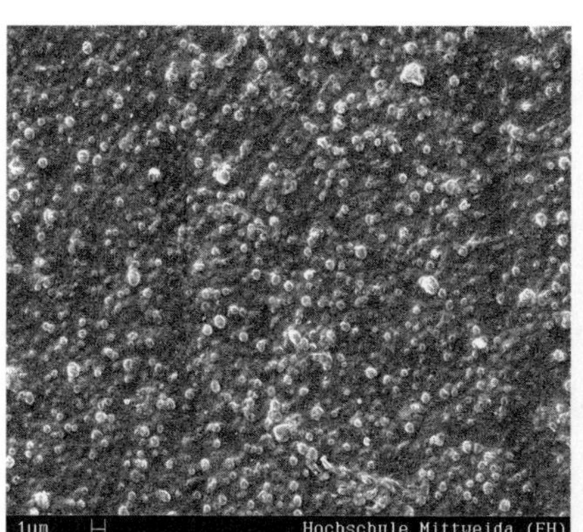

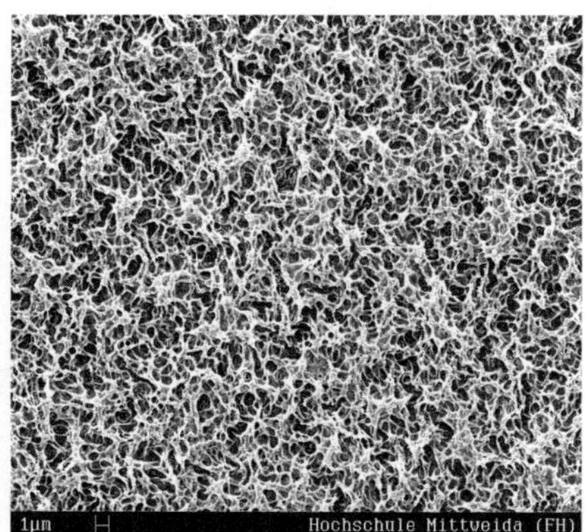

Bild 4.32: REM-Aufnahmen einer ABS-Oberfläche
links: Ausgangszustand; rechts: nach dem Beizen mit Chrom-Schwefelsäure

In teilkristallinen Plastomeren, wie PP, sind die amorphen Bereiche leichter chemisch angreifbar als die kristallinen (**Sphärolithe**). Das bedeutet, dass hier ähnlich wie im ABS eine bevorzugt mechanische Verankerung erfolgen kann (siehe Bild 4.33). Enthält der Kunststoff keine leicht angreifbaren Bereiche, muss die gesamte Oberfläche durch chemische Reaktionen aktiviert werden. Es entstehen funktionelle Gruppen, wie -OH, -COOH, -C=O, -CHO, $-NH_2$ u. a. m. Eine Haftung ergibt sich in diesen Fällen durch chemische Bindung. Durch Zusatz von Füllstoffen bzw. Fasern erweitert sich die Vielfalt der Vorbehandlungsverfahren beträchtlich. Jeder verwendete Kunststoff, einschließlich seiner Füllstoffmodifikationen, bedarf also einer speziellen Vorbehandlung.

Das Metallisieren von ABS-Kunststoffen stellt die am besten beherrschte Verfahrensdurchführung dar. Da aber die Anforderungen an das System metallisierter Kunststoffe in vielen Fällen durch ABS nicht erfüllbar sind, hat man auch andere Kunststoffe hinsichtlich der Möglichkeiten der Vorbereitung und Aktivierung ihrer Oberflächen für die außenstromlose Metallisierung untersucht. Eine Übersicht dazu bietet Tabelle 4.9.

Ein Weg zur Herstellung fest haftender Metallschichten auf Glassubstraten ist die außenstromlose Metallabscheidung. Eine Verbindung der vorteilhaften Glaseigenschaften, wie geringe Oberflächenrauigkeit, thermische Belastbarkeit und optische Durchlässigkeit mit einer Metallschicht wird angestrebt auf den Gebieten der Sensorik, Biotechnologie und Lichtwellenleitertechnik. Gegenüber der Metallschichtausbildung auf den bisher beschriebenen Substratoberflächen tritt bei Gläsern ein Faktor in den Vordergrund; der Beitrag zur Haftung durch mechanische Verankerung der Schicht ist beim Glas sehr gering. Hohe Haftung ist demzufolge nur durch die ausreichende Ausbildung von Hauptvalenzen zwischen Metall und Glas erreichbar. Mechanische oder chemische Aufrauung der Oberfläche würde den Vorteil der Transparenz wieder beseitigen.

Eine Abscheidung von z. B. NiP-Schichten erfordert demgemäß eine spezifische chemische Veränderung der Glasoberfläche im Sinne einer Vorbehandlung. Durch die Einwirkung von Chromschwefelsäure, einer nachfolgenden $CaCO_3/Ca(OH)_2^-$-Aufschlämmung, der Einwirkung von NaOH und der abschließenden Neutralisation mit HCl wird das Oxidnetzwerk von SiO_2 und B_2O_3 angegriffen. Mit dieser Vorbehandlung hergestellte strukturierte NiP-Schichten zeigt Bild 4.34.

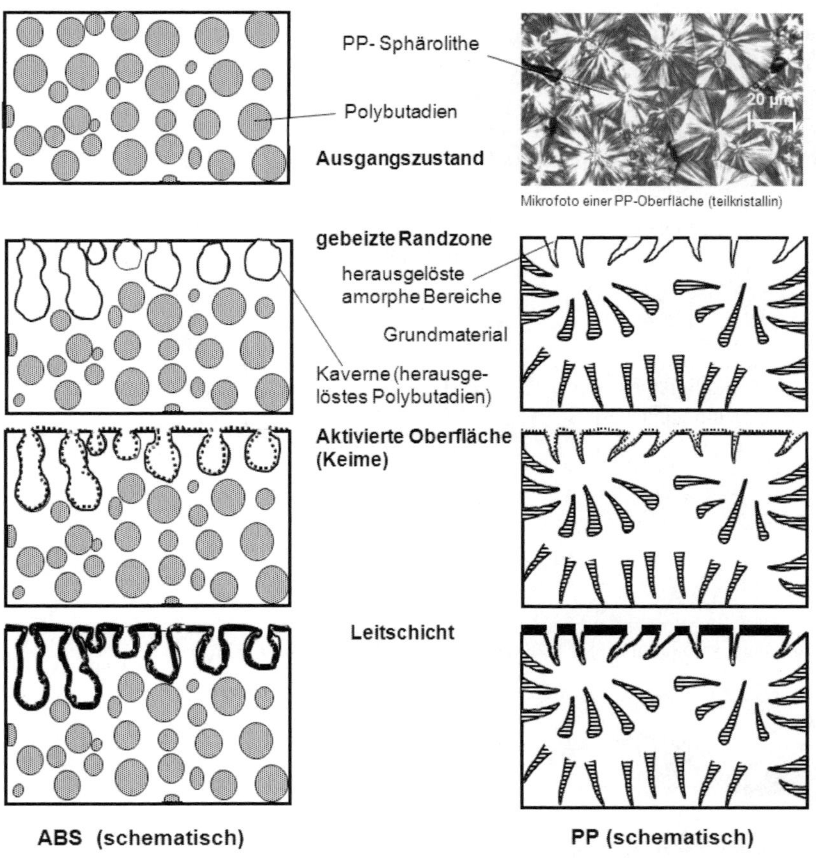

Bild 4.33: Schematische Darstellung der technologischen Schritte zur Kunststoffmetallisierung am Beispiel von ABS und PP (Polypropen)

Tabelle 4.9: Auswahl außenstromlos metallisierbarer Kunststoffe und ihre Vorbehandlung

Beize	Aktivierung	Kunststoff	Struktur
starke Oxidations-mittel: Chrom-Schwefelsäure, $KMnO_4$-Lösung	kolloidales Pd	ABS SAN und SAN-GF PP mit Füllstoffen	-A-S-A-S- | | B B | | B B | | -A-S-A-S- H H | | -C-C- | | H CH_3
Anquellen mit organ. Lösungsmittel und Oxidationsmittel	kolloidales Pd	PP (teilkristallin) PE/PP-Copolymer (teilkristallin)	amorphe Bereiche abgebaut
Ca- und Al-Salze oder Methansäure (Ameisensäure)	kolloidales Pd eingebaute Pd-Komplexe	PA	$\left[HN-(CH_2)_n-CO \right]_n$
Na in flüssigem NH_3	kolloidales Pd	Fluorkunststoffe, z. B. PTFE	chemische Bindung F F | | -C-C- | | F F
NaOH-Lösung	kolloidales oder ionogenes Pd	PBT PET	vgl. Abschnitt 4.2
SO_3 (gasförmig)	ionogenes Pd	PVC PP EP PBT Polysulfon Polyphenylenoxid	vgl. Abschnitt 4.2

A = Acrylnitril, B = Butadien, S = Styren, SAN-GF = Styren-Acrylnitril/glasfaserverstärkt

Bild 4.34: Strukturierte NiP-Schichten auf Glas

Die Glasoberfläche gelangt in einen chemisch aktivierten Zustand, der die Ausbildung von Me-O-Si-Bindungen ermöglicht. Der eigentlichen Bekeimung mit Pd geht eine **Sensibilisierung** der so vorbereiteten Glasoberfläche mit einem $SnCl_2$-Gel voraus mit dem anschließenden Tauchen in $PdCl_2$-Lösung. Als günstig zur Erzielung haftfester NiP-Schichten hat sich die Verwendung von Elektrolyten mit geringer Abscheiderate zur Bildung spannungsarmer Schichten erwiesen.

Auf ganz anderem Wege kann man eine Pd-Aktivierung von Glasoberflächen durch Belegen mit ZnO durch das Sol-Gel-Verfahren erreichen. Das ZnO als n-Halbleiter bewirkt die Reduktion von Pd^{2+} zu Pd-Keimen.

Mit dem **Sol-Gel-Verfahren** besitzt man einen Prozess zur Herstellung von Schichten, Pulvern, keramischen Fasern oder Aerogelen. Aus rein anorganischen Systemen, Hybridpolymeren und Verwendung von Nanopartikeln lassen sich nach dieser Verfahrensweise Beschichtungen realisieren. Unter dem Begriff Sol ist eine kolloidale Dispersion aus den genannten Stoffen zu verstehen (vgl. Abschnitt 5.1.2.1). In einer flüssigen Phase sind also Teilchen der Größenordnung zwischen 10 und 100 nm verteilt. Beim Auftragen des Sols auf die Substratoberfläche bildet sich ein Netzwerk aus Solpartikeln, das Sol geliert, wofür ein Prekursor erforderlich ist. Das vorher viskos fließende Sol ist nun in einen viskoelastischen Festkörper, dem Gel, übergegangen. Im Gelgerüst ist noch Lösungsmittel eingeschlossen.

Prekursor und Lösungsmittel sind die solbildenden Komponenten. Besonders gut untersucht sind die Si-Prekursoren, insbesondere Tetramethylorthosilicat (TMOS) und Tetraethylorthosilicat (TEOS), darüber hinaus besitzen Zn- und Ti-Verbindungen Bedeutung.

Anwendungsbeispiele für das Sol-Gel-Verfahren finden sich in der Glasveredelung u. a. bei der Herstellung von Interferenzfiltern, der Erzeugung von Antireflexschichten und zur Entspiegelung.

4.2 Abscheidung aus der Gasphase

Als Verfahren zur Herstellung von Metallschichten aus der Gasphase haben sich zwei Wege durchgesetzt: die PVD- und CVD-Technik. PVD steht für Physical Vapour Deposition (physikalische Abscheidung aus der Gasphase), CVD für Chemical Vapour Deposition (chemische Abscheidung aus der Gasphase).

Um Metalle in Schichtform auf Substraten durch PVD aufbringen zu können, ist ihre Überführung in den gasförmigen Zustand mit nachfolgender Abscheidung erforderlich. Die Elementarschritte dieses Verfahrens sind:

- Überführung des Metalls in die Gasphase (Ausbildung der Transportform),
- Transport zum Substrat,
- Schichtbildungsprozess (Kondensation, Adsorption, Keimbildung, Schichtwachstum).

Das Überführen des Schichtwerkstoffes aus dem kompakten Zustand in die Gasphase bestimmt die zur Anwendung kommenden Verfahren. Das sind:

- Aufdampfen (thermisches Bedampfen),

- Aufstäuben (Sputtern, Katodenzerstäubung),
- Ionenplattieren.

Damit der Strom der schichtbildenden Teilchen sich im Idealfall geradlinig von der Quelle in Richtung Substrat ausbreiten kann, ist ein ideales Vakuum notwendig, real verbleibt aber ein geringer Restgasdruck. Man erreicht damit, dass die Anzahl der Zusammenstöße zwischen den schichtbildenden- und Restgasteilchen möglichst gering ist, was sich nur in einer Vakuumanlage erreichen lässt. Diese Verfahrensweise entspricht der **PVD-Technik**.

Im Falle der chemischen Abscheidung aus der Gasphase (**CVD-Verfahren**) ist das die Schicht bildende Metall in einer leichtflüchtigen chemischen Verbindung enthalten und wird gasförmig in die Reaktionskammer geleitet. Während die Schichtabscheidung bei PVD prinzipiell eine Vakuumanlage erfordert, ist CVD auch bei Atmosphärendruck möglich. Da die CVD-Technik (vgl. Abschnitt 5.2.2) chemische Reaktionen zur Schichtbildung beinhaltet, scheiden sich chemische Verbindungen ab. Zur Abscheidung metallischer Schichten findet sie weniger Anwendung.

Bevorzugte Verfahren zur Abscheidung dünner Metallschichten sind die PVD-Techniken. In der Tabelle 4.10 sind deren Anwendungsgebiete sowie eingesetzte Metalle und Substratwerkstoffe zusammengestellt.

Tabelle 4.10: Beispiele für die Anwendung der PVD

Anwendungsgebiet	Substrat	Schichtwerkstoff
Optik	Glas	Al → Spiegel, Filter Au → Spiegel, Filter Cr → Masken für Fotolithographie, Wärmereflexionsschichten
Elektronik/ Elektrotechnik	Si Kontaktbauelemente (Bronze, Messing) Keramik	Au → Schaltkreise Al → Bauelemente, Solarzellen Au, Ag, Legierungen Ni-Cr, Fe-Cr, Ni-Cr-Fe → Schichtwiderstände Pt, Ir, Rh → Thermosensoren
Verpackungsmittel	Kunstofffolien	Al
Automobilindustrie	Polycarbonat, PC-Blends	Al → Reflektoren
Dekorschichten	Metalle, Kunststoffe, Keramik	Al, Au → Brillenfassungen, Schreibgeräte, Sanitärarmaturen Rh, Pd
Medizintechnik	Cr-Co-Mo-Legierung	Ti → Zahnprothesen, Herzklappen
Kunststoffmetallisierung	Thermoplaste	Cu, Ag → Startschicht für nachfolgende Galvanik

Beim Aufdampfen erfolgt der Eintrag der thermischen Energie in das zu verdampfende Metall durch Widerstands- bzw. induktive Heizung, letztlich durch die Entstehung der JOULEschen Wärme.

Ein anderes Prinzip nutzt die Anwendung von Elektronen- bzw. Laserstrahlen. Infolge des bestehenden Vakuums (*p* zwischen 10^{-3} bis 10^{-7} Pa) kommt es zur Herabsetzung der Siedetemperatur und zur nahezu geradlinigen Ausbreitung des Dampfstromes, wobei die mittlere freie Weglänge bis zu mehreren Metern betragen kann. Im Vergleich zum Sputtern (*p* zwischen 10^{-1} bis 1 Pa) ist die Möglichkeit der Kollision und Reaktion mit Restgasteilchen beim Bedampfen gering. Für die Reproduzierbarkeit der Schichteigenschaften hat das besondere Bedeutung. Die Eigenschaften der aufwachsenden Schicht ergeben sich aus der Energie der auftreffenden Atome und damit durch die Beschichtungsparameter. Insbesondere die Substrattemperatur und der Druck im Rezipienten sind deshalb von Bedeutung. Die auf das Substrat treffenden Atome können reflektiert oder so locker adsorbiert werden, dass sie an der Oberfläche diffundieren. An energetisch begünstigten Stellen, wie Gitterfehlern, Kanten u. a. m., führt die Diffusion zur Bildung stabiler Keime, die zu Kristallen weiterwachsen können.

Bei geringer Energie findet lediglich Diffusion auf der **Substratoberfläche** statt, bei hoher ist auch eine **Volumendiffusion** möglich, die eine ausschlaggebende Bedeutung für die Haftfestigkeit der Metallschicht auf dem Substrat hat. Es bildet sich eine Übergangszone zwischen Substrat und Metallschicht aus, die als Interface bezeichnet wird. Wendet man zur Metallisierung von Kunststoffsubstraten PVD-Verfahren an, erreicht man durch Ausbildung der Volumendiffusion eine gute Haftung ohne zusätzlichen Vorbehandlungsschritt. Im Gegensatz dazu erfordert die Vorbereitung der Kunststoffoberfläche für die außenstromlose Metallisierung eine Vorbehandlung durch Beizen.

Ein spezifischer Umstand bei der PVD-Metallisierung von Kunststoffen ist ihre hohe Gasabgabe im Vakuum. Bevor die Metallschicht abgeschieden werden kann, muss demzufolge der Kunststoff bei angelegtem Vakuum ausgasen. Die Gasabgabe für ausgewählte Kunststoffe kann man Tabelle 4.11 entnehmen.

Tabelle 4.11: Gasabgabe von Kunststoffen

Kunststoff	**Gasabgabe während der ersten 30 min [Pa l $cm^{-2}s^{-1}$]**
Polyamid	410
Polyethen	25
Polymethylmethacrylat	200
Polystyren	ca. 100
Polycarbonat	70
PVC hart	83

Den grundsätzlichen Aufbau von Bedampfungsanlagen zeigt Bild 4.35.

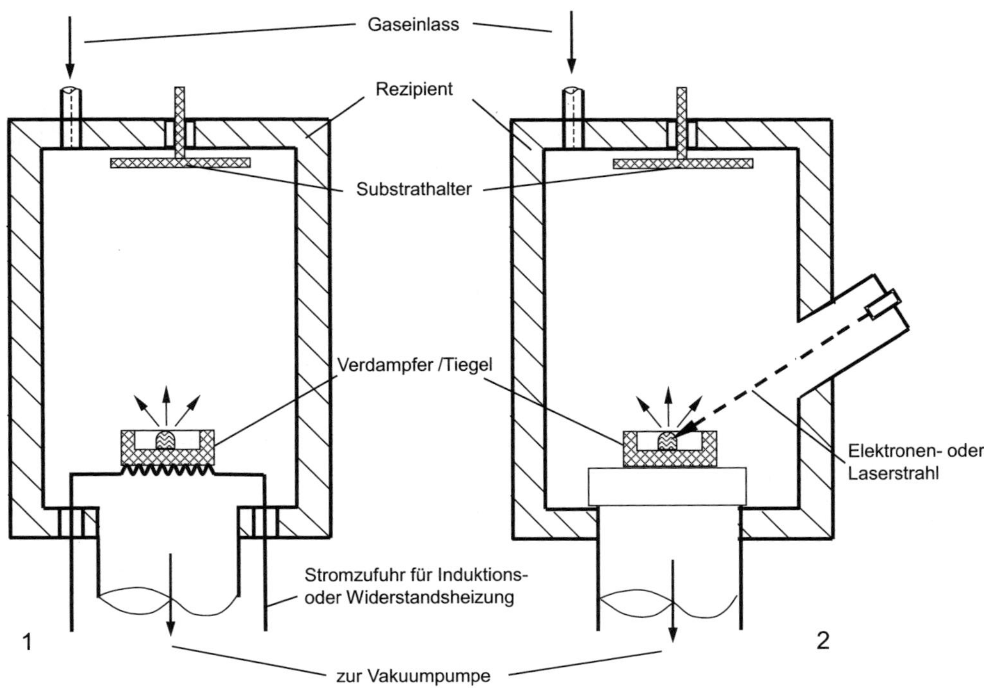

Bild 4.35: Prinzipieller Aufbau von Bedampfungsanlagen
1 Thermische Verdampfung; 2 Elektronen- bzw. Laserstrahlverdampfung

Die Hauptbaugruppen einer solchen Anlage findet man in einer großen Variationsbreite in Abhängigkeit von Geometrie und Stückzahl der Ware, dem Schichtmetall, der Art und Leistung des Verdampfers und der Betriebsweise (kontinuierlich – diskontinuierlich). Die Verdampfungsgeschwindigkeit des schichtbildenden Metalls bestimmt in hohem Maße den Gesamtprozess. Im Diagramm Bild 4.36 sind für häufig eingesetzte Metalle die Verdampfungsgeschwindigkeiten ablesbar.

Eine sehr einfache Methode des Bedampfens benutzt Verdampferquellen mit widerstandsbeheizten Drähten, Bändern oder Tiegeln. Nachteilig wirken sich mögliche Reaktionen zwischen Verdampfungsmaterial und Werkstoff der Quelle aus. In Tabelle 4.12 sind geeignete Kombinationen von Tiegelwerkstoffen und Verdampfungsmaterialien zusammengestellt.

Tabelle 4.12: Kombination Tiegelwerkstoff/Verdampfungsmaterial

Tiegel	zu verdampfendes Metall								
	Ag	Al	Cu	Au	Ni	Fe	Zr	Ti	Pt
Tantal	+		+						
Molybdän	+			+					
Wolfram	+		+	+	+	+	+	+	+
Graphit								+	+
Titancarbid		+							

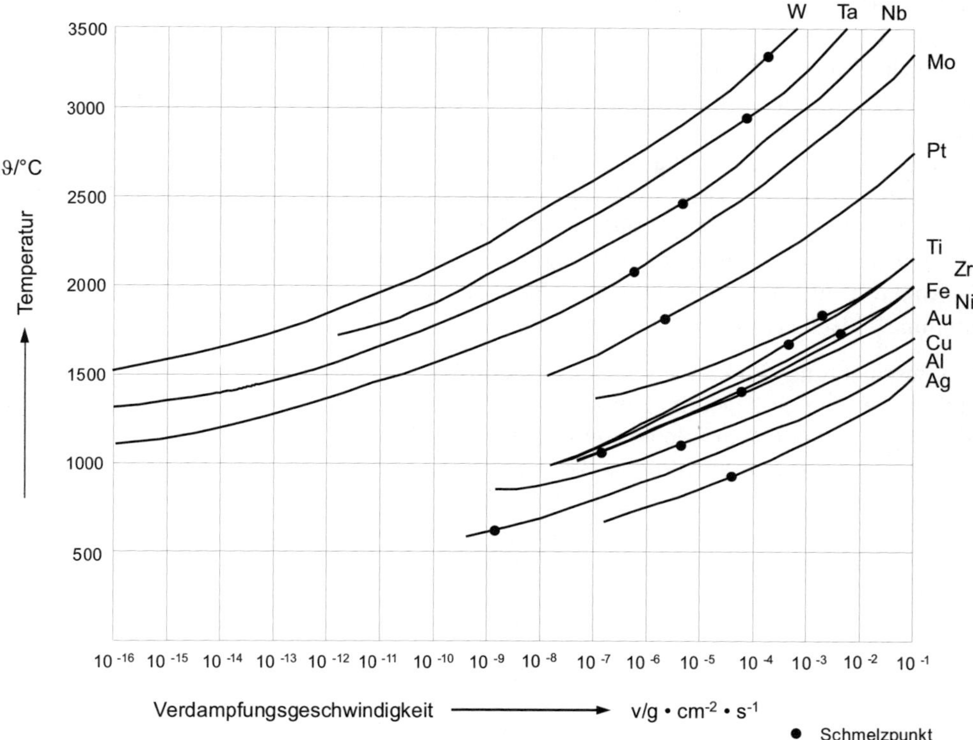

Bild 4.36: Verdampfungsgeschwindigkeiten von Metallen

Der Vorteil der Elektronen- bzw. Laserstrahlverdampfung besteht in der Vermeidung der Reaktionen zwischen Tiegel und Verdampfungsmaterial durch Fokussierung des Strahles und der Möglichkeit der Kühlung des Kupfertiegels. So wird es auch möglich, hochschmelzende Metalle, wie Molybdän, Tantal oder Wolfram zu verdampfen. Elektronenstrahlverdampfer arbeiten in einem Leistungsbereich von 0,25 bis 250 kW, daraus ergeben sich Verdampfungsraten zwischen einem Gramm pro Stunde und 100 kg pro Stunde. Mit einer Verdampferleistung im Bereich von 10 kW lassen sich Kondensationsraten von 10 nm · s^{-1} erreichen. Mit widerstandsbeheizten Quellen ergeben sich derartige Raten als Maximalwert.

Eine Möglichkeit zur Abscheidung von Legierungsschichten bietet die Anwendung von zwei Verdampferquellen (Mehrtiegelmethode). Auf diese Weise erhält man zwei Dampfströme, die über die Steuerung der jeweiligen Verdampfungsgeschwindigkeit eine homogene Zusammensetzung der Schicht gestatten. Verdampft man die Legierung, kommt es aufgrund der unterschiedlichen Dampfdrücke der Legierungspartner zur heterogenen Verteilung.

Im Unterschied zum Aufdampfen werden beim **Sputtern** ein Prozessgas, meistens Argon und eine Hochspannungsquelle benötigt. Der Betriebsdruck beträgt 0,1 bis 1 Pa. Bei einer zwischen Target (Katode) und dem an Masse liegenden zu beschichtendem Substrat bzw. der Rezipientenwand (Anode) eingestellten Spannung von 1 bis 5 kV brennt ein Glimmentladungsplasma. Im Plasma befinden sich Ar^+-Ionen, Ar-Atome und Elektronen. Die Ar^+-Ionen werden zur Katode hin beschleunigt und schlagen dort aufgrund ihrer hohen kinetischen Energie Atome, Moleküle, Ionen und Cluster aus der Oberfläche heraus. Diese Partikel gelangen in den Raum zwischen Target und Substrat und scheiden sich dort unter Ausbildung der Schicht nieder. Aufgrund der hohen Energie, mit der die Partikel auf die Substratoberfläche auftreffen, weisen die Schichten im Allgemeinen eine hohe Haftfestigkeit auf. In Analogie zur Diffusionszone beim Bedampfen entsteht eine Interfacezone, die eine Bindung zwischen Substrat- und Schichtatomen bewirkt.

Die Beschichtungsraten einer Diodensputteranlage, wie im Bild 4.37 (1) abgebildet, sind äußerst gering und liegen im Bereich von 1 nm/s. Zur Erhöhung der Abscheidegeschwindigkeit entwickelte man Triodensputteranlagen und solche mit Magnetfeldunterstützung, sog. Magnetronsputter-PVD (Bild 4.37 (2)). Die erhöhte Rate resultiert aus der mithilfe des Magnetfeldes möglichen Konzentration des Ionenstrahls auf das Target. Beim Diodensputtern erhitzt sich das Substrat auf Temperaturen zwischen 300 bis 500 °C; in Magnetronsputteranlagen nur auf 100 bis 250 °C. Das ermöglicht die Beschichtung thermisch gering stabiler Substrate.

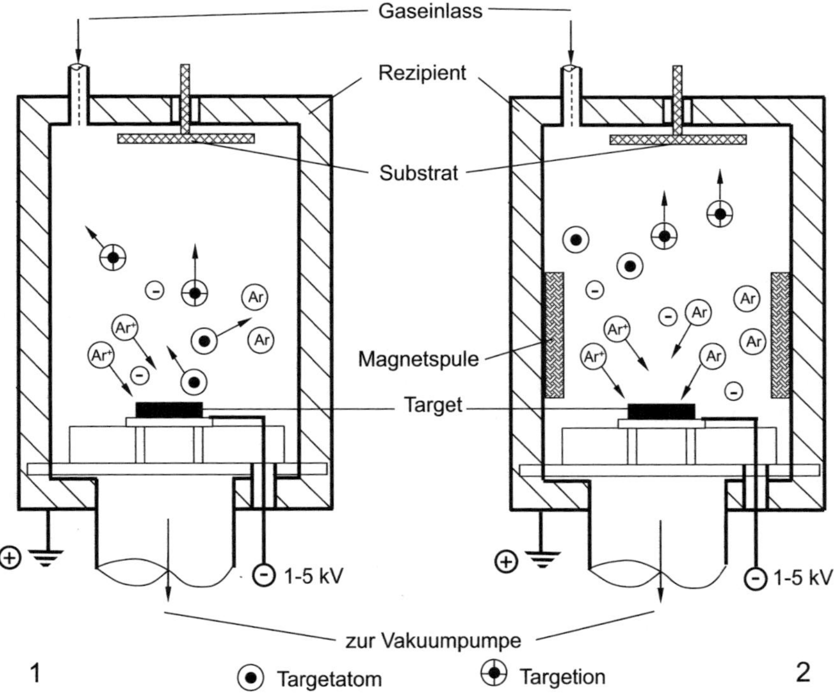

Bild 4.37: Prinzipieller Aufbau von Sputteranlagen
1 Diodensputteranlagen; 2 Sputteranlage mit zusätzlichem Magnetfeld

Bedingt durch den relativ hohen Gasdruck im Rezipienten erfolgt ein Einbau von Fremdatomen in die Schicht, wodurch die Abscheidung von Reinstschichten nicht möglich ist. Andererseits kann man durch das Einbringen von reaktiven Gasen in den Rezipienten Reaktionsschichten ausbilden, das reaktive Sputtern. Dieser Prozess lässt sich zwischen PVD- und CVD-Verfahren einordnen.

Enthält das Plasma als reaktives Gas O_2, reagieren die aus dem Metalltarget herausgeschlagenen Me-Atome und Cluster zum Oxid, im Falle des Titans zu TiO_2, das sich dann als Schicht ausbildet.

Als Schichtwerkstoffe für das Sputtern finden außer reinen Metallen und Metalllegierungen (siehe Tabelle 4.1), die sich auch verdampfen lassen, nichtmetallische Werkstoffe, wie Oxide (SiO_2, Al_2O_3 u.a.), Hartstoffe (TiC, TiN, SiC, Diamant, Si_3N_4 u.a.), Gleitstoffe (MoS_2) und z.B. PTFE Anwendung.

Das **Ionenplattieren** stellt eine Kombination aus Aufdampfen und Diodensputtern dar. Verdampftes Material gelangt in ein Plasma, wird ionisiert und in Richtung katodisch gepoltem Substrat beschleunigt, wie im Bild 4.38 ersichtlich. Gleichzeitig mit dem Schichtwachstum erfolgt ein Schichtabtrag, bedingt durch die auftreffenden Kationen (Ionenätzen). Das Ionenplattieren ist demzufolge charakterisiert durch die gleichzeitig verlaufenden Prozesse des Schichtabtrages und Auftragens. Nach dem Abscheiden der ersten Atomlagen erhöht man die Aufdampfrate zu Lasten der Sputterrate, sodass sich ein Schichtwachstum einstellt. Es lassen sich Abscheidegeschwindigkeiten von 0,01 bis 25 $\mu m \cdot s^{-1}$ erzielen. Die Beschichtungswerkstoffe zum Ionenplattieren und Sputtern sind die Gleichen. Eine Anwendung von reaktiven Gasen ist hierbei ebenfalls möglich.

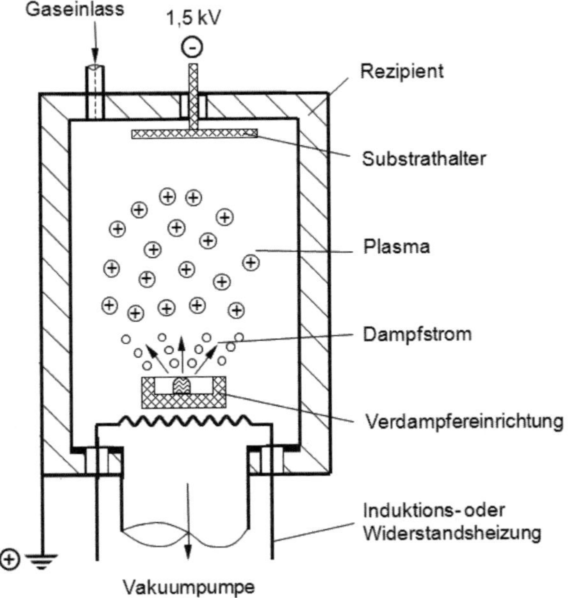

Bild 4.38: Prinzip des Ionenplattierens

Anstelle des Verdampfers mit Widerstandsheizung oder des Sputtertargets kommen Elektronenstrahlverdampfer, Hohlkatoden oder Niedervoltbogenentladungsverdampfer zur Anwendung. Das Arc-PVD-Verfahren ist ebenfalls ein Ionenplattierverfahren. Mittels Vakuumlichtbogenverdampfung lässt sich eine so hohe Energie der Teilchen erreichen, dass sich auch bei Substrattemperaturen unter 200 °C haftende Schichten bilden.

4.3 Schmelztauchschichten

Bringt man ein metallisches Werkstück in die Schmelze eines als Schichtwerkstoff geeigneten Metalls, bildet sich darauf eine Schmelztauchschicht aus. Unmittelbar vor dem Eintauchen muss die Werkstückoberfläche für eine gute Haftung der Metallschicht mit einem Flussmittel durch chemische Reaktion von Deckschichten befreit werden. Die Bindung zwischen Werkstückoberfläche und Metallschicht entsteht durch Legierungsbildung infolge Diffusion vom Werkstück in die Schicht und umgekehrt. Im Grenzbereich zwischen Grundmetall und Überzug entsteht, ähnlich wie beim Löten, eine Legierungszone mit allen Phasen, wie sie dem jeweiligen Zustandsdiagramm entsprechen. Das Schmelztauchen ist eine der ältesten Techniken zur Herstellung metallischer Überzüge. Von praktischer Bedeutung sind:

- Zink und Zinklegierungen vorwiegend auf unlegierten und niedriglegierten Stählen und Gusseisen,
- Zinn oder Blei-Zinn-Legierungen auf niedriglegiertem Stahl, auf Kupfer, Messing und Bronze,
- Aluminium und Aluminiumlegierungen auf niedriglegierten Stählen und Gusseisen,
- Blei in Form von Schmelztauchschichten besitzt nur eine geringe Bedeutung.

4.3.1 Feuerverzinken

Durch Feuerverzinken wird bevorzugt der Korrosionsschutz von Stahlerzeugnissen erreicht, darüber hinaus besteht auch die Möglichkeit, Gusseisen, Messing und Kupfer zu verzinken. Als prinzipielle Wege zur Feuerverzinkung eignen sich:

1. Feuerverzinkung nach DIN EN ISO 1461 **(Stückverzinken im Tauchverfahren)**. Es handelt sich hierbei um ein diskontinuierliches Verfahren, bei dem die Werkstücke einzeln in schmelzflüssiges Zink getaucht werden.
2. **Bandverzinkung** nach DIN EN 10346 in Durchlaufanlagen.
3. **Schleuderverzinken** nach EN ISO 10684. Ware (Kleinteile, Verbindungselemente u. a.) befindet sich in Körben, die an Traversen durch das Zn-Bad geführt und anschließend vom überschüssigen Zn abgeschleudert werden.

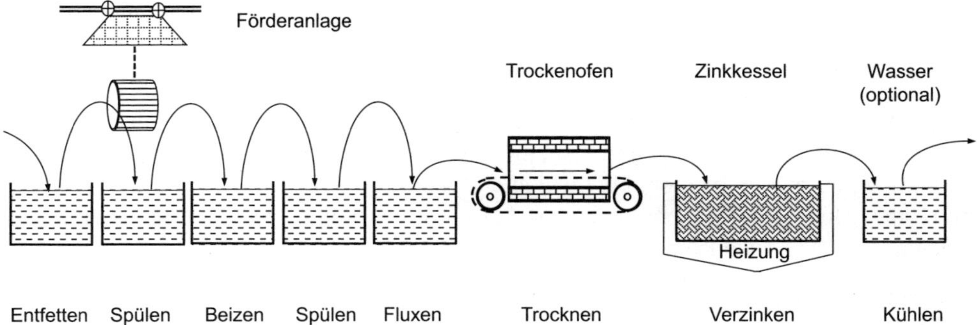

Bild 4.39: Verfahrensablauf des Stückverzinkens (Trockenverzinkung)

Die technologische Schrittfolge des Stückverzinkens (siehe Bild 4.39) untergliedert sich in

- *Entfetten:* Entfernen von Öl- und Fettresten, Entfettungsmittel sind alkalische oder saure wässrige Lösungen
- *Spülen:* Wasser
- *Beizen:* Entfernen von Rost- und Zunderschichten durch Tauchen in verdünnte Mineralsäure, meistens Salzsäure; Beizdauer ist Funktion des Verrostungsgrades, der Konzentration der Beize und des Gehaltes an Fe^{3+}-Ionen, Temperatur bis 40 °C
- *Spülen:* Wasser

Nach diesem Spülschritt und dem Aufbringen des Flussmittels erfolgt das Trockenverzinken.

Trockenverzinken

- *Fluxen:* Flussmittel (NH_4Cl, $ZnCl_2$) aufbringen durch Tauchen in wässrige Lösung oder Aufsprühen bzw. Aufbringen in Pulverform
- *Trocknen*
- *Verzinken*
- *Abkühlen:* an Luft oder in Wasser

Vor der Auslieferung der verzinkten Teile erfolgt die Kontrolle der Güte der Feuerverzinkung. Bei Bedarf sind die Teile noch zu verputzen, d. h. Beseitigung von Zinkspitzen und Unsauberkeiten, wie Zinkasche (Zinkkrätze) und Flussmittelreste.

Die beim Feuerverzinken durchzuführenden Arbeitsschritte sind Tauchvorgänge. Aus diesem Grunde ist dafür zu sorgen, dass das jeweilige Behandlungsmedium die zu beschichtende Oberfläche benetzen kann, auch Hohlräume, Ecken und Winkel. Insbesondere für den Verzinkungsvorgang müssen die Bauteile so konstruiert sein, dass beim Eintauchen in das Zinkbad einerseits die Zinkschmelze ungehindert und schnell in das Innere der Stahlprofile eindringen kann und die in den Hohlräumen vorhandene Luft verdrängt. Andererseits muss beim Ausheben das nicht auf der Oberfläche kristallisierte Zink restlos auslaufen und die Luft wieder zurückströmen. Es ist deshalb auf eine ausreichende Anzahl und Größe von Zulauf- und Entlüftungsöffnungen zu achten.

Werden beim Feuerverzinken von Hohlkörpern Luft und Feuchtigkeit eingeschlossen, so können gefährliche Überdrücke entstehen. Bei der Arbeitstemperatur der Zinkschmelze von ca. 450 °C kann das zur explosionsartigen Zerstörung von Bauteilen führen.

Mit der Verarbeitung von Stahlteilen, z. B. durch Walzen, Richten, spanloses Verformen und Schweißen entstehen Eigenspannungen, die durch die Wärmeeinwirkung der Zinkschmelze zum Verzug führen können. Möglichkeiten, Verzug zu vermeiden sind u. a. Wahl symmetrischer Querschnitte, Schaffung von Ausdehnungsstellen, geeignete Aussteifungen, gleichmäßige Materialdicken, geeignete Schweißfolge.

Beim Feuerverzinken kommt es zwischen der Zinkschmelze und der Stahloberfläche durch wechselseitige Diffusion von Eisen und Zink zur Ausbildung von intermetallischen Phasen.

Zur Ausbildung einer homogenen Zinkschicht muss das Werkstück die Temperatur des Zinkbades annehmen können (Auftauen), in Abhängigkeit von Materialdicke, Tauchzeit und Oberflächenbeschaffenheit (gestrahlt, gebeizt).

Im Bild 4.40 ist ein Ausschnitt des Zustandsdiagramms des Systems Fe-Zn dargestellt, wobei die Zustandsfelder oberhalb von 1000 °C für die Beurteilung des Vorganges in der Praxis vernachlässigt werden können. Die sich ausbildende Verzinkungsschicht kann bis maximal 30 % Eisen enthalten, sodass im Diagramm die so eingegrenzten Zustandsfelder die hier interessierenden sind.

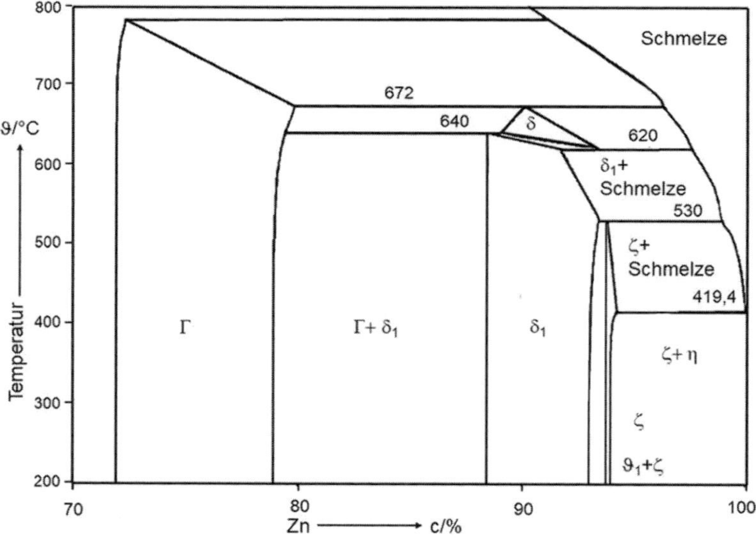

Bild 4.40: Ausschnitt aus dem Zustandsdiagramm Eisen-Zink, Zinkgehalt > 70 % Zn*

Damit sich die im Zustandsdiagramm ausgewiesenen intermetallischen Phasen bilden, ist sowohl ein Stahl erforderlich, der aufgrund seiner chemischen Zusammensetzung ein langsames Wachstum des Zinküberzuges ermöglicht als auch eine Verzinkungstemperatur bei ca. 450 °C. Es handelt sich dabei um die in Tabelle 4.13 charakterisierten Phasen.

* Maaß, P. u. Peißker, P.: Handbuch Feuerverzinken, 3. Aufl., Wiley VCH Verlag & Co, 2008

Tabelle 4.13: Phasen in der Verzinkungsschicht

Phase	Stöchiometrie	Masse-% Fe	Eigenschaften	Härte/$HV_{0,05}$
α	α-MK	94	Übergangszone	110
Γ	$FeZn_3$, Fe_3Zn_{10}, Fe_5Zn_{21}	21 - 28	Hartzinkschicht	140
δ_1	$FeZn_7$, $FeZn_{10}$	7 - 12	Hartzinkschicht	160
ξ	$FeZn_{13}$	6,0 - 6,2	spröde, palisadenförmige Kristalle	100
η		0,08	Reinzink	50

Im Temperaturgebiet um 450 °C bildet sich meist nur eine Legierungsschicht aus der δ- und ξ-Phase (siehe Bild 4.41), da die Ausbildung der G-Phase erst nach längeren Tauchzeiten einsetzt. Bei Temperaturen um etwa 550 °C, dem sogenannten Hochtemperaturverzinken, bildet sich die Legierungsschicht aus Γ und δ-Phase.

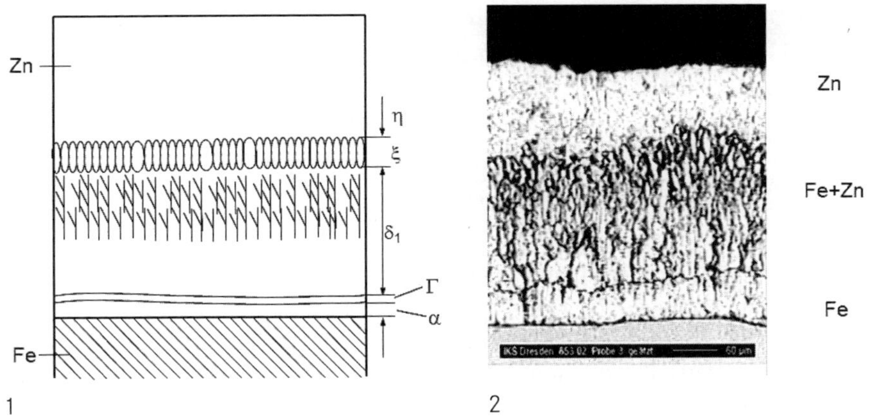

Bild 4.41: Aufbau der Fe-Zn-Legierungsschicht
1 schematische Darstellung; 2 lichtmikroskopische Aufnahme eines Querschliffes

Wenn sich auf den Legierungsschichten eine Reinzinkschicht ausbildet, zeigt der Überzug ein glänzendes Aussehen, häufig mit ausgeprägtem Zinkblumenmuster („Eisblumen"). Reichen aber die Legierungsschichten bis zur Oberfläche, zeigt sich ein mattgrauer Überzug (siehe Bild 4.42). Der Verzinker spricht in diesem Falle von „durchgewachsenen Hartzinkschichten".

Nach dem bisherigen Kenntnisstand spielen bei der Ausbildung der Phasen zwischen dem Stahl und der Zinkschmelze die Eisenbegleiter Silizium und Phosphor eine entscheidende Rolle. Sie addieren sich dabei in ihrer Wirkung hinsichtlich der Bildungsgeschwindigkeit der Phasen. Das bedeutet aber nicht den linearen Zusammenhang von Gehalt an Silizium und Phosphor und Reaktionsgeschwindigkeit, was sich in Schichtdicke und Aussehen widerspiegelt (siehe Tabelle 4.14 und Bild 4.43).

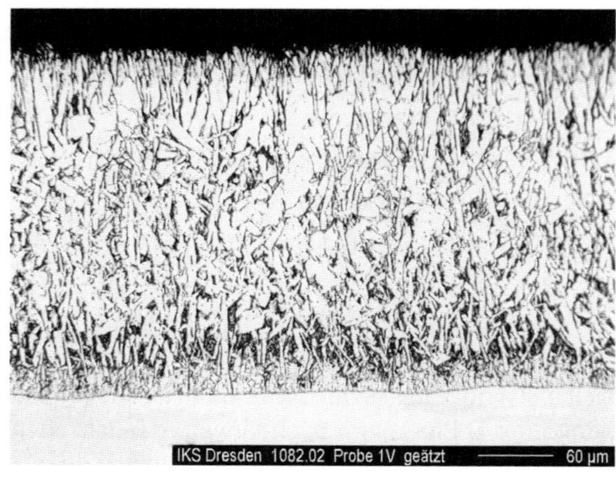

Bild 4.42: Lichtmikroskopische Aufnahme eines Querschliffes einer durchgewachsenen Hartzinkschicht

Tabelle 4.14: Zinküberzug in Abhängigkeit von der Summe des Silizium- und Phosphorgehaltes

Si + P/Masseprozent	Charakteristik des Zinküberzuges
< 0,03	Gleichgewichtsnahe Reaktion, Zinkblumenmuster, mittlere Schichtdicke
0,03 - 0,13	SANDELIN-Bereich, mattgrau, hohe Schichtdicke
0,13 - 0,28	SEBISTY-Bereich, silbrigmatt, mittlere Schichtdicke
> 0,28	mattgrau, hohe Schichtdicke

Das Aussehen eines Zinküberzuges hängt in erster Linie von der chemischen Zusammensetzung des Stahles ab, im mechanischen und chemischen Verhalten besteht kein signifikanter Unterschied. Die Härte der Eisen-Zink-Legierungsschichten liegt erheblich über der Härte feuerverzinkbarer Baustähle und warmgewalzter Erzeugnisse aus unlegierten Baustählen nach DIN EN 10 025. Hierauf beruht die hohe Verschleiß- und Abriebbeständigkeit von Zinküberzügen, die beim Transport und der Montage von Vorteil sind.

Darüber hinaus hat die Zusammensetzung der Zinkschmelze Bedeutung für die Schichteigenschaften, siehe Tabelle 4.15.

Tabelle 4.15: Zinküberzug in Abhängigkeit von der Zusammensetzung der Zn-Schmelze

Badbestandteil	Einfluss auf
Al	Glanz, Ablaufverhalten
Ni	Schichtdicke (Verringerung)
Bi	Substitution der Sn-Anteile, dadurch Vermeidung der Spannungsrisskorrosion
Sn	Zinkblumenmuster, verursacht Spannungsrisskorrosion, beachte DAST 022
Pb	Ablaufverhalten, Kesselschutz durch „Bleisumpf“

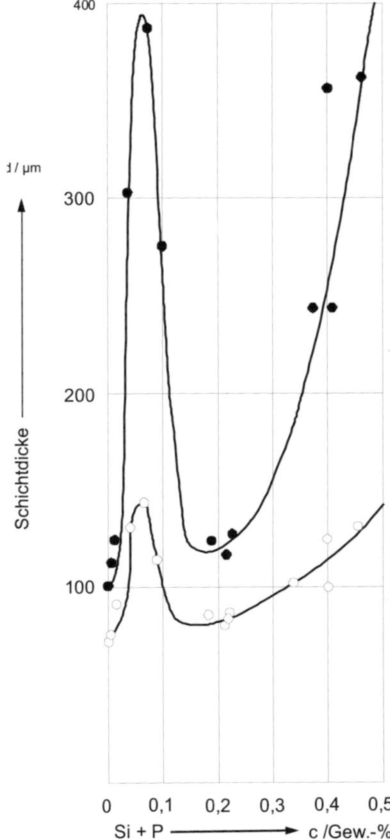

Bild 4.43: Einfluss des Si- + P-Gehaltes auf die Zinkschicht

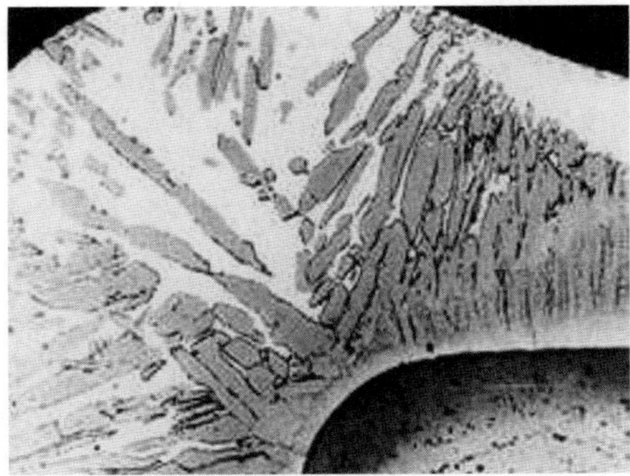

Bild 4.44: Ausbildung der Feuerverzinkungsschicht an einer Kante

Auf einen anderen positiven Effekt des Feuerverzinkens sei noch hingewiesen: Die Kristalle der Legierungsschichten wachsen senkrecht zur Werkstückoberfläche (siehe Bilder 4.41 und 4.42). An Ecken und Kanten öffnen sich die Legierungsschichten deshalb fächerartig, wobei sich die Zwischenräume mit Reinzink füllen (siehe Bild 4.44). Durch Feuerverzinken hergestellte Schichten haben deshalb an Ecken und Kanten eine höhere Dicke. Das ist ein wesentlicher Vorteil, z. B. gegenüber anderen Tauchverfahren.

Eine Nachbearbeitung und Ausbesserung der verzinkten Werkstücke erfolgt nach DE IFV „Arbeitsblatt 2.12“ zur Beseitigung von Fabrikationsfehlern und Sicherung der Korrosionsbeständigkeit.

Mit einem Normalpotenzial von $E_0 = -0{,}76$ V gehört Zink zu den unedlen Metallen. Entsprechend nachfolgender Reaktionsgleichung bilden sich jedoch bei der Bewitterung Deckschichten aus basischen Zinkverbindungen aus, die ihrerseits den Schutz der Zinkoberfläche übernehmen.

$$5Zn(OH)_2 + 2CO_2 \rightarrow Zn_5(OH)_6(CO_3)_2 + 2H_2O$$

Dieses basische Zinkkarbonat, dass in seiner Zusammensetzung dem in der Natur vorkommenden Mineral Hydrozinkit entspricht, bildet eine sehr gut schützende Deckschicht. Daraus folgt die Empfehlung, frisch feuerverzinkte Teile gut belüftet zu lagern, damit möglichst viel Kohlendioxid an die Oberfläche gelangt und damit die Schutzschichtbildung gefördert wird. Als Richtwerte für die Zeit der Ausbildung der Deckschichten gelten:

- trockene Luft - 100 Tage,
- 33 % rel. Feuchte - ca. 14 Tage,
- 75 % rel. Feuchte - ca. 3 Tage.

Insbesondere durch Erosion werden zwar diese Deckschichten im Laufe der Zeit abgetragen, bilden sich aber immer wieder neu, sodass der Stärke der Zinkschicht für die Dauer der Korrosionsschutzwirkung eine erhebliche Bedeutung zukommt. Will man die Lebensdauer einer Zinkschutzschicht ermitteln, muss man die jährliche Abtragsrate bestimmen (siehe Tabelle 4.16). Da sie nicht nur durch die chemische Zusammensetzung der umgebenden Medien bestimmt wird, sondern auch durch solche, wie Temperaturschwankungen, Staubgehalt, Windgeschwindigkeit, Sonneneinstrahlung usw., sind Zahlenwerte schwer mit ausreichender Genauigkeit zu erhalten. Über lange Zeiträume betrachtet, kann man jedoch lineares Verhalten annehmen.

Tabelle 4.16: Korrosivitätsraten von Zinküberzügen in verschiedenen Atmosphärentypen

	Korrosivitätsklassen nach DIN EN ISO 12944/Abtrag in μm/a			
Datenquelle	**C1 (Innen, trocken)**	**C2 (außen, Landatmosphäre)**	**C3 (außen, Industrie- oder Stadtatmosphäre, Küstenklima mit geringem Cl-Gehalt)**	**C4 (außen, Industrieatmosphäre, Küstenklima mit mittlerem Cl-Gehalt)**
DIN EN ISO 1461	< 0,1	0,1 - 0,7	0,7 - 2,0	2,0 - 4,0
Literatur bis 2000	1 - 2	2 - 4	2 - 6	6 - 12

Die korrosive Belastung von Zinküberzügen durch die Atmosphäre hat sich in den vergangenen Jahren deutlich verringert. Eine erheblich längere Schutzdauer der Zinküberzüge ist die Folge. Für Berechnungen zur Schutzdauer ist es angeraten, aktuellstes Zahlenmaterial zu verwenden. Eine Abschätzung auf Basis neuerer Daten ist mithilfe des Diagrammes im Bild 4.45 möglich.*

Bei ungenügender Bewitterung und Bildung von Kondenswasser bildet sich die schützende Deckschicht nicht, sondern lediglich Zinkhydroxide ohne Schutzwirkung, sog. Weißrost. In bestimmten Fällen kann es durchaus sinnvoll sein, die Korrosionsschutzwirkung feuerverzinkter Stahloberflächen zusätzlich durch nachfolgende Oberflächenbehandlungen zu erhöhen. Hierfür eignen sich prinzipiell zwei Methoden:

- Konversionsschichten (Phosphatieren, Chromatieren), siehe Kapitel 5, und
- Duplexsysteme.

* https://www.muepro.de › muepro › MUEPRO_Merkblatt_Feuerverzinken

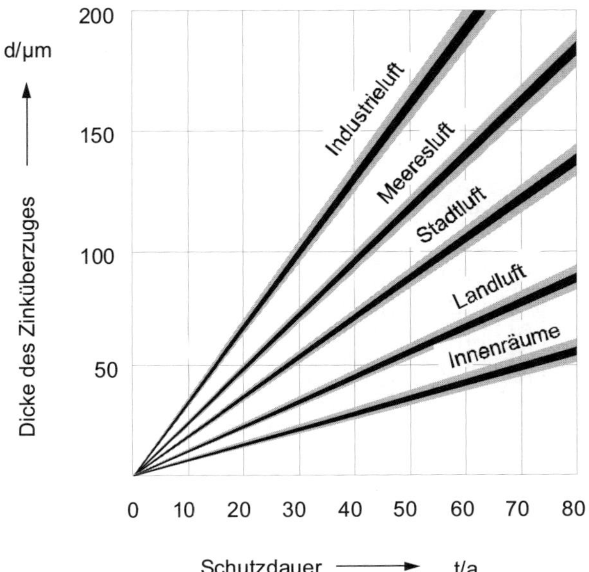

Bild 4.45: Schutzdauer von Zinküberzügen

Unter einem **Duplexsystem** versteht man die Kombination der Feuerverzinkungsschicht mit einer organischen Beschichtung. Die Schutzdauer des Duplexsystems ist durch den Synergieeffekt ungefähr 1,8- bis 2,5-mal größer als die Summe aus der Lebensdauer der separaten Beschichtungen. Der Zinküberzug verhindert ein Unterrosten der organischen Beschichtung; die organische Beschichtung einen Abtrag durch die Umwelteinflüsse. Duplexsysteme sind sinnvoll, wenn Bauteile einer sehr aggressiven Atmosphäre über längere Zeit ausgesetzt sind, die Bauteile nach der Montage nicht mehr zugänglich sind, ästhetische Gründe vorliegen oder eine Signalwirkung bzw. Kennzeichnung erreicht werden soll. Als geeignete Bindemittelsysteme für derartige Schichten haben sich durchgesetzt:

- Vinylchlorid-Copolymerisate (PVC-C),
- Acrylpolymerisate (Acryl),
- Vinylchlorid-Copolymerisate + Acrylcopolymerisate (PVC-C/Acryl),
- Epoxidharze (EP) + Härter (Amine),
- Polyisocyanate (PUR).

Ausreichende Haftung der organischen Lackschicht auf der Zinkoberfläche erzielt man durch Konversionsschichten, z. B. durch Phosphatieren und Chromatieren.

Zur Verzinkung von Stahlbändern hat sich die Anwendung von Bandverzinkungsanlagen als äußerst rentabel erwiesen. Den Verfahrensablauf enthält Bild 4.46.

Eine gewünschte Zinkschichtdicke (Zinkauflage) lässt sich durch ein Düsenabstreif-Verfahren einstellen und regeln. Die Schichtdicken liegen zwischen 15 bis 25 µm, im Gegensatz zur Stückverzinkung mit 50 bis 150 µm. In der Prozessstufe **Galvannealing** wird das feuerverzinkte Band nach dem Schmelztauchen bei Temperaturen oberhalb des Schmelzpunktes von Zink geglüht. Dabei erfolgt die Legierungsbildung zwischen Eisen und Zink, mit dem Ergebnis, dass ein Gefüge analog zum Bild 4.42 entsteht (durchgewachsene Hartzinkschicht). Derartige Schichten nennt man im speziellen Fall feuerverzinkter Bänder auch „Sendzimier"-Schichten.

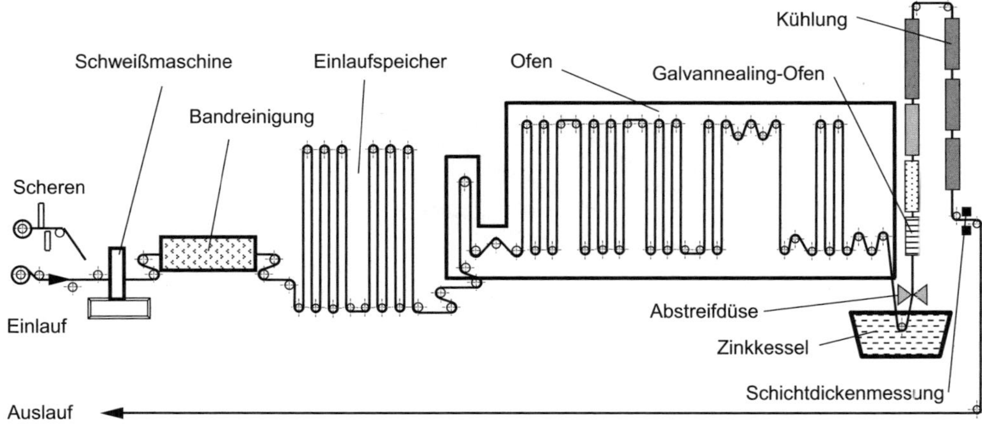

Bild 4.46: Bandverzinkungsanlage (schematisch)

Verzinktes Band ist ein Halbzeug und wird durch Umformen und Scherschneiden weiterverarbeitet. Die Zinkschichtdicke beeinflusst maßgeblich das Umformverhalten. Eine Auswahl der zinkbeschichteten Bandsorte richtet sich nach den Umform- bzw. Verarbeitungsanforderungen und den Korrosionsschutzerfordernissen. Lieferbare Zinkauflagen für Bänder enthält Tabelle 4.17.

Aus der Auflagemasse und der Dichte des Zinks von ca. 7,1 kg · dm^{-3} lässt sich die ungefähre Schichtdicke für ein beidseitig beschichtetes Band wie folgt berechnen:

$$d = \frac{\text{Auflagemasse}}{2 \cdot 7{,}1}$$

Tabelle 4.17: Lieferbare Auflagen für Bandverzinkung

Bezeichnung	Auflagenmasse/g · m^{-2}
Z 100	100
Z 140	140
Z 200	240
Z 275	275
Z 350	350

4.3.2 Feuerverzinnen

Für die Verwendung von Zinn als Metallüberzug, durch Schmelztauchen hergestellt, sprechen die Eigenschaften:

- niedriger Schmelzpunkt, 232 °C,
- physiologische Unbedenklichkeit und
- edleres Standardpotenzial gegenüber Eisen (E_0Sn = - 0,14V, E_0Fe = - 0,44 V).

Durch die Beschichtung von Stahlblech mit Zinn entsteht das sogenannte Weißblech. Heute findet man das Feuerverzinnen nahezu ausschließlich bei der Beschichtung von Einzelstücken. Eine Variante des Feuerverzinnens stellt die Heißbelotung mit Lufteinebnung (engl.: *Hot Air Levelling, HAL*) dar. Sie dient der Belotung von Leiterplatten. Die Leiterplatten werden in das Schmelzbad bei ca. 250 °C getaucht und nach einer Verweilzeit von 2 bis 10 s mit einer Geschwindigkeit von bis zu 40 m/min zwischen Heißluftmessern herausgezogen. Darüber hinaus kommt das Tauchverzinnen zur Belotung von Kupferdrähten und -litzen zur Anwendung.

Wird ein Stahlblech in die Zinnschmelze getaucht, bildet sich eine dünne Schicht, die im Wesentlichen aus der Phase $FeSn_2$ besteht. Als Diffusionszone bildet sie, typisch für die Schmelztauchschichten, die Grundlage für die ausgezeichnete Haftung zwischen Schicht und Grundmetall. Über der $FeSn_2$-Schicht mit ca. 1 µm Schichtdicke, erstarrt beim Herausziehen des Bleches aus der Schmelze eine wesentlich dickere, gut haftende Schicht aus Zinn (bis zu 40 µm). Durch das Nachschalten von Abstreifwalzen können aber auch Schichtdicken von ca. 2 µm eingestellt werden. Beim Eintauchen des Bleches in die Schmelze wird es durch eine aufschwimmende Flussmittelschicht, die $SnCl_2$ enthält, geführt. Durch die Reaktion entsteht elementares Zinn, das die Bildung von $FeCl_2$ begünstigt.

$Fe + SnCl_2 \rightarrow FeCl_2 + Sn$

Blech zur Verwendung für Verpackungen von Nahrungsmitteln, Getränken, Tiernahrung und chemisch-technischen Produkten stellt man heute nahezu ausschließlich durch galvanisches Beschichten her (vgl. Abschnitt 4.1), entsprechend DIN EN 10202:2001. Es entstehen hierbei wesentlich dünnere Schichten als durch das Feuerverzinnen.

Der jährliche Bedarf an diesen Blechen liegt in Deutschland im Jahre 2017 bei ca. 500 000 t. Die eingestellten Schichtdicken genügen den Korrosionsanforderungen und sparen Zinn. Außerdem ermöglicht das galvanische Verzinnen auch das Abscheiden unterschiedlich dicker Schichten auf beiden Blechseiten (Differenzverzinnen). Verfahrensbedingt ergeben sich für feuerverzinnte Bleche Schichtdicken zwischen 1,6 bis 2,6 µm, für galvanisch verzinnte 0,3 bis 1,5 µm.

4.3.3 Feueraluminieren

Als Hauptaspekt der Anwendung des Feueraluminierens für Stahlteile ist der Oxidationsschutz bei höheren Temperaturen zu nennen. Grund dafür ist die sich bildende natürliche Aluminiumoxidschicht, die sich bei Bedarf elektrolytisch verstärken und sogar einfärben lässt. Außerdem ergibt sich eine verbesserte elektrische Leitfähigkeit, ein hohes Reflexionsvermögen für Licht und Wärme, metallisch silberhelles Aussehen, optisch ansprechend und dekorativ, nicht toxisch im Gegensatz zu Zink und geringe Massezunahme aufgrund der geringen Dichte von Aluminium.

Derartig beschichtete Bauteile finden z. B. in Rauchgasableitungen Anwendung (siehe Bild 4.47). Hier wird besonders die hohe Beständigkeit gegenüber SO_2, H_2S und NO_x ausgenutzt. Sind solche Leitungssysteme kontinuierlich kondensierendem Wasserdampf ausgesetzt, verwendet man Al-Schichtdicken von bis zu 400 µm.

Bild 4.47: Feueraluminierte Bauteile

Feueraluminiert wird heute im Wesentlichen nur Stahlband. Nach Reinigung der Oberfläche läuft das Band direkt in die Aluminiumschmelze bei 650 bis 800 °C ein, bei einer Verweilzeit von 5 bis 60 s. In Analogie zum Bandverzinken und -verzinnen erfolgt die Einstellung der Schichtdicke durch Abblasen mit Druckluft. Zwischen der Al-Schmelze und der Stahloberfläche bildet sich eine $FeAl_5$-Zone aus, die η-Phase, mit Dicken zwischen 10 und 60 µm. Sie ist für die Haftung der Beschichtung verantwortlich. Darauf erstarrt eine 20 bis 100 µm dicke Schicht aus nahezu reinem Aluminium. Durch Legierungselemente in der Al-Schmelze, insbesondere Silizium, wird das Wachstum der Legierungsschicht stark gehemmt. Das Ergebnis ist eine sehr gleichmäßige, aber dünne Beschichtung. Aber gerade das wird für feueraluminierte Bänder angestrebt, um das Abplatzen der Beschichtung bei nachfolgender Umformung zu vermeiden.

Ähnlich dem Bestreben, die relativ dicken Schmelztauchschichten des Zinks und des Zinns durch dünnere galvanische Schichten zu substituieren, sind in letzter Zeit industrielle Verfahren zur galvanischen Aluminiumbeschichtung aus wasserfreien Elektrolyten von Stahlteilen unter dem Namen Aluminal und Alucoat bekannt geworden.

4.4 Metallspritzen

Die Verfahren des Metallspritzens sind eingebunden in die Verfahrensgruppe Thermisches Spritzen. Es umfasst die Verfahren, bei denen Spritzzusätze innerhalb oder außerhalb von Spritzgeräten an-, auf- oder abgeschmolzen und auf vorbereitete Substrate geschleudert werden. Die Oberflächen werden dabei nicht aufgeschmolzen. Die Dicke von Spritzschichten reicht im Allgemeinen von minimal 10 µm bis zu ca. 2000 µm.

Es sollen hier besonders die Verfahren behandelt werden, bei denen der Schichtwerkstoff (Spritzzusatz) ein Metall ist. Sie kommen vorwiegend zur Anwendung, wenn große Konstruktionsteile vor Ort mit dicken Metallschichten überzogen werden sollen. Beim Metallspritzen bringt man also die Spritzanlage zum Werkstück. Außer metallischen Werkstoffen können so auch Kunststoffe, Baustoffe und Papier mit Metallüberzügen versehen werden. Die Hauptschritte und ihre Bedingungen sind im Bild 4.48 zusammengefasst. Zum leichteren Verständnis unterteilt man das thermische Spritzen in vier Schritte.

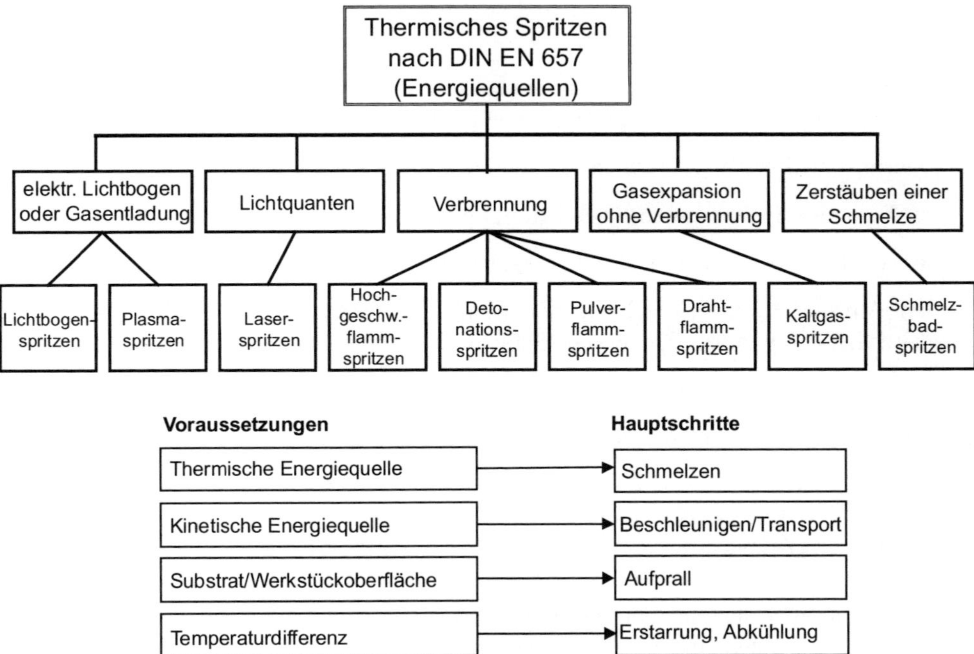

Bild 4.48: Bedingungen und Hauptschritte des Metallspritzens

In welchem Umfang der **Spritzzusatz** an-, auf- oder abgeschmolzen wird, richtet sich vor allem nach der Temperatur und Leistung der Wärmequelle sowie der Verweilzeit des Spritzzusatzes in den verschiedenen Temperaturzonen der Wärmequelle. Damit bestimmen auch Form und Abmessungen des Spritzzusatzes und seine physikalischen Eigenschaften, wie Wärmeleitfähigkeit und Schmelztemperatur, den Schmelzvorgang. Meist werden die geschmolzenen Spritzzusätze durch Druckluft zerstäubt, aber auch durch andere **Zerstäubergase** oder die Gasströmung aus der Wärmequelle. In der sich anschließenden Flugphase kommt es trotz der hohen Partikelgeschwindigkeit zu Reaktionen des zerstäubten Spritzzusatzes mit der umgebenden Atmosphäre, sofern die Vorgänge nicht im Vakuum oder unter Schutzgas ablaufen. Die Teilchen treffen mit einer sehr hohen kinetischen Energie auf die Substratoberfläche auf, werden deformiert, die Reaktionsschichten platzen auf und das Spritzgut kühlt sich auf dem relativ kalten Substrat rasch ab. Die Folge davon ist eine aus Metall, Oxiden und Poren aufgebaute Schicht. Ein Hauptproblem der Metallspritzschichten ist ihre Haftung auf dem Substrat. Welchen Anteil die verschiedenen Haftmechanismen (mechanische Verankerung, nebenvalente und hauptvalente Bindungskräfte) an der Haftfestigkeit der jeweiligen Spritzschicht haben, hängt ab von:

- der Werkstoffpaarung (ähnliche Wärmeausdehnungskoeffizienten, Diffusion, Legierungsbildung),
- der Substratvorbereitung (Reinigen, Entfernen von Zunder, Aufrauen für mechanische Verankerung durch Strahlen oder Raudrehen bzw. Rauhobeln, Spritzen einer Zwischenschicht als Haftvermittler). Die Werkstückvorbereitung für Korrosionsschutzschichten allgemein wird in DIN EN ISO 12944-4 beschrieben und im speziellen Fall des thermischen Spritzens in DIN EN 13507,
- den Spritzbedingungen (Spritzparameter, Temperatur der Wärmequelle, verwendete Gase, Geschwindigkeitsprofil von Gas- und Partikelstrom).

Das thermische Spritzen kann man einteilen nach:

- der Form des Spritzzusatzes (z. B. Draht, Pulver),
- der Art der Energieträger (z. B. Flammspritzen, Lichtbogenspritzen, Plasmaspritzen),
- dem Anwendungszweck (z. B. Korrosionsschutzschichten, Verschleißschutzschichten, elektrisch leitende bzw. isolierende Schichten, Spritzen von Formen) und
- der Art der Fertigung (z. B. automatisches Spritzen).

Aus der Vielzahl der Metallspritzverfahren sollen die am häufigsten angewandten vorgestellt werden.

4.4.1 Flammspritzen

Der stab- oder pulverförmige Spritzzusatz wird in einer Brenngas-Sauerstoffflamme kontinuierlich geschmolzen und durch das Verbrennungsgas allein bzw. mit gleichzeitiger Unterstützung durch ein Zerstäubergas, wie Druckluft, auf die Werkstückoberfläche ge-

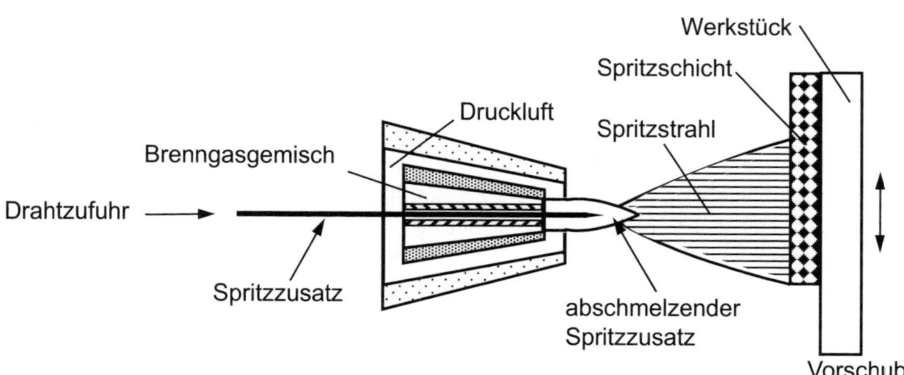

Bild 4.49: Prinzip des Drahtflammspritzens

schleudert. Beim Auftreffen und Erstarren erfolgt die mechanische Verankerung und Ausbildung von Diffusionszonen. Im Bild 4.49 ist das Prinzip des Drahtflammspritzens dargestellt. In ähnlicher Weise verläuft das Pulverflammspritzen, wobei eine entsprechende kontinuierliche Pulverzuführung erforderlich ist.

4.4.2 Lichtbogenspritzen

Es werden zwei drahtförmige Spritzzusätze gleicher oder unterschiedlicher Zusammensetzung in einem Lichtbogen aufgeschmolzen und mittels des Zerstäubergases auf die Substratoberfläche geschleudert. Der Lichtbogen brennt dabei stabil zwischen den beiden als Anode und Katode gepolten Drähten (siehe Bild 4.50).

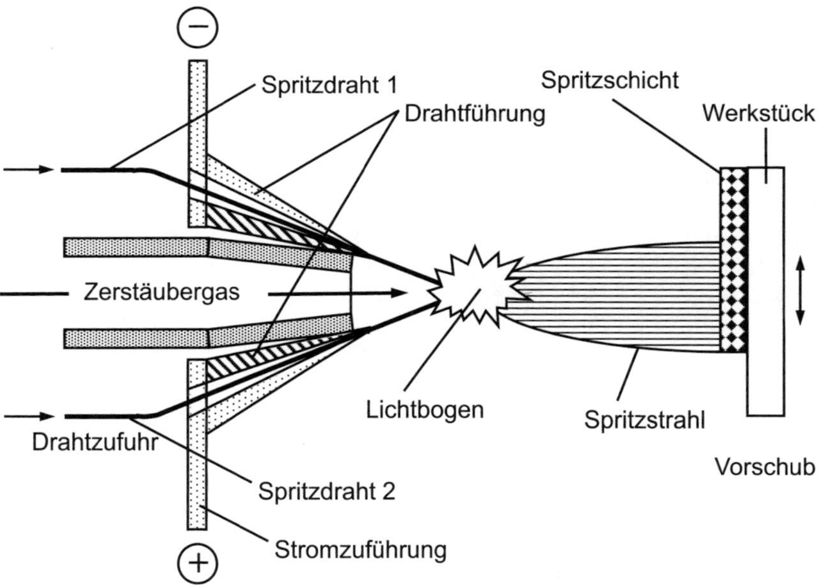

Bild 4.50: Prinzip des Lichtbogenspritzens

4.4.3 Plasmaspritzen

Der in der Regel pulverförmige Spritzzusatz wird im Plasma an- bzw. aufgeschmolzen und mithilfe des Gasstromes auf die Werkstückoberfläche geschleudert. Das Pulver gelangt durch kontinuierliche Zuführung mithilfe eines Trägergases in den Plasmastrahl. Das Bild 4.51 zeigt das Wirkprinzip des Plasmaspritzens. Zur Herstellung porenfreier und oxidfreier Metallüberzüge nutzt man das Vakuumplasmaspritzen (VPS). In einem Stickstoff-Wasserstoff-Plasma lassen sich dabei Temperaturen bis zu 12 000 °C erreichen.

In der Tabelle 4.18 sind die Werkstoffe, Betriebsparameter und wesentliche Anwendungen zu den einzelnen Verfahren dargestellt.

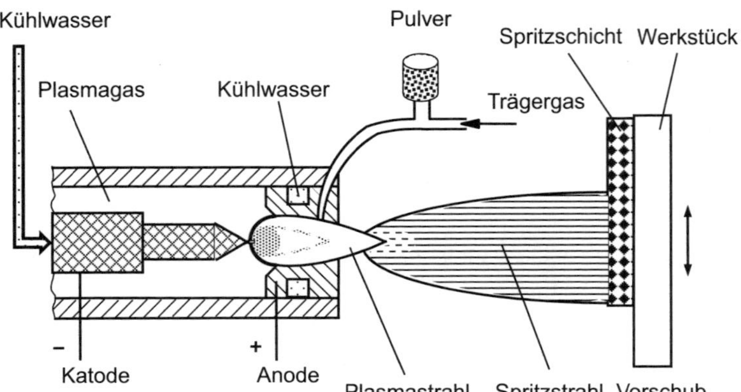

Bild 4.51: Wirkprinzip des Plasmaspritzens

Tabelle 4.18: Verfahrensübersicht zu thermischen Spritzverfahren

Verfahren	Drahtflammspritzen	Pulverflammspritzen	Lichtbogenspritzen	Plasmaspritzen
Spritzzusatz	1. Metalle (Sn, Zn, Al, Cu) und Legierungen 2. legierte Stähle 3. Oxide (ZrO_2, Al_2O_3)	1. Hartlegierungen (Ni-Cr-B, Ni-Cr-Cr_3C_2, Ni-Cr-ZrO_2) 2. Metallpulver (Mo) 3. Kunststoffpulver (PA)	Metalldrähte (Me1/Me2), z. B.: NiCu30/Fe Ni/Ni C100/C100	1. Metalloxide (Al_2O_3-TiO_2) 2. Ni-Cr-Si-B (pulverförmig zugeführt) 3. Metalle (W, Ta, Mo)
Betriebsparameter	Teilchengröße 20 - 400 µm, Teilchengeschw. 100 - 200 m/s, Spritzabstand: 400 mm, Spritzleistung 3 - 6 kg/h (bei Stahl), Energieausbeute 3 - 5 %, Spritzverlust bis 50 %	Korngröße < 200 µm, Spritzleistung 0,5 - 2,5 kg/h (bei Ni-Cr-B) Azethylen-Sauerstoff-Flamme	Strom 100 - 350 A Spannung 20 - 35 V Spritzabstand 50 - 120 mm, Drahtdurchmesser 1,6 - 2,0 mm Spritzleistung 4 - 20 kg/h (bei Stahl) Energieausbeute 3 - 50 %	Korngröße 20 - 45 µm Teilchengeschw. 200 - 300 m/s, (bei 40 kW) Hochgeschwindigkeitsspritzen v = 400 - 500 m/s (bei 80 kW) Temperatur bis 10 000 °C, Spritzleistung bis 50 kg/h (bei Al_2O_3)
Anwendungen	1. Korrosionsschutz 2. Verschleißschutz 3. Isolierschichten	1. Verschleißschutz 2. Korrosionsschutz, thermische Stabilität 3. Korrosionsschutz	Hochbeanspruchte Lager	1. Verschleißschutz (Fadenführungen), Korrosionsschutz 2. Turbinenschaufeln 3. Formteile (Tiegel)

4.4.4 Auftragschweißen und Auftraglöten

Sowohl das Schweißen als auch das Löten lassen sich zwei Anwendungsgebieten zuordnen dem:

- Auftragen und
- Fügen.

Ziel der hier behandelten Verfahren ist das Auftragen von Schichtwerkstoffen. Beim Auftragschweißen erfolgt auf eine örtlich begrenzte Oberfläche mithilfe von Schweißverfahren das Auftragen des Schichtwerkstoffes.

Der Schweißzusatz kann die gleiche Zusammensetzung wie der Grundwerkstoff besitzen oder sich auch von ihm unterscheiden. Die Verbindung zwischen dem Grundwerkstoff und dem aufgetragenen Schweißzusatz entsteht durch die Ausbildung einer Zwischenschicht (Interface) mit einem neuen Gefüge. Daraus resultiert u. a. die ausgezeichnete Haftung und hohe mechanische Beanspruchbarkeit des Verbundes. Die Verfahren des Auftragschweißens unterteilen sich in Verfahren des Schmelzschweißens und Pressschweißens.

Für das Auftraglöten werden mit dem Lotwerkstoff getränkte Vliese, Lotpasten und Lotschmelzen eingesetzt.

4.5 Plattieren

Im Vergleich zu den Beschichtungen, die durch Schmelztauch-, Spritz- oder ECD-Verfahren und aus der Gasphase abgeschieden werden, sind Plattierschichten wesentlich dicker und der Verbund zwischen Grund- und Schichtmetall von hervorragender Festigkeit. Plattierte Halbzeuge sind zwei- oder mehrlagige Metall-Metall-Kombinationen, hergestellt mit unterschiedlichen Plattierverfahren. Damit wird eine Kombination möglich, bei der zwar der Charakter des jeweiligen Metalls erhalten bleibt, sich aber der Verwendungsbereich erweitert (Synergieeffekt). Herstellen lassen sich damit plattierte Bleche, Bänder, Rohre, Drähte und Profile. Durch die starke plastische Verformung beider Teile im Falle des Walz- bzw. Sprengplattierens entsteht ein so fester Verbund, dass er wie ein einheitlicher Werkstoff verwendet werden kann. Das resultiert aus einer Vergrößerung der wahren Oberfläche, der Erhöhung der Reaktionsfähigkeit der Oberflächenatome und damit verbunden ist die Verstärkung von Diffusionsvorgängen und mechanische Verankerung. So gesehen handelt es sich bei den Plattierverfahren um ein Fügen durch Schweißen ohne Schweißzusatz. Die zum Verbinden nötige Energie wird von außen zugeführt.

Die einfachste Methode des Plattierens ist das Walzplattieren, auch Kaltpressschweißen, bei dem durch plastisches Verformen unter Druck zwei Werkstoffe verbunden werden. Bei Blechen erfolgt dies durch Walzen, bei Rohren und Stangen durch Ziehen und bei Hohlkörpern durch Fließpressen. Ausführlicher sollen die Varianten des Walz- und Sprengplattierens dargestellt werden.

4.5.1 Walzplattieren

Beim Walzplattieren handelt es sich um das Zusammenfügen durch gemeinsames Auswalzen der zu verbindenden Metalle, dem Grund- und dem Auflagemetall, bei geeigneter Temperatur. Zur Vermeidung der Oxidation während des Plattierens wird unter Schutzgasatmosphäre gearbeitet oder man verschweißt die aufeinander gelegten Bleche bzw. Bänder an den Kanten. Dabei kann man in Warmband- und Kaltband-Walzplattieren unterscheiden. Die Herstellung erfolgt auf Grobblechwalzstraßen, vergleichbar denen der Stahlblechfertigung. Durch Walzplattieren können auch bereits durch Spreng- oder Gießplattieren vorgefertigte Brammen weiterverarbeitet werden.

4.5.2 Sprengplattieren

Es handelt sich hierbei um eine Verfahrensweise, bei der die Verbindung der Metalle durch den Detonationsdruck einer Explosion von Sprengstoff erfolgt. Die metallisch blanken Grund- und Auflagewerkstoffe werden mit einem definierten Abstand übereinander angeordnet. Durch die linien- oder punktförmige Zündung der Sprengstoffschicht kollidiert der Auflagewerkstoff örtlich begrenzt mit dem Grundwerkstoff (siehe Bild 4.52) im Kollisionspunkt K.

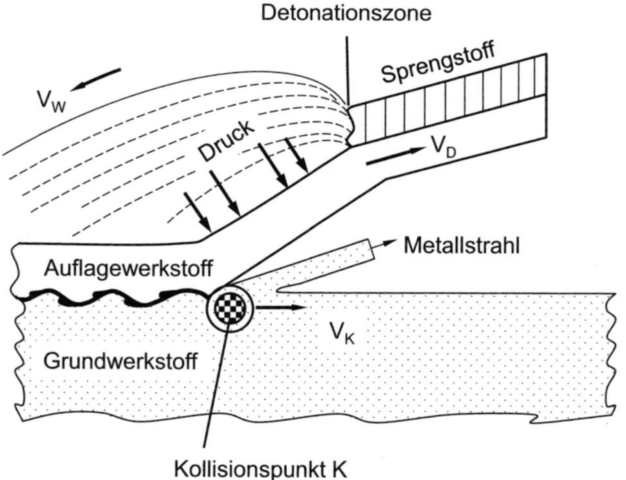

Bild 4.52: Prinzip des Sprengplattierens

Dort entstehen im Moment des Auftreffens sehr hohe Spannungen, sodass der Werkstoff fließt. Verursacht durch die hohe Geschwindigkeit v_D der fortschreitenden Detonationszone (2000 bis 4000 m/s) bildet sich eine Stoßwelle, die die charakteristische wellenförmige Verzahnung entstehen lässt (siehe Bild 4.53). Ist die Kollisionsgeschwindigkeit v_K, also die Fortbewegung des Kollisionspunktes K, entsprechend groß gegenüber v_D, bildet sich der Metallstrahl infolge der Materialverdrängung in der Verbindungszone aus. Der Metallstrahl verdrängt Oberflächenverunreinigungen aus der Bindeebene.

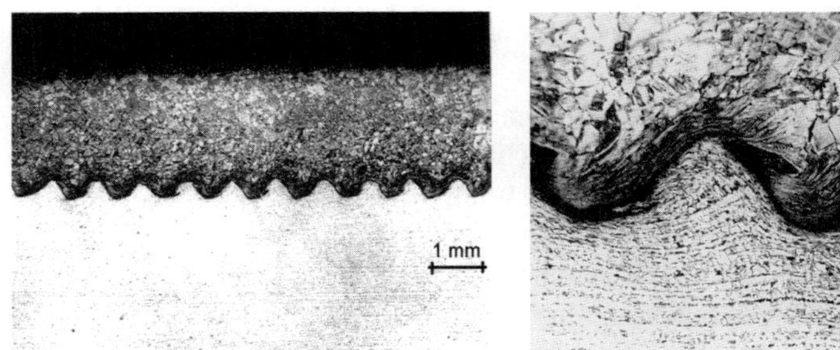

Bild 4.53: Metallografische Aufnahme einer sprengplattierten Auflage (Messing auf Baustahl), links = Übersicht, rechts = Ausschnitt

Sprengplattieren hat deshalb technische Bedeutung, weil es die Verbindung anderweitig nicht herstellbarer Kombinationen, wie z. B. Al, Ta, Mo und Ti auf Stahl ermöglicht.

Eine zusammenfassende Übersicht zu realisierten Werkstoffpaarungen und Anwendungen enthält Tabelle 4.19, im Bild 4.54 sind Beispiele für plattierte Halbzeuge dargestellt.

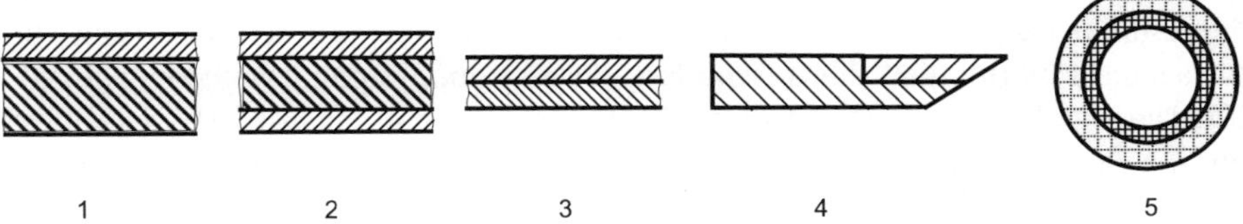

Bild 4.54: Plattierte Halbzeuge
1 einseitig plattiert, 2 zweiseitig plattiert, 3 Thermobimetall, 4 Messerverbundstahl, 5 plattiertes Rohr

Tabelle 4.19: Werkstoffkombinationen und Anwendungen von Plattierungen

Grundwerkstoff		Auflage	Anwendung
Stähle	Feinkornstähle Baustähle legierte Stähle	1. rostfreie Stähle 2. Kupfer und Legierungen 3. Aluminium und Legierungen 4. Nickel und Legierungen 5. Titan 6. Tantal 7. Silber und Legierungen	1. Chemieanlagen, Thermobimetall 2. Haushaltgegenstände, Beschläge, Kontakte, Münzherstellung, Leuchten 3. Heizgeräte, Dichtungen, Abgasanlagen 4. Thermobimetall 5. – 6. – 7. Apparatebau, Kontakte
Kupfer		1. Aluminium 2. Messing 3. Nickel 4. Invar (Stahl mit 36 % Ni) 5. Silber	1. Elektrotechnik 2. Beschläge, Beleuchtung 3. – 4. Thermobimetall 5. elektr. Schmelzsicherungen

4.6 Chemisch-thermische Verfahren

Bei diesen Verfahren gelangen Atome geeigneter Elemente aus der Gasphase, einem Pulver oder einer Schmelze durch Diffusion in die Oberfläche der Werkstücke, bevorzugt Stähle. Es entsteht damit eine Randschicht durch Diffusion. Infolge der Diffusion besteht die Möglichkeit der Bildung von Lösungs- bzw. Verbindungsphasen. In der Hauptsache entstehen durch chemische Reaktionen Verbindungsphasen. Diffusionsfähige Elemente in diesem Sinne sind Kohlenstoff, Stickstoff, Bor, Silizium, Aluminium, Chrom und Zink. Die chemische Zusammensetzung der Randschicht wird durch Diffusion und Reaktion gezielt verändert. Wärmebehandlungsverfahren von Stählen, wie das Flamm-, Induktions-, Laserhärten u. a. sowie Diffusion und Reaktion der Nichtmetalle (C, N, B, Si) sollen hier nicht behandelt werden, das bleibt Anliegen der Lehrbücher der Werkstofftechnik.

4.6.1 Aluminieren

Unter Aluminieren versteht man eine thermochemische Behandlung zur Anreicherung der Randzone eines Werkstückes, meistens aus Stahl, mit Aluminium. Es bilden sich zwischen Grundwerkstoff und den eindiffundierten Al-Atomen Legierungsschichten und als Randzone eine Aluminiumoxidschicht. Die Al-Atome entstammen aus den an der Oberfläche des Werkstückes adsorbierten und thermisch dissoziierten Aluminiumhalogeniden, wie AlF_3 oder $AlCl_3$. Diese bilden sich durch chemische Reaktion aus Aluminium bzw. Al-Legierungen und dem sogenannten Aktivator, z. B. NH_4F oder NH_4Cl. Aluminierschichten zeichnen sich durch hohe Haftung und Verschleißbeständigkeit sowie hohe thermische Belastbarkeit bis ca. 950 °C aus. Im Unterschied zu Schmelztauchschichten sind sie rau.

Innerhalb des Aluminierens unterscheidet man weiter in Kalorisieren, Alitieren und Chrom-Aluminieren.

Das **Kalorisieren** erfolgt in einer Trommel, in der Al-Pulver und Aktivator, bei ca. 450 °C reagieren. Durch ein nachträgliches Glühen bei 700 bis 800 °C entsteht eine verschleißfeste Al_2O_3-Deckschicht. Das Kalorisieren eignet sich für die Bearbeitung von Kleinteilen aus Stahl, Kupfer oder Messing.

Von **Alitieren** sprechen wir, wenn man das Aluminieren in verschlossenen Reaktionskammern bei ca. 1000 °C durchführt, oft unter H_2 oder Ar-Atmosphäre. Die Dicke der Alitierschicht beträgt 20 bis 100 µm. Alitiert werden Bauteile aus Stählen und hochwarmfeste Legierungen für Gasturbinen. Günstig ist dabei die Ausbildung einer dichten Al_2O_3-Schicht während des Betriebes.

Für Bauteile aus Nickel- bzw. Kobaltlegierungen, die bei Arbeitstemperaturen über 1000 °C in schwefelhaltiger Heißgasatmosphäre zum Einsatz kommen, wird neben Aluminium Chrom eindiffundiert. Man spricht vom **Chrom-Aluminieren**.

4.6.2 Inchromieren

Beim Inchromieren kann sowohl im Pulververfahren als auch in der Gasphase Chrom in die Werkstückoberfläche eindiffundiert werden. Die Verfahrensdurchführung entspricht dabei dem Alitieren. In Abhängigkeit von der Zusammensetzung des Grundwerkstoffes, insbesondere des C-Gehaltes, kommt es neben der Diffusion zur Ausbildung einer Reaktionszone. Bei Stählen mit erhöhtem C-Anteil entsteht in der Reaktionszone Chromcarbid, welches das Fortschreiten der Diffusionszone behindert. Die hohe Härte des Chromcarbids mit >2000 HV erhöht die Verschleißfestigkeit gegenüber abrasiver Beanspruchung. Die erzielbaren Schichtdicken liegen für unlegierte Stähle bei 10 bis 20 µm, bei niedriglegierten Stählen >100 µm und bei Nickelwerkstoffen zwischen 25 bis 75 µm.

4.6.3 Sherardisieren

Mithilfe dieses Verfahrens werden auf Kleinteilen aus Stahl Zinkschichten aufgebracht, die sich durch Feuerverzinkung nicht kostengünstig herstellen lassen. Der Verfahrensablauf ist dem des Kalorisierens beim Aluminieren vergleichbar. Die vorbehandelten Teile bettet man in einer Trommel in eine Mischung aus Zinkpulver und Sand ein und erhitzt auf 350 bis 420 °C. Durch das in die Stahloberfläche eindiffundierende Zink entstehen fest haftende Schichten mit einer Dicke zwischen 10 und 50 µm. Allerdings muss man dabei beachten, dass Schichten über 25 µm zur Rissbildung neigen. Als Schichtfolge ergibt sich: Stahl, Γ- und δ-Schicht (siehe Bild 4.50: Zustandsdiagramm Fe-Zn). Sherardisieren findet Anwendung zur Beschichtung von Normteilen, wie Stiften, Muttern und Schrauben sowie Kleinteilen aus Stahlblech bzw. Guss.

4.7 Zink-Lamellenabscheidung

Für die Beschichtung von Verbindungselementen, hauptsächlich in der Atomobilindustrie, hat sich das Verfahren zur nichtelektrolytischen Abscheidung einer Zink-Aluminium-Lamellenschicht auf eisenhaltigen Substraten etabliert, mit dem Ziel einer verschleiß- und korrosionsfesten Beschichtung. Die Schicht besteht aus Zink- und Aluminiumlamellen in einer anorganischen Matrix (siehe Bild 4.55).

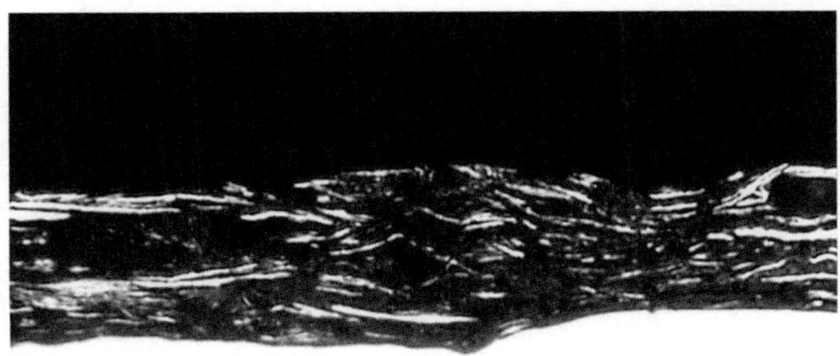

10 µm

Bild 4.55: Zink-Lamellenschicht auf Stahl

Die Anforderungen der Zinklamellenbeschichtungen für Verbindungselemente ohne Gewinde sind in DIN EN 13858:2006 enthalten.

In den 1970 Jahren begann in den USA die Entwicklung der Zink-Lamellenbeschichtung, zunächst unter Verwendung Cr(VI)-haltiger Verbindungen, ab etwa Mitte 1995 begann die Entwicklung Cr(VI)-freier Produkte. Das Verbot von sechswertigen Chromverbindungen in Korrosionsschutzschichten im Rahmen der EU-Altauto-Richtlinie und REACH hat in den letzten Jahren zur verstärkten Entwicklung und Anwendung neuer Cr(VI)-freier Korrosionsschutzsysteme geführt, wie auch die Zink-Lamellenabscheidung.

Vor der unmittelbaren Beschichtung erfolgt eine Reinigung und Vorbehandlung der Oberfläche in alkalischer Lösung und gegebenenfalls eine Phosphatierung. Sowohl diese Vorbehandlung als auch die nicht-elektrolytische Abscheidung verhindern die Wasserstoffversprödung.

Das Schichtsystem entsteht aus einer wässrigen Dispersion beim Eintauchen oder Sprühen auf der Oberfläche des eisenhaltigen Werkstückes. Im nachfolgenden Schritt „Einbrennen" (200 - 300 °C) reagieren die Bestandteile des auf dem Grundwerkstoff adsorbierten Films zu einer Oxidmatrix, die sowohl die Lamellen untereinander als auch das Gesamtsystem mit der Werkstückoberfläche festhaftend verbindet. Neben der so hergestellten Grundschicht (Basecoat) bewirkt eine zusätzliche Deckschicht (Topcoat) den erhöhten Korrosionsschutz.

Die Korrosionsschutzwirkung von Zink-Lamellenschichten hat mehrere Ursachen, u. a. wie den Barriereeffekt durch die Ausbildung übereinanderliegender Lamellen aus Zink und Aluminium. Sie behindern das Eindringen von z. B. Wasser und Chloriden. Außerdem besteht ein katodischer Schutz, da Zink und Aluminium ein negativeres Standardpotenzial gegenüber Eisen haben. Darüber hinaus enthält die Matrix Korrosionsinhibitoren.

Zusammenfassung

Metallschichten

- Metalle lassen sich als Schicht auf einem Substrat (Trägerwerkstoff) mithilfe unterschiedlicher Verfahren aus wässrigen Lösungen, aus der Schmelze, der Gasphase und aus einem Plasma abscheiden.
- Die galvanische Abscheidung ist im Wesentlichen charakterisiert durch die Vorgänge
  - im Elektrolytvolumen,
  - an der Phasengrenze Katode/Elektrolyt,
  - auf der Katodenoberfläche,
  - an der Anode und
  - der Polarisation.
- Die quantitative Beschreibung der galvanischen Abscheidung erfolgt hauptsächlich durch die Größen:
  - Ionenkonzentration der Kationen, Dissoziationskonstante,
  - Wanderungsgeschwindigkeit und Beweglichkeit der Ionen und Abscheidungskonstante (FARADAYsche Gesetze).

- Stromdichte-Potenzialkurven charakterisieren die Arbeitsweise eines Elektrolyten.
- Vielfalt an Anlagentechnik und eingesetzter Elektrolyte resultieren aus den Geometrien der Substrate und den unterschiedlichen Anwendungsgebieten der galvanisch beschichten Teile.
- Zur Erzielung geeigneter Schichtdicken, der Erhöhung der Abscheidungsgeschwindigkeit sowie spezifischer Eigenschaften stehen geeignete Verfahren zur Verfügung.
- Eine Metallisierung nichtleitender Substrate, wie Keramik, Gläser und Kunststoffe aus wässrigen Lösungen ermöglicht die außenstromlose Metallabscheidung, unter der Voraussetzung, dass die Oberfläche durch „Bekeimung" aktiviert ist und Schichtmetall autokatalytisch wirkt.
- Metallisierungen aus der Gasphase erfolgen durch die PVD- und CVD-Techniken.
- Schmelztauchschichten entstehen beim Eintauchen des metallischen Werkstücks in die Schmelze des Schichtwerkstoffes (z. B. Zn, Sn, Al und deren Legierungen). Bevorzugte Trägerwerkstoffe sind Stähle und Cu-Legierungen.
- Durch Metallspritzen entstehen Schichten mit hohem Verschleiß- und Korrosionsschutz. Aufgrund der Variationsbreite der Energiequellen ergibt sich die Möglichkeit, Schichtwerkstoffe mit niedrigen bzw. sehr hohen Schmelzpunkten einzusetzen.
- Plattierte Bauteile sind Verbundwerkstoffe, hergestellt durch metallurgische Verfahren, die aus dem Grundstoff und mindestens einer Lage des Schichtwerkstoffes bestehen. Durch die plastische Verformung beider Teile während des Plattierens ergibt sich ein äußerst fester Verbund.
- Eine Erweiterung des Einsatzes von Metallschichten ergibt sich aus der Forderung nach immer feiner werdenden Strukturen, geringeren Schichtdicken und Vergrößerung des Werkstoffspektrums. Verbunden ist das mit der Einhaltung hoher Reinheiten des Schichtwerkstoffes und der Umgebung sowie der Perfektion der Schichtausbildung (Pinholes, Einschlüsse, Reaktionsprodukte).
- Die Weiterentwicklung von Verfahren zur Metallabscheidung beinhaltet
  - die Beschränkung des Einsatzes von toxischen Stoffen,
  - die Kreislaufführung der Hilfsstoffe,
  - die Rückgewinnung von Wertstoffen, Wasser und Energie und
  - die strukturierte Abscheidung.
- Für Erzeugnisse, in denen thermische Stabilität, elektrische Leitfähigkeit, mechanische Belastbarkeit, verbunden mit Duktilität bzw. Härte und Metallglanz oder Reflexionsvermögen durch die Beschichtung erreicht werden müssen, kommen nur Metallabscheidungsverfahren infrage.

Literatur

Aluminium (galvanisch): http://genossenschaftsindividuelle/2006/woche33b/woche33b.html

Arbeitsblätter Feuerverzinken, Hrsg. Beratung Feuerverzinken, Verlag Institut Feuerverzinken GmbH Düsseldorf

Auruna-Feingoldbäder, Firmenschrift Degussa AG, Geschäftsgebiet Galvanotechnik, Schwäbisch-Gmünd, ohne Jahr

AWISZUS, B.; BAST. J. u. a.: *Grundlagen der Fertigungstechnik,* Fachbuchverlag Leipzig im Carl Hanser Verlag, 5., aktualisierte Auflage 2012, S. 285 - 300

BETZ, V.; GWINNER, D.; SCHEYRER, P.: *Oberflächenbeschichtung von Kunststoffsubstraten - Abschirmung, Antistatik, Kratzfestigkeit,* Galvanotechnik, 94 (2003) 8, S. 1978 - 1982

BÖTTCHER, H.-J.: *Feuerverzinkung,* Jahrbuch der Oberflächentechnik, Bd. 49, 1993, S. 318 - 345

Bremsscheiben-Beschichtung im Sekundentakt, JOT 3, 2001

BUCHMANN, M.; GADOW, R.; KILLINGER, A.; LOPEZ, D.: *Thermisch gespritzte, tribologisch wirksame Schichtsysteme auf Leichtmetall-Zylinderlaufflächen* - Teil 1, Galvanotechnik, 93 (2002) 10, S. 2660 - 2669

Firmenschrift CASTOLIN GmbH, *Metall- und Keramikpulver zum thermischen Spritzen,* Produkt- und Anwendungsinformation

FONTENAY, F.: *Elektrolytisch abgeschiedene Zink- und Zinklegierungsschichten und deren Korrosionsbeständigkeit,* Galvanotechnik, 93 (2002) 10, S. 2534 - 2541

FORKER, W.: *Elektrochemische Kinetik,* Akademieverlag Berlin, 1966

Funktionellere Oberflächen durch Chemisch Nickel, Arbeitsgemeinschaft der Deutschen Galvanotechnik, Düsseldorf, ohne Jahr

GESEMANN, R.; HOFMANN, H.; BÜRGER, W.: *Fotoeinbrennverfahren zur Erzeugung strukturierter Metallschichten,* Bild und Ton, 36 (1983) 7, S. 214 - 216

HEYDECKE, J.: *Kontinuierlicher Betrieb von chemisch Nickel Bädern - Ergebnisse aus der Praxis,* Galvanotechnik, 94 (2003) 12, S. 2932 - 2938

HOFMANN, H.; RICHTER, F.: *Einflussfaktoren auf die chemisch-reduktive Metallabscheidung in Bohrungen von Leiterplatten,* Galvanotechnik, Eugen G. Leuze Verlag, 83 (1992), S. 984 - 988

HOFMANN, H.; RICHTER, F.; SPINDLER, J.: *Oberflächentechnik an der Hochschule Mittweida,* Beiträge der Hochschule Mittweida zur Oberflächentechnik, Galvanotechnik, Teil 1, 6 (2012), S. 1252; Teil 2, 7 (2012), S. 1455

JELINEK, T. W.: *Wichtige Normen und technische Regeln auf dem Gebiet der Oberflächentechnik,* Teil 1 Galvanotechnik, 93 (2002) 10, S. 2553 - 2564, Teil 2 Galvanotechnik, 93 (2002) 11, S. 2844 - 2847

KITTEL, U.: *Gold autokatalytisch abscheiden,* Metalloberfläche (1998) 6, S. 451 - 452

KLEINGARN, J. P.: *Feuerverzinken von Einzelteilen aus Stahl - Stückverzinken, Merkblatt der Beratung Feuerverzinken,* Düsseldorf, Best. Nr: 600/(- 910520 -)

KÖGEL, H.: *Metallkundliche Untersuchungen an Explosivplattierungen,* Dissertation Bergakademie Freiberg, 1969

KÖNIGSHOFEN, A.; PIES, P.; MÖBIUS, A.: *Neue Wege der Direktmetallisierung,* Galvanotechnik, 94 (2003) 4, S. 829 - 833

KÜHNE, S.: *Bildungs- und Strukturuntersuchungen an binären, ternären und quaternären Nickel-Phosphorlegierungen,* Dissertation TU Bergakademie Freiberg, 2007

KURSAWE, M.; HILLARIUS, V. U.; PFAFF, G.: *Beschichtungen über Sol-Gel Prozesse,* S. 225 - 241, in: BACH, F.-W., MÖHWALD, K. u. a. (Hrsg.): *Moderne Beschichtungsverfahren,* Wiley-VCH Weinheim 2004

MULDER, J.: *Eine chromfreie Alternative,* Metalloberfläche 55 (2001) 1

PAATSCH, W.: *Laser-induzierte Metallabscheidung aus wässrigen Elektrolyten,* Metalloberfläche 42 (1988) 8, S. 365 - 369

Patent DE 19848467C2 27.02.2003: Alkalisches Zink-Nickelbad

Praktikumsversuch Thermische Spritzverfahren, Universität des Saarlandes Saarbrücken, Lehrstuhl Pulvertechnologie in: http://www.uni-saarland.de/fak8/powdertech/lehre/handouts/praktikum/thermische_Spritzverfahren.pdf, zuletzt aufgerufen 30. 07. 2014

REINECKE, M.: *Untersuchungen zur Sensibilisierung von Glasoberflächen mit Zinkoxid für das electroless plating von Nickel-Phosphorschichten unter besonderer Beachtung des Einsatzes derartiger Metallschichten als Elektroden in elektrochemischen Sensoren*, Dissertation, TU Bergakademie Freiberg, 2004

REINECKE, M.; SPINDLER, J.; VONAU, W. u. a.: *Chemisch Nickel auf Glas*; Metalloberfläche, 56 (2002) 3; S. 20 - 24

RIEDEL, W.: *Funktionelle chemische Vernickelung*, Eugen G. Leuze Verlag Saulgau, 1989

„RoHS“ (Restriction of Hazardous Substances), EU-Richtlinie 2002/95/EG zur Beschränkung der Verwendung bestimmter gefährlicher Stoffe

SANDER, J.; MADY, R.: *Korrosionsschutz durch Feuerverzinken*, Metalloberfläche (1989) 7, S. 329 - 334

SCHADE, Ch.; KÄSZMANN; H.: *Korrosionsschutz durch Zink - Effektiv und unbedenklich*, ZVO-Report, Ausgabe 2, März 2013, S. 22 - 26

SCHMIDT, C.; KUTZSCHBACH, P.; ERLER, F.: *Nanoskalige Partikel in galvanisch abgeschiedenen Nickelschichten*, Metalloberfläche (1999) 6, S. 32 - 34

SONTAG, A.; DACRAL, S. A.: *Neue nicht-elektrolytische Korrosionsschutzschicht*, JOT 9, 1999

STÜTZ, A.; ZURSCHMIEDE, P.: *Bleifreie Glanzzinnschichten aus Trommel- und Gestellapplikationen für Steckverbindungen*, Galvanotechnik, 94 (2003) 9, S. 2185 - 2190

SZEPTYCKA, B.: *Galvanische hybride Dispersionsschichten*, Galvanotechnik, 93 (2002) 3, S. 663 - 671

Was ist thermisches Spritzen? In: http://www.gts-ev.com/ zuletzt aufgerufen 30. 07. 2014

WEHNER, S.; BUND, A.; LICHTENSTEIN, U.; PLIETH, W.; DAHMS, W.; RICHTERING, W.: *Einfluss von Additiven auf die Streufähigkeit eines galvanischen Nickelbades*, Galvanotechnik, 94 (2003) 6, S. 1356 - 1362

WINGENFELD, P.: *Selektive Hochgeschwindigkeitsabscheidung von Edelmetallen auf Bandanlagen*, Teil 1 Galvanotechnik, 94 (2003) 11, S. 2664 - 2676, Teil 2, 94 (2003) 12, S. 2939 - 2945, Teil 3, 95 (2004) 1, S. 72 - 78

ZAJADACZ, J.: *Ein Beitrag zur Untersuchung der laserinduzierten chemisch-reduktiven Metallabscheidung auf dielektrischen Substratoberflächen*, Dissertation, Ingenieurhochschule Mittweida, 1990

5 Abscheidung nichtmetallischer Schichten

5.1 Nichtmetallische organische Schichten

Organische Schichten bestehen hauptsächlich aus organischen Makromolekülen (Polymere), dem Bindemittel. Die Eigenschaften solcher Schichten werden insbesondere durch die physikalisch-chemischen Eigenschaften dieser Polymeren bestimmt; z. B. ob sie plastomere oder duromere Systeme bilden.

Damit wird die Schichtqualität im Wesentlichen bestimmt durch:

- das Polymere,
- die Applikationsform,
- den Schichtbildungsvorgang und
- das Beschichtungsverfahren.

Im Folgenden soll unter einem organischen Beschichtungsstoff nur Lack gesehen werden, nicht Laminate, Kaschierungen u. Ä. Nach DIN EN ISO 4618 gilt für den Begriff Lack:

„*... flüssiges oder pastenförmiges Produkt, das auf ein Substrat aufgetragen, eine Beschichtung mit schützenden, dekorativen und/oder anderen spezifischen Eigenschaften ergibt.*

Anmerkung: *Beschichtungsstoff schließt Benennungen wie „Lacke“, „Anstrichstoffe“ und Benennungen für ähnliche Produkte ein.*“

Der technische Fachausdruck Anstrichstoff ist somit dem Nasslack gleichzusetzen (anstreichen); der Begriff „Farbe“ beschreibt kein Stoffsystem, sondern eine sinnliche Wahrnehmung.

Je nach Art der organischen Bindemittel können Lacke organische Lösungsmittel (Lösemittel) und/oder Wasser enthalten oder auch davon frei sein. Gegebenenfalls enthalten sie Pigmente, Füllstoffe oder sonstige Zusätze.

Zur Charakterisierung eines Lackes sind immer mehrere Klassifizierungsmerkmale erforderlich. Zuordnungsmöglichkeiten von Lacken sind in Tabelle 5.1 zusammengestellt.

Tabelle 5.1: Einteilung von Lacken nach Klassifizierungsmerkmalen

Merkmal	Beispiele
Bindemittel	Alkydharzlack, Acryllack, Epoxidharzlack, Nitrolack
Hauptlösungsmittel	Spirituslack, Wasserlack
Auftragsverfahren	Spritzlack, Streichlack, Elektrotauchlack, Pulverlack
Art der Filmbildung	Einbrennlack, 2-Komponenten-Reaktionslack, lufttrocknender Lack
Beschichtungsaufbau	Grundlack, Vorlack, Decklack
Untergrund (Lackierobjekt)	Holzlack, Autolack, Bootslack, Möbellack, Fensterlack, Konservendosenlack
Oberflächeneffekt	Metalliclack, Strukturlack, Hammerschlaglack, Mattlack
Anwendung durch bestimmte Zielgruppen	Malerlack, Industrielack, Hobbylack
Spezielle Eigenschaften	Elektroisolierlack, Leitlack, chemikalienbeständiger Lack

Kunststoffdispersionen, Dispersionssilikatanstriche und Leimfarben sollen im Weiteren nicht behandelt werden.

5.1.1 Bindemittel für Lacke

In einem Lack bewirkt das jeweilige Bindemittel die Grundeigenschaften der organischen Beschichtung. Das Makromolekül mit seiner chemischen Konstitution bestimmt solche Eigenschaften wie Löslichkeitsverhalten, Verarbeitbarkeit, Filmbildungsmechanismus, mechanisches und thermisches Verhalten. Die „Chemie" der Bindemittelmoleküle hängt aber ihrerseits vom Mechanismus der Verknüpfung der Monomeren zum Polymeren ab – **Polykondensation**, **Polyaddition** und **Polymerisation**.

5.1.1.1 Polykondensate

Für die Polykondensation sind Monomere mit funktionellen Gruppen, wie –OH, –COOH und $-NH_2$ erforderlich. Damit es zur Ausbildung eines fadenförmigen Makromoleküls kommen kann, sind mindestens zwei derartige Gruppen (bifunktionell) im Monomeren notwendig. Liegen drei oder mehr funktionelle Gruppen vor (tri- oder multifunktionell), kann ein vernetztes Makromolekül entstehen. Eine Kondensationsreaktion ist immer verbunden mit der Abspaltung eines niedermolekularen Reaktionsproduktes, meistens Wasser.

Phenolharze (PF)

Resole

- gebildet aus Phenol und Methanal,
- Reaktionen erfolgen an den 3 aktiven H-Atomen (*) des Phenolkerns,
- thermisch aktivierte und/oder säurekatalysierte Kondensationsreaktion.

Ergebnis: selbstreaktive Harze

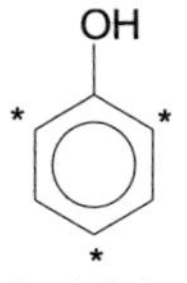

* aktivierte H-Atome am Phenolkern

Daraus abgeleitete mögliche Strukturen sind:

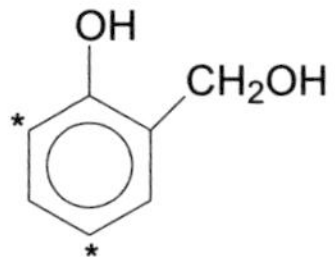

1. 1-Methylolphenol

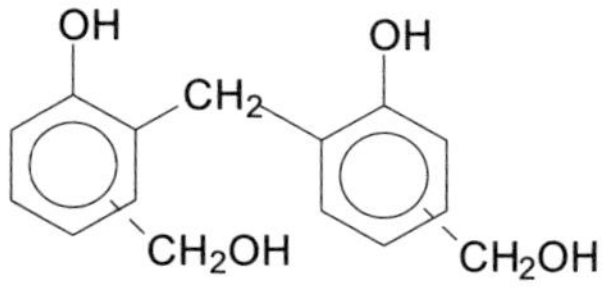

2. Methylenbrücke

3. Darüber hinaus kann an alle aktivierten H-Atome CHOH angelagert werden.

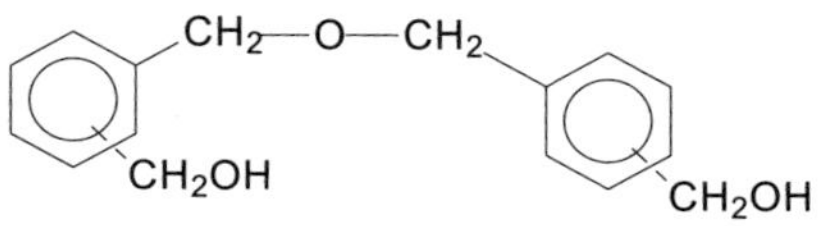

Dimethylenetherbrücke

Novolacke

Gebildet aus Phenol und Methanal unter Abspaltung von H_2O.

Ergebnis: nicht selbstreaktive Harze, dafür mögliche Strukturen: z. B. 2-Kernverbindungen

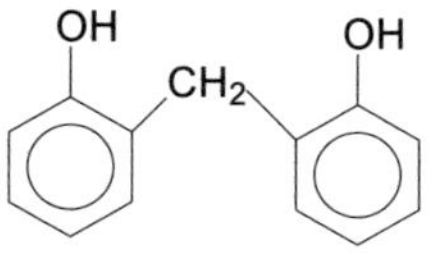

und 3-Kernverbindungen

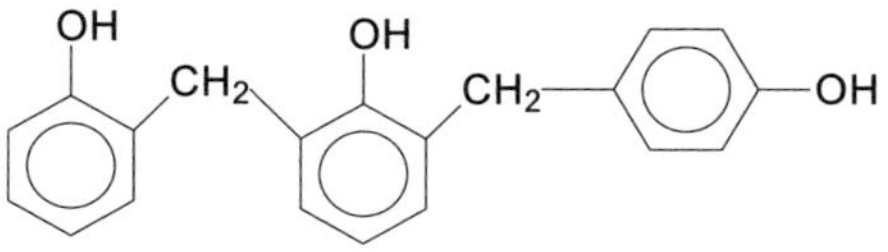

Harnstoffharze (UF)

1. Die aktiven H-Atome können mit Methanal wiederum Methylolgruppen bilden.

2. Durch Kondensation von Methylolharnstoff entstehen höhermolekulare Produkte.

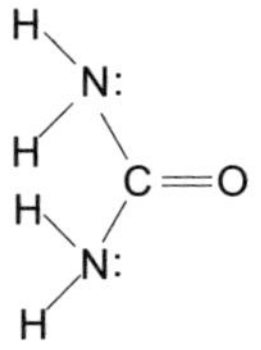

$$H_2N-C(=O)-NH_2$$

Harnstoff

$$H_2N-C(=O)-NH-CH_2-OH + HO-CH_2-NH-C(=O)-NH_2 \xrightarrow{-H_2O} H_2N-C(=O)-NH-CH_2-O-CH_2-NH-C(=O)-NH_2$$

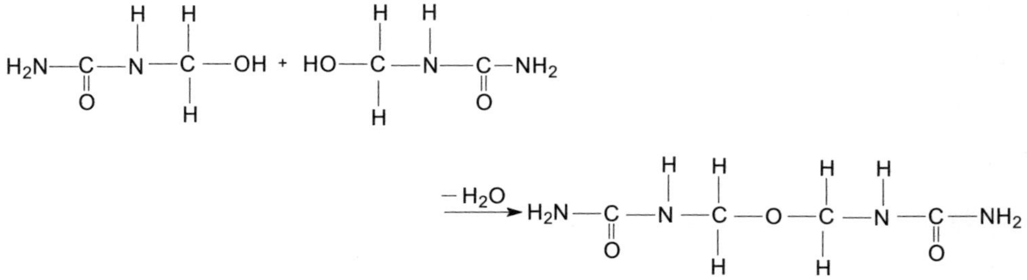

Kondensationsprodukt

Alle vier H-Atome im Harnstoff sind reaktionsfähig.

Thioharnstoffharze

Anstelle des Harnstoffes kann auch Thioharnstoff mit Formaldehyd kondensiert werden.

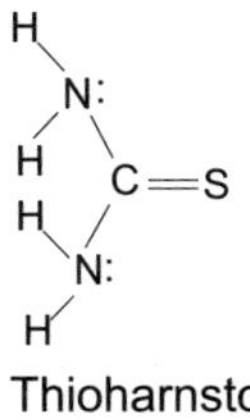

$$H_2N-C(=S)-NH_2$$

Thioharnstoff

Melamin-Formaldehyd-Harze (MF-Harze)

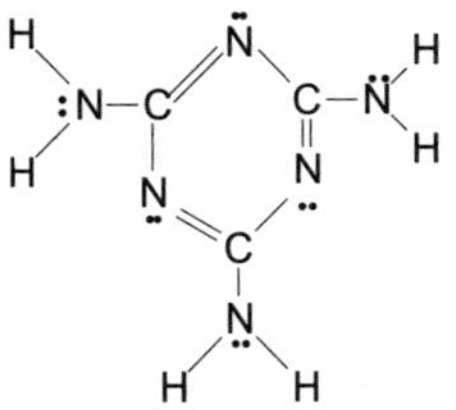

$$C_3N_3(NH_2)_3$$

1,3,5-Triamino-s-Triazin (Melamin)

Melamin hat 6 reaktionsfähige H-Atome. Sie stehen für die Additionsreaktion mit Formaldehyd zu „Methylolaminen“ zur Verfügung. In Abhängigkeit vom pH-Wert und dem Molverhältnis Formaldehyd zu Melamin entsteht ein Gemisch verschiedener Methylolamine.

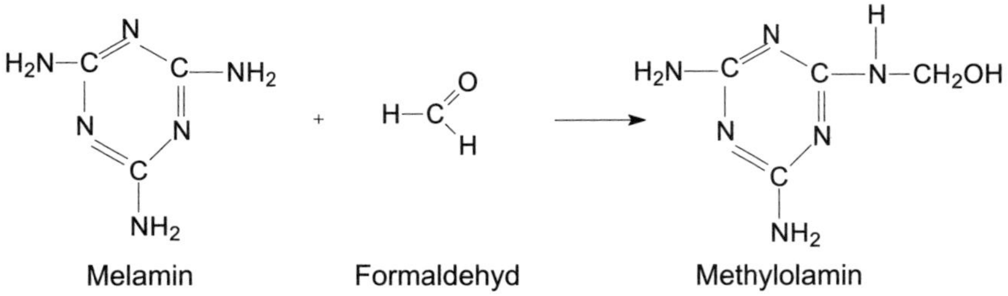

Melamin + Formaldehyd → Methylolamin

Diese Reaktion ist mit allen 6 H-Atomen möglich.

Die Methylolgruppen stehen zur Kondensation mit Alkoholen, z. B. Butanol, aber auch untereinander zur Verfügung.

Kondensation mit Butanol:

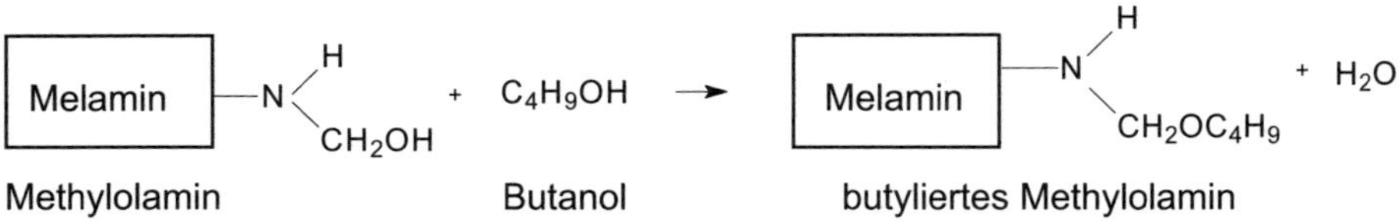

Melamin–NH–CH_2OH + C_4H_9OH → Melamin–NH–$CH_2OC_4H_9$ + H_2O

Methylolamin Butanol butyliertes Methylolamin

Die Kondensation von Methylolamin mit NH_2-Gruppen des Melamins ergibt für eine Anwendung ungeeignete spröde Schichten. Ihr eigentlicher praktischer Wert besteht in der Anwendung als Härter oder Vernetzerharz in Verbindung mit anderen Bindemitteln, wie z. B. Alkydharzen, Polyester u. a. m.

Polyamide (PA)

Das charakteristische Strukturmerkmal der Polyamide ist die Carbonamidgruppe:

-CO-NH-

Die Polyamide entstehen z. B. durch Polykondensation von Dicarbonsäuren und Diaminen und bilden u. a. das Makromolekül PA 66 (Nylon)

$\left[HN\text{-}(CH_2)_6\text{-}NH\text{-}CO\text{-}(CH_2)_4\text{-}CO \right]_n$.

Auf etwas anderem Wege entstehen die für die Lackindustrie wichtigen Sorten PA 11 und PA 12

$\left[HN\text{-}(CH_2)_{10}\text{-}CO \right]_n$ PA 11

$\left[HN\text{-}(CH_2)_{11}\text{-}CO \right]_n$ PA 12.

Aufgrund ihrer Kettenstruktur sind Polyamide immer thermoplastisch, hinsichtlich der Zähigkeit und der Wasseraufnahmefähigkeit eigenschaftsbestimmend wirken die -CO-NH--Gruppen.

Polyesterharze

„Polyesterharz … synthetisches Harz, hergestellt durch Polykondensation (mehrwertigen) … carbonsäuren und mehrwertigen Alkoholen. Anmerkung: *Je nach chemischer Struktur wird zwischen gesättigten und ungesättigten Polyestern unterschieden.“*, besagt die Definition nach DIN EN ISO 4618 im Punkt 2.180.

Gesättigte Polyesterharze

f = 2	bifunktionelle Säure + bifunktioneller Alkohol → Kettenmolekül
f = 3	trifunktionelle Säure + trifunktioneller Alkohol → Vernetzung

Beispiel für f = 2

$$n\ HO-\overset{O}{\overset{\|}{C}}-C_6H_4-\overset{O}{\overset{\|}{C}}-OH + n\ HO-CH_2-CH_2-OH \longrightarrow$$

Terephthalsäure Ethandiol

$$HO-CH_2-\left[CH_2-O-\overset{O}{\overset{\|}{C}}-C_6H_4-\overset{O}{\overset{\|}{C}}-O-CH_2\right]_n-CH_2-OH$$

Polyethylenterephthalat (PET)

Beispiel für f = 3

COOH, COOH, COOH

H_2C-OH

$HC-OH$

H_2C-OH

f = 3 Trimellitsäure f = 3 Propantriol

Diese höhere Funktionalität ist Voraussetzung für Verzweigungen der Polyesterketten bzw. deren Vernetzungen (Querverbindung). Freie OH-Gruppen im Polyestermolekül, wie z. B. die endständigen OH-Gruppen, können mit Melaminharz vernetzt werden.

$$\underset{OH}{\boxed{PET}}-OH + \boxed{Melamin}-CH_2OH \longrightarrow \underset{OH}{\boxed{PET}}-O-CH_2-\boxed{Melamin} + H_2O$$

Ungesättigte Polyesterharze (UP)

Ungesättigte Polyesterharze bestehen aus linearen Polyestermolekülen, die Doppelbindungen enthalten. Bei der Schichtausbildung erfolgt eine Vernetzung unter Aktivierung dieser Doppelbindung und dem Einbau von z. B. Polystyrolsegmenten.

Ungesättigte Dicarbonsäure + Diol → ungesättigte Polyesterkette + H_2O

$$n\ HO-\overset{O}{\overset{\|}{C}}-\overset{H}{\overset{|}{C}}=\overset{H}{\overset{|}{C}}-\overset{O}{\overset{\|}{C}}-OH + n\ HO-(CH_2)_2-OH \longrightarrow$$

Maleinsäure Ethandiol

$$HO-\overset{O}{\overset{\|}{C}}-\left[\overset{H}{\overset{|}{C}}=\overset{H}{\overset{|}{C}}-\overset{O}{\overset{\|}{C}}-O-(CH_2)_2-O\right]_n-H + nH_2O$$

Beispiel: Vernetzung mit Styrol

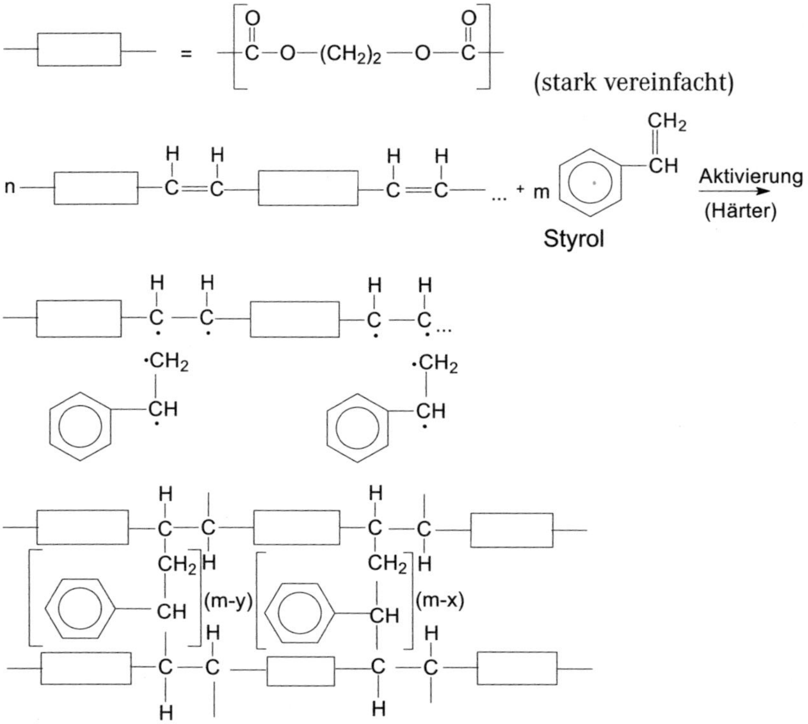

$$-\square- = \left[-\overset{O}{\overset{\|}{C}}-O-(CH_2)_2-O-\overset{O}{\overset{\|}{C}}-\right]$$

(stark vereinfacht)

$$n-\square-\overset{H}{C}=\overset{H}{C}-\square-\overset{H}{C}=\overset{H}{C}-\ldots + m\ C_6H_5-CH=CH_2 \xrightarrow[\text{(Härter)}]{\text{Aktivierung}}$$

Styrol

Vernetztes UP-Harz

Alkydharze

Alkydharze sind durch Polykondensation von bi- und höher funktionellen Carbonsäuren und bi- und höher funktionellen Alkoholen und Öl- oder Fettsäuren hergestellte Polyesterharze. Alkydharze enthalten demgemäß natürliche und/oder synthetische Fettsäuren.

Beispiel: Grundbauprinzip eines Alkydharzes

1. Terephthalsäure + Propantriol → Polyester

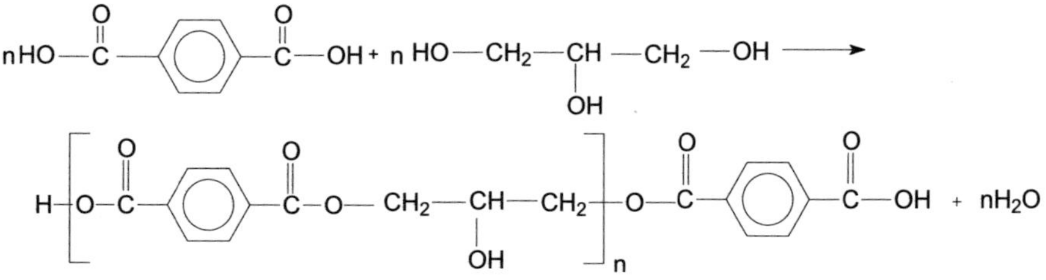

$$n\,HO-\overset{O}{\overset{\|}{C}}-C_6H_4-\overset{O}{\overset{\|}{C}}-OH + n\,HO-CH_2-\underset{OH}{\underset{|}{CH}}-CH_2-OH \longrightarrow$$

$$H\left[O-\overset{O}{\overset{\|}{C}}-C_6H_4-\overset{O}{\overset{\|}{C}}-O-CH_2-\underset{OH}{\underset{|}{CH}}-CH_2\right]_n O-\overset{O}{\overset{\|}{C}}-C_6H_4-\overset{O}{\overset{\|}{C}}-OH + nH_2O$$

2. Polyester + Fettsäure → Alkydharz

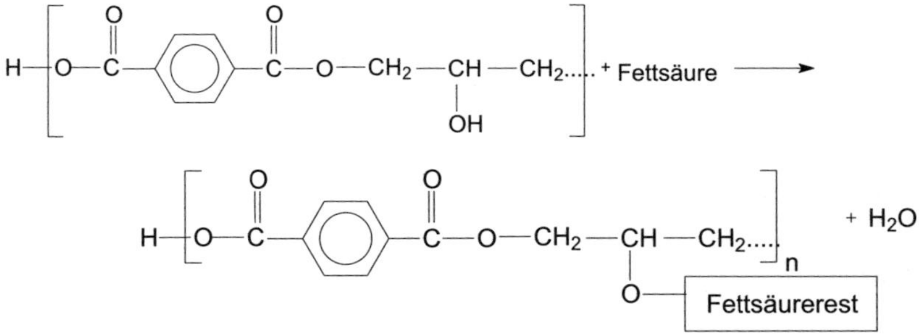

$$H\!-\!\left[O-\overset{O}{\overset{\|}{C}}-C_6H_4-\overset{O}{\overset{\|}{C}}-O-CH_2-\underset{OH}{\underset{|}{CH}}-CH_2\ldots\right] + \text{Fettsäure} \longrightarrow$$

$$H\!-\!\left[O-\overset{O}{\overset{\|}{C}}-C_6H_4-\overset{O}{\overset{\|}{C}}-O-CH_2-\underset{O-\boxed{\text{Fettsäurerest}}}{\underset{|}{CH}}-CH_2\ldots\right]_n + H_2O$$

Beispiel: gesättigte Fettsäuren

$H_3C-(CH_2)_{14}-COOH$
Palmitinsäure (Hexadekansäure)

Beispiel: ungesättigte Fettsäuren

$H_3C-(CH_2)_3-(CH_2-CH=CH)_2-(CH_2)_7-COOH$
Linolsäure

Nach dem Anteil der eingebauten Fettsäuren (= Ölgehalt) wird in der Praxis unterschieden in:

1. langölige (fette) Alkydharze: Ölgehalt > 60 %,
2. mittelölige (mittelfette) Alkydharze: Ölgehalt 60 – 40 %,
3. kurzölige (magere) Alkydharze: Ölgehalt < 40 %.

Lufttrocknende Alkydharze enthalten ungesättigte Fettsäuren. Die in ihnen enthaltenen Doppelbindungen reagieren mit dem Luftsauerstoff, was zur Vernetzung führt.

Silikonharzlacke

Hierbei handelt es sich um niedrigmolekulare Silikone, d. h. Makromoleküle, in denen Si-Atome über O-Atome verknüpft und die restlichen Valenzen der Si-Atome durch organische Reste abgesättigt sind.

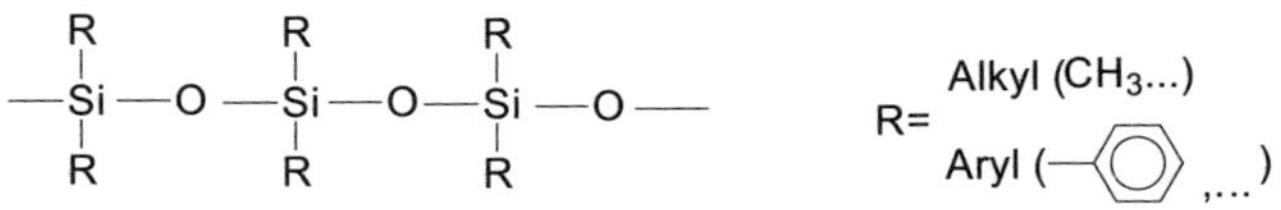

$$-\underset{R}{\underset{|}{\overset{R}{\overset{|}{Si}}}}-O-\underset{R}{\underset{|}{\overset{R}{\overset{|}{Si}}}}-O-\underset{R}{\underset{|}{\overset{R}{\overset{|}{Si}}}}-O- \qquad R = \begin{cases}\text{Alkyl } (CH_3\ldots)\\ \text{Aryl } (-C_6H_5, \ldots)\end{cases}$$

Grundstruktur linearer Silikone

Herstellung: Polykondensation von Silanolen

z. B.

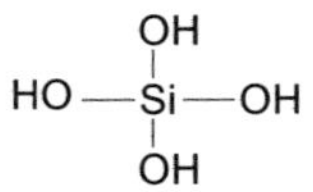

$$HO-\underset{OH}{\underset{|}{\overset{OH}{\overset{|}{Si}}}}-OH$$

In den Silikonharzlacken sind kleinere Anteile an silanolischen OH-Gruppen vorhanden, die zur Vernetzung führen.

5.1.1.2 Polyaddukte

Im Gegensatz zur Polykondensation entstehen bei der Polyaddition keine Nebenprodukte, aber auch hier sind spezielle funktionelle Gruppen im Monomeren erforderlich. Es gilt wieder das Prinzip: Zwei funktionelle Gruppen bilden ein Fadenmolekül, drei und mehr ermöglichen die Vernetzung.

Polyurethane (PUR)

Die Bildung von Polyurethanen beruht auf der Reaktionsfähigkeit der Isozyanatgruppe (-NCO) mit beweglichen Wasserstoffatomen in funktionellen Gruppen durch Additionsreaktion.

$$n\,OCN—R_1—NCO + n\,HO—R_2—OH \longrightarrow OCN\left[R_1—\overset{H}{N}—CO—O—R_2\right]_n OH$$

Diisocyanat + Diol → lineares Polyurethan

Diisocyanate:

$OCN—(CH_2)_6—NCO$

Hexamethylendiisocyanat

CH_3, NCO, NCO

2, 4 – Diisocyanotoluen

$OCN—C_6H_4—CH_2—C_6H_4—NCO$

4,4'- Diphenylmethandiisocyanat (MDI)

Komponenten mit beweglichem H-Atom sind OH-Gruppen in Polyolen, wie z. B. in

HO—[Polyester]—OH oder HO—[Polyether]—OH

Über die Anzahl der OH-Gruppen in den Polyolen kann man den Grad der Vernetzung im Bindemittel regulieren. Je stärker die Vernetzung, desto härter der Film, eine weitere Möglichkeit dazu ist der Einsatz von Triisocyanaten.

Wegen ihres relativ hohen Dampfdruckes sind die Diisocyanate (s. o.) für die in der Lackindustrie üblichen Verfahren nicht geeignet (Arbeitssicherheit). Es werden deshalb höhermolekulare, darum schwerer flüchtige Vorprodukte (Präaddukte), mit noch freien Isocyanatgruppen aus Isocyanaten und Polyolen hergestellt. Präaddukte liefert auch die Reaktion der Diisocyanate mit H_2O (Biuretreaktion) zum Amin unter CO_2-Abspaltung, s. auch Tabelle 5.2.

$$OC\bar{N}—R_1—\bar{N}CO + 2\,H_2O \longrightarrow H_2\bar{N}—R_1—\bar{N}H_2 + 2\,CO_2\uparrow$$

Diamin

Das Diamin reagiert mit überschüssigem Diisocyanat zu Polyharnstoff.

$$n\,OCN-R_1-NCO + n\,H_2N-R_2-NH_2 \longrightarrow OCN-\left[R_1-\overset{H}{N}-CO-\overset{H}{N}-R_2\right]_n-NH_2$$

Tabelle 5.2: Polyurethanlacksysteme nach verarbeitungstechnischen Gesichtspunkten

Einkomponentensysteme	Zweikomponentensysteme
Reaktion des Präadduktes ohne Zusatz einer zweiten Komponente zum Film. Filmbildung wird ausgelöst durch: ▪ Luftsauerstoff (lufttrocknend) z. B. Urethanalkydharze ▪ Luftfeuchtigkeit z. B. Biuretreaktion ▪ Erwärmung (Einbrennlack) Bei Raumtemperatur blockierte -NCO-Gruppen des Präadduktes verhindern Reaktion mit dem zugesetzten Polyol. Bei höherer Temperatur Abspaltung des Blockierungsmittels, deshalb lagerstabil, z. B. blockierte Polyisocyanate	▪ Einem noch reaktionsfähige NCO-Gruppen enthaltenden Präaddukt setzt man kurz vor der Verarbeitung als zweite Komponente einen Beschleuniger zu (Luftfeuchtigkeit erforderlich). ▪ Einem Präaddukt wird unmittelbar vor der Verarbeitung eine Polyolkomponente zugesetzt, (keine Luftfeuchtigkeit erforderlich).

Epoxidharze (EP)

Epoxidharze entstehen durch Reaktion der Epoxidgruppe mit aktiven H-Atomen unter Aufspaltung des Epoxid-Ringes.

$$>C\overset{O}{\frown}C<$$

Epoxidgruppe

Das mengenmäßig bedeutendste Epoxidharz ist der Bisphenol-A-Diclycidylether, hergestellt aus Bisphenol A und Epichlorhydrin.

$$n\,HO-C_6H_4-C(CH_3)_2-C_6H_4-OH + n\,H_2C\overset{O}{-}CH-CH_2Cl \longrightarrow$$

Bisphenol A Epichlorhydrin

$$HO-\left[C_6H_4-C(CH_3)_2-C_6H_4-O-CH_2-CH(OH)-CH_2(Cl)\right]_n-$$

Bisphenol-A-Diclycidylether

Durch Abspaltung von HCl erfolgt die Ausbildung einer endständigen Epoxidgruppe, die erneut aktive H-Atome addiert. Das so entstandene Harzmolekül enthält die für die Vernetzung reaktionsfähigen OH- und Epoxidgruppen. Die Epoxidgruppen können mit den aktiven H-Atomen, z. B. aus Aminen reagieren, die OH-Gruppen können verestert werden.

Härter

1. Amine, kalthärtend: aliphatische Amine, z. B. Diethylentriamin (DETA)

$H_2N—CH_2—CH_2—NH—CH_2—CH_2—NH_2$

Diethylentriamin

warmhärtend: aromatische Amine, z. B. Phenylendiamin

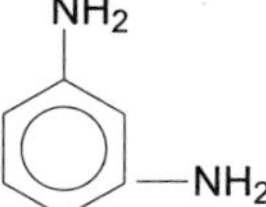

Phenylendiamin (1,3-Diaminobenzen)

2. Säureanhydride: Veresterung der OH-Gruppen, z. B. Phthalsäureanhydrid (PSA).

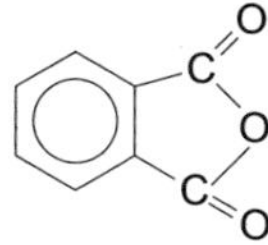

Phthalsäureanhydrid

Die Filmbildung bei den Epoxidharzlacken ist immer an die Vernetzungsreaktion des Harzmoleküls mit den Härtern gebunden (2-Komponenten).

5.1.1.3 Polymerisate und Copolymerisate

Die Makromoleküle entstehen durch Polymerisation aus ungesättigten Monomeren. Hierzu gehören insbesondere Vinylverbindungen und deren Derivate (siehe Tabellen 5.3 und 5.4).

```
H   H              H   CH3
|   |              |   |
C = C              C = C
|   |              |   |
H   R              H   R
```

Vinylverbindungen (allgemein) — methylierte Vinylverbindungen (allgemein)

Ihrem lacktechnischen Verhalten nach sind die Polyacrylate in zwei Hauptgruppen einzuteilen:

1. Ohne funktionelle Gruppen, nicht vernetzbar, thermoplastisch, für physikalische Trocknung (siehe auch Abschnitt 5.1.3).

2. Mit funktionellen Gruppen, z. B. -COOH, -$CONH_2$ für vernetzbare Beschichtungen, für chemische Trocknung (siehe auch Abschnitt 5.1.3).

Copolymere entstehen durch gemeinsame Polymerisation von mindestens zwei Monomeren, sodass ein Makromolekül beide enthält.

Tabelle 5.3: Vinylverbindungen durch Variation von R

Verbindung	R
Polyethen	-H
Vinylchlorid	-Cl
Vinylacetat	$-O-C(=O)-CH_3$
Vinylalkohol	-OH
Acrylsäure	-COOH
Acrylester	-C(=O)-O-R'
Acrylnitril	-CN
Styren (Styrol)	$-C_6H_5$ (Phenyl)

Tabelle 5.4: Methylierte Vinylverbindungen durch Variation von R

Verbindung	R
Methacrylsäure	-COOH
Methacrylester	-C(=O)-O-R'
Methacrylnitril	-CN

Vertreter sind:

- Styrol-Butadien-Copolymerisate,
- Styrol-Acrylat-Copolymerisate,
- Ethen-Vinylacetat-Copolymerisate,
- Ethen-Vinylalkohol-Copolymerisat (EVAL).

Diese Polymerisate kommen in verschiedenen Anwendungsformen zum Einsatz:

- in Lösungsmittel gelöst,
- als Dispersion, meist in Wasser dispergiert,
- als Pulver (siehe Pulverlacke).

Die Verwendung von Copolymerisaten des Styrols hat den Zweck, die Eigenschaften des Polystyrols gezielt zu ändern, z. B. die hohe Glastemperatur des Polystyrols (Sprödigkeit) zu erniedrigen (schlagzäh) bzw. das Löslichkeitsverhalten entsprechend zu beeinflussen.

Durch eine nachträgliche Chlorierung und durch Einsatz von Copolymerisaten lässt sich die Zahl der eingesetzten Bindemittel erweitern. Auf diese Weise entstehen chlorierte Polyolefine, wie

- Chlorkautschuk,
- chloriertes PE und
- chloriertes PP.

Durch die Chlorierung von aus kettenförmigen Makromolekülen aufgebautem Kautschuk erreicht man eine teilweise Zyklisierung, verbunden mit Eigenschaftsänderungen. Die daraus hergestellten Schichten haben hohen Glanz und ein hohes Pigmentaufnahmevermögen, damit besitzen sie hohe Deckkraft. In Verbindung mit ihrer Dehnbarkeit, Alkalibeständigkeit und der Nichtentflammbarkeit sind sie wertvolle Bindemittel für Lacke im Korrosionsschutz.

Eine Fluor-Vinylverbindung, das Vinylidendifluorid, ist das Monomere für PVDF, einem wichtigen Bindemittel in der Pulverlacktechnik.

H H
| |
C=C ⟶ PVDF
| |
F F

Vinylidendifluorid

5.1.2 Weitere Lackkomponenten

Entsprechend der für Lacke gültigen Definition enthalten sie neben Bindemitteln die Lösungsmittel und weitere Zusätze, wie Additive, Pigmente, Inhibitoren und Füllstoffe. Für ein reales Lacksystem sind nicht immer alle genannten Komponenten notwendig. In jedem Fall aber besteht es aus mehreren Komponenten, die miteinander wechselwirken und so die Verarbeitungs- und Gebrauchseigenschaften bestimmen.

Am Beispiel der Nasslacke, siehe Bild 5.1, lässt sich diese Feststellung verdeutlichen.

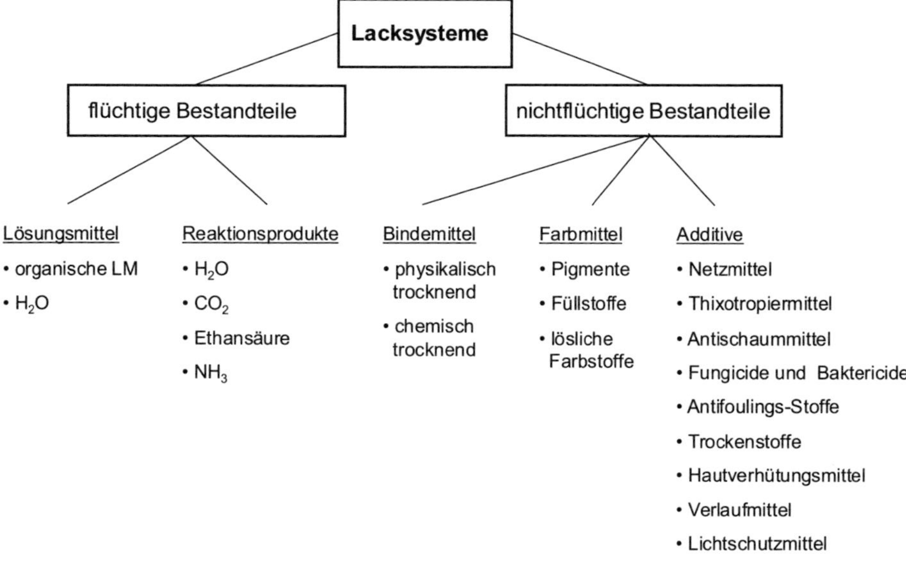

Bild 5.1: Bestandteile von Nasslacken

5.1.2.1 Lösungsmittel

Lösungsmittel sind Flüssigkeiten, die organische oder anorganische Verbindungen ohne chemische Umsetzung auflösen. Bei einem Lack besteht die wesentliche Funktion darin, die Makromoleküle des Bindemittels in der Lösung zu verteilen. Je nach Größe der beim Lösevorgang gebildeten Teilchen unterscheidet man nach der im Bild 5.2 dargestellten Einteilung.

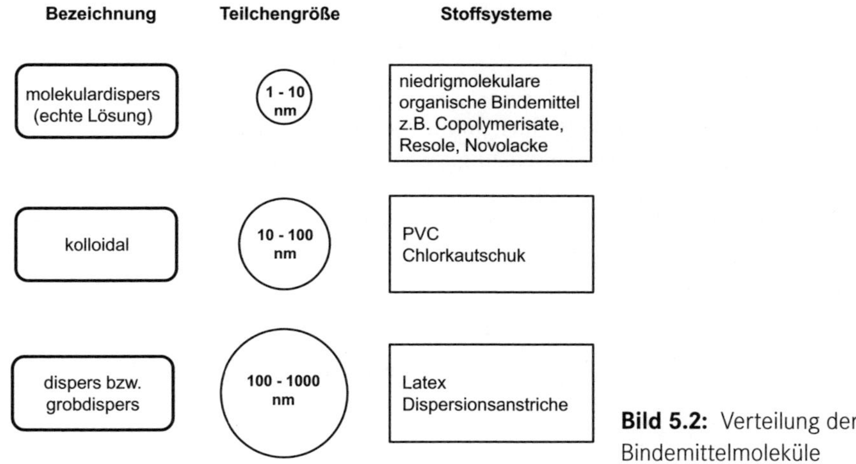

Bild 5.2: Verteilung der Bindemittelmoleküle

Ein Stoff löst sich in der Regel dann gut in einem Lösungsmittel, wenn die zwischenmolekularen Bindungskräfte der Makromoleküle des Bindemittels untereinander etwa von gleicher Größenordnung sind, wie die zwischen den Lösungsmittelmolekülen.

Ein Lösevorgang beginnt immer mit der **Solvatation** (siehe Bild 5.3); an Teile des Bindemittelmakromoleküls lagern sich Lösungsmittelmoleküle an. Dadurch werden die zwi-

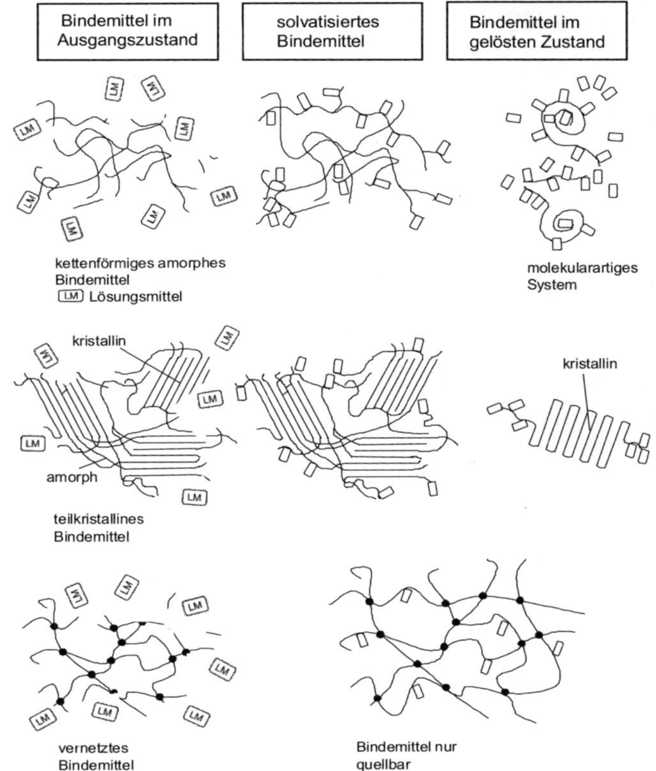

Bild 5.3: Vorgang der Solvatation für verschiedene Bindemittel

schenmolekularen Kräfte im Bindemittel geschwächt und aus dem Haufwerk von z. B. kettenförmigen Makromolekülen werden einzelne oder größere Verbände in das Lösungsmittel überführt.

Sind die Makromoleküle dicht gepackt (teilkristalline Bindemittel) oder verknäult (amorph), so bilden sich zunächst am Grenzbereich Lösungsmittel/Bindemittel Solvathüllen. Je nach Zugänglichkeit für das Lösungsmittelmolekül ergeben sich unterschiedlich disperse Teilchen (echte Lösungen, kolloiddisperse oder disperse Systeme). Das Bild verdeutlicht darüber hinaus, dass ein vernetztes Bindemittel (Duromeres) unlöslich und damit nicht als Lack verarbeitbar ist; es ist lediglich quellbar.

Das Ausmaß der Solvatation hängt sowohl von den Eigenschaften des Bindemittels, als auch von denen des Lösungsmittels ab. Wesentliche Einflussgrößen seitens des Bindemittels sind:

- Molmasse,
- räumliche Ausdehnung des Makromoleküls,
- Orientierungsgrad der Fadenmoleküle (kristalline Anteile),
- Art, Anzahl und Lage polarer Gruppen (Dipole, H-Brücken).

Seitens des Lösungsmittels sind das:

- Größe des Lösungsmittelmoleküls (je kleiner, umso höher der Solvatisationsgrad),
- Struktur und Polarität des Lösungsmittelmoleküls,
- Konzentration des Lösungsmittels im Lack.

Ein Stoff ist in einem Lösungsmittel schwer bzw. unlöslich, wenn die Anziehungskräfte zwischen seinen Bausteinen wesentlich größer oder kleiner sind als die zwischen den Lösungsmittelmolekülen. Also folgt, dass die kohäsive Energie vom Bindemittel und dem Lösungsmittel etwa in der gleichen Größenordnung liegt, wenn ein Lösungsvorgang stattfindet.

Das drückt sich in dem bekannten Satz aus:

„Gleiches wird von Gleichem gelöst“ oder besser: *„Ähnliches löst Ähnliches“*.

Als organische Lösungsmittel kommen gegenwärtig Stoffe aus folgenden Verbindungsgruppen zur Anwendung (siehe Tabelle 5.5):

- aliphatische und aromatische Kohlenwasserstoffe,
- Alkohole,
- Ketone,
- Ester,
- spezielle Lösungsmittel.

Tabelle 5.5: Organische Lösungsmittel für Lacke

Stoffgruppe/Beispiele	Eigenschaften des Lösungsmittels	Bindemittel
Aliphatische KW n-Octan $H_3C\text{-}(CH_2)_6\text{-}CH_3$	hydrophob physiologisch unbedenklicher als aromatische KW	Alkydharze (lange und mittlere Ölalkyde) Acrylester
Aromatische KW Toluol (Benzolring mit CH_3) m-Xylol (Benzolring mit zwei CH_3 in m-Stellung)	allgemein besseres Lösungsvermögen als aliphatische KW	Chlorkautschuk PVC-Mischpolymerisate Mittel- und Kurzölalkyde Epoxidharze Acrylstyrolmischpolymerisate Polyacrylate
cycloaliphatische KW z. B. Cyclohexanol OH – CH; H_2C, CH_2, H_2C, CH_2, C H_2 (Sechsring)	Zur Verbesserung der Verlaufeigenschaften und des Glanzes	In Kombination mit aliphatischen und aromatischen KW
Alkohole z. B. Methanol $H_3C—OH$ Ethanol $H_3C—CH_2—OH$ Propanol $H_3C—(CH_2)_2—OH$ Butanol $H_3C—(CH_2)_3—OH$	Wasserlöslichkeit (abnehmend mit Kettenlänge)	Alkydharze in Kombination mit aromatischen KW für 1- und 2K-Wash-Primer Polare Polymerharze
Ketone Aceton $H_3C—C(=O)—CH_3$ Methylisobutylketon $H_3C—C(=O)—C(CH_3)_2—CH_3$ Cyclohexanon O=C; H_2C, CH_2, H_2C, CH_2, C H_2 (Sechsring)	In Kombination mit aromatischen KW können Amine angelagert werden (Härtung von Epoxid mit Polyaminen)	Epoxidharze PVC-Mischpolymerisate

Tabelle 5.5: *Fortsetzung*

Stoffgruppe/Beispiele	Eigenschaften des Lösungsmittels	Bindemittel
Ester Butylacetat $H_3C-C(=O)-O-(CH_2)_3-CH_3$	verseifbar	Nitrocellulose Acrylharze Polyurethanharze
spezielle Lösungsmittel Terpentin		Alkydharze

Neben den chemischen Eigenschaften (siehe Tabelle 5.5) sind u. a. die folgenden physikalischen Größen der eingesetzten Lösungsmittel (siehe Tabelle 5.6) für die praktische Anwendung interessant:

- Siedebereich,
- Brechungsindex,
- Dichte,
- Flammpunkt.

Tabelle 5.6: Physikalische Eigenschaften von Lösungsmitteln

Siedepunkt	niedrig < 100 °C mittel 100 - 150 °C hoch > 150 °C	Cyclohexan Toluol Terpentin
Verdunstungszahl VZ	Festlegung: Diethylether VZ = 1 leichtflüchtig VZ = < 10 mittelflüchtig VZ = 10 - 35 schwerflüchtig VZ = 35 - 50 sehr schwerflüchtig VZ > 50	 Benzin Xylol Terpentin Tetralin
Flammpunkt	(DIN 51755, ASTM D 56 - 70) Gefahrenklasse A Gefahrenklasse A I: < 21 °C Gefahrenklasse A II: 21 - 55 °C Gefahrenklasse A III: 55 - 100 °C	 Cyclohexan Xylol Tetralin Methanol Ethanol Aceton
Dichte	meistens < 1	
Brechungsindex	Maß für die Reinheit des Lösungsmittels	

Bedingt durch die Schädigung der aus herkömmlichen Lacken emittierten Lösungsmittel (cancerogene Wirkung, Sommersmog, Allgemeingiftigkeit u. a. m.) begann die Entwicklung emissionsarmer Lacksysteme. Im Rahmen der EU gilt die *„Richtlinie über die Begrenzung von Emissionen flüchtiger organischer Verbindungen, die bei bestimmten Tätigkeiten und in bestimmten Anlagen bei der Verwendung organischer Lösungsmittel entstehen"*. Für den Begriff flüchtige organische Verbindungen wird die Abkürzung VOC (engl.: *volatile organic compounds*) verwandt. Bei der Bewertung der Schadstoffimmissionen liegen die Grenzwerte nach z. B. Smog-VO, TA-Luft und die entsprechenden BImSchVO zugrunde.

Wesentliche Wege, diese Zielstellung zu erreichen, bestehen in der Herstellung und Verwendung von

- Wasserlacken,
- High-Solids und
- Pulverlacken.

Als Alternative für die Reduzierung der Lösungsmittelemission hat sich der Einsatz von Wasser als Lösungsmittel als durchaus geeignet erwiesen. Wasser als Dipolmolekül kann nur dann ein Bindemittel lösen, wenn dieses ebenfalls starken polaren Charakter (hydrophiles Polymer) hat oder reaktionsfähige Gruppen im Polymer ionisiert werden können (anionische oder kationische Polymersysteme). Hierfür mögliche Reaktionstypen sind im Bild 5.4 zusammengefasst.

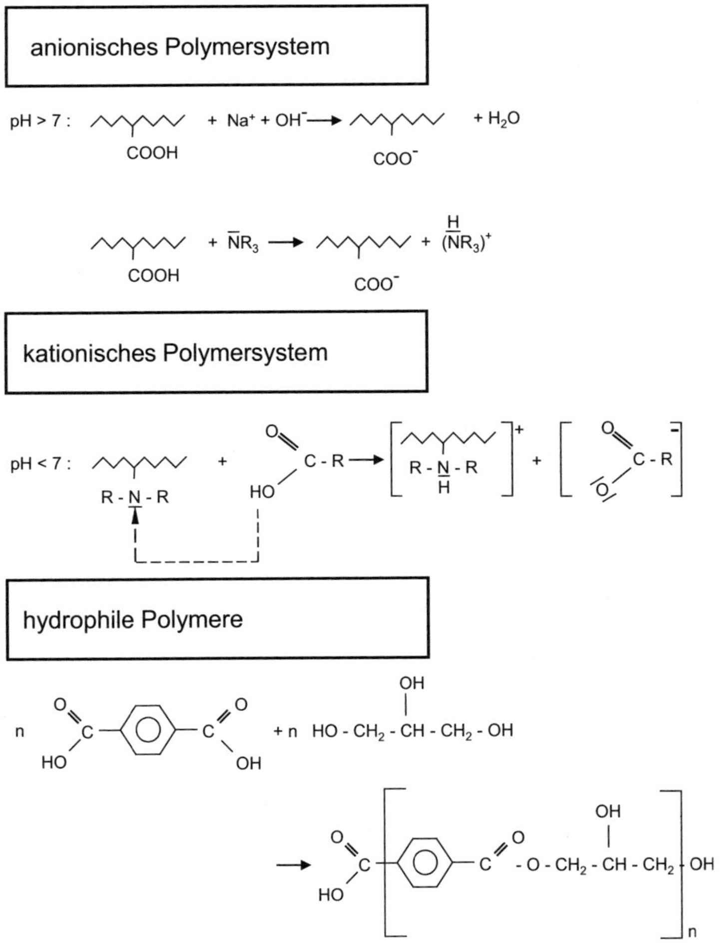

anionisches Polymersystem

pH > 7: Polymer–COOH + Na^+ + OH^- → Polymer–COO^- + H_2O

Polymer–COOH + $\overline{N}R_3$ → Polymer–COO^- + $(\overset{H}{N}R_3)^+$

kationisches Polymersystem

pH < 7: Polymer–R-N-R + HO–C(=O)–R → [Polymer–R-NH-R]$^+$ + [$^-$O–C(=O)–R]$^-$

hydrophile Polymere

n HO–C(=O)–C_6H_4–C(=O)–OH + n HO - CH_2 - CH(OH) - CH_2 - OH

→ HO–C(=O)–[C_6H_4–C(=O) - O - CH_2 - CH(OH) - CH_2]$_n$–OH

Bild 5.4: Grundstrukturen für wasserlösliche Bindemittel

Eine besondere Rolle spielen wasserlösliche Lacke für die kationische Tauchlackierung **(KTL-Beschichtung)** und seit geraumer Zeit bei der **ACC-Technik** *(Autophoretic Coating Chemicals)*. Basis sind hierbei Epoxidharze (siehe auch S. 171).

Wässrige Polymerdispersionen kommen hauptsächlich im Bereich des Schutzes und der Dekoration mineralischer Flächen zur Anwendung. Besonders geeignet sind Polymere auf Basis von Acryl- und Methacrylsäureestern.

Als festkörperreich *(High-Solids)* gelten Lackmaterialien, bei denen im Verarbeitungszustand der Lösungsmittelgehalt gegenüber konventionellen auf die Hälfte reduziert worden ist. Der Festkörperanteil bewegt sich zwischen 60 und 70 Gewichts-%. Bei allen Maßnahmen zur Verringerung des Lösungsmittelanteils muss die Viskosität erhalten bleiben, um die Verarbeitbarkeit von Flüssiglacken zu garantieren (Viskositätsbereich von ε = 0,1 – 0,5 Pa · s). Möglichkeiten dazu bestehen in:

- der Verringerung der mittleren Molmasse des Bindemittels,
- (300 – 600 g · mol^{-1}),
- der Einengung der Breite der Molmassenverteilung im Bindemittel,
- der Erhöhung der Polarität des Bindemittels,
- dem Einsatz reaktiver Verdünner,
- der Anwendung von Lösungsmitteln mit besonders starkem Lösungsvermögen,
- der Verarbeitung im Heißspritzverfahren.

High-Solid-Systeme finden Anwendung vornehmlich im industriellen Bereich. In Analogie zu Wasserlacken bilden auch hier Polyester mit erhöhtem Anteil freier OH-Gruppen die Bindemittelbasis. Als Vernetzer dienen Isocyanate. Auch strahlungshärtende Lacksysteme auf Basis von UP- bzw. Acrylharzen sind High-Solids.

Gleichzeitig als Lösungsmittel für die Bindemittelmoleküle und als Vernetzer bei der Filmbildung wirken reaktive Verdünner. Nicht umgesetzte Hydroxylgruppen führen zu erhöhter Wasseraufnahme und damit zur Verschlechterung der Witterungsbeständigkeit. Eine Anwendung von reaktiven Verdünnern muss also sehr exakt erfolgen.

Lösungsmittelfreie Anwendungen finden wir in Form von **Pulverlacken**. Beim Pulverbeschichten wird das Beschichtungsmaterial in Form von trockenem, lösungsmittelfreiem Thermoplast- bzw. Duroplastpulver auf die Werkstücke aufgebracht. Durch Wärmeeinwirkung verschmelzen die Pulverteilchen zu einem geschlossenen Film beim Thermoplast bzw. vernetzen bei Duromeren. Zur Pulverbeschichtung („Pulvern“) kommen heute hauptsächlich zwei Verfahren zur Anwendung:

Das **Pulversinterverfahren** (Wirbelsintern, Teilchengröße: 30 – 250 µm) und das **elektrostatische Pulversprühverfahren** (EPS, Teilchengröße: 30 – 50 µm). Da es sich hier um Pulvertechnologien handelt, stehen für die erzielbaren Schichteigenschaften typische Kenngrößen des Pulvers im Vordergrund, wie:

- mittlere Teilchengröße,
- Größenverteilung,

- Form der Partikel,
- Art des Kunststoffes.

Thermoplastische Pulver sind Polyamide 11/12, Polyethen, Polyvinylidenfluorid (PVDF), PVC, Polyester und PTFE, duroplastische EP, Hybride aus Epoxid und Polyester sowie Polyurethan. Durch die Pulverbeschichtung erreichbare typische Schichtdicken liegen bei EPS-Verfahren zwischen 40 und 120 µm, bei den Pulversinterverfahren zwischen 200 bis 1000 µm.

5.1.2.2 Additive

Neben den Hauptbestandteilen eines Lackes, Bindemittel und Lösungsmittel, enthalten alle handelsüblichen Lacke Additive. Man verwendet eine Vielfalt von Zusatzstoffen, die in ihrer spezifischen Wirkung betrachtet werden sollen.

Durch Zusatz von **Thixotropierungsmitteln** werden vor allem die rheologischen Eigenschaften des Lackes beeinflusst. Thixotropes Verhalten bedeutet, dass während der Verarbeitung (Belastungsphase) des Lackes seine Viskosität abnimmt und unmittelbar danach wieder zunimmt. Die Ursache für ein derartiges Verhalten liegt in dem stark polaren Charakter der Thixotropierungsmittel, die im Zustand der Entlastungsphase (nach der Verarbeitung) wieder ein Netz aus Dipol-Dipol- und H-Brückenbindungen aufbauen. Durch sie wird während der Trocknungsphase des Lackes das Fließen der Lackbestandteile verringert. Zur Anwendung kommen Aluminiumsilikate, Aluminiumstearat und Polyamide.

Netzmittel, **Dispergierhilfen** und **Antiausschwimm-Mittel** beeinflussen wesentlich die Verteilung der festen Phasen in der flüssigen. Sie werden an der Oberfläche der Partikel adsorbiert und stabilisieren damit das Gesamtsystem. Die Koagulation des Lackes wird so verhindert. Lecithine und die Erdalkalisalze höherer aromatischer Carbonsäuren sind die hierfür angewandten Stoffgruppen.

Zur Vermeidung biologisch bedingter Schädigungen der Lackschichten durch Pilze, Bakterien, Algen u. a. m. kommen metallorganische Verbindungen zur Anwendung, z. B. Trialkyl-Zinn-, kupfer- und quecksilberhaltige Verbindungen als **Fungicide**, **Baktericide** und **Antifoulingmittel**. Die Anwendung solcher Zusätze hat insbesondere für Unterwasseranstriche im Schiffsbau herausragende Bedeutung.

Oxidativ trocknende Lacke, wie Polyester, Öle und Alkydharze enthalten prinzipiell Trockenstoffe, die **Siccative**. Ihre Wirkung besteht in der Beschleunigung der oxidativen Filmbildung. Als Siccative werden Metallsalze organischer Säuren, wie z. B. Co-Stearat verwendet. Die Lagerung von oxidativ trocknenden Lacken kann im Grenzbereich Lack/Luft zu einer unerwünschten Hautbildung führen. Entgegengesetzt der Wirkungsweise der **Hautverhütungsmittel** (HVM) verläuft die der Siccative. Daraus folgt eine ausgewogene Dosierung von HVM und Siccativ. Als HVM eignen sich substituierte Phenole, Amine und Oxime.

UV-Strahlung (l = 200 – 400 nm) führt zum Vergilben, Verspröden und verstärktem Glanzabfall der Lacke. Ursache dafür besteht in der Absorption der Strahlung, gefolgt von ungewollten chemischen Reaktionen. Um derartige Schäden zu vermeiden, setzt man **Lichtschutzmittel** zu (UV-Absorber). Salicylsäure- und Hydrobenzophenonderivate bewirken diesen Effekt.

Additive sind damit unverzichtbare Zusätze zu Lacken, um insbesondere

- Lagerstabilität,
- Verarbeitbarkeit,
- Haltbarkeit,
- Filmbildung

zu sichern.

5.1.2.3 Pigmente

Pigmente dienen u. a. dazu, organischen Schichten Farbe zu geben. Das Wort *„Farbe"* hat mehrere Bedeutungen:

1. Als Wahrnehmung des Lichtes durch das Auge (visuell),
2. als Bezeichnung für Farbmittel, wie Pigmente und Farbstoffe,
3. als Beschichtungsstoff, die am wenigsten zutreffende Begriffsbildung.

Nach internationaler Vereinbarung steht das Wort „Farbe" *(color)* nur noch für die Empfindung.

Pigmente sind pulverförmige, in Lösungs- und Bindemitteln praktisch unlösliche Farbmittel mit spezifischen physikalischen Eigenschaften.

Sie absorbieren und/oder streuen Licht. Neben diesen Anforderungen sind bei der Auswahl von Pigmenten solche Kriterien zu beachten wie Hitzebeständigkeit, Chemikalien und Lösungsmittelbeständigkeit, Klimabeständigkeit, Beständigkeit gegen UV-Strahlung (Lichtechtheit) u. Ä.

Allgemein betrachtet wird die Farbe eines Körpers durch seine Absorption und die Streuung des Lichtes bestimmt. Ein Pigment absorbiert in einem bestimmten Bereich einfallendes Licht, damit erscheint es farbig, würde die Strahlung komplett absorbiert, erschiene der Körper schwarz, würde alles reflektiert, ergibt sich weiß.

Anorganische Pigmente absorbieren aufgrund der verschiedenen Wertigkeitsstufen der Metallkationen des gleichen Elementes im Molekül in charakteristischen Bereichen des sichtbaren Lichtes. Für die Farbe organischer Pigmente sind chromophore Gruppen, wie $-N=N-$, $-NO$ und $>C=C<$, verantwortlich (siehe Tabelle 5.7).

Neben der Farbe verursachen die Pigmente auch Transparenz und Deckvermögen infolge der Lichtstreuung. Es kommt zur Änderung der Ausbreitungsrichtung des eingestrahlten Lichtes durch Reflexion und Beugung. Das Ausmaß der Streuung ist abhängig von der Pigmentteilchengröße, ihrer Form und ihrer Verteilungsbreite. Im Lacksystem können die Pigmentteilchen vorliegen in Form von:

Primärteilchen als einzelner Partikel, Aggregate (Sekundärteilchen) als Verband von flächig aneinander gelagerten Primärteilchen und Agglomerate (Tertiärteilchen) als Haufwerk von nichtflächig aneinander gelagerten Primärteilchen (siehe Bild 5.5).

Tabelle 5.7: Beispiele für Pigmente in Lacken

Pigmente		
	anorganisch	**organisch**
Farbe	**Teilchengröße 0,1 – 10 µm**	**Teilchengröße 0,05 – 10 µm**
weiß	Titandioxid (TiO_2) Zinkweiß (ZnO) Bleiweiß ($Pb(OH)_2 \cdot 2PbCO_3$)	
blau	Berliner Blau ($Fe_3[Fe(CN)_6]_2$) Ultramarin ($Na_8(Al_6Si_6O_{24})S_4$)	Indanthrenblau 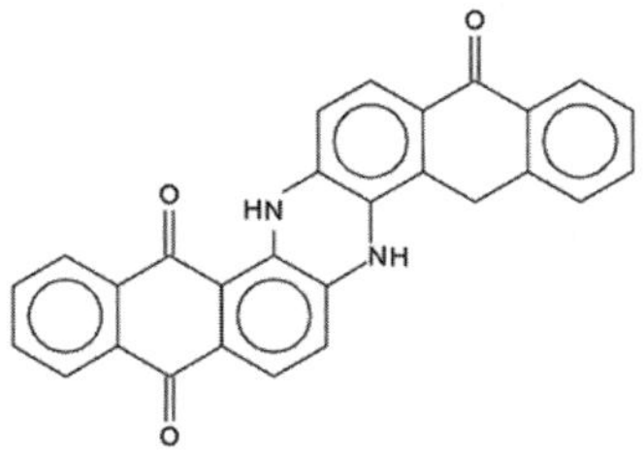
grün	Chromoxidgrün (Cr_2O_3)	Cu-Phthalocyanin 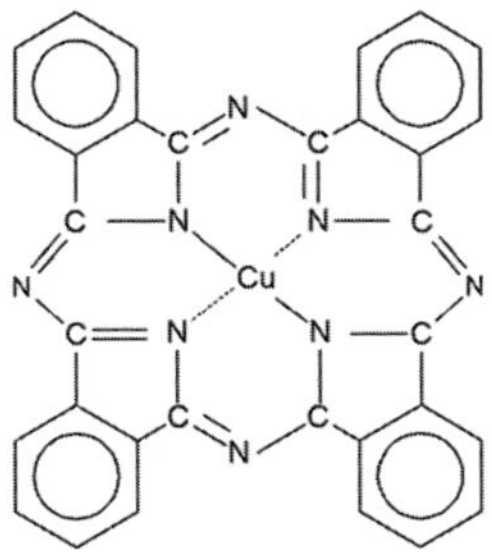
gelb	Chromgelb ($PbCrO_4$) Cadmiumgelb (CdS) Bleititanat ($PbTiO_3$)	Pyrazolon-Grundkörper 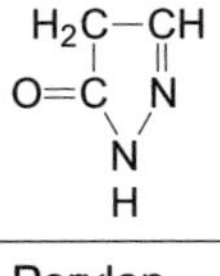
rot	Eisenoxidrot (Fe_2O_3) Bleimennige (Pb_3O_4)	Perylen 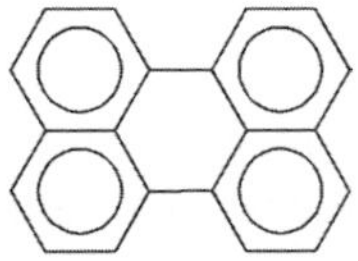
schwarz	Eisenoxidschwarz (Fe_3O_4) Ruß	Phenacinderivate 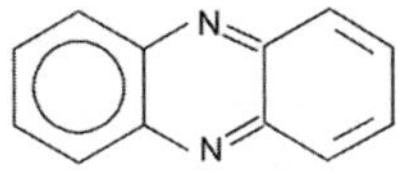

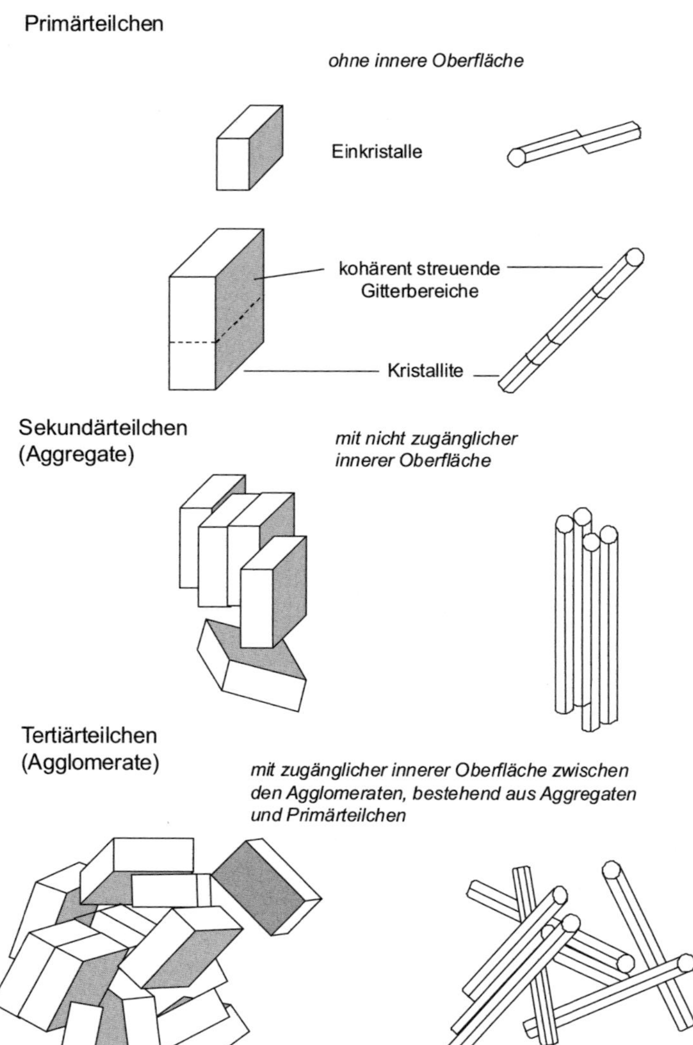

Bild 5.5: Anordnung von Pigmenten

In Lacken für Metallbeschichtungen haben Pigmente neben der Farbgebung und dem Deckvermögen die Funktion des Korrosionsschutzes. Klassische passivierende Pigmente sind Bleimennige, Zinkchromat ($ZnCrO_4$) unter Beachtung von REACH und Zinkstaub. Im Gegensatz zum Ersatz der organischen Lösungsmittel würde der Verzicht auf Korrosionsschutzpigmente wegen ihrer Toxizität einen fundamentalen Einschnitt in die Funktion von Metalllacken bedeuten. Korrosionsschutzpigmente wirken auf physikalischem, chemischem oder elektrochemischem Wege.

Durch eine Verlängerung der Diffusionswege für Wasser, gelösten Sauerstoff und aus Verunreinigungen stammende Ionen wird eine Korrosion auf physikalischem Wege erschwert. Bilden die Korrosionsschutzpigmente mit H_2O, SO_2 u. a. Reaktionsschichten, wie z. B. Hydroxide und Salze, sperren diese durch chemische Reaktionen entstandenen Schichten den

Diffusionsweg zur Metalloberfläche. Elektrochemisch wirken auf der Metalloberfläche katodische Inhibitoren mit dem Ergebnis der Blockierung des Elektronenverbrauches, der zur Entstehung von Wasserstoff oder OH^--Ionen führen würde.

Eine Einteilung der Korrosionsschutzpigmente kann nach praktischen und ökologischen Gesichtspunkten anhand ihrer stofflichen Merkmale erfolgen in:

- bleihaltige,
- chromathaltige,
- phosphathaltige,
- alkalisch wirkende,
- metallische,
- organische Pigmente.

Füllstoffe sind aus technischer und wirtschaftlicher Sicht wichtige Komponenten in den Lacken, aber nicht den Pigmenten gleichsetzbar. Sie werden hauptsächlich aus wirtschaftlichen Gründen zugefügt. Gleichzeitig beeinflussen sie aber wichtige Verarbeitungs- und Gebrauchseigenschaften, wie Farbton, Schleifbarkeit, Überlackierbarkeit, Haftung, Härte und Dehnbarkeit, sowie die chemische Beständigkeit. Füllstoffe sind häufig anorganische Naturstoffe, wie Silicate (Kaolin, Kieselgur, Talkum), Oxide (Tonerde, Eisenglimmer), Sulfate (Gips), Carbonate (Kreide) und Graphit.

5.1.3 Vorgang der Filmbildung

Filmbildner sind die Bestandteile der Lacke, die den Zusammenhalt des Beschichtungssystems und seine Haftung auf dem Untergrund bewirken. Sie bestehen hauptsächlich aus hochmolekularen organischen Verbindungen in Form der Bindemittel, die entweder durch physikalische Prozesse oder durch Vernetzung einen geschlossenen Film auf der Werkstückoberfläche bilden (vgl. Abschn. 5.1.1). Demgemäß teilt man die Filmbildung in die physikalische und chemische Trocknung ein (siehe Bild 5.6).

Bei der **physikalischen Trocknung** erfährt die filmbildende Substanz keine stoffliche Veränderung, damit aber sind bestimmte Konsequenzen verbunden. So hergestellte Beschichtungen können demzufolge auch wieder gelöst oder durch Erwärmen wieder fließfähig werden. Da die molekulare Masse der Makromoleküle relativ groß ist, muss der Anteil des Polymeren aus Gründen der Verarbeitbarkeit (Viskosität) in Nasslacken verhältnismäßig klein sein. Für Pulverlacke erfolgt die Filmbildung durch Schmelzen und anschließendes Erstarren des Polymeren. Auch hier kann der Vorgang reversibel verlaufen.

Physikalische Trocknung

– LM

Unvernetzte Polymerstruktur

Chemische Trocknung

1-Komponenten-System: Temperatur > ca. 80 °C; 20 bis 40 min
2-Komponenten-System: Raumtemperatur (mind. 5 °C) ca. 30 min bis 2 h

V = Vernetzer

Sauerstoff-Vernetzung

1-Komponenten-System: Raumtemperatur (mind. 15 °C) ca. 2 bis 10 h

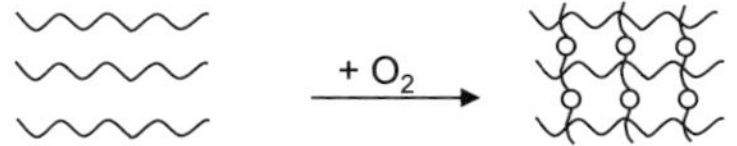

Bild 5.6: Trocknungsarten der Bindemittel

Ist die Filmbildung verbunden mit dem Ablauf chemischer Reaktionen, handelt es sich um die **chemische Trocknung**. Derartige chemische Vorgänge zur Filmbildung sind Vernetzungsreaktionen zwischen niedrigmolekularen Polymeren mit reaktionsfähigen Gruppen durch Polykondensation, Polyaddition und Polymerisation. Eine spezielle Art der chemischen Trocknung verläuft durch Vernetzung über Sauerstoffbrücken, der oxidativen Trocknung. Es entstehen durch die Vernetzung schwer- bzw. unlösliche Filme. Gleichzeitig erhöht sich deren chemische und mechanische Stabilität. Für die Durchführung der Vernetzungsreaktion gibt es zwei prinzipielle Wege.

Das Einkomponentensystem (1K) vernetzt durch Energiezufuhr in Form von Wärme oder Strahlung. Der Lack enthält also bereits alle für eine Vernetzungsreaktion notwendigen Bestandteile. Da er ohne Anregungsenergie nicht vernetzt, bleibt er bei Raumtemperatur lagerfähig. Im Zweikomponentensystem (2K) wird eine Vernetzung erst durch den vor der Verarbeitung erfolgenden Zusatz der zweiten reaktiven Komponente möglich. Man spricht vom Stammlack und vom Härter. Für das 1K-System sind als Reaktionstemperatur ca. 80 °C und darüber, für das 2K-System Temperaturen oberhalb 5 °C erforderlich.

Das Ausmaß der Vernetzungsreaktionen wird durch Temperatur und Zeit bestimmt. Um reproduzierbare Vernetzungsgrade zu erhalten, sind also die Temperatur- und Zeitangaben für jede Lackmischung genau einzuhalten. Beispiele für praktisch eingesetzte Bindemittel und deren Trocknungsmechanismen sind in der Tabelle 5.8 zusammengefasst.

Tabelle 5.8: Beispiele zur Filmbildung in Nasslacksystemen

Trocknungs- bzw. Vernetzungsmechanismus	Bindemittelbasis	Vernetzer	Eigenschaften (+ Vorteile/– Nachteile)	Anwendungsgebiete
physikalisch	Nitrocellulose		+ schnelle Trocknung + Glanz - Wetterbeständigkeit - Feuchtigkeitsanfälligkeit - Härte	Holzmöbel Reparaturlack
	Acetylcellulose Celluloseacetobutyrat		+ Elastizität + lichtecht + schwer entflammbar + wenig wärmeempfindlich	Glühlampen Zündkörper Bleistifte Werkzeuge
	Acrylatharze		+ wetterbeständig + elastisch/thermoplastisch + lichtecht - weich	thermoplast. Grundierung Fahrzeuglackierung Haushaltgeräte Bandbeschichtung
chemisch, oxidativ	Alkydharz	ungesätt. Fettsäuren (Leinöl, Sojaöl) gesätt. Fettsäuren (Kokosfett) u. vorwiegend synth. Fette	+ wetterbeständig + Füllkraft + lichtecht, Glanz + gute Haftung + Elastizität - vergilbt - relativ weich	Maler- und Maschinenlacke für den Hausgebrauch
chemisch vernetzend	Epoxidharz 2K-Lacke 1K-Lacke	aliphatische o. aromat. Polyamine, Polyamide u. Aminaddukte Melamin- u. Harnstoffharze	+ chemikalienbeständig + Härte, Abrieb + Haftung	Korr. Schutz für Chemieanlagen Grundier. für Laborgeräte Wäscheschleudern Konservendosen Draht- und Isolierbeschichtungen
	Phenolharze	Formaldehyd	+ chemikalienbeständig - spröde - vergilben	Konservendosen (als Klarlack) Treibstofftanks Industrielack
	Polyesterharze 2K-Lacke	ungesättigte Polyesterharze in Styrol + organische Peroxide	+ schnelle Trocknung + harter Film + polierbar - geringe Wetterbeständigkeit	Möbelindustrie Füller u. Grundierung für Kfz-Karosserien GFK-Teile

Tabelle 5.8: *Fortsetzung*

Trocknungs- bzw. Vernetzungsmechanismus	Bindemittelbasis	Vernetzer	Eigenschaften (+ Vorteile/- Nachteile)	Anwendungsgebiete
	Polyesterharze 1K-Lacke	gesättigtes Polyesterharz bis 200 °C, hauptsächlich Kettenwachstum Beachte: Vernetzung nur mit 3- und höher funkt. Alkoholen oberhalb 200 °C	+ guter Glanz, Härte + Elastizität, Schlagfestigkeit + UV-Beständigkeit - hoher Preis	Bandbeschichtung Vorlacke für Kfz-Karosserien
	PUR 2K-Lacke	Präaddukt Polyol	+ Glanz, Füllkraft + Wetterbeständigkeit + UV-Beständigkeit + Chemikalienbeständigkeit - T-beständig bis 100 °C	Bundesbahnwagen Straßenbahnen Flugzeuge
	PUR 1K-Lacke	blockierte Polyisocyanate + Polyol	wie PUR - 2K	Schutz f. Beton Asphalt Sportgeräte Spielzeug
	Silikonharze	Trimethoxymethylsilan Silane (z. B. $SiHCl_3$)	+ T-beständig ≥ 230 °C + chemikalienbeständig + wetterbeständig	Öfen, Herde, Backöfen

Zu den physikalisch trocknenden organischen Beschichtungssystemen müssen auch die **Latexsysteme** und **Organosole** gerechnet werden. Latizes entstehen durch Dispersion von unlöslichen Polymerteilchen (0,1 - 1 µm) in Wasser, ihr Anteil liegt bei 40 - 50 Masseprozent. Durch Zusätze von Schutzkolloiden und Emulgatoren erreicht man die Stabilisierung der Dispersion, um eine vorzeitige Koagulation zu verhindern. Diese Komponenten sind nicht flüchtig und verbleiben deshalb im Film. Als Bindemittel kommen Copolymere des Styrols, wie SB-Polymere (Styrol-Butadien), Polyvinylacetat (PVA) und Polymethacrylat-Copolymere zur Anwendung. Im Falle der SB-Polymeren verbleiben Doppelbindungen im Film. Diese können zu einer Vernetzung der Ketten, z. B. durch Luftsauerstoff, führen. So können Elastomere, die nahezu unlöslich sind und eine hohe Härte in Abhängigkeit vom Butadiengehalt aufweisen, gebildet werden. Organosole entstehen durch Dispersion von Polymerteilchen in organischen Lösungsmitteln.

Eine Theorie zur Filmbildung aus Polymerdispersionen besteht in der Annahme, dass die Latexpartikel durch die Verdunstung des Wassers in Kontakt gelangen und es danach zu einem trockenen Sintern der Teilchen kommt. Dieser Prozess ist vom viskosen Fließen unter Deformation der Latexpartikel begleitet. Bis zum völligen Abschluss der Filmbildung sind diese Schichten nicht wasserfest.

5.1.4 Verfahren zur Herstellung organischer Beschichtungen

Organische Beschichtungen entstehen durch das Auftragen des jeweiligen Lackes (Nasslack bzw. Pulverlack) auf das Werkstück. Die Verfahrensauswahl richtet sich nach dem Lacksystem, den angestrebten Anforderungen, nach wirtschaftlichen Gesichtspunkten und ökologischen Aspekten. Eine Übersicht zu den wichtigsten Beschichtungsverfahren gibt Bild 5.7.

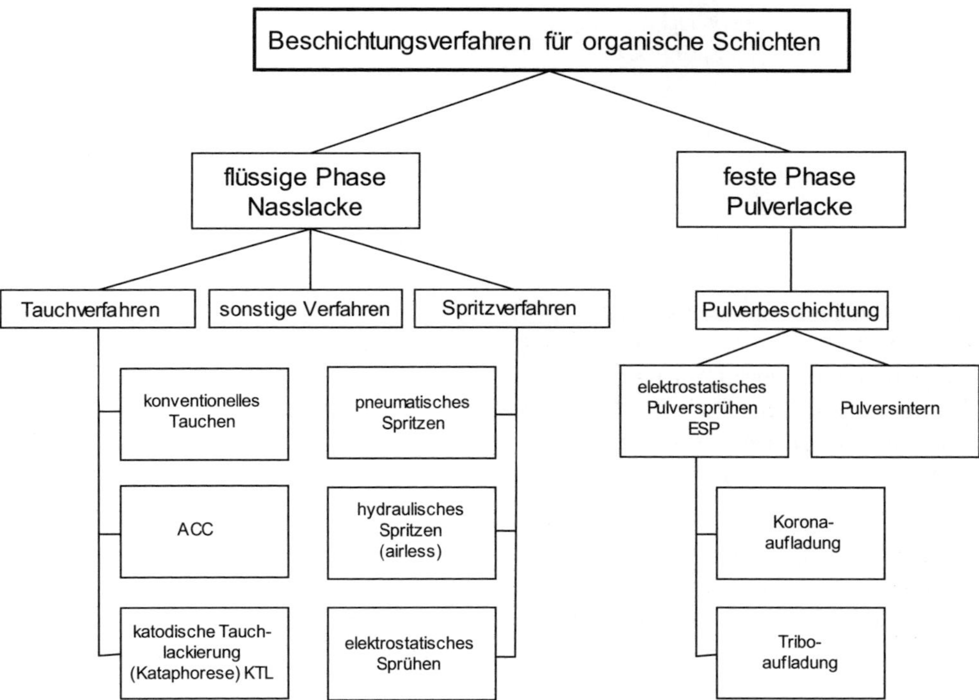

Bild 5.7: Übersicht zu Beschichtungsverfahren

5.1.4.1 Nasslackieren

Lösungsmittelhaltige flüssige Lacke lassen sich mittels Spritz- oder Tauchverfahren auftragen. Bei den **pneumatischen Spritzverfahren** trägt man den Beschichtungsstoff mithilfe von Druckluft auf. Dazu dienen Spritzpistolen, in denen Druckluft mit hoher Geschwindigkeit strömt. Über ein Düsensystem erfolgt das Ansaugen des Beschichtungsstoffes und seine anschließende Zerstäubung. Das Bild 5.8 verdeutlicht das Prinzip einer pneumatischen Spritzpistole.

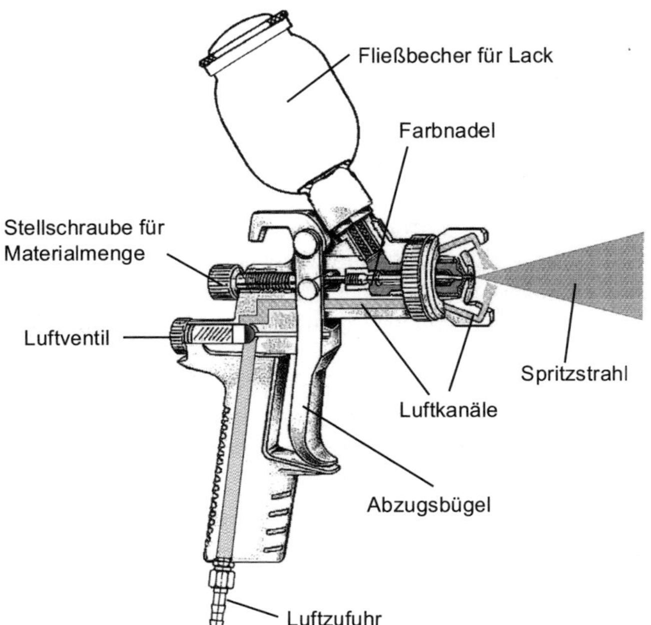

Bild 5.8: Pneumatische Spritzpistole

Die entscheidende Schwachstelle der Spritzlackierverfahren besteht in relativ hohen Lacknebelverlusten, dem „Overspray". Deshalb versucht man, bekannte Spritztechnik und die dazugehörenden Verfahren weiter zu verbessern. Darüber hinaus aber kommen neue Verfahren zum Einsatz, wie das **Airless-Spritzen** (Höchstdruckspritzen) sowie das elektrostatische Sprühverfahren. Alle Verfahren (siehe Tabelle 5.9) findet man heute auch in Kombinationen miteinander.

Im Falle des Airless-Spritzens verläuft die Zerstäubung rein hydraulisch, d. h. ohne Druckluft, bei Drücken zwischen 100 bis 400 bar. Durch die rasche Expansion, in Kombination mit dem Luft- und mechanischen Widerstand, entstehen sehr kleine Lacktropfen, wobei der Spritzstrahl frei von Luftbeimengungen und stärker gebündelt ist. Das Airless-Spritzen zeichnet sich weiterhin durch großen Materialdurchsatz und Verarbeitbarkeit von hochviskosen Lacksystemen (High Solids) aus.

Tabelle 5.9: Vergleich der Spritzlackierungsverfahren ohne elektrostatische Lackaufladung

Verfahren Vergleichs-verfahren	**Druckluftzerstäubung**		**Airless-Zerstäubung**	**Airless-Zerstäubung mit Luftunterstützung**
	Hochdruck	**Niederdruck**		
Anwendungs-bereiche	Universell in Industrie und Handwerk, z. B. Automobil-Decklackierung	Handwerks-betriebe z. B. Maler, Tischler	Stahl- und Blechbau Fassaden, z. B. Waggonbau Großmaschinen	Maler- und Lackierbetriebe, z. B. Möbelhersteller Autolackierereien

Tabelle 5.9: *Fortsetzung*

Verfahren Vergleichsverfahren	**Druckluftzerstäubung**		**Airless-Zerstäubung**	**Airless-Zerstäubung mit Luftunterstützung**
	Hochdruck	**Niederdruck**		
Werkstückformen	Sämtliche Geometrien ungeeignet für Innenräume	Sämtliche Geometrien	Große Flächen: günstig bei Vertiefungen und Hohlräumen	Sämtliche Geometrien
Lackmaterialien	Sämtliche niedrigviskose Lacke	Stark verdünnte und niedrigviskose Lacke	Höherviskose Lacke mit nicht abrasiver Pigmentierung	Sämtliche niedrigviskose Lacke
Auftragwirkungsgrad	40 bis 50 %	70 bis 80 %	60 bis 75 %	55 bis 70 %

Beim **elektrostastischen Sprühen** laden sich die Lackteilchen beim Austreten aus der Düsenöffnung elektrisch auf und folgen den zwischen Werkstück und Sprühorgan ausgebildeten Feldlinien, wie das im Bild 5.9 veranschaulicht ist.

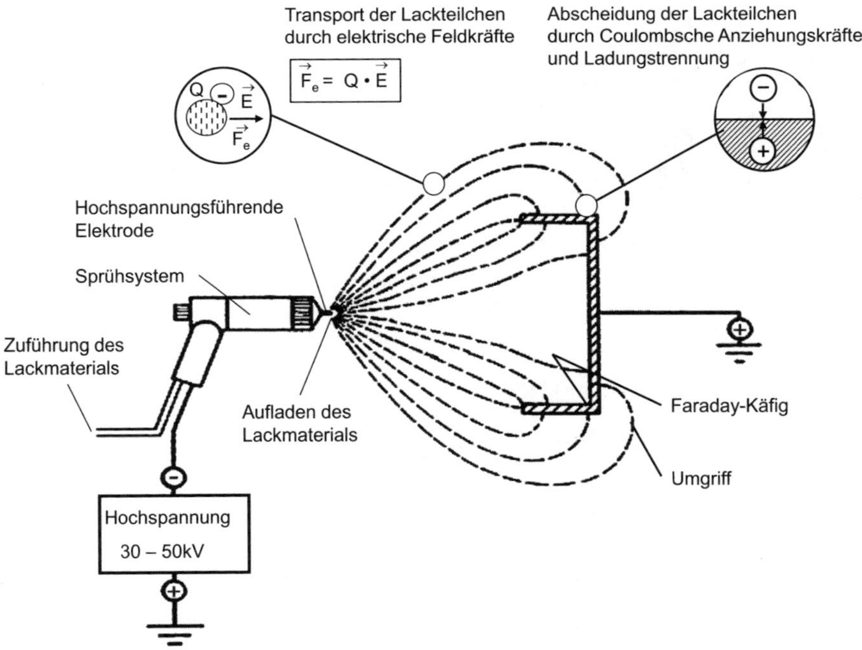

Bild 5.9: Prinzip des elektrostatischen Sprühens

Durch die Wirkung des elektrischen Feldes auf das geladene Teilchen entsteht der für das Lackieren vorteilhafte Effekt des Umgriffs. Nachteilige Wirkung hat die Ausbildung des FARADAY-Käfigs, verbunden mit dem Entstehen „toter Ecken“, also nicht beschichtbarer Gebiete am Werkstück. Aufgabe des Konstrukteurs ist es demzufolge, Erzeugnisse beschichtungsoptimal zu gestalten.

Eine Einteilung der vielfältigen elektrostatischen Lackiertechniken berücksichtigt die unterschiedlichen Zerstäubungs- und Aufladungsmechanismen in Form der elektrostatisch zerstäubenden Verfahren, der Hochrotationsverfahren sowie der elektrostatischen Druckluft- und Airless-Verfahren.

Wasserlösliche Lacke lassen sich in nichtkonventionellen **Tauchlackierverfahren**, dem Elektrotauchlackieren und dem autophoretischen Tauchlackieren, verarbeiten. Sie enthalten nur eine geringe Konzentration von etwa 3 % an organischen Lösungsmitteln. Das Elektrotauchlackieren setzt zwei Eigenschaften des Bindemittels voraus, zum ersten die Wasserlöslichkeit und zum zweiten die Möglichkeit zur gerichteten Bewegung beim Anlegen eines äußeren elektrischen Feldes. Beides wird erreicht durch Bindemittel, die z. B. mit H^+-Ionen Kationen bilden (Protonisierung, vgl. auch 5.1.2.1). Diese Protonen liefert die im Lack enthaltene organische Säure, wie z. B. Methansäure oder Ethansäure.

$R\text{-}COOH \rightarrow R\text{-}COO^- + H^+ \quad R = \text{-}H, \text{-}CH_3$

$\text{Bindemittel-}R_2N\,l + H^+ \rightarrow \text{Bindemittel}\text{+}R_2NH]^+$

Diese Bindemittelkationen werden im Sinne der **katodischen Tauchlackierung** (KTL) zur Beschichtung verwendet. Die andere Möglichkeit, die der **anodischen Tauchlackierung** (ATL), konnte sich in der Praxis nicht durchsetzen.

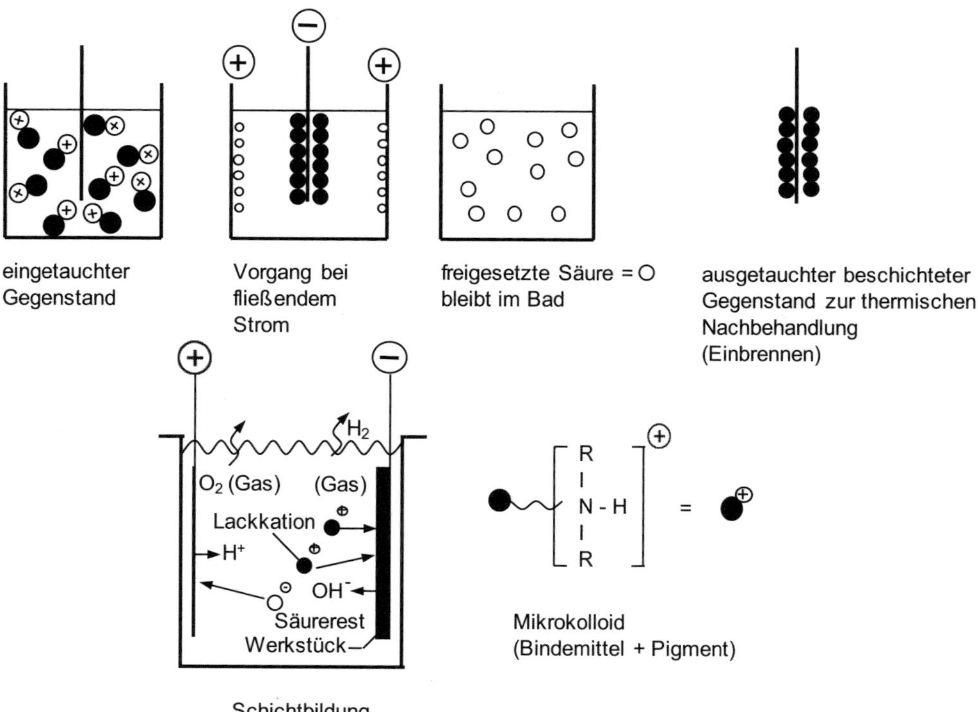

Bild 5.10: Vorgänge bei der KTL-Tauchlackierung

Für die Lackschichtbildung beim KTL-Verfahren sind nachfolgende Katoden- und Anodenvorgänge verantwortlich (siehe auch Bild 5.10):

Katodenvorgang (Werkstück Minuspol)

1. Entladung von H^+-Ionen

   $2H^+ + 2e^- \rightarrow H_2\uparrow$

   Dadurch entsteht in der Grenzschicht Katode/Lack ein Überschuss an OH^--Ionen, der pH-Wert verschiebt sich in den alkalischen Bereich.

2. Das Lackteilchen (Mikrokolloid aus Bindemittelkation und Pigment) wandert in Richtung Katode.

3. In der alkalischen Grenzschicht erfolgt die Entladung des Bindemittelkations, indem das Proton vom Lackteilchen mit den OH^--Ionen zu Wasser reagiert. Durch die Entladung kann der Lack auf der Werkstückoberfläche koagulieren und den Film bilden.

   $\text{Bindemittel-}[R_2NH]^+ + OH^- \rightarrow \text{Bindemittel-}[R_2N] + H_2O$

Anodenvorgang (Hilfselektrode Pluspol)

1. Hier erfolgt die Entladung der OH^--Ionen

   $2OH^- \rightarrow 2OH + 2e^-$

   $2OH \rightarrow H_2O + 1/2\ O_2\uparrow$

   Dadurch entsteht in der Grenzschicht Anode/Lack ein Überschuss an H^+-Ionen, der pH-Wert verschiebt sich weiter ins Saure.

2. Der Säurerest wandert im Gleichfeld zur Anode.

3. Die H^+-Ionen verbinden sich mit den $R-COO^-$-Ionen zum undissoziierten Säuremolekül. Es muss als Reaktionsprodukt durch ein Membrantrennverfahren entfernt werden.

Aus den Elektrodenvorgängen ergeben sich die für das KTL-Verfahren typischen Merkmale. Grundbedingung ist die elektrische Leitfähigkeit des Werkstücks und seine Tauchfähigkeit. Da das Beschichtungsgut kontaktiert werden muss, benötigt man Warengestelle. Damit verbunden entstehen unvermeidbare Fehlstellen an der Beschichtung, die bei der Konstruktion des jeweiligen Teiles bereits zu berücksichtigen sind.

Neben Gestellware (Bild 5.11) ist es möglich, z. B. auch komplette Autokarosserien mit KTL zu beschichten. Das erfolgt in Tauchbecken mit einem Fassungsvermögen von bis zu 350 m^3 (Bild 5.12). In ca. 8 Stunden lassen sich so bis zu 50 PKW-Karosserien beschichten, was eine sehr exakte Kontrolle und Einstellung der Badparameter, der Warenbewegung, der Strömungsverhältnisse bedingt. Außerdem haben die Elektrodenwerkstoffe und das Flächenverhältnis Anode zu Katode Bedeutung. Sobald die Oberfläche des Werkstückes mit Lack bedeckt ist und damit ihre elektrische Leitfähigkeit sinkt, verringert sich die Abscheidung, bis sie zum Stillstand kommt (siehe Bild 5.13).

Bild 5.11: Kleinteile für KTL-Beschichtung

Bild 5.12: Automobilkarosserie in einer KTL-Anlage

Die erreichbaren Schichtdicken sind begrenzt, sie liegen zwischen 10 und 40 µm. Für diesen Schichtdickenbereich hat sich die folgende Einteilung durchgesetzt:

- Dünnschicht-KTL-Beschichtung: 10 – 25 µm,
- Mittelschicht-KTL-Beschichtung: 25 – 35 µm,
- Dickschicht-KTL-Beschichtung: > 35 µm.

Frisch abgeschiedene KTL-Schichten sind nicht fest haftend und weich. Erst durch eine abschließende Erwärmung auf ca. 180 °C bildet sich die Lackschicht mit den erwünschten Endeigenschaften aus.

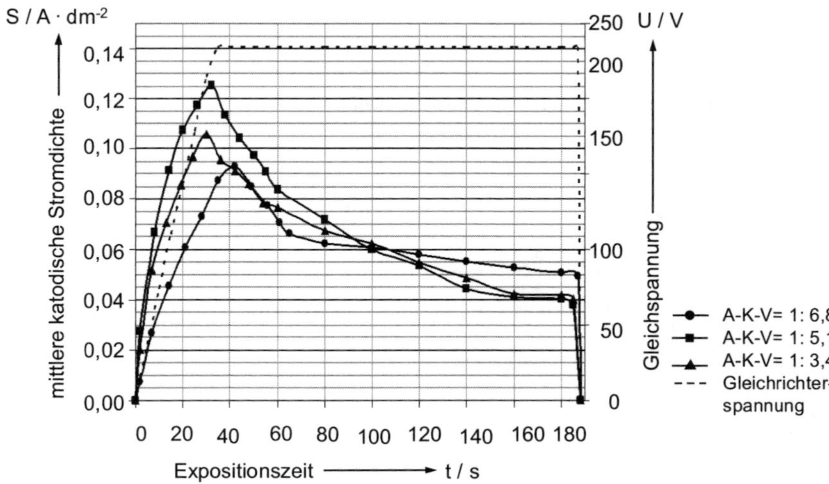

Bild 5.13: Katodische Stromdichte als Funktion der Zeit bei KTL-Gestellware

Elektrotauchlackierverfahren, insbesondere die KTL-Technik, gehören heute zu den wichtigsten Beschichtungsverfahren mit organischen Schutzschichten. Sie eignen sich sowohl zur Beschichtung von Kleinteilen als auch zur Lackierung von großflächigen Werkstücken.

Mit der **ACC-Beschichtung** *(Autophoretic Coating Chemicals)* existiert ein der KTL-Technologie verwandtes Verfahren. ACC ist eine kontrollierte Filmbildung durch neutrale oder negativ geladene Bindemittelteilchen auf einer Oberfläche, ausgelöst durch eine chemische Reaktion. Sie verläuft mit Kationen, die ursprünglich von der Oberfläche stammen (Autophorese). Das schwach saure Bad reagiert mit dem Eisenwerkstoff unter Bildung von Eisenkationen. Diese reagieren mit den z.B. negativ geladenen Latexteilchen unter Ladungsneutralisation und damit Koagulation auf der Stahloberfläche. Acryl- und PVDC (Polyvinylidenchlorid)-Polymere sind Bindemittel, die gegenwärtig in autophoretischen Lacken eingesetzt werden. Charakteristisch für ACC ist, dass der abgelagerte, noch nasse Film, auf der Oberfläche haftet, aber gleichzeitig porös genug ist, um die Bildung weiterer Eisenionen zu ermöglichen. Das bedeutet, es findet ein durch Diffusion gesteuertes Schichtwachstum statt. Der Schichtbildungsprozess wird sehr stark von der Flüssigkeitsströmung und der Warenbewegung abhängig sein. Er beginnt sehr schnell, verlangsamt sich aber mit zunehmender Schichtdicke; es sind Trockenfilmdicken von 15 bis 25 µm erreichbar. Nach der Beschichtung kann das Werkstück ohne großen Materialverlust mit Wasser gespült und daran anschließend eingebrannt werden. Einen Vergleich zwischen KTL- und ACC-Technologie enthält Tabelle 5.10.

Tabelle 5.10: Vergleich zwischen KTL- und ACC-Technologie

	Elektrotauchlackierung (KTL)			Autophorese (ACC)		
	Prozessschritt	Temperatur [°C]	Zeit [min]	Prozessschritt	Temperatur [°C]	Zeit [min]
1	Entfetten (alkalisch)	60 - 65	ca. 15	Entfetten (alkalisch)	80	15
2	Spülen (Kreislauf)	RT	3	Spülen (Kreislauf)	RT	4
3	Beizen (H_2SO_4)	40	3			
4	Spülen	RT	3			
5	Aktivieren (sauer)	40	2			
6	Zinkphosphatieren	50	3 - 4			
7	Spülen (VE H_2O)	RT	3			
8	Passivieren/Spülen (Kreislauf)	RT	1 - 2			
9	Spülen (VE H_2O)	RT	1 - 2	Sprühspülen (VE H_2O)	RT	5
10	KTL-Prozess	30,5	3 - 4	ACC-Prozess	RT	3
11	Spülen/Ultrafiltration	RT	1	Sprühspülen (VE H_2O)	RT	1
12	Spülen (VE H_2O)	RT	1	Spülen (VE H_2O)	RT	1
13	Einbrennen (Mehrstufenprozess)	180 - 200	20 - 40	Trocknen/Härten	100 - 120	30

5.1.4.2 Pulverlackieren

Völlig frei von Lösungsmitteln, und damit in diesem Sinne umweltfreundlich, ist das Pulverlackieren. Das bedeutet, dass sich hierfür die Ausrüstungen, die Verfahrensschritte und die erzielbaren Schichteigenschaften deutlich von denen der Nasslacktechnik unterscheiden. Es werden heute zwei Technologien dazu angewandt, das Pulversintern (Wirbelsintern) und das elektrostatische Pulversprühen (Prinzip siehe Bilder 5.14 und 5.15).

Beim Wirbelsintern enthält ein Behälter mit feinperforiertem Boden das Kunststoffpulver (Bindemittel, Pigmente, u. a.). Mit dem Einblasen von Druckluft durch den Boden in den Behälter wirkt auf jedes Pulverteilchen eine Mitführungskraft. Geringe Strömungsgeschwindigkeiten bewirken keine Abstandsänderung zwischen den Pulverteilchen, die Luft entweicht durch die Poren der Schüttung. Steigt die Geschwindigkeit des Luftstromes über ein bestimmtes Maß, kommt es zur Ausbildung der Wirbelschicht, in der sich das Pulver ähnlich wie eine Flüssigkeit verhält (Fluidisierung, Pseudoflüssigkeit), siehe Bild 5.14.

Durch Eintauchen eines vorgewärmten Werkstückes in das Wirbelbett sintern die Pulverteilchen an seiner Oberfläche an. Die ausgebildete Schicht ist porös und rau. Eine abschließende Erwärmung bewirkt, je nach Bindemittel, ein Verschmelzen (sintern) bzw. auch ein Vernetzen. Hauptsächlich werden als thermoplastische Bindemittel eingesetzt: Polyethen (PE), Polyvinylchlorid (PVC), Polyamid 11/12 (PA), Copolymerisat aus Ethen und Vinylalkohol (EVAL), Polyvinylidenfluorid (PVDF), siehe auch Abschnitt 5.1.1.3, als vernetzbare solche auf Basis von Epoxidharz.

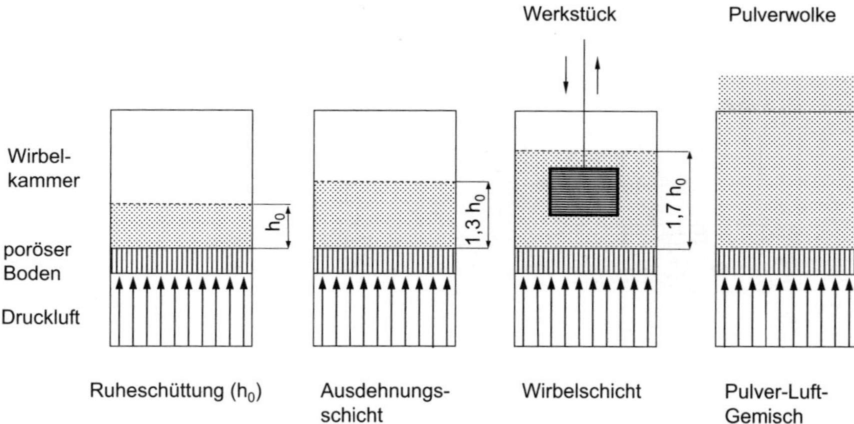

Bild 5.14: Entstehung des Wirbelbettes

Stark unterschiedliche Größe der Pulverteilchen in einer Charge führt zu einer erschwerten Fluidisierbarkeit; sehr leichte Teilchen werden ausgetragen, sehr schwere bleiben am Boden. Zum anderen schmelzen grobe Teilchen, die zur Werkstückoberfläche gelangen, nicht vollständig auf. Wirbelpulver haben Teilchengrößen zwischen 30 und 250 µm. Typisch für das Wirbelsinterverfahren ist die Beschichtung von kompliziert geformten Teilen, wie z. B. Geschirrkörbe, Zäune, Gitter, Einkaufswagen, elektrotechnische Erzeugnisse u. a. in einem Schichtdickenbereich zwischen 200 und 1000 µm. Anlagen zum Wirbelsintern können außerordentlich unterschiedliche Mengen an Pulver von wenigen Gramm bis zu mehreren Tonnen enthalten.

Von größerer praktischer Bedeutung ist das elektrostatische Pulverbeschichten geworden. Damit gelang es auch, nasslacktypische Schichtdicken zwischen 40 und 120 µm durch Pulvertechnik herzustellen. Der entscheidende Vorgang ist bei diesem Verfahren die Aufladung der Pulverteilchen. Es lassen sich zwei Prinzipien unterscheiden:

- Koronapulversprühsysteme und
- Tribopulversprühsysteme.

Beide Systeme sind durch nachfolgende gemeinsame Merkmale charakterisierbar:

- Bildung einer elektrisch geladenen Pulverwolke,
- Transport der geladenen Pulverteilchen im Feld zur Werkstückoberfläche,
- Niederschlag und elektrostatische Haftung der Pulverteilchen und
- Bildung der Pulverschicht mit elektrischer Selbstbegrenzung der Schicht.

Bei den Koronapulversprühsystemen erfolgt die Aufladung der Pulverteilchen durch Anlagerung ionisierter Luftbestandteile (Luftionen), die an hochspannungsführenden Koronaelektroden erzeugt werden. Meist ist die Elektrode negativ und das Werkstück positiv gepolt, wie im Bild 5.15 gezeigt.

Kritisch ist bei Koronasprühsystemen der hohe Luftionenstrom zum Werkstück. Dadurch lädt sich die abgeschiedene Pulverschicht zusätzlich negativ auf und es entsteht der sogenannte Rücksprüheffekt, gleichnamig geladene Pulverlackteilchen werden von der Lackoberfläche abgestoßen. Die Entwicklung geht deshalb zu Koronasprühsystemen, bei denen der Luftionenstrom zum Werkstück reduziert ist.

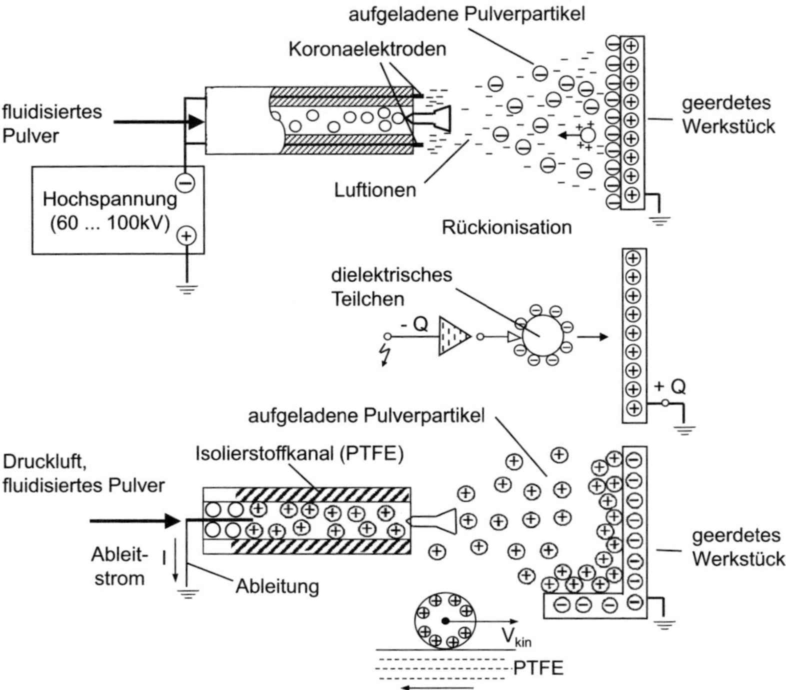

Bild 5.15: Prinzip der Koronapulver- und Tribopulversprühsysteme

Völlig ohne Luftionenstrom arbeiten Tribopulversprühsysteme. Sie sind hinsichtlich des Rücksprüheffektes besonders vorteilhaft. Hier erfolgt die Aufladung der Pulverteilchen ausschließlich durch Reibungsvorgänge beim turbulenten Durchströmen eines Rohres aus PTFE, wobei sie sich positiv aufladen (siehe Bild 5.15). An den Berührungsflächen (Reibung) zwischen Pulverteilchen und Triborohr kommen sich die Atome beider Stoffe so nahe, dass Elektronen aus den äußeren Energieniveaus des Pulverteilchens austreten und auf das Triborohr übergehen. Eine bipolare Aufladung entsteht aber nur dann, wenn die Trennung von beiden so schnell erfolgt, dass die Elektronen nicht wieder zurückfließen können. Eine möglichst große Differenz der Elektronenaffinität zwischen Pulverwerkstoff und Werkstoff des Triborohres ist also günstig.

Im Verlaufe der Beschichtung mit Pulvern kommt es zu beträchtlichen Verlusten, die durch eine entsprechende Anlagentechnik, unter Verwendung von Kabinen, minimiert werden müssen. Der heute wichtigste Kabinentyp ist der mit angebautem Pulverabscheider. Das nicht am Werkstück haftende Pulver wird abgesaugt und in einem Filter zurückgehalten. Vom Filtermedium wird das angesammelte Pulver automatisch abgerüttelt oder abgeblasen und dem Frischpulverbehälter wieder zugeführt. Geeignete Pulvertypen für das Tribopulversprühverfahren sind PA, PE, PVC und EP für das Koronapulversprühen PET, PBT, EP, und PUR sowie verschiedene Mischpulver.

Eine Neuerung der EPS-Anlagentechnik stellt das elektrostatische Wirbelbadverfahren dar. In einer geschlossenen Kabine befinden sich Elektroden, an denen eine Wechselspannung von 50 Hz und ca. 12 kV anliegt. Diese Elektrodenkombination bildet einen elektrostatischen Vibrator, der das Pulver verwirbelt. Die Abscheidung der Pulverteilchen erfolgt wiederum rein elektrostatisch auf dem geerdeten Werkstück. Es entsteht kaum Materialverlust.

Zum Aufschmelzen und gegebenenfalls Vernetzen der abgeschiedenen Pulverschicht muss das Werkstück abschließend, je nach Bindemittel, auf eine Temperatur zwischen 120 und 200 °C gebracht werden.

Das Pulverlackieren hat sich auf den verschiedensten Gebieten der Metallbeschichtung als universell anwendbares Verfahren eingeführt. Hauptverbraucher an Pulverlacken ist die Bauindustrie, sowohl für den Außenbereich als auch für den Innenausbau. Weitere Anwender sind die Beschichter von Stahl- und Gartenmöbeln sowie von Maschinenteilen und Teilen der Elektroindustrie. Aufgrund der ausgezeichneten Witterungsbeständigkeit, einer robusten Oberfläche, der Farbigkeit und großen Gestaltungsfreiheit der zu beschichtenden Teile hat die Pulverlacktechnik ihre breite Anwendung gefunden.

5.1.5 Entlacken

Allen Lackiertechniken wohnt inne, dass nicht nur das zu lackierende Teil beschichtet wird, sondern auch Warenträger, Gehänge, Gitterroste, Zubehör aus den Lackieranlagen u. a. Deshalb müssen diese Teile zu einem bestimmten Zeitpunkt des Fertigungsablaufes entlackt werden. Aber auch fehlerhaft lackierte und umzulackierende Teile sind zu entlacken. Es finden als Verfahren zur Entlackung Anwendung: Auflösen, Quellen, chemische Zerstörung, z. B. mit konz. H_2SO_4 oder konzentrierten wässrigen Lösungen von Alkalien, Pyrolyse und mechanisches Abtragen.

Auflösen in geeigneten Lösungsmitteln, wie z. B. in Estern und in N-Methyl-Pyrrolidon, lassen sich nur Lackschichten, die sich beim Filmbildungs- und Trocknungsvorgang nicht vernetzt haben. Durch das **Quellen** von schwach vernetzten Lacken kann man die Schicht von der Unterlage trennen. Bei der **chemischen Zerstörung** der Bindemittelmoleküle entstehen niedermolekulare Bruchstücke, die dann leicht von der Unterlage abspülbar sind. Für Eisenwerkstoffe eignet sich konzentrierte H_2SO_4; bevorzugt aber wird mit stark alkalischen Lösungen gearbeitet. Die genannten Entlackungsverfahren können intensiviert werden durch höhere Temperaturen der Behandlungslösungen und/oder durch Ultraschall.

Unter **pyrolytischer Entlackung** versteht man die thermische Zersetzung der organischen Schicht bei Temperaturen oberhalb 400 °C. Neben dem Energieeintrag durch heiße Brenngase besitzt die Einwirkung heißer Sandpartikel (Wirbelbett) die größere Bedeutung. Eine Entlackung besonders empfindlicher Teile ist durch Anwendung der Lasertechnik (CO_2-Laser-Entlackung) möglich, wobei ein schichtweiser Abtrag stattfinden kann.

Durch Schleifen, Sandstrahlen oder Anwendung von Hochdruckwasser verläuft das **mechanische Abtragen**. Die Strahlmittel werden mit Druckluft oder per Schleuderrad aufgebracht. Nachteilig sind der Verschleiß der Werkstückoberfläche sowie der hohe Energie- und Strahlmittelverbrauch.

Alle aufgeführten Entlackungsverfahren erfordern ein Recycling bzw. die Entsorgung der Rückstände. Eine technisch interessante Lösung ist die Tieftemperaturentlackung. Das Verfahren beruht auf der Versprödung der Lackschichten mit flüssigem Stickstoff bei –196 °C mit anschließender mechanischer Nachbehandlung.

5.2 Nichtmetallische anorganische Schichten

Derartige Schichten bestehen hauptsächlich aus Oxiden, Carbiden, Nitriden, Siliciden und Boriden. Verfahren zu ihrer Abscheidung sind:

- Emaillieren,
- PVD- und CVD-Verfahren und
- thermisches Spritzen (siehe Tabelle 4.18).

Neben der Korrosionsschutzwirkung weisen diese Beschichtungen hohe Beständigkeit gegen Verschleiß und hohe Temperaturstabilität auf. Andererseits unterliegen die Werkstücke während der Beschichtung hohen thermischen Belastungen. Ein Vorteil dieser Verfahren besteht in der Vielfalt der möglichen Beschichtungsmaterialien, die in Abhängigkeit vom Verfahren in hoher Reinheit abgeschieden werden können. Dadurch sind besondere Eigenschaften erzielbar.

Bei den Hartstoffschichten liegen die Schichtdicken im Bereich von 1 bis 10 µm, Emailleschichten um eine Größenordnung höher, optische Schichten um eine Größenordnung niedriger.

5.2.1 Emaillieren

Eine besondere Bedeutung besitzen die Emailschichten, da sie sich neben den genannten Eigenschaften durch physiologische Unbedenklichkeit, elektrisches Isolationsvermögen, besonders hohe Haftung zum Untergrund und dekorative Wirkung auszeichnen. Begrifflich ist zu unterscheiden zwischen Email und Emaillieren.

Email ist eine durch Schmelzen entstandene Masse mit anorganischer, in der Hauptsache oxidischer Zusammensetzung, die in einer oder mehreren Schichten, teils mit Zuschlägen, auf metallische Werkstücke unter Verwendung eines Emailschlickers oder Emailpulvers aufgeschmolzen wurde.

Als Ausgangsstoffe kommen zum Einsatz:

Quarzsand (SiO_2), Feldspat ($K_2O \cdot Al_2O_3 \cdot 6SiO_2$), Borax ($Na_2B_4O_7$), Soda ($Na_2CO_3$), Pottasche ($K_2CO_3$), Aluminiumoxid ($Al_2O_3$), Zirkondioxid ($ZrO_2$) oder Titandioxid ($TiO_2$).

Zur Farbgebung werden Schwermetalloxide, wie z. B. Kobalt-, Chrom-, Nickel-, Eisenoxid u.a. zugesetzt. Damit ist die chemische Zusammensetzung von Emails und ihr Aufbau („Struktur") denen von Gläsern vergleichbar. Gläser bestehen aus einem Netzwerk von Si- und O-Ionen. Im Quarz ordnen sich die SiO_4-Tetraeder zu einem Kristallgitter an. Durch Einbau von Alkali- und Erdalkalioxiden bzw. ihren Kationen, wird dieses Netzwerk gelockert (Netzwerkwandler), siehe Bild 5.16 (siehe auch Bild 2.7).

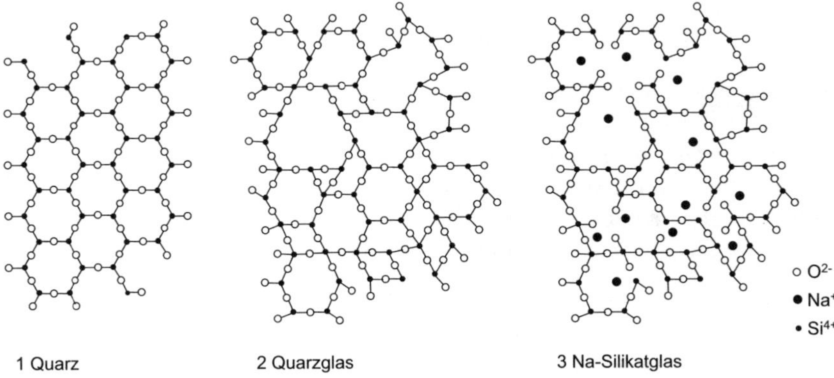

Bild 5.16: Si-O-Netzwerke

Elemente, wie Bor, Phosphor und andere, stabilisieren das Netzwerk (Netzwerkbildner). Auf dieser Basis erfolgt durch Variation von Netzwerkbildnern und Netzwerkwandlern die Anpassung des Emails an den jeweiligen Anwendungsfall.

Ein Gemisch aus den jeweiligen Rohstoffen wird in speziellen Öfen bei Temperaturen um 1300 °C zu einem Glasfluss aufgeschmolzen. Aus der erstarrten Schmelze entsteht in einem Mahlprozess die Emailfritte. Den Ablauf gibt Bild 5.17 wieder.

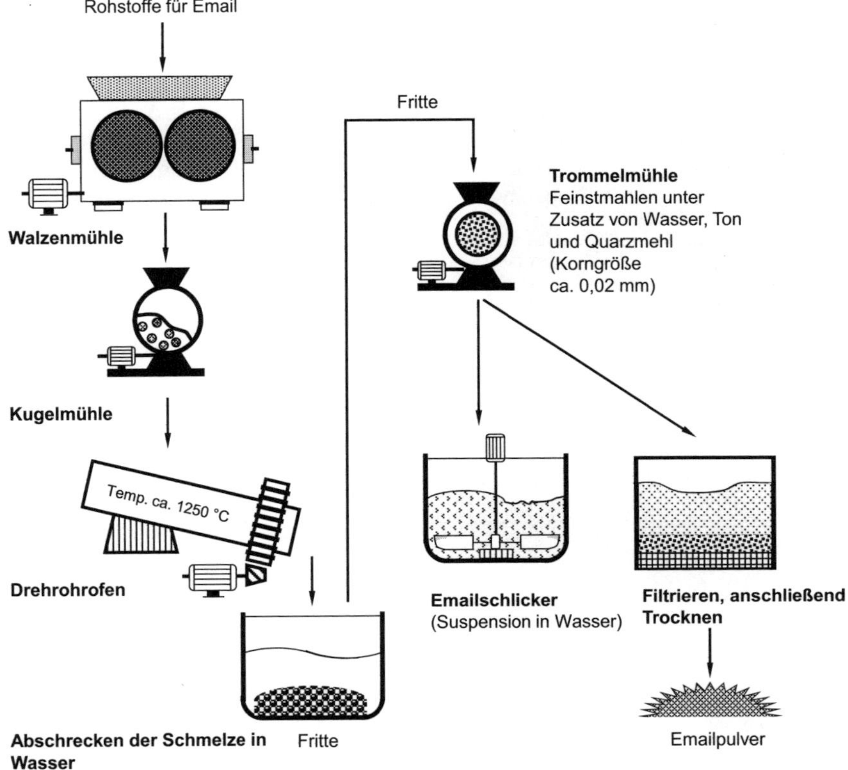

Bild 5.17: Herstellung der Fritte und ihre Weiterverarbeitung

Entsprechend ihrem Verwendungszweck haben die Fritten außerordentlich unterschiedliche Zusammensetzungen, die für einige Anwendungen in Tabelle 5.11 zusammengestellt sind.

Das **Emaillieren** kann nass oder trocken erfolgen. Beim Nassauftrag liegt die Fritte in feinsuspendierter Form vor (Emailschlicker). Der Schlicker enthält neben der Fritte Zuschlagstoffe und Wasser. Als Verfahren des Nassemailauftrages finden das Spritzen, Tauchen oder Fluten von Hand oder maschinell Anwendung. Im Bild 5.18 sind die Arbeitsschritte beim Nassauftrag dargestellt. Der Trockenauftrag (Emailpulver oder Puder) kann erfolgen durch elektrostatisches Pulverspritzen oder durch Aufstäuben auf eine mit Haftvermittler versehene Oberfläche.

Emaillierfähig sind die metallischen Werkstoffe Stahl, Edelstahl, Grauguss und Aluminium. Im Bereich der Emaillierung von Schmuck sind es die Metalle Kupfer, Silber, Gold und Platin. Bei jedem Trägerwerkstoff sind die chemische Zusammensetzung, die technischen Kennwerte und das Reaktionsverhalten unter Emaillierbedingungen zu beachten (siehe Tabellen 5.11 und 5.12). Industriell werden heute überwiegend Stahl, Grauguss und Aluminium emailliert.

Für die Eisenwerkstoffe hat insbesondere der Kohlenstoffgehalt für die Emaillierfähigkeit Bedeutung. Beim Emaillieren reagiert der Kohlenstoff mit Sauerstoff zu CO_2, was zur Blasenbildung führt. Der Kohlenstoffgehalt liegt deshalb grundsätzlich unter $< 0{,}1\,\%$. Die Qualität der Emailschicht bei Stählen wird außerdem durch ihr Wasserstoffaufnahmevermögen bestimmt. Im Verlauf des Brennvorganges bilden sich geringe Mengen Wasserstoff, die im Stahl verbleiben sollen, damit ein Absprengen der Emailschicht verhindert wird. Sammelstellen für Wasserstoff sind Mikrorisse und Korngrenzen.

Tabelle 5.11: Zusammensetzungen von Emails

Komponente [Masse %]	Stahlblech Grundemail	Stahlblech farbiges Deckemail	Stahlblech säurefestes Email	Stahlblech säure- u. laugenfestes Email
SiO_2	20 - 35	10 - 35	55 - 70	55 - 60
K_2O	6	6	2,5	-
Na_2O	10 - 15	13 - 20	13 - 20	10 - 20
CaO	-	-	1 - 8	2 - 6
B_2O_3	15 - 20	15 - 20	2 - 7	1 - 3
Al_2O_3	6 - 8	6 - 8	3 - 4	3 - 7
CaF_2	4 - 8	1 - 7	-	-
KNO_3	2 - 5	1 - 4	-	-
TiO_2	-	-	3 - 6	-
ZrO_2	-	-	-	13 - 18
Li_2O	-	-	0 - 3	4 - 5
Haftoxide	0,5 - 2	-	-	-
Farbkörper	-	1 - 5	-	-

Tabelle 5.12: Zusammensetzung emaillierfähiger Metalle

Element [Masse %]	Stahl	Gusseisen	Aluminium (Blech)			Aluminium (Guss)
C	<0,10	3,2 … 3,7*				
Si	0,01	2,0 … 3,0	<0,3	0,6	0,2	5
Mn	0,45	0,4 … 0,8	-	-	0,1	0,1
P	0,05	0,6 … 1,2	-	-	-	-
S	0,05	<0,15	<0,03	-	-	-
Ti	-	-	-	-	-	-
Al	Spur	-	99,5	>98	>96,5	94
Cu	0,18	-	<0,05	0,2	0,5	0,1
Cr	0,20	-	-	-	0,2	<0,2
Mg	-	-	-	-	0,5 … 1,2	<1
Zn	-	-	-	0,1	-	<0,5

* davon Graphit: 2,2 ... 3,1

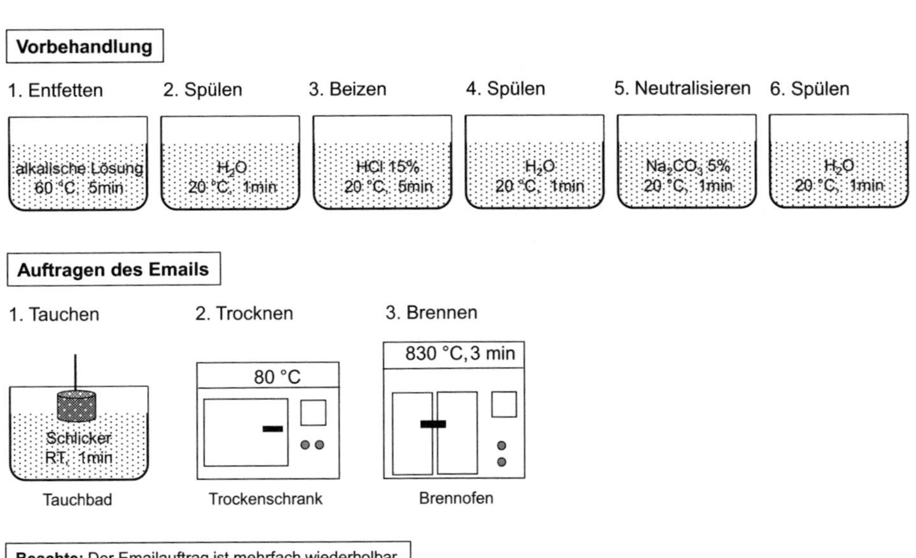

Bild 5.18: Arbeitsschritte beim Emaillieren (Beispiel: Nassauftrag)

Durch das Emaillieren entsteht ein Verbundwerkstoff als Kombination aus einem Metall und einem Glas. In der metallografischen Aufnahme einer emaillierten Stahlprobe, Bild 5.19, ist das erkennbar.

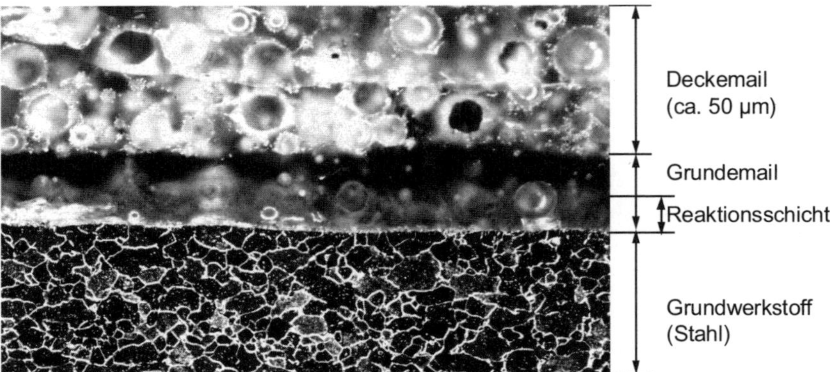

Bild 5.19: Metallografische Aufnahme einer emaillierten Stahlprobe

Metalle besitzen neben der hohen elektrischen und Wärmeleitfähigkeit duktiles Verhalten, d. h. plastisches Formänderungsvermögen, sind aber wenig korrosionsbeständig. Eine Emailschicht zeigt alle typischen Merkmale eines Silikatglases: Härte und Abriebfestigkeit, aber Sprödigkeit, geringe Wärmeleitfähigkeit, hohe thermische Belastbarkeit und hohe chemische Beständigkeit. Aufgrund der Sprödigkeit der Emails lassen sich emaillierte Werkstücke nachträglich nicht mehr verformen; gegen Stoßbelastungen sind sie empfindlich, es kommt zu Abplatzungen. Temperaturwechsel von ca. 200 K widerstehen emaillierte Werkstücke, obwohl die Wärmeleitfähigkeiten und Wärmeausdehnungskoeffizienten sehr unterschiedlich sind. Richtwerte ausgewählter Eigenschaften von Emaillierungen enthält Tabelle 5.13.

Die Ursache für die beachtliche Temperaturwechselbeständigkeit liegt in der hervorragenden Haftung zwischen Email und Grundwerkstoff, z. B. Stahl. Für die Haftung zwischen Basiswerkstoff und Email sind zwei Haftmechanismen verantwortlich. Als erster die mechanische Verankerung (Physisorption) der Emailschicht in Vertiefungen des Grundwerkstoffes und als zweiter die Ausbildung von Hauptvalenzen (Chemisorption).

Mit dem Aufschmelzen des Grundemails lösen sich Oxide der Stahloberfläche (z. B. NiO, CoO, FeO) im Glasfluss. Das aus Silizium-, Metall- und Sauerstoffionen bestehende Netzwerk des Emails kann ohne weiteres andere Metallkationen und Sauerstoffionen zusätzlich einbauen. Durch das Auflösen der Oxidpartikel erfolgt ein Aufrauen der Oberfläche, ähnlich einem Beizvorgang, mit dem Ergebnis einer mechanischen Verankerung. Besitzt die Oberfläche keine sogenannten Haftoxide muss vor dem Emaillieren chemisch oder mechanisch aufgeraut werden. Da eine chemisch reine aktivierte Oberfläche mit der Entstehung der Emailschicht vorliegt, bilden sich zwischen den Ionen des Metallgitters und den Sauerstoffionen des Emails Ionenbeziehungen (Hauptvalenzen) aus.

Der Emailliervorgang ist mit dem Einbrennen abgeschlossen. Das Emaillieren lässt sich mehrfach wiederholen. Soll eine dekorative Gestaltung der Emailschicht erfolgen, kann man das durch Siebdruckverfahren, Abziehbilder oder über Schablonen erreichen.

Tabelle 5.13: Eigenschaften von Emaillierungen (Richtwerte)

Eigenschaft	Einheit	Wert
Dichte	$g \cdot cm^{-3}$	2,4–3,0
E-Modul	MPa	$50–80 \cdot 10^4$
Zugfestigkeit	$N \cdot mm^{-2}$	80 – 120
Druckfestigkeit	$N \cdot mm^{-2}$	800–1200
Bruchdehnung	%	≤ 0,12
Mikrohärte	Vickers	4000–6000
Wärmeausdehnungkoeffizient (linear)	K^{-1}	$8–12 \cdot 10^{-6}$
Wärmeleitfähigkeit	$W \cdot m^{-1} \cdot K^{-1}$	0,5–1
Temperaturwechselbeständigkeit		2 Abschreckungen von 200 °C
Spez. elektr. Leitfähigkeit (bei 100 °C)	$S \cdot m^{-1}$	10^{-10}
Durchschlagsfeldstärke	$kV \cdot mm^{-1}$	4–10

5.2.2 Abscheidung nichtmetallischer anorganischer Schichten aus der Gasphase

Nichtmetallische anorganische Schichten lassen sich in Analogie zu den Metallschichten ebenfalls durch Sputtern und CVD-Verfahren abscheiden. Das Prinzip der Schichtbildung durch Sputtern und CVD wird in Abschnitt 4.2 behandelt. Beide Verfahren zur Schichtbildung aus der Gasphase dienen heute bevorzugt der Abscheidung von Hartstoffschichten auf der Basis von Carbiden, Nitriden, Oxiden und Boriden von Elementen der IV. bis VI. Nebengruppe des PSE sowie einiger Hauptgruppenelemente, wie Al, Si oder B, die Schichten aus Al_2O_3, SiC oder BN bilden.

Soll die angestrebte Beschichtung nichtmetallisch anorganisch sein (Verbindung), bringt man zu deren Ausbildung die in Gasform überführten Metalle (Metalldampf) mit Gasen, wie z. B. N_2, C_2H_2 und O_2, zur Reaktion. Die Schichtzusammensetzung ist über den Partialdruck der Reaktivgase und den Volumenstrom der Metallteilchen variierbar. Diese Verfahrensweise steht von der Systematik her zwischen dem reinen Aufdampfen (PVD) und den im Weiteren behandelten CVD-Verfahren.

Alle modifizierten PVD-Verfahren, außer dem Aufdampfen, das im Hochvakuum ohne angelegtes Feld zwischen Quelle und Substrat stattfindet, laufen mit Plasmaunterstützung ab. Als besonders wirksam hat sich das Hochfrequenzplasma erwiesen. Mithilfe dieser Technik lassen sich z. B. Siliziumcarbid (SiC), Titancarbid (TiC), Chromcarbid (CrC oder Cr_3C_2), Titannitrid (TiN) und Aluminiumoxid (Al_2O_3) als Verschleißschutzschichten abscheiden. Zur Verbesserung der Gleiteigenschaften eignen sich auf diesem Wege abgeschiedene Schichten, wie Eisenborid (Fe_2B), Bornitrid (BN_{hex}), Bleioxid (PbO), Molybdändisulfid (MoS_2) u. a.

Durch CVD werden hauptsächlich Titancarbid- (TiC), Titannitrid- (TiN), Chromcarbid- (Cr_7C_3), Titancarbonitrid- (TiC_XN_Y), Titandiborid- (TiB_2), Tantaldiborid- (TaB_2) und Aluminiumoxid- (Al_2O_3) Schichten hergestellt.

Titancarbid entsteht durch Reaktion von Titantetrachlorid mit Methan bei 900 bis 1000 °C nach folgender Reaktion:

$TiCl_4(g) + CH_4(g) \rightarrow TiC(s) + 4\ HCl(g)$

Zur Abscheidung von Titannitrid setzt man Titantetrachlorid, Stickstoff und Wasserstoff plasmaunterstützt um.

$2\ TiCl_4(g) + N_2(g) + 4\ H_2(g) \rightarrow 2\ TiN(s) + 8\ HCl(g)$

Gleichzeitige Anwesenheit von CH_4 und N_2 im Reaktionsgas gestatten die Abscheidung von Titancarbonitrid-Schichten, deren Stöchiometrie durch Variation von Druck, Temperatur und Konzentration der Reaktionspartner eingestellt werden kann.

Aus Chrom (II)-chlorid, Methan und Wasserstoff entsteht Chromcarbid (Cr_7C_3) nach folgender Gleichung:

$7\ CrCl_2(g) + 3\ CH_4(g) + H_2(g) \rightarrow Cr_7C_3(s) + 14\ HCl(g)$

Durch Hydrolyse von Aluminiumchlorid mit Wasser zwischen 1050 - 1100 °C bilden sich Al_2O_3-Schichten.

$2\ AlCl_3(g) + 3\ H_2O(g) \rightarrow Al_2O_3(s) + 6\ HCl(g)$

Hartstoffschichten auf Basis von Borverbindungen, wie Titandiborid (TiB_2), Tantaldiborid (TaB_2) und Borcarbid (B_4C), entstehen unter Verwendung von Bortrichlorid BCl_3, wie z. B. TaB_2 durch folgende Reaktion:

$TiCl_4(g) + 2\ BCl_3(g) + 5\ H_2(g) \rightarrow TiB_2(s) + 10\ HCl(g)$

Eine Übersicht für die in der Praxis wichtigen Eigenschaften von CVD-Hartstoffschichten enthält Tabelle 5.14.

Aufgrund ihrer großen chemischen Stabilität, der geringen Löslichkeit von Metallen in den Schichten und der niedrigen Reibwerte sind TiC- und TiN-Schichten besonders hervorzuheben. Sie sind nicht nur gegen abrasiven, sondern auch gegen adhäsiven Verschleiß außerordentlich widerstandsfähig. Die Neigung derartig beschichteter Werkzeuge zum Kaltaufschweißen und „Fressen" ist darum gering. In jüngster Zeit haben auf diesem Gebiet CVD-Diamantschichten und amorphe Kohlenstoffschichten (DLC, engl.: *diamond-like carbon*) Bedeutung erlangt.

CVD-Diamantschichten entstehen bei der direkten Abscheidung von Kohlenstoffatomen aus CH_4 oder C_2H_2, die sich auf dem Substrat als Schicht zum Diamantgitter ordnen. Möglich ist es aber auch, Schichten von ca. 2 mm zu erreichen, die sich vom Substrat trennen lassen. Amorphe Schichten setzt man bevorzugt für tribologische Anwendungen ein. Sie weisen einen sehr niedrigen Reibbeiwert gegen viele Materialien auf, z. B. gegenüber Stahl Reibbeiwerte von unter 0,05. Eine Voraussetzung für hohe Schichthaftungen bildet der im Verhältnis zur Härte relativ niedrige E-Modul. Anwendungen finden diese Schichten für:

- Verschleißschutz,
- Reibminderung und Antihaftwirkung,
- Medizintechnik.

Um die Eigenschaftsvielfalt der CVD-Schichten in der praktischen Anwendung noch zu erweitern, scheidet man nicht nur die reinen Schichten, sondern Schichtfolgen (Sandwichstrukturen) oder Schichten mit kontinuierlichen Übergängen ab. Verfahrensbedingt können aufgrund der relativ hohen Temperaturen bei der CVD-Abscheidung in den Grundwerkstoffen Wärmespannungen, Deformationen und Festigkeitsänderungen auftreten. Bei Vergütungs- und legierten Stählen können diese unerwünschten Eigenschaftsänderungen durch Wärmebehandlungen gemindert werden. Für verzugsgefährdete Bauteile ist deshalb das CVD-Verfahren nicht zu empfehlen.

Tabelle 5.14: Eigenschaften von CVD-Hartstoff-Schichten

Schicht	TiC	TiN	Cr_7C_3	Al_2O_3	TiB_2
Struktur	kfz	kfz	hex	rhombo-edrisch	hex
Härte [$HV_{0,05}$]	3300 - 5200	1800 - 2800	1900 - 2400	2500 - 3000	3200 - 3600
E-Modul [10^5 Nmm^{-2}]	4 - 4,5	2,5	3,5	2,5 - 4,1	3,7
Schmelzpunkt [°C]	ca. 3100	2950	1780	2050	2900
Reibwert $\mu_{trocken}$	0,11 - 0,15	0,17 - 0,21	0,30 - 0,51		
Wärmeausdehnungskoeff. $\alpha[10^{-6}\ K^{-1}]$	7,42	9,35	10,6	8,3	6,4
Wärmeleitfähigkeit $\lambda[J\ cm^{-1}\ s^{-1}\ K^{-1}]$	0,21	0,29		0,34	0,26
Dichte ρ [g cm^{-3}]	4,9	5,3	6,9	4,0	4,5
Beständigkeit an Luft [°C]	ca. 350	ca. 500	ca. 700		
Bildungsenthalpie - ΔH_{298} [kJ mol^{-1}]	184,38	336,88	190,65	1671,8	150,84
Farbe	grau	goldgelb	silber-glänzend	farblos	metall. glänzend

Sowohl Metalle als auch nichtmetallische Werkstoffe wie Glas und Keramik lassen sich so beschichten; ebenfalls auch Fasern aus Kohlenstoff und organischen Polymeren.

Vorteilhaft wirkt sich das hohe Streuvermögen der CVD-Technik auch auf die gleichmäßige Schichtdickenverteilung bei geometrisch komplizierteren Werkstücken aus. Maximal erreichbare Schichtdicken können im Bereich von 100 µm liegen, z. B. für dekorative Zwecke, erforderliche Schichtdicken für Werkzeuge liegen im Bereich zwischen 0,1 bis 10 µm.

Hauptanwendungsgebiete für CVD-Beschichtungen sind Werkzeuge für die spanende Bearbeitung, Zieh-, Biege- und Prägewerkzeuge für Kaltverformungen, Düsen und Ventileinsätze für starke Belastung infolge abrasiv wirkender strömender Medien, Lagerteile und Messer.

Plasmagestützte PVD- und CVD-Verfahren haben in den letzten Jahrzehnten eine bedeutende Entwicklung erfahren. So abgeschiedene dünne Schichten bestimmen in zunehmendem Maße die Einsatzgebiete moderner Produkte. Wichtigste praktische Anwendungen dünner Schichten sind:

- Verringern von Verschleiß und Reibung z. B. bei Werkzeugen,
- Wärmedämm- und Sonnenschutzbeschichtungen auf Architektur- und Automobilglas,
- optische Schichten, wie gasochrome Verglasung und Kaltlichtreflektoren,
- Beschichtung von Folien, Fasern und Formteilen aus Kunststoff,
- Dünnschicht-Informationsspeicher wie DVD, Blu-Ray,
- Schichten für EUV-Lithografie,
- Dünnschichtsolarzellen,
- Schichten für die Displaytechnik.

Zu den nichtmetallisch anorganischen Schichten muss man auch die durch Borieren, Silicieren, Nitrieren, Carbonitrieren und Aufkohlen auf Stählen erzeugten Randzonen rechnen. Da diese Verfahren ausschließlich der Behandlung von Stählen mit dem Ziel einer Härteerhöhung der Randschicht durch chemische Reaktionen dienen, werden sie ausführlich in Lehrbüchern zur Wärmebehandlung von Stählen dargelegt.

Zusammenfassung

Nichtmetallschichten

- Nichtmetallschichten bestehen einerseits aus hauptsächlich organischen Makromolekülen (Polymere) und andererseits aus anorganischen Verbindungen, wie Oxiden, Carbiden, Nitriden u. a. m.
- Organische Bindemittel unterscheiden sich in Nass- und Pulverlacke.
- Als Funktionsschicht gewährleisten die organischen Beschichtungen in erster Linie den Korrosionsschutz.
- Nasslacke bestehen aus Bindemittel, Farbmittel, Additiva und Lösungsmittel, zunehmend Wasser, wobei die Filmbildung durch physikalische oder chemische Trocknung erfolgt.
- Als Beschichtungsverfahren für Nasslacke dienen Spritz- oder Tauchverfahren. Herausragende Bedeutung hat die Katodische Tauchlackierung (KTL) erlangt.
- Pulverlacke enthalten Bindemittel und Farbmittel. Die Filmbildung verläuft durch Sintern, Schmelzen oder Vernetzung bei erhöhter Temperatur ohne Anwesenheit von Lösungsmitteln.
- Die Verarbeitung von Pulverlacken erfolgt durch das Pulversintern (Wirbelsintern) und das elektrostatische Pulversprühen.
- Durch Auflösen, Quellen, chemischen Abbau, Pyrolyse, mechanischen Abtrag und Tieftemperatureinwirkung lassen sich Anlagenteile wie Warenträger entlacken.

- Emailschichten zeichnen sich aus durch:
  - physiologsche Unbedenklichkeit,
  - hohe thermische Belastbarkeit,
  - ausgeprägte Haftung zum Untergrund,
  - elektrisches Isolationsvermögen und
  - dekorative Wirkung.
- Die Verarbeitung erfolgt nass (Schlicker) sowie trocken (Pulver).
- Die chemische Zusammensetzung von Emails ist der von Gläsern vergleichbar.
- Zur Abscheidung von Hartstoffschichten aus der Gasphase dienen Sputter- und CVD-Verfahren, die sich durch den Einsatz plasmagestützter Verfahren in ihrer Anwendungsbreite erweitert haben.

Literatur

BRETSCHNEIDER, A.; KÜHN, W.: *Emaillierung von Leichtmetallen - eine moderne Alternative zur Herstellung funktioneller Oberflächen*, Firmenschrift Kühn Email GmbH

BUHLERT, M.; GRABS, M.; SCHÜBBERS, H.; PLATH, P. J.: *Hochglanz unter Lack*, Galvanotechnik, 94 (2003) 11, S. 2784 - 2793

Emaillieren - Kunst und Handwerk in: http://em-enamel.bn-paf.de/ zuletzt aufgerufen 28.07.2014
Emaillieren in: http://www.oev.org/index.html: (Österreichischer Email Verband), zuletzt aufgerufen 28.07.2014

GOTTWALD, K.: *Einsatztiefe der Industriellen Plasma-Oberflächentechnik im Maschinen- und Anlagenbau*, Galvanotechnik, 93 (2002) 8, S. 2092 - 2095

HOFFMANN, U.: *Optimierungskonzepte in der Kunststofflackierung*, Metalloberfläche, (1997) 3, S. 192 - 196

KAPITZA, U.: *Durchlauf-Pulverbeschichtung*, Metalloberfläche (1997) 9, S. 686 - 689

KARI, A.: *Innovative Wirbelsintertechnik*, Metalloberfläche (1998) 6, 468 - 469

KLEBER, W.: *Elektrostatische Oberflächenbeschichtung*, Metalloberfläche Teil 1, 54 (2000) 06, Teil 4, 54 (2000) 09

KLEIN, W.; STROHBECK, U.: *Mit UV-Technik in die dritte Dimension*, Metalloberfläche (1997) 9, S. 690 - 691

LANGOWSKI, H.-CH.: *Oberflächentechnik für flexible Displays*, Galvanotechnik, 94 (2003) 11, S. 2800 - 2807

LENHERR, M.: *Dünnschichtpulver*, Metalloberfläche (1997) 7, S. 524 - 525

LUGSCHEIDER, E.; ZWICK, J.: *Beschichten von Metall und Kunststoff*, Metalloberfläche (2003) 7/8

MICHAELIS, R.: *Pulver-Coil-Coating - Eine Alternative zur Bandbeschichtung mit Flüssiglack*, JOT (1998) 02

NAKHOSTEEN, C. B.: *Forschungsschwerpunkte und Fortschritte der Dünnschichttechnologien*, Galvanotechnik, 94 (2003) 10, S. 2530 - 2541

OBST, M.: *Pulverlacksysteme*, Taschenbuch für Lackierbetriebe, Vincentz Verlag Hannover, 53. Ausgabe, 1996, S. 78 - 91

PAATSCH, W.: *Verschleißbeständige Aluminiumwerkstoffe*, Metalloberfläche (1997) 9, S. 678 - 682

PIETSCHMANN, J.: *Industrieelle Pulverbeschichtung (Grundlagen, Verfahren, Praxiseinsatz)*, 4., überarbeitete und erweiterte Auflage, Springer Vieweg, 2013

PIETSCHMANN, J.; KLEINERT, U.: *Untersuchungen zur Haftung von Pulverlacken auf anodisierten Aluminiumoberflächen*, Galvanotechnik 93 (2002) 1, S. 202 - 210

RONSDORF, H. J.; KLEBER, W.; SEICHE, P.: *Schnelle Farbwechsel für kleine Serien*, Metalloberfläche (1999) 6, S. 50 - 51

ROTHER, B.; KAPPEL, H.: *Thermisch verdichtende Titannitrid-Basisschichten*, Metalloberfläche (1997) 7, S. 528 - 530

SCHOLTEN, H.: *Wirbelsintern als Alternative*, Metalloberfläche 53 (1999) 02, S. 42 - 45

STOYE, D.; FREITAG, W. (Hrsg.): *Lackharze Chemie, Eigenschaften und Anwendungen*, Carl Hanser Verlag München Wien, 1996

STROHBECK, U.: *Pulverbeschichten*, Taschenbuch für Lackierbetriebe, Vincentz Verlag Hannover, 53. Ausgabe, 1996, S. 17 - 188

STROHBECK, U.; KLEBER, W.: *Elektrostatisches Sprühen von Flüssiglack*, Taschenbuch für Lackierbetriebe, Vincentz Verlag Hannover, 53. Ausgabe, 1996, S. 115 - 131

STUCKMANN, M.: *Neues Pulverbeschichtungskonzept erhöht Produktivität*, JOT (2002) 5, S. 14 - 18

THOMAS, A.: *Industrielle Wasserlacke und ihre besonderen Verarbeitungsbedingungen*, Taschenbuch für Lackierbetriebe, Vincentz Verlag Hannover, 53. Ausgabe, 1996, S. 50 - 82

THOMETZEK, P.: *Pulverlacke mit System*, Galvanotechnik, 93 (2002) 6, S. 1568 - 1570

UNGER, E.: *Die Erzeugung dünner Schichten, Das PECVD-Verfahren: Gasphasenabscheidung in einem Plasma*; Chemie in unserer Zeit, 25. Jg., 1991, Nr. 3, S. 148 - 158

VLCEK, J.; HUBER, H. u. a.: *Spray Forming Coposite Combustion Chamber Structures*, Galvanotechnik, 91 (2000) 9, 2572 - 2579

WAGENKNECHT, T.: *Untersuchungen zum Flammspritzen von Polyethylen für den Korrosionsschutz*, Dissertation Martin-Luther-Universität Halle-Wittenberg, 2002

WILKE, G.; WINTZ, H. J.; MAYER, B.: *Wässrige Lacksysteme*, Metalloberfläche (1999) 6, S. 40 - 42

6 Verfahren zur Herstellung von Konversionsschichten

Konversionsschichten bilden sich infolge einer chemischen Umwandlung der Metalloberfläche des Werkstückes mit einer wässrigen Reaktionslösung; daher die Begriffsbildung: Konversionsschicht. Eine Möglichkeit der Konversion besteht in der Bildung von schwerlöslichen Salzen durch chemische Umsetzung der Metalloberfläche mit der Reaktionslösung. Ein anderer Weg ist die Oxidbildung an der Metalloberfläche. Technische Bedeutung, unter Ausnutzung beider Wege, haben hierfür das Phosphatieren, das Chromatieren, das Eloxieren, das Brünieren und Metallfärbetechniken. In den Tabellen 6.1 und 6.2 erfolgt eine Zusammenfassung wesentlicher Anwendungsfelder, bevorzugt verwendete Grundwerkstoffe und eine Wichtung hinsichtlich ihrer Bedeutung (1 = geeignet, 2 = bedingt geeignet, 3 = nicht geeignet).

Tabelle 6.1: Konversionsschichten und ihre Anwendung

Zweck	Verfahren				
	Phosphatieren	**Chromatieren**	**Eloxieren**	**Brünieren**	**Färben**
Haftgrund	1	2	1	1	3
Korrosionsschutz	1	1	1	2	3
Verschleißschutz	1	2	1	3	3
Verbesserung der Gleiteigenschaften	1	3	2	3	3
Dekor	2	1	1	1	1

Tabelle 6.2: Substrate für Konversionsschichten

Substrat	Verfahren				
	Phosphatieren	**Chromatieren**	**Eloxieren**	**Brünieren**	**Färben**
Stahl	1	2	3	1	3
Stahl, feuerverzinkt	1	1	3	3	3
Stahl, galvanisch verzinkt	1	1	3	3	3
Aluminium und Legierungen	1	1	1	3	1
Magnesium und Legierungen	2	1	1	3	3
Kupfer und Legierungen	3	3	3	3	1

Wie die Tabellen 6.1 und 6.2 verdeutlichen, haben die Konversionsschichten im Wesentlichen ihre Bedeutung als Haftgrund für Lackschichten, als Korrosionsschutzschichten und als Dekorschichten.

6.1 Phosphatieren

Die Phosphatierung (DIN EN 12476, ergänzt durch DIN EN ISO 3892) umfasst sowohl Redox- als auch Fällungsreaktionen. Für die Erklärung der Schichtbildungsvorgänge spielen demzufolge Betrachtungen zum heterogenen Gleichgewicht und Elektronenaustauschvorgänge eine entscheidende Rolle. Hierbei werden aus phosphorsäurehaltigen Lösungen auf der Oberfläche des Grundwerkstoffes kristalline, in Wasser schwerlösliche und festhaftende Phosphatschichten erzeugt. Sie können sich nach zwei Reaktionswegen bilden. Beim ersten Weg werden Metallionen von der zu beschichtenden Oberfläche gelöst, bilden mit den Anionen der wässrigen Lösung eine Verbindung, die dann eine relativ dünne Schicht ergibt. Es wird in der Praxis nicht ganz korrekt als nichtschichtbildendes Verfahren bezeichnet (Auflagemasse: 0,3 - 0,8 g/m^2). Beim zweiten Weg, dem schichtbildendem Phosphatieren, lassen sich Auflagemassen zwischen 3 und 5 g/m^2 erreichen. Die hierfür erforderlichen Phosphatierlösungen enthalten primäre Metallphosphate, wie Zink-, Mangan- oder Eisenphosphate, weiterhin freie Phosphorsäure und Oxidationsmittel zur Umsetzung des atomaren Wasserstoffs, um die Oberfläche des Grundwerkstoffes zu depolarisieren. Der unmittelbar bei der Beizreaktion entstehende atomare Wasserstoff wird an der Metalloberfläche adsorbiert und kann dadurch zur Minderung der Geschwindigkeit nachfolgender Reaktionen führen. Soll die Beizreaktion und damit der schichtbildende Prozess mit der entsprechenden Geschwindigkeit ablaufen, muss der atomare Wasserstoff entfernt werden. Das geschieht durch Anwendung von Oxidationsmitteln, wie Nitraten, Nitriten und Chloraten.

Jede Phosphatierung beginnt mit einer Beizreaktion, durch die der Grundwerkstoff infolge der Säureeinwirkung unter Wasserstoffbildung in Lösung gebracht wird. Für Fe-Werkstoffe gilt:

$$Fe + 2H^+ \rightarrow Fe^{2+} + 2H$$

In der Folgereaktion bilden sich aus den Eisenionen und den Anionen der Phosphorsäure Eisenphosphate. Durch den Verbrauch der Wasserstoffionen steigt der pH-Wert in unmittelbarer Nähe der Oberfläche an, gleichermaßen erhöht sich die Konzentration der Phosphationen. Wird das Löslichkeitsprodukt des primären Phosphates überschritten, fällt es auf der Oberfläche aus. Fällt es nicht in der oberflächennahen Grenzschicht aus, sondern im Flüssigkeitsvolumen, bilden sich schwammige Schichten. Die die Phosphatierschicht bildenden Phosphate müssen schwerlöslich sein. Entsprechend der Dissoziationsstufen der Phosphorsäure H_3PO_4 sind drei Eisen(II)phosphate möglich:

Primäres Eisenphosphat $Fe(H_2PO_4)_2$

Sekundäres Eisenphosphat $FeHPO_4$ und

Tertiäres Eisenphosphat $Fe_3(PO_4)_2$

Diese drei Phosphate stehen in der Lösung mit der Phosphorsäure im Sinne heterogener Systeme im Gleichgewicht.

Werden Phosphationen verbraucht, verschiebt sich das Gleichgewicht nach rechts,

$Fe(H_2PO_4)_2 \leftrightharpoons FeHPO_4 + H_3PO_4$

$3FeHPO_4 \leftrightharpoons Fe_3(PO_4)_2 + H_3PO_4$

d. h., letztlich entsteht das tertiäre schwerlösliche schichtbildende Phosphat an Keimen der Oberfläche in Form von Kristallen. Analoge Reaktionen verlaufen auch im Falle verzinkter Oberflächen. Die schwerlöslichen Phosphate bilden eine Schicht, die beim Erreichen einer bestimmten Schichtdicke den Zutritt freier Säure zur Metalloberfläche verhindert, wodurch die Beizreaktion beendet ist.

Sollen Phosphatschichten mit höheren Auflagemassen gebildet werden, unabhängig davon, ob es sich dabei um eine Zink- oder Stahloberfläche handelt, wird die Phosphationenkonzentration durch Zusatz von löslichen Alkali- bzw. Ammoniumphosphaten in den Phosphatierlösungen erhöht. Enthalten die Lösungen zusätzlich Zinksalze bzw. Mangansalze, scheiden sich Zink- oder Manganphosphatschichten ab. Im Falle der Zinkphosphatierung entsteht $Zn_3(PO4)_2 \cdot 4H_2O$ (Hopeit), bei der Manganphosphatierung $(Mn, Fe)_5H_2(PO_4)_4$ (Hurèaulith) und bei der Zink-Calcium-Phosphatierung $Zn_2Ca(PO_4)_2$ (Scholzit). Aussehen, Korngröße und -form einer Zinkphosphatschicht vermittelt Bild 6.1. Man kann visuell nicht feststellen, ob sie sich auf einer Stahloberfläche oder auf einer vorher verzinkten bildet.

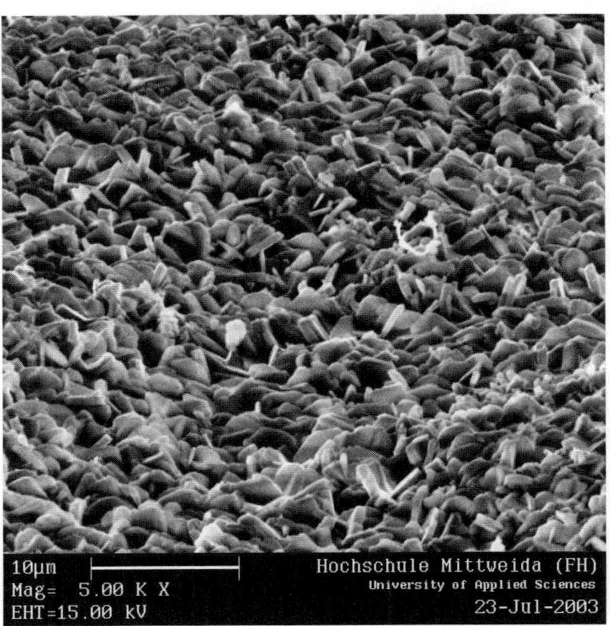

Bild 6.1: REM-Aufnahme von Zinkphosphatschichten auf Stahl, galvanisch verzinkt

Der Chemismus der Phosphatierung lässt sich in folgenden Schritten zusammenfassen:

- Beizangriff an der Metalloberfläche,
- Erhöhung des pH-Wertes an der Phasengrenze Metall/Phosphatierlösung,

- Überschreitung des Löslichkeitsproduktes des Lösungsfilms an der Phasengrenze,
- Kristallkeimbildung auf der Metalloberfläche,
- Aufwachsen der Phosphatschicht,
- Oxidation des Eisens in die dreiwertige Form,
- Ausfällung von Eisen(III)-phosphat in Form von Schlamm.

Phosphatschichten kommen hauptsächlich zur Anwendung:

- als Korrosionsschutz,
- als Haftgrund für organische Schichten sowie zur
- Verbesserung der Gleiteigenschaften und der Erleichterung der spanlosen Verformung.

Die Zinkphosphatierung findet im Fahrzeugbau als Korrosionsschutzverfahren (siehe Tabelle 6.3) Anwendung, z. B. für Kupplungselemente, Kurbelwellen, Bremsen und Normteile. Diese Schichten haben eine Schichtdicke von ca. 15 µm (40 g · m^{-2}) und können mit Öl oder Wachs zur weiteren Erhöhung der Korrosionsstabilität behandelt werden und entsprechen in ihrer Korrosionsbeständigkeit chromatierten Zinkschichten.

Tabelle 6.3: Korrosionsprüfung an Phosphatschichten

Unterlage	Auflagemasse [g · m^{-2}]	Salzsprühtest [h][1)]	Klima [h][2)]
Schichten auf Stahl			
blank	–	0,1	0,3
Zinkphosphat/Nitrat	25	3	24
Schicht auf Stahl/galvanisch Zn			
blank	–	1	24
Zinkphosphat/Nitrat	2	5	150

[1)] Salzsprühtest DIN EN ISO 9227
[2)] Kondenswasserkonstantklima DIN EN ISO 6270-2

Zur Vorbehandlung für das organische Beschichten, wie Nasslackieren, Pulverlackieren und Tauchlackieren (KTL), genügen dünne Phosphatschichten im Bereich von 0,5 bis 2 µm (0,3 bis 6 g · m^{-2}). Die gute Haftung organischer Schichten beruht auf der porösen Struktur der Phosphatschicht, wodurch sich eine gute mechanische Verankerung ergibt. Da die Phosphatschichten Ionengitter bilden, kommt es mit polaren Gruppen in der Lackschicht zur elektrostatischen Anziehung, zur Ausbildung nebenvalenter Bindungen, was die Haftung weiterhin erhöht. Bei Lackierungen auf phosphatierten Untergründen besitzt die Phosphatschicht eine Doppelfunktion. Wird in diesem Falle die Lackschicht verletzt, verhindert die Phosphatschicht ein Unterrosten. Der ionogene Charakter der Phosphatierung kann Einfluss auf den Abscheidungsmechanismus der Elektrotauchlackierung ausüben, deshalb ist die Auswahl des Phosphatierungsverfahrens (Niedrigzinkverfahren) qualitätsbestimmend.

Die Phosphatschichten zeigen zwar ein geringes Eigenschmierverhalten, mindern aber durch die Bildung einer nichtmetallischen Trennschicht zwischen gegeneinander bewegten

Metalloberflächen, z. B. beim Einlaufen von Zahnrädern, die Gefahr des Verschweißens (Pittingbildung). Besonders Manganphosphate besitzen ein hohes Adsorptionsvermögen für Öle und Festschmierstoffe, sodass beim Tiefziehen von Blechteilen, beim Draht- oder Rohrziehen der Schmierfilm während der Verformung erhalten bleibt. Dadurch lässt sich die Umformung mit geringerer Energie ausführen und gleichzeitig erhöht sich der Korrosionsschutz.

Zur Erzeugung von Phosphatschichten sind drei technologische Hauptschritte notwendig:

- Vorbearbeitung (z. B. Reinigen, Entfetten, Entzundern, Entgraten),
- Phosphatieren,
- Nachbearbeitung (z. B. passivierende Spülen, Trocknen).

Das Phosphatieren erfolgt in wässrigen Lösungen mithilfe von Tauch- oder Spritzverfahren. Phosphatierlösungen (vgl. Tabelle 6.5) enthalten im Allgemeinen bis zu 20 $g \cdot l^{-1}$ Alkali- oder Ammoniumdihydrogenphosphat und weitere Zusätze (siehe oben). Der pH-Wert wird mit Phosphorsäure oder auch Dialkali- bzw. Diammoniumhydrogenphosphaten auf 3,5 bis 6,0 eingestellt.

Bei der Behandlung von Autokarosserien ergaben sich für die Spritztechnik verfahrenstechnische Grenzen. Bedingt durch die Eigenschaften des Spritzstrahles kommt es zur teilweise unvollkommenen Schichtausbildung. Demzufolge setzten sich die Tauchverfahren durch, bei denen eine gleichmäßige Schichtausbildung erfolgt, was aber eine „tauchgerechte" Konstruktion voraussetzt. Oft findet man deshalb heute die Kombination aus Spritz- und Tauchtechnik. Bei der Phosphatierung von Autokarosserien nach dieser Technologie kommen die in Tabelle 6.4 zusammengefassten Parameter zur Anwendung.

Tabelle 6.4: Verfahrensablauf für die Spritz-/Tauchphosphatierung von Autokarosserien (Zinkphosphatierung)

Technologischer Hauptschritt	Verfahrensschritt	Temperatur [°C]	Zeit [s]
Vorbearbeitung	Spritzen (wässrig-alkalisch)	50 - 60	60
	Tauchen (wässrig-alkalisch)	50 - 60	40
	Spritzspülen	RT	15
	Standspülen mit Aktivator	RT	30
Phosphatieren	Vorspritzen	50 - 60	20
	Tauchen	50 - 60	180
	Nachspritzen	50 - 60	10
	Spritzspülen	RT	15
	Standspülen	RT	30
Passivierendes Nachspülen	Standspülen	20 - 50	30
	Standspülen (VE-Wasser)	RT	30
	Passivierendes Nachspülen	RT	30

Zur Durchführung des Prozessschrittes **Phosphatieren** sind Zusatzausrüstungen erforderlich:

- Löse- und Stapelbehälter für die Prozesschemikalien,
- Dosiereinrichtungen,
- Analysegeräte zur Badkontrolle,
- Einrichtung zur Entschlammung,
- Aufbereitungsanlagen der Schlämme und Abwässer,
- Anlage zur Herstellung von vollentsalztem Wasser.

Durch regelmäßige Kontrolle mittels Titration mit 0,1-molarer NaOH-Lösung wird in Abhängigkeit von der Belastung des Phosphatierbades die Betriebsfähigkeit gewährleistet. Die bei der Titration verbrauchten ml NaOH entsprechen der sogenannten Punktezahl (PZ) bzw. ergeben den Gehalt an freier Säure (FS). Anhand dieser beiden Kennzahlen erfolgt die aktuelle Einstellung des Bades.

Tabelle 6.5: Hauptbestandteile in Phosphatierlösungen für Stahl

Bestandteil		Zusammensetzung [$g \cdot l^{-1}$]	
		Verfahren	
		Kaltphosphatierung unter 40 °C	Heißphosphatierung 95 - 98 °C
Phosphat berechnet als	H_3PO_4	45 - 70	25 - 30
Zinkcarbonat	$ZnCO_3$	20	3
Mangancarbonat	$MnCO_3$	-	3
Natriumfluorid	NaF	-	10 - 15
Natriumethanat	H_3C-COONa	-	0,8
Organische Nitroverbindungen		2	0,08

Epositionszeiten: Schnellphosphatieren < 5min
Kurzzeitphosphatieren < 30 min
Langzeitphosphatieren > 30 min

Unmittelbar nach dem Ansetzen eines Phosphatierbades ist das Bad nicht einsetzbar, es muss erst ohne Ware eingearbeitet werden. Das geschieht z. B. durch Eintrag entfetteter Stahlspäne. Dabei entstehen unlösliche Phosphate, die nicht an der Metalloberfläche haften und sich als Schlamm am Boden absetzen. Jeder Phosphatieransatz muss eine bestimmte Menge Schlamm für die Aufrechterhaltung des heterogenen Gleichgewichtes enthalten. Enthält die Lösung zu wenig freie Säure, nimmt die Schlammbildung zu und es besteht die Möglichkeit, dass sich dieser Schlamm in den Poren der wachsenden Phosphatschicht festsetzt. Dadurch ergibt sich ein ungeeigneter Haftgrund für die Lackiertechnik.

6.2 Chromatieren

Vom Chromatieren (DIN EN ISO 3892) spricht man, wenn Metalloberflächen, bevorzugt Zink und Aluminium, mit chromionenhaltigen sauren Lösungen behandelt werden. Dabei entstehen in Wechselwirkung mit der Metalloberfläche schwerlösliche Chromverbindungen.

Taucht man Werkstücke mit einer Zinkoberfläche in eine Chromatierlösung, löst sich das Zink an der Oberfläche unter Bildung von Zn^{2+}-Ionen auf. Die dabei frei werdenden Elektronen werden unter Wasserstoffbildung verbraucht; der pH-Wert in der Grenzschicht Metall/Lösung steigt. In einer Sekundärreaktion entstehen schwerlösliche basische Zinksalze, die die Konversionsschicht bilden.

$Zn \rightarrow Zn^{2+} + 2e^-$

Teilweise werden diese Elektronen zur Reduktion der H^+-Ionen verbraucht.

$2H^+ + 2e^- \rightarrow H_2$

Ein Teil der Elektronen aus der Oxidation des Zinks reduziert, z. B. Cr(VI) zu Cr(III). Neben der Bildung von $ZnCrO_4$ (Zinkchromat) kommt es zur Fällung von $Cr(OH)_3$ (Chrom-(III)-hydroxid). Die Chromate sind für zwei Besonderheiten von Chromatierungen verantwortlich:

- An Beschädigungen bilden sich mit den löslichen Chromaten erneut schwerlösliche Chromatschichten: Selbstheilung.
- Lösliche Chromate können durch Auswaschen in die Umgebung gelangen. Sie sind als giftige und kanzerogene Schadstoffe einzuordnen.

Durch eine Initiative der Automobilindustrie wurde der Verzicht auf Cr(VI)-Anwendung angeregt. Die Gesetzgebung auf EU-Ebene fordert den Verzicht auf Cr(VI) im Automobilbau. Damit steht die Frage, welche Alternativlösungen verfügbar sind. Das bedeutet letztlich, alle Cr(VI)-haltigen Chromatierungen auf Zink und Zinklegierungen, wie Gelb-, Schwarz- und Olivchromatierungen, durch Cr(VI)-freie Passivierungen oder andere Schichtsysteme zu ersetzen. Als Alternative für das Standardsystem Stahl/Zink/Gelbchromatierung eignen sich Dickschichtpassivierungen auf Cr(III)-Basis. Ziel muss es nach wie vor sein, damit Schichtdicken von mindestens 0,3 µm herzustellen, um die gleiche Barrierewirkung zu erreichen. Ermöglicht wird dies durch:

- Ansatz der Reaktionslösung mit Cr(III)-Salzen,
- Einstellung eines hohen Cr(III)-Gehaltes,
- erhöhte Prozesstemperatur (60 - 80 °C) und
- Verlängerung der Verweilzeit.

Eine Folge davon ist ein höherer Aufwand zur Prozessführung und -überwachung und damit entstehende höhere Kosten.

Nach der früheren IUPAC-Regel wird für Chrom die Oxidationstufe +3 als Chromit, die Oxidationsstufe +6 als Chromat bezeichnet. Hieraus abgeleitet beansprucht die Firma SurTec® für nach ihrem Verfahren hergestellte Cr(III)-Konversionsschichten den Verfahrensnamen Chromitierung.

Ein anderer Weg für die Substitution bietet sich in der Versiegelung von verzinkten, transparent chromatierten Oberflächen an. Zur Versiegelung können verwendet werden anorganische Silicate, Mischsysteme aus organischen und anorganischen Si-Verbindungen, Silane und Silikone sowie Acrylatdispersionen. Meistens erfolgt nach der Transparentchromatierung die Versiegelung unmittelbar danach Nass in Nass mit Ausbildung der Schichtdicke von maximal 2 µm. Zur weiteren Erhöhung der Barrierewirkung wird zusätzlich organisch bis etwa 5 µm Dicke beschichtet (Top Coats). Infrage kommen dafür typische Einbrennlacke oder KTL-Dünnschichtsysteme. Ein dritter Weg ist der völlige Verzicht auf den Einsatz von Chromverbindungen, z. B. Zink-Lamellenabscheidung (→ 4.7)

Diese Alternativen zum Cr(VI)-Einsatz beinhalten aber auch negative Seiten, wie:

- Änderung der Maßhaltigkeit (Passungen, Toleranzen),
- Medienunverträglichkeit und
- Partikelbildung durch Abrieb.

6.3 Brünieren

Brünierschichten (DIN 50938) sind Konversionsschichten, die durch Oxidation von Eisenwerkstoffen entstehen. Beim Brünieren bilden sich Mischoxidschichten aus FeO und Fe_2O_3. Durch die geringe Schichtdicke von ca. 1 µm sind sie immer maßhaltig. Wegen der Porosität der Brünierschichten besitzen sie einen nur geringen Korrosionsschutz, der sich aber durch Beölen oder Befetten deutlich verbessern lässt. Diese Schichten sind weitgehend biege- und abriebfest sowie bis ca. 300 °C temperaturbeständig. Die elektrische Leitfähigkeit und die magnetischen Eigenschaften des Grundwerkstoffes werden nur in geringem Maße beeinflusst. Das Einsatzgebiet liegt im Maschinen- und Werkzeugbau, eine spezielle Anwendung ist das Brünieren von Handfeuerwaffen. Das gefällige tiefschwarze matte Aussehen erlaubt den Einsatz für dekorative Zwecke.

Zur Brünierung verwendet man Salzschmelzen oder Salzlösungen. Die Salzschmelzen enthalten Natriumnitrit, Natriumnitrat und Natriumhydroxid, die bei Temperaturen zwischen 320 und 360 °C und Expositionszeiten von 15 s bis 15 min blau bis braun gefärbte Schichten liefern. Ein Problem besteht hierbei in der Gefahr des Verzuges der Werkstücke infolge der erhöhten Temperatur. Die häufiger angewandte Methode ist die in wässrigen Salzlösungen bei Temperaturen oberhalb 100 °C. Diese Brünierlösungen können sowohl sauer als auch alkalisch arbeiten. Alkalische Bäder enthalten ebenfalls Natriumhydroxid, Natriumnitrit, Natriumnitrat und Dinatriumhydrogenphosphat, darüber hinaus werden auch als Oxidationsmittel Chlorate, Permanganate und Peroxide verwendet. Eine mögliche Zusammensetzung einer Brünierlösung gibt Tabelle 6.6 wieder.

Tabelle 6.6: Zusammensetzung einer alkalischen Heißbrünierlösung für Temperaturen von 135 - 145 °C

Bestandteil	Konzentration [$g \cdot l^{-1}$]
Natriumhydroxid $NaOH$	585
Natriumnitrit $NaNO_2$	135
Dinatriumhydrogenphosphat $Na_2HPO_4 \cdot 12\ H_2O$	80

Bei der Brünierung in wässrigen Lösungen unterscheidet man zwischen Einbad-, Zweibad- und Dreibadbrünierung mit Auflagemassen von 4,5, 5,5 und 6,5 $g \cdot m^{-2}$ in der genannten Reihenfolge. Das Zweibadverfahren wird bevorzugt eingesetzt. Beide Bäder unterscheiden sich dabei in der Salzkonzentration und damit im Siedepunkt. Ein Beispiel dieses Verfahrensablaufes enthält Tabelle 6.7.

Tabelle 6.7: Verfahrensablauf einer Zweibadbrünierung

Verfahrensschritt	Bestandteil	Tauchzeit [min]	Temperatur [°C]
Entfetten	Alkalien	10	50 - 85
Spülen (Dreifachkaskade)	Wasser	je Schritt 1	RT
Beizen	verd. Säure	3 - 10	RT - 50
Spülen (Dreifachkaskade)	Wasser	je Schritt 1	RT
Brünieren (I)	Brünierlösung	10 - 15	138 - 140
Spülen	Wasser	3	RT - 40
Brünieren (II)	Brünierlösung	10 - 15	141 - 145
Spülen	Wasser	3	RT - 40
Spülen (Dreifachkaskade)	Wasser	je Schritt 1	RT
Beölen	Dewatering-Öl	5 - 10	RT

Bei allen Brünierlösungen ist das Überwachen der Arbeitstemperatur und der Konzentration der Lösung für die Ausbildung einer gleichmäßigen und gut haftenden Schicht Vorbedingung. Nach dem Salzsprühtest erreichen nichtbeölte Brünierschichten eine Beständigkeit von bis zu 0,5, nach dem Beölen Werte von bis zu 70.

Neben dem beschriebenen Heißbrünieren werden sogenannte Kaltverfahren, wie z. B. das NU-BLAK® Kalt-Brünierverfahren, angeboten. Damit können ebenfalls schwarze Eisenoxidschichten auf den Warenoberflächen bei Raumtemperatur mit Schichtdicken von ca. 0,15 µm erzeugt werden. Die Behandlungslösungen sind nicht ätzend und ungiftig. Eine sorgfältige Vorbehandlung der Werkstückoberflächen ist unbedingte Voraussetzung für qualitativ hochwertige Brünierergebnisse. Das bedeutet gründliches Entfetten, Entzundern und Beseitigung aller anderen Auflagen, wobei dem Strahlen mit Strahlmitteln, wie Glas, Korund u. a. eine besondere Bedeutung zukommt. Die Kaltbrünierschichten erreichen ähnliche Werte für die Korrosionsbeständigkeiten wie heißbrünierte Schichten.

6.4 Metallfärben

Das Färben von Metalloberflächen dient in der Hauptsache dekorativen Zwecken. Voraussetzung für eine Färbung ist die Bildung von Metallverbindungen durch Reaktion zwischen Färbelösung und Metall. Es bilden sich hauptsächlich Oxide, Sulfide oder basische Verbindungen. Der Farbeffekt entsteht durch die Eigenfarbe der Schicht oder durch Interferenz an transparenten dünnen Schichten; beide Effekte überlagern sich oft.

Für das Ergebnis einer Metallfärbung sind drei Faktoren ausschlaggebend:

- die Metalloberfläche,
- die Färbelösung,
- die Schichtdicke.

Anwendung finden Färbetechniken (siehe Tabelle 6.8) zur Veredlung von kunstgewerblichen Gegenständen, Beleuchtungskörpern, Schmuck, Besteckwaren, Beschlägen, Tafelgeschirr aus Metall u. a. m. In diesem Zusammenhang sind auch solche Begriffe wie Französisch Gold, Altsilber und Patina zu nennen. Französisch Gold entsteht durch Behandlung von Messing mit Schwefelleber bis zum Erreichen eines goldenen Farbtones mit anschließender farbloser Lackierung. Altsilber erzeugt man auf Silberwaren mit in den Tiefen sitzenden grauen bis blauschwarzen Färbungen von Silbersulfid – während man die Höhen wieder als Silber freipoliert.

Tabelle 6.8: Färbemöglichkeiten für Metalle

Metall-oberfläche	Farbe	Schicht	Färbelösung	Parameter	Anwendung
Kupfer und Kupfer-legierungen	braun bis blau-schwarz	CuS, CuO	1. Schwefelleber (K_2S, $K_2S_2O_3$, K_2SO_4) Bei Messing anschließendes Tauchen in verd. $CuSO_4$-Lösung 2. Schlippesches Salz ($Na_3SbS_4 \cdot 9H_2O$)	80 °C RT, 1 - 5 min	
	goldfarben		Sb_2S_5 (Goldschwefel) in NH_3-Lösung mehrfach wiederholen	RT	
	schwarz	CuO	NaOH, $K_2S_2O_8$,wässrig	RT	
	blau	PbS	$Na_2S_2O_3$, Bleiethanat, $KHC_4H_4O_6$ in wässriger Lösung	30 - 60 °C 15 s hellrot 25 s tiefblau 60 s grau	Lüstersud (auch für andere Metalle geeignet)
	patina-farben	CuO, mit nachträglicher Umwandlung	NH_4Cl, $(NH4)_2CO_3$ in wässriger Lösung, mehrfach wiederholen mit Zwischentrocknen	RT	

Tabelle 6.8: *Fortsetzung*

Metall-oberfläche	Farbe	Schicht	Färbelösung	Parameter	Anwendung
Zink	braun bis schwarz	CuO, Zn-Verbindungen	$CuSO_4$, $KClO_3$ in wässriger Lösung	RT	
Silber	schwarz	Ag_2S	Schwefelleber (K_2S, $K_2S_2O_3$, K_2SO_4)	80 °C	Tafelsilber (Altsilber)
Stahl	siehe Brünieren				

Eine ganz spezielle Anwendung ist das Schwarzoxidieren von Kupfer in der Leiterplattentechnik mit dem Ziel, bei Mehrlagenleiterplatten gut haftende Sandwichstrukturen zu ermöglichen.

Grundbedingungen für die Ausbildung gleichmäßig gut haftender farbgebender Schichten sind metallische reine Oberflächen und ein sehr sauberes Arbeiten.

Auf rostfreien Edelstählen gelingt es elektrochemisch transparente Schichten aus Chromoxid aufzubauen. Je nach Schichtdicke ergeben sich durch Interferenzeffekte des einfallenden Lichtes entsprechende Farben. Aufgrund der Transparenz des Chromoxides wird die Oberfläche des Ausgangsmaterials nicht verdeckt und somit bleibt die Oberfläche sichtbar. Da der Mechanismus der Färbung nicht auf der Eigenfarbe der Schicht beruht, sind derart hergestellte Erzeugnisse äußerst beständig gegen Licht, Wetter und Alterung (Inox-Spectral®-Verfahren* und Metalux®).

6.5 Elektrolytische Oxidation von Aluminium

Aluminium bildet aufgrund seines unedlen Charakters ($E_0 = -1{,}7$ V) durch Reaktion mit dem Luftsauerstoff eine ca. 0,2 µm dünne Al_2O_3-Schicht. Als Folge einer Reaktion von Aluminium in wässrigen Lösungen entsteht eine 0,6 bis 3 µm dicke Böhmit-Schicht (AlO(OH)) bei Reaktionstemperaturen zwischen 75 bis 120 °C.

$$2Al + 4H_2O \rightarrow 2AlO(OH) + 3H_2$$

Diese Schicht kann sich in Abhängigkeit von Temperatur und Zeit weitgehend in Al_2O_3 umwandeln. Ähnliche Oxidschichten lassen sich in wässrig-alkalischen Medien unter Zusatz oxidierender Substanzen herstellen. Bekannte Verfahren sind:

- MBV-Verfahren (Modifiziertes Bauer-Vogel-Verfahren), mit NH_4OH und $(NH_4)_2S_2O_8$,
- Metalux®-Verfahren mit Chromaten und chromatenfrei**,
- EW (Erft-Werk)- oder LW (Lauta-Werk)-Verfahren mit NH_4OH und $(NH_4)_2S_2O_8$ unter Zusatz von Wasserglas (Na_2SiO_3).

* https://www.inox-color.de/vielfalt-edelstahl-rostfrei/vielfalt-in-farbe/#Das_Verfahren
** https://www.metalux.de/leistungen-oberflaechentechnik/unsere-verfahrenstechniken/chromatieren-von-aluminium.html

Durch elektrolytische Oxidation lassen sich die in der Praxis häufig angestrebten Schichtdicken bis ca. 30 µm erzeugen, unter besonderen Verfahrensbedingungen sind aber auch Schichtdicken bis ca. 300 µm möglich. Es erfolgt hierbei also kein Schichtauftrag, sondern die Umwandlung von Aluminium in eine Al_2O_3-Schicht. Das Verfahren wird als anodische Oxidation (ANOX-) oder als elektrolytische Oxidation von Aluminium (ELOXAL-Verfahren) bezeichnet. Bild 6.2 zeigt das Prinzip einer Zelle zur elektrolytischen Oxidation von Aluminium am Beispiel des GS-Verfahrens.

Grundsätzlich lassen sich auch alle Aluminiumlegierungen sowie Magnesium- und Titanbasislegierungen eloxieren. Darüber hinaus ist die elektrolytische Oxidation der Metalle Niob und Titan möglich. Im Vergleich zu hartanodisierten Schichten sind Keronite®-Schichten deutlich härter und verschleißbeständiger. Sie entstehen durch eine plasma-elektrolytische Oxidation (PEO).

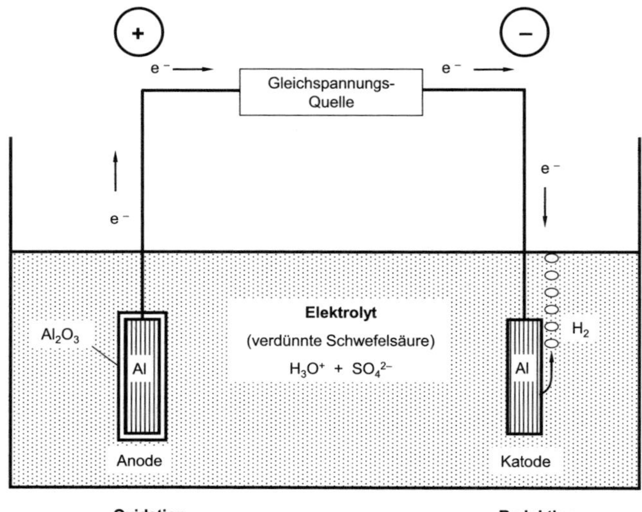

Bild 6.2: Prinzip einer Eloxal-Zelle

Eloxierte Aluminiumbauteile zeichnen sich durch folgende besonderen Merkmale aus:

- erhöhte Korrosionsbeständigkeit im pH-Wertbereich von 5 bis 8,
- erhöhte Witterungsbeständigkeit,
- hervorragende Haftfestigkeit der Al_2O_3-Schicht,
- hohe Verschleißfestigkeit infolge hoher Härte der Al_2O_3-Schicht,
- elektrisch isolierend,
- Färbbarkeit durch Einlagerung organischer Farbstoffe, elektrolytische oder integrale Färbung,
- toxische Unbedenklichkeit,
- Beibehaltung der Oberflächenstruktur.

Eigenschaften und Anwendbarkeit hängen in besonderem Maße von der erzeugten Oxidschichtdicke ab. Empfohlene Schichtdicken und Anwendungsgebiete sind in Tabelle 6.9 enthalten.

Tabelle 6.9: Schichtstärken und Anwendungsgebiete von Eloxalschichten

Schichtstärke [µm]	Anwendungsgebiet
5	Raumklima
10	Raumklima, im Außenbereich (trocken und saubere Luft) für Reflektoren, Zierleisten, Beschläge, Sportartikel
15	Handgriffe und Zieroberflächen im Freien
25	Starke Beanspruchung im Freien (Anwendungen im Bauwesen, Fahrzeug- und Schiffbau

6.5.1 Schichtbildung

Es bedurfte eines längeren Zeitraumes, den komplizierten Mechanismus der Entstehung technischer Eloxalschichten aufzuklären und ein geeignetes Modell dafür zu entwickeln. Heute findet das von Keller, Hunter und Robinson bereits 1953 vorgeschlagene Modell (siehe Bild 6.3) die allgemeine Anerkennung. Unterstützt wird das u.a. auch durch die Möglichkeit, in die Kapillaren der mikroporösen Al_2O_3-Schicht Farbstoffe einzulagern. Bei einem Porendurchmesser von 0,015 µm bilden sich demzufolge etwa 10^{10} Poren pro cm^2.

Bei Stromfluss wandern die sauerstoffhaltigen Anionen, wie z. B. OH^- (aus dem Wasser), SO_4^{2-} (in schwefelsauren Elektrolyten), $-COO^-$ (organische Säuren) u. a. zur positiven Elektrode, der Anode, und werden dort entladen; in der Folge entsteht atomarer Sauerstoff, z. B. in folgenden Reaktionen:

$2OH^- \rightarrow 2OH + 2e^-$

$2OH \rightarrow H_2O + O$

$SO_4^{2-} \rightarrow SO_4 + 2e^-$

$SO_4 \rightarrow SO_3 + O$

$SO_3 + H_2O \rightarrow H_2SO_4$ (Säurerückbildung)

$2SO_4^{2-} \rightarrow S_2O_8^{2-}$ (instabil, zerfällt unter O-Abgabe)

Der Katodenvorgang besteht in der Entladung der H_3O^+-Ionen.

$2H_3O^+ + 2e^- \rightarrow 2H_2O + 2H$

$2H \rightarrow H_2\uparrow$

Auf der Aluminiumoberfläche bildet sich in einem ersten Schritt mit dem atomaren Sauerstoff eine dichte porenfreie elektrisch isolierende Al_2O_3-Schicht, die Sperrschicht. Diese Sperrschicht beendet den Stromfluss und damit die Schichtbildung. Durch die Einwirkung des Elektrolyten wird die Al_2O_3-Schicht lokal rückgelöst. Diese lokal abgedünnten Bereiche werden elektrisch durchschlagen, an diesen Stellen wird die Durchschlagspannung erreicht. Der Elektrolyt dringt in die Durchschlagskanäle ein und verursacht die Neubildung der Sperrschicht. Da sich ca. 10^{10} Poren pro cm^2 nebeneinander befinden, wächst die Sperrschicht nahezu gleichmäßig in das Metall hinein. Der vorher gebildete und durchschlagene Teil wird durch den in die Poren gelangenden Elektrolyten aufgelockert und in eine poröse

Schicht umgewandelt. Auf diese Weise wird die porenfreie Sperrschicht in die feinporige Eloxalschicht mit faserförmiger hexagonaler Zellenstruktur überführt.

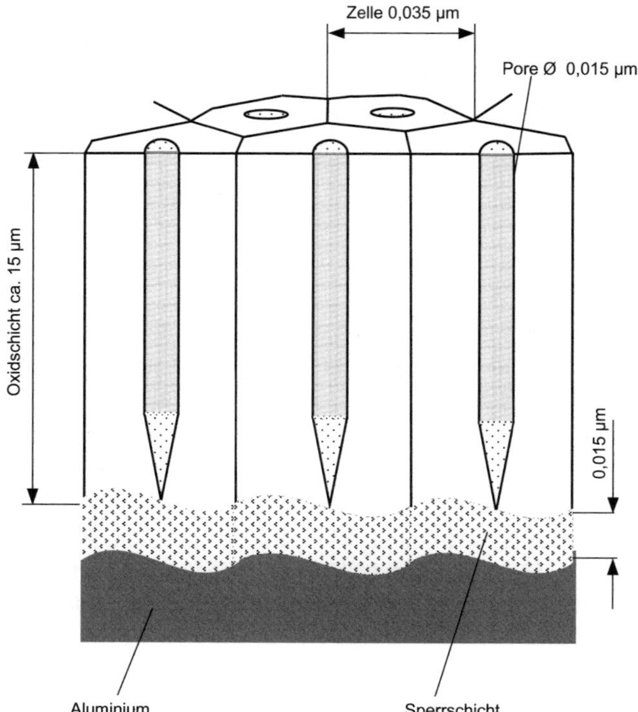

Bild 6.3: Modell einer Al_2O_3-Schicht nach KELLER, HUNTER und ROBINSON

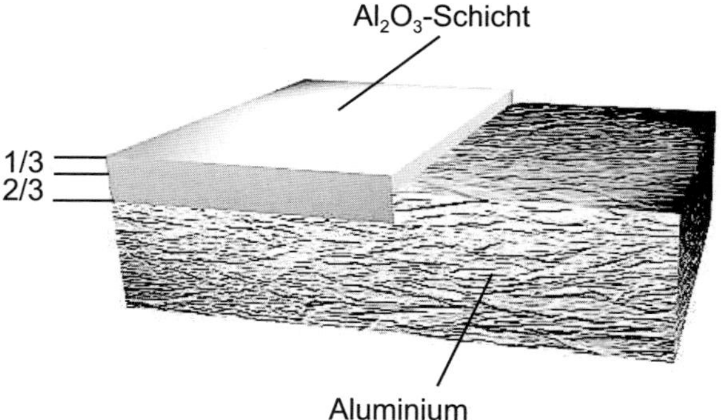

Bild 6.4: Wachstum einer Al_2O_3-Schicht

Da die Bildung des Aluminiumoxides an der Phasengrenze Al/Sperrschicht erfolgt, wächst die Al_2O_3-Schicht in Richtung Metallkern. Die Volumenzunahme durch die Oxidbildung führt allerdings dazu, dass bezogen auf die ursprüngliche Werkstückoberfläche, die Schicht herauswächst (Bild 6.4).

In Abhängigkeit von der Zusammensetzung und der Temperatur des Elektrolyten sowie der Stromdichte kann es zum Auflösen der Oxidschicht kommen (Rücklösen). Es entsteht ein Gleichgewicht zwischen Schichtneubildung und Auflösung; das führt zu einer Grenzschichtdicke. Trotz Verlängerung der Expositionszeit kann demzufolge keine weitere Schichtdickenzunahme erreicht werden kann (siehe Bild 6.5).

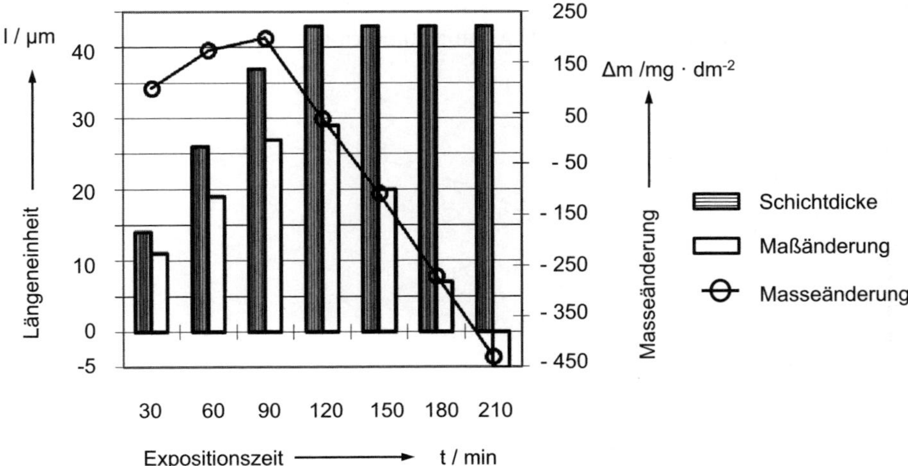

Bild 6.5: Schichtwachstum in Abhängigkeit von der Expositionszeit, Beispiel: Reinaluminium, GS-Verfahren, Temperatur = 20 °C, S = 1,6 A/dm^2

Unter diesem Aspekt lassen sich drei Typen der anodischen Oxidation von Al unterscheiden:

1. Elektrolyte mit geringem Rücklösevermögen, sie enthalten Borsäure oder Citronensäure.
2. Elektrolyte mit stärkerem Rücklösevermögen, sie enthalten Schwefelsäure, Ethandisäure (Oxalsäure), Chromsäure, organische Sulfonsäuren, aliphatische Carbonsäuren.
3. Elektrolyte mit sehr starkem Rücklösevermögen, sie enthalten Alkalicarbonate, Alkaliphosphate, komplexe Fluoride, Phosphorsäure, Fluorwasserstoffsäure.

Im Fall 1 erfolgt die Schichtbildung solange wie es die Feldstärke zulässt, sie beträgt 0,001 $\mu m \cdot V^{-1}$. Das Wachstum ist dabei unabhängig von der Elektrolytkonzentration und der Temperatur. Die Schicht besteht aus γ-Al_2O_3 (kubisch), im Gegensatz dazu kristallisiert α-Al_2O_3 (Korund) im hexagonal-rhomboedrischen Gitter. Es entstehen Schichten vom Sperrschicht-Typ (barrier layer). Der Fall 2 führt zu den bekannten Eloxalschichten für den Korrosionsschutz und solchen mit dekorativer Wirkung. Vom elektrolytischen Glänzen von Aluminium, auch Glanzanodisieren, spricht man im Fall 3.

Es zeigt sich, dass neben der Expositionszeit die Elektrolytzusammensetzung, die Stromdichte und die Arbeitstemperatur für den Schichtbildungsmechanismus und die dadurch erreichbaren Schichteigenschaften verantwortlich sind, wie das auch im Bild 6.6 ersichtlich ist.

Herausragende Bedeutung besitzen die Verfahren unter Verwendung von Elektrolyten mit stärkerem Rücklösevermögen, welche die Herstellung hinreichender Schichtdicken erlauben. Mit zunehmender Schichtdicke verändert sich die chemische Zusammensetzung der Schicht. Das Oxid Al_2O_3 nimmt immer stärker hydroxidischen Charakter an, wie AlO(OH) bis hin zu $Al(OH)_3$.

Unter Anwendung spezieller Elektrolyte und hohen gepulsten Spannungen oberhalb einer Grenzspannung von 160 V erzeugt man keramikartige Al_2O_3-Schichten. Es entstehen sehr harte (HV < 1000) Schichten mit blumenkohlartiger Struktur und einer Schichtdicke bis ca. 150 µm. Sie eignen sich infolge ihrer Biokompatibilität für Transplantate, aufgrund ihrer Härte für hohe Verschleißbeanspruchungen und wegen ihrer großen Oberfläche zur Aufnahme von Katalysatoren im Anwendungsbereich höherer Temperaturen sowie als Dielektrikum mit hoher Wärmeleitfähigkeit (Aluminiumkern mit Al_2O_3 als Isolierschicht).

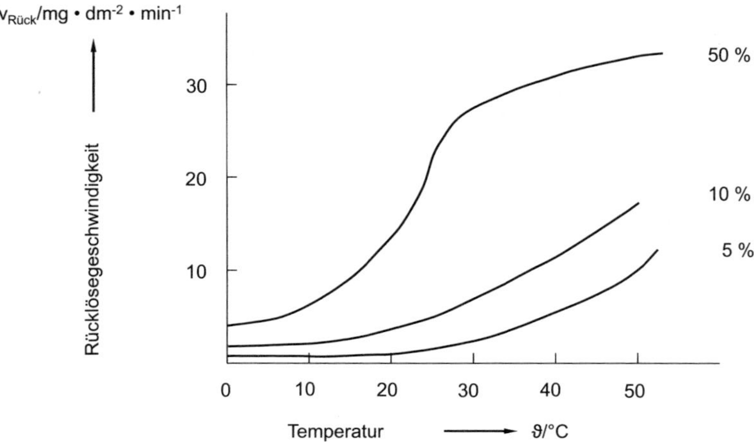

Bild 6.6: Rücklösegeschwindigkeit ($v_{Rück}$) in Abhängigkeit von der Temperatur bei verschiedenen Schwefelsäurekonzentrationen
Beispiel: Reinaluminium, GS-Verfahren, S = konstant

6.5.2 Eloxier-Verfahren

Elektrolytzusammensetzung und Arbeitsparameter erlauben die Anpassung der Schichteigenschaften an praktische Forderungen, wie Schichtdicke, Härte, Eigenfarbe und Verschleißverhalten. Ein weiterer Aspekt ist die Anwendbarkeit von Wechselstrom zur anodischen Oxidation, da sich die Eloxalschicht nicht wieder auflösen kann. Damit haben sich zahlreiche Verfahren durchgesetzt. In der Tabelle 6.10 sind die verfahrensabhängigen Kenngrößen zusammengestellt.

Neben Reinaluminium ist es erforderlich, auch die Al-Legierungen, wie aushärtbare Knetlegierungen (Legierungselemente: Cu, Mn, Mg, Zn) und Al-Guss-Legierungen, die als wesentliches Legierungselement Si enthalten, zu eloxieren. Im Gefüge dieser Legierungen liegen neben den nahezu reinen Al-Kristalliten intermetallische Phasen bei den Knetlegierungen und Si-Kristalle bei den Guss-Legierungen vor, die das Wachstum der Al_2O_3-Schicht stören. Das Resultat davon sind Schichten mit höherer Rauigkeit sowie Trübung und Verfärbung der sonst transparenten und farblosen Al_2O_3-Schicht. Das aber kann bewusst zur Erzielung von gefärbten Oxidschichten im Sinne einer Eigenfärbung ausgenutzt werden, wobei die Phasen, die das Legierungselement enthalten, feinverteilt im Al_2O_3 vorliegen. Indem man anstelle eines reinen Schwefelsäure-Elektrolyten organische Säuren bzw. Chromsäure (REACH) verwendet, lassen sich auf direktem Wege Farben wie goldgelb, braun und schwarz als Eigenfarbe der Schicht erreichen (Farbanodisieren). Beide Varianten charakterisiert man durch die Bezeichnung Integralfärben.

Außerdem haben die Legierungselemente Einfluss auf die sich ergebende Schichtdicke bei gleicher Ladungsmenge pro Flächeneinheit. Bei Legierungen mit einem hohen Mg-Gehalt ist die sich ergebende Schichtdicke geringer als bei Legierungen vom Typ AlMgSi und AlMn. Für reines Al ergeben sich unter diesen Bedingungen die höchsten Schichtdicken.

Der abschließende Prozessschritt beim Eloxieren ist das Verdichten (engl.: *sealing*). Dadurch wird die offene poröse und damit reaktionsfähige Oxidschicht geschlossen und die Adsorption von Fremdstoffen unterbunden. Ohne das Sealing können die angestrebten Eigenschaften, wie z. B. Witterungsbeständigkeit im Fassadenbau, nicht erreicht werden.

Tabelle 6.10: Verfahrensparameter von Eloxier-Verfahren

Verfahren	Elektrolyt	Konzentration [$g \cdot l^{-1}$]	Badspannung [V]	Stromdichte [$A \cdot dm^{-2}$]	Temperatur [°C]	Schichtdicke [µm]	Härte [HV]	Farbe
Gleichstrom-Schwefelsäure GS	H_2SO_4	150 - 200	12 - 20	1 - 2	15 - 20	5 - 25	200 - 300	transparent
Wechselstrom-Oxalsäure WX	Ethandisäure	5 - 15	20 - 60	1 - 4	25 - 35	3 - 10	<200	gelblich
Gleichstrom-Oxalsäure GX	Ethandisäure	50	60	0,5 - 1,5	18 - 60	20 - 50	um 300	hell gelblich
Gleichstrom-Schwefelsäure- Oxalsäure GSX	H_2SO_4, Ethandisäure	150 20	12 - 24	1,5 - 2	18 - 25	10 - 40	<200	trans parent, leicht irisierend
Ematal[1]	Ethandisäure, Citronensäure, H_3BO_3, Ti- bzw. Zr-Oxalat	1,2 1 8 40	80 - 120	3	55 - 60	10 - 20	>300	grau, emailleartig
Chromatal (Benough-Stuart-Verfahren)[2]	CrO_3	100	40	0,3 - 0,8	40	3 - 8	<100	graugrün, opak
Hartanodisieren[3]	H_2SO_4	25 - 50	40	2 - 5	0 - 10	25 - 250	300 - 600	grau

[1] Unbedingt frei von Cl^- halten!

[2] Elektrolytreste führen nicht zur Korrosion, deshalb Einsatz in der Flugzeugindustrie.

[3] Rücklösen durch niedrige Temperatur, bei verringerter Elektrolyt-Konzentration und erhöhter Stromdichte vermindert!

Das Sealing erfolgt durch Eintauchen des Werkstückes in siedendes Wasser oder eine Wasserdampfbehandlung. Übereinstimmend wird in der Literatur davon ausgegangen, dass sich dabei in den Poren Böhmit bildet und sie damit aufgrund der Volumenvergrößerung im Vergleich zu Al_2O_3 verschließt. Die Volumenzunahme resultiert aus der Hydratation des Al_2O_3, z. B. zu $Al_2O_3 \cdot H_2O$; das stöchiometrisch zwei Böhmitmolekülen (2AlO(OH)) entspricht. Die Böhmit-Bildung ist abhängig von der Geschwindigkeit des Austausches von Wasser und Anionen zwischen Oberfläche und Porenvolumen. Da die Diffusionsgeschwindigkeit an der Oberfläche größer ist als in den Poren, entsteht Böhmit zuerst im Bereich des Porenrandes. Im Verlauf des Sealings wachsen die Poren von außen nach innen zu (siehe Bilder 6.7 und 6.8).

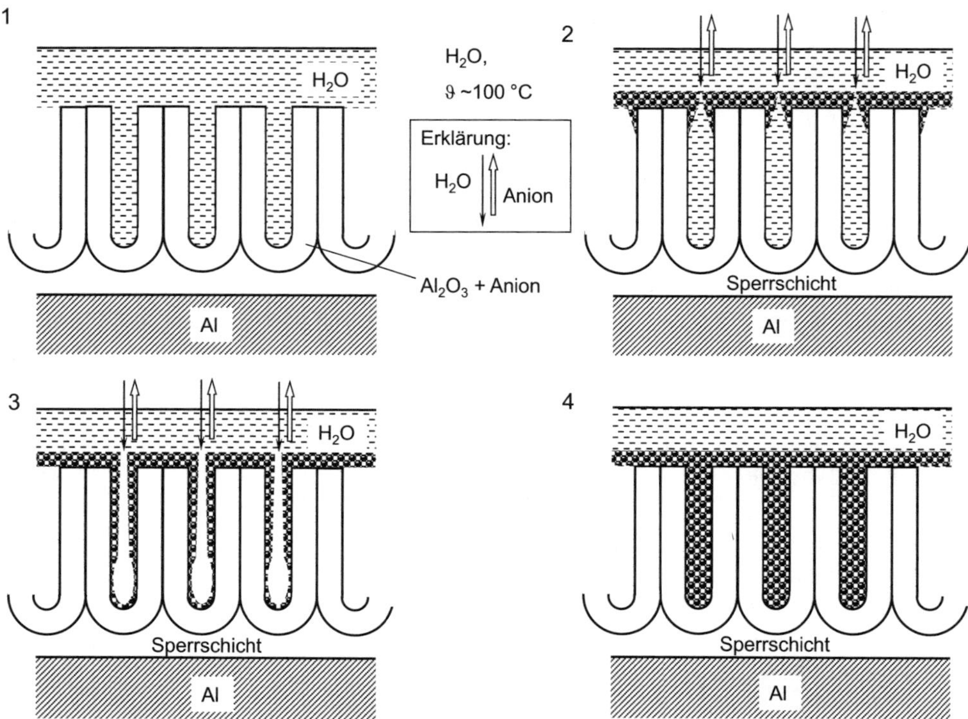

Bild 6.7: Mechanismus des Verdichtens (nicht maßstabgerecht)
1 Start, 2 Oberflächenreaktion, beginnende Böhmitbildung, 3 Wachstum der Böhmitschicht, 4 Schließung der Pore

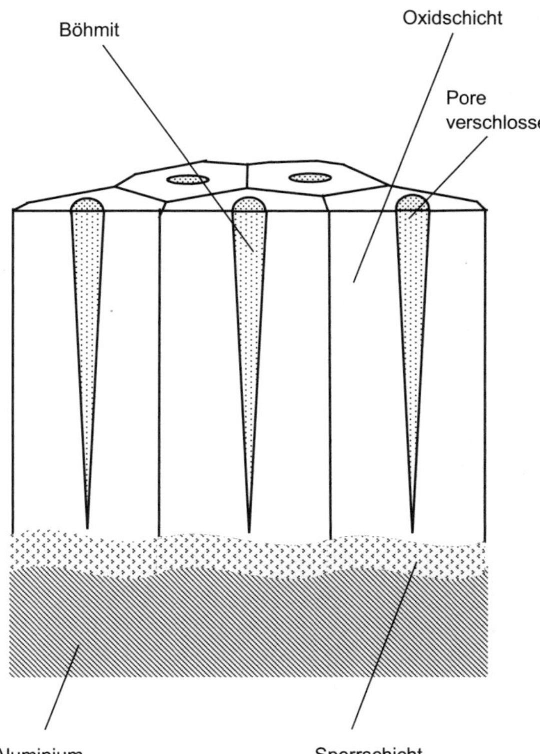

Bild 6.8: Querschnitt durch eine verdichtete Eloxalschicht (schematisch)

Neben dem Sealing gibt es auch andere Möglichkeiten des Porenverschlusses. Unter Verwendung eines geeigneten Lackes, der in die Poren eindringen kann und dort fest verankert wird, kommt es zur Versiegelung der Eloxal-Schicht. Lacke auf Basis der Polymethacrylsäureester eignen sich hierfür besonders. Durch Versiegelung der offenporigen Oxidschicht mit PTFE erreicht man gleichzeitig noch eine selbstschmierende Verschleißschutzschicht.

6.5.3 Färben von Eloxalschichten

Neben der Erhöhung des Korrosions- und Verschleißschutzes von Al-Werkstoffen durch das Eloxieren wird ihre Einsatzbreite durch eine nachträgliche Farbgebung vergrößert. Es ist möglich, die noch nicht geschlossenen Poren vor dem Verdichten für eine Färbung zu nutzen. Zwei Varianten eignen sich dafür, das Adsorptionsfärben und das elektrolytische Färben.

Adsorptionsfärben

Moleküle organischer Farbstoffe bzw. Metallkomplexe und anorganische Farbstoffe können durch die Poren adsorptiv gebunden werden. Die Farbstoffe gelangen unter bestimmten Bedingungen in einem Tauch- oder Sprühprozess in die Oxidschicht. Die Einfärbbarkeit hängt von den Eloxierbedingungen (Schichtdicke, Porenvolumen, Eigenfarbe), dem Farbstoff und den Färbebedingungen (Farbstoffkonzentration, Temperatur, Zeit, pH-Wert u. a.) ab. Von ausschlaggebender Bedeutung für den erzielbaren Farbeffekt sind eine Mindestschichtdicke von 10 bis 15 µm und ein geeignetes Verhältnis von Porendurchmesser zum Durchmesser der Farbstoffteilchen; z. B. erfordert eine GS-Schicht mit ca. 0,02 µm Porendurchmesser einen Durchmesser der Farbstoffteilchen von 0,002 µm.

Für das Einfärben mit organischen Farbstoffen kommen hauptsächlich wässrige Lösungen von Azofarbstoffen (Einstufen-Tauchfärben) zur Anwendung. Damit sind nahezu alle Farben zu realisieren. Diese Färbungen sind allerdings nur in begrenztem Umfang witterungs- und lichtbeständig. Bei Fassadenelementen führt das z. B. zum Abbau des Farbstoffes und zum „Ausbluten“.

Azofarbstoffe entstehen durch Reaktionen von Diazoverbindungen mit sogenannten Kupplern. Wird die Oxidschicht in einem ersten Schritt mit der Diazoverbindung getränkt und anschließend mit der Lösung des Kupplers, entsteht der Azofarbstoff direkt in der Pore. Im Ergebnis davon lässt sich eine verbesserte Lichtechtheit erreichen als beim Einstufen-Färben. Ein analoges Prinzip findet auch beim Färben mittels Fällungsreaktion Anwendung. Man bringt die anodisierten Teile nacheinander in zwei verschiedene Salzlösungen, sodass aus dem jeweiligen Kat- und Anion das schwerlösliche farbige Salz in der Pore ausfällt.

Elektrolytisches Färben

Beim elektrolytischen Färben werden nach dem GS- oder GSX-Verfahren erzeugte Oxidschichten in einer zweiten elektrolytischen Verfahrensstufe mit Gleich- oder Wechselstrom in einem metallsalzhaltigen Elektrolyten, hauptsächlich auf der Basis von Cu-, Ni-, Co- und Sn-Salzen, gefärbt. Dabei wird aus der Metallsalzlösung Metall am Porengrund der Al_2O_3-Schicht abgeschieden. Farbton und Farbintensität richten sich nach der abgeschiedenen Metallmasse (Zeit, Strom) und der Art des Metalls. Möglich sind die Farben Silber, Bronze, Braun, Schwarz oder Gold. Die Farbschicht ist witterungsbeständig, lichtecht und abriebfest, da sich das Metall am Porengrund abscheidet. Nach dem Einfärben wird die Anodisierungsschicht auf die übliche Weise in siedendem Wasser verdichtet. Elektrolytisches Färben ist das am meisten angewandte Färbeverfahren für Al-Fassadenelemente.

Interferenzfärben

Zunehmend findet man Kombinationen und Abwandlungen der beschriebenen Verfahren, z. B. in Form des Interferenzfärbens. So kann eine im konventionellen GS-Verfahren hergestellte Oxidschicht in einem zweiten Schritt mit Wechselstrom in einem Phosphorsäure-Elektrolyten erneut anodisiert werden. Dadurch erreicht man eine spezielle Porengeometrie und Porenerweiterung. Das bildet die Voraussetzung dafür, dass sich im anschließenden elektrolytischen Färbeschritt stäbchenförmige Metallkristalle bilden können, die die Interferenz ermöglichen. Das elektrolytische Färben erfolgt hier mit Wechselstrom auf der Basis eines Ni-Sn-Elektrolyten.

Eine Übersicht der Hauptschritte zur Herstellung gefärbter Eloxalschichten enthält Bild 6.9. Auf die zwischen den Behandlungsstufen erforderlichen Spülschritte wurden in der Darstellung verzichtet. Bild 6.10 soll die Ursache der Farbwirkung für die genannten Färbetechniken zeigen.

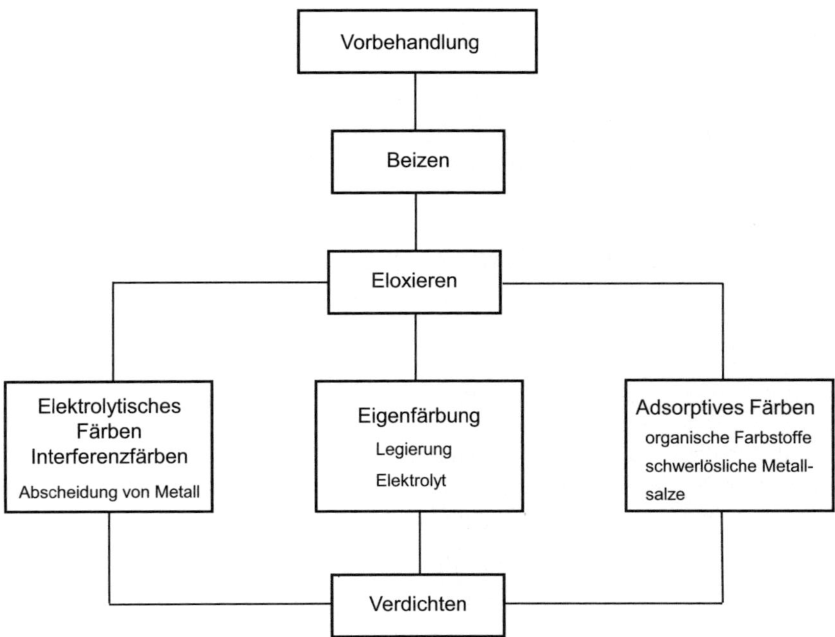

Bild 6.9: Behandlungsschritte zur Herstellung gefärbter Eloxalschichten

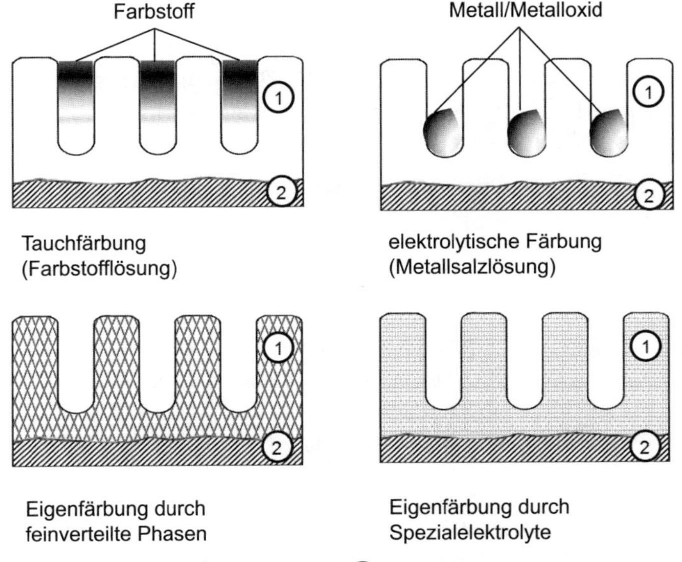

Bild 6.10: Erzeugung farbiger Oxidschichten auf Aluminium

Zusammenfassung

Konversionsschichten

- Durch chemische Reaktionen auf der Metalloberfläche, wie Redox- und Fällungsreaktionen entstehen Konversionsschichten. Verfahren dafür sind:
  - Phosphatieren,
  - Chromatieren (in eingeschränktem Umfang, beachte REACH),
  - Eloxieren,
  - Brünieren und
  - Metallfärben.
- Phosphatschichten dienen als Korrosionsschutz, Haftgrund für organische Schichten und der Verbesserung des Gleitverhaltens. Die Schichtbildung beruht auf der Entstehung von Eisen- bzw. Zink- und Manganphosphaten.
- Schwerlösliche Chromverbindungen sind die Hauptbestandteile von Chromatierschichten.
- Substitutionsmöglichkeiten für Chromatschichten (Cr-VI) sind:
  - Chrom(III)-Konversionsschichten (Chromitierung),
  - Versiegelung transparent chromatierter Oberflächen Cr-VI-Gehalt < 10 mg m^{-2}.
- Brünieren beschränkt sich auf die Oxidation von Eisenwerkstoffen mittels sauren bzw. alkalischen Lösungen oder Salzschmelzen.
- Die elektrolytische Oxidation bildet auf Metallen, wie Al, Mg, Ti und ihren Legierungen festhaftende Oxidschichten. Das Gleichgewicht zwischen Schichtneubildung und Rücklösung führt zur Grenzschichtdicke.
- Vor dem Verdichten (sealing) kann eine Färbung der Oxidschichten erfolgen.

Literatur

Aluminium-Merkblatt O 2, Aluminium-Zentrale e. V., Düsseldorf, 8. Aufl.

BERENTSEN, S.: *FTIR-Ellipsometrie an anodischen Oxidschichten auf Aluminium*, Dissertation Uni Duisburg, 1998

BLECHER, A.: *Was kommt nach der Chromatierung?* – Konsequenzen für die Architektur, Galvanotechnik 93 (2002) 2, S. 380 – 382

BRANDES, M.; RICHTERING, W.; SONNTAG, B.: *Funktionelle und dekorative Schichten im Automobilbau*, Vortrag 10. Leipziger Fachseminar der DGO, 2003

Firmenschrift BWB-Oberflächentechnik, *Anodisieren von Aluminium und Magnesium*

HÜBNER, W.; SPEISER, C.-TH.: *Die Praxis der anodischen Oxidation des Aluminiums*, Aluminium-Verlag Düsseldorf, 4. Auflage, 1988

HÜLSER, P.; JANSEN, R. u. a.: *Chromitierung – ein neues, ungiftiges Verfahren zur Zinkpassivierung*, Metalloberfläche (1996) 10, Sonderdruck

KELLER, F.; HUNTER, M.S.; ROBINSON, D. L.: *Structural Features of Oxide Coatings On Aluminium*, Journal of the Electrochemical Society 100 (1953), S. 411 - 419

Keronite®-plasma-elektrolytische-Oxidation, Galvanotechnik 96 (2005) 2, Eugen G. Leuze Verlag, S. 379 - 381

KRÄMER, O. P.: *Rezepte für die Metallfärbung und Metallüberzüge ohne Stromquelle*, Eugen G. Leuze Verlag Saulgau, 7. Auflage, 1990

LENZER, S.: *Brünieren oder Manganphosphatieren?*, Galvanotechnik, 91 (2000) 6, Sonderdruck

LENZER, S.; EBBINGHAUS, TH.: *Das neue System zur Heißbrünierung*, Galvanotechnik, 92 (2001) 9, S. 2394 - 2397

MOLZ, TH.: *Schwermetallfreie Phosphatierverfahren*, Metalloberfläche 51 (1997) 9, S. 638 - 643

Plasma Electrolytic Oxidation (PEO) in:
http://www.keronite.com/ zuletzt aufgerufen 28.0.7.2014

Technologien für die Lösungen von Morgen (Atotech Deutschland GmbH), ZVO-Report, März 2013

PREIKSCHAT, E.; JANSEN, R.: *Schwarze Schichten mit katodischem Korrosionsschutz*, Metalloberfläche, (1900) 3, Sonderdruck

RAUSCH, W.: *Die Phosphatierung von Metallen*, Eugen G. Leuze Verlag Saulgau, 2. Auflage, 1988

RAUSCHER, G.: *Kombinierte Anwendung einer energiesparenden und umweltschonenden Verfahrenstechnik für elektrolytisches Einfärben und Sealen anodischer Aluminiumoxidschichten zur Verbesserung der Schichtqualität*, Galvanotechnik, 92 (2002) 8, S. 1992 - 2006

SONNTAG, B.; VOGEL, R.: *Chrom(VI)freie Passivierungen für die Automobilindustrie*, Galvanotechnik, 94 (2003) 10, S. 2408 - 2413

VOKK, P.: *Maßhaltig und brillant - chrom(VI)freie galvanische Beschichtungssysteme für Verbindungselemente*, Galvanotechnik, 94 (2003) 9, S. 2146 - 2151

7 Strukturierte Oberflächen

Für zahlreiche Erzeugnisse besteht das Erfordernis, ihre Oberflächen bzw. die darauf erzeugten Schichten zu strukturieren. Dabei liegen die Strukturgrößen oftmals bei mehreren Millimetern, die Strukturdetails im Bereich weniger Mikrometer, bei Anwendungen in der Halbleitertechnik und Mikrosystemtechnik sogar im Nanometerbereich. Die Übertragung der Strukturdetails vom Entwurf zur strukturierten Funktionsschicht beinhaltet als einen Hauptschritt die Fotolithografie. Dabei variieren die Möglichkeiten von der Resistdirektbelichtung über die Laserstrukturierung bis zur Verwendung von Metallmasken. Oft findet man als Argument für eine Entscheidungshilfe: *Wo kein Film, dort auch keine Fehler*; Wirtschaftlichkeits- und Ökologieabschätzungen sind weitere Größen.

Spezifische Besonderheiten von Funktionsschichten entstehen meist erst durch Strukturierung der Oberfläche oder der Schicht, beispielsweise Widerstands- und Leiterbahnen, Induktivitäten, Informationsaufdrucke, optische Gitter, Fotoschablonen, Formteile u. a. Die ebenfalls zu strukturierten Oberflächen führenden Drucktechniken, wie Offset-, Flach- und Tiefdruck, sollen hier nicht weiter dargestellt werden (siehe dazu * und **).

Stellt man für die weiteren Betrachtungen die elektrischen Eigenschaften in den Vordergrund, z. B. die Leitfähigkeit, gelangt man zur Leiterplatte. Strukturierte metallische Funktionsschichten bei der Herstellung von elektronischen Bauelementen und Sensoren sowie in der Mikromechanik nehmen eine Vorrangstellung ein. Die Nutzung anderer Stoffeigenschaften, wie magnetisches Verhalten, verlangt ebenfalls die Ausbildung geeigneter Strukturen, z. B. in Magnetspeichern.

Die Ursachen für die erzielbaren Eigenschaften des Verbundes Substrat/Schicht liegen in ihrer Kombination und der daraus resultierenden Wechselwirkung. Sie sind immer komplexer Natur.

7.1 Verfahrensprinzipien

In jedem Fall gilt es, die zu erzeugende Struktur mit geeigneten Verfahren auf die Werkstückoberfläche zu übertragen. Unter Zuhilfenahme einer auf das zu strukturierende Werkstück (Oberfläche bzw. Schicht) aufgebrachten, meist fotoempfindlichen Hilfsschicht und einer optischen Bildübertragung durch partielle Belichtung erzeugt man ein Resistbild. In den nachfolgenden Arbeitsschritten kann dann die gewünschte Struktur durch Ätzen hergestellt werden. Diese Verfahrensweise bezeichnet man als **Subtraktivtechnik** (Tabelle 7.1).

* Druckverfahren https://www.prindo.de/Magazin/Druckverfahren/

** Drucktechnik https://de.wikipedia.org/wiki/Drucktechnik

Tabelle 7.1: Ablauf der Strukturierung durch Subtraktivtechnik

Verfahrensstufen	Methode	Verfahrensziele
Vorlagenherstellung	Lichtzeichnen, Fotoplotten (Ag-Halogenidfilm, diazofilm) Laserplotting (Mastertool)	Bildvorlage/Fotowerkzeug Metallmaske
Beschichten mit Fotoresist	Festfilmresist Flüssiglack	fotostrukturierbare Ätzmaske
Bestrahlung des Resists	▪ Fotolithografie ▪ Röntgenlithografie ▪ Ionenstrahllithografie ▪ Elektronenstrahllithografie LDI (Laser Direct Imaging) ▪ LDS (Laser Direct Structuring)	Einschreiben des Bildmusters und fotolithographische Strukturierung Direktbildübertragung
Ätzverfahren 1. Nassätzen ▪ isotropes Ätzen ▪ anisotropes Ätzen 2. Trockenätzen ▪ Sputtern ▪ Ionenstrahlätzen ▪ reaktives Ionenstrahlätzen ▪ Plasmaätzen	Abtragen der freigelegten Bereiche der Oberfläche/ Schicht durch 1. Oxidationsmittel 2. energiereiche Teilchen	Erzielung einer der Bildvorlage entsprechenden Struktur mit definierbarer Tiefe
Strippen	Ablösung, Aufquellung oder chemischer Abbau des Resists	fotoresistfreie Struktur

Während bei der Subtraktivtechnik immer die nicht für den Strukturaufbau benötigten Areale der Oberflächen z. B. durch Ätzen abzutragen sind, erfolgt bei der **Additivtechnik** ein Aufbau der Strukturelemente, wie etwa durch eine selektive Metallabscheidung. Insbesondere in der Leiterplattentechnik ist diese Methode der strukturierten Schichtabscheidung immer wieder Gegenstand von Untersuchungen. Erste Patente dazu aus dem Jahre 1963 stammen von der damaligen Firma Photocircuits. Unter dem Begriff Voll-Additivtechnik versteht man hierbei die Abscheidung von Metall auf einem Isolator aus einem außenstromlos arbeitenden Bad in der gewünschten Struktur in der Nutzstärke von ca. 5 bis 10 μm. Obwohl der Verfahrensablauf verblüffend einfach erscheint, hat diese Technik sich bis heute nicht durchsetzen können.

Als interessant und ausbaufähig erscheint ein Verfahren der Firmen Hitachi Chemical und DuPont, vorgestellt etwa 1985, unter Verwendung eines sogenannten Permanent-Resists. Die Besonderheit dieser Technik besteht darin, den strukturierten Trockenresist auch nach der Metallabscheidung nicht zu strippen. Auf diese Weise entstehen Strukturelemente mit rechteckigem Querschnitt und Stegbreiten entsprechend der optischen Auflösung des Resistmaterials. Voraussetzung für diese Additivtechnik ist ein kernkatalysiertes Trägermaterial, d. h. im Substratwerkstoff ist ein Aktivator für die außenstromlose Metallabscheidung, wie z. B. Palladium, eingebaut.

Zwischen der Additiv- und Subtraktivtechnik steht die Semiadditivtechnik. Hier nutzt man sowohl das Ätzen als auch den Schichtaufbau. Eine Möglichkeit der Anwendung in Form des Lift-Off-Verfahrens zeigt Bild 7.1 an. Ein nichtleitendes Substrat wird mit einer Fotoresiststruktur versehen und metallisiert. Es eignen sich dafür sowohl das Vakuumaufdampfen, als auch die außenstromlose Metallabscheidung. Mit dem Strippen des Fotoresists muss sich die Metallschicht, die den Resist bedeckt, mit abheben, die Metallstruktur verbleibt auf dem Substrat.

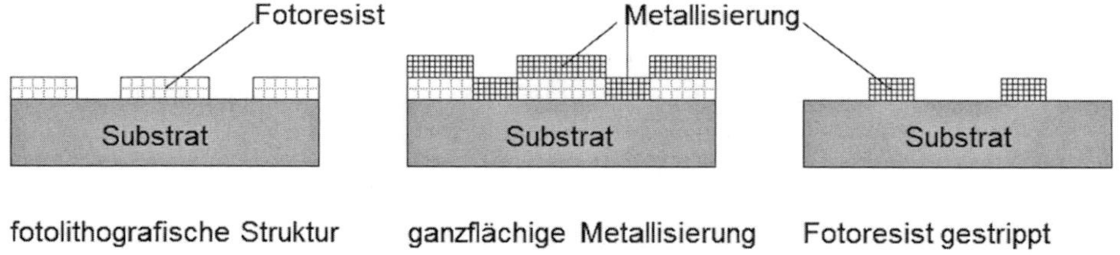

Bild 7.1: Semiadditivstrukturierung (Lift-Off-Technik)

Weitere Möglichkeiten der Strukturierung bieten alle abtragenden Techniken, wie Strahlverfahren (z. B. Laser und Elektronenstrahl), Spanen, Fräsen, Gravieren und Schneiden oder Abrasiv-Verfahren, wie das Erodieren, die hier aber nicht vertiefend behandelt werden (vgl. DIN 8580, Gr. 3).

7.2 Strukturübertragung

7.2.1 Fotovorlage

Zur Übertragung des Layouts kann eine Fotovorlage dienen, die man in der weitaus größten Zahl der Fälle mit einem Fotoplotter herstellt (siehe Bild 7.2). So arbeiten beispielsweise Rasterplotter mit einem Lichtkopf und einem Flachbett als Träger für den Film. Beide Baugruppen sind mit einem Präzisionsantrieb ausgerüstet. Im Lichtkopf befindet sich die für die Empfindlichkeit des Filmmaterials abgestimmte Lichtquelle. Zur Ansteuerung ist eine entsprechende Codierung erforderlich. Rasterfotoplotter zeichnen sich durch eine konstante und relative kurze Belichtungsdauer aus. Die Belichtung erfolgt nach dem Rasterprinzip, ähnlich wie bei Druckern. Der gesamte Arbeitsbereich wird streifenweise vom „Lichtkopf“ abgetastet. Bei Verwendung von GERBER-Daten (Vektorcodierung) erfolgt die Übertragung der Bilddaten durch ein RIP-Programm (Raster Image Prozessor). Als Lichtquellen eignen sich Laser, LED und Xenonlampen.

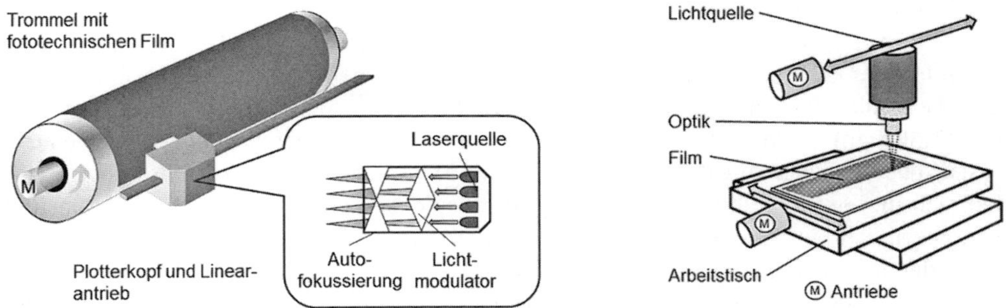

Bild 7.2: Arbeitsweise von Fotoplottern: links Trommelplotter; rechts Rasterplotter

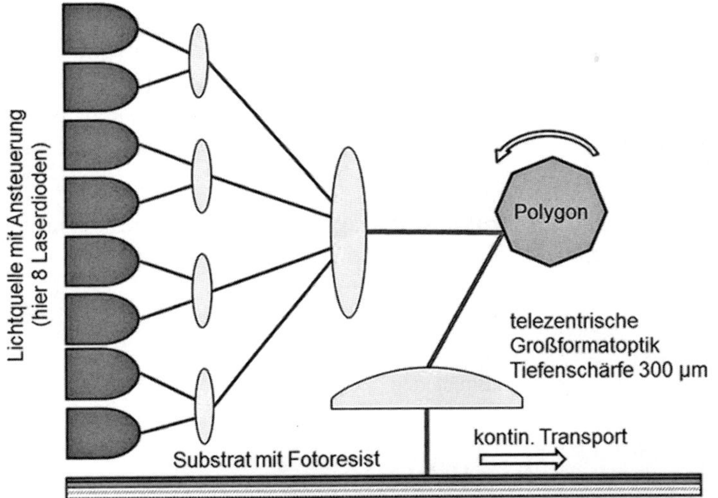

Bild 7.3: Arbeitsprinzip eines Direktbelichters

Die Belichtung eines Silberhalogenidfilms (z. B. Agfa, Fuji oder Kodak – Typ Accumax APR7 oder ARD7) mit steiler Gradation ($\gamma > 4$) ergibt nach der fotografischen Entwicklung ein nahezu grauwertfreies Negativ. Die traditionelle Fototechnik auf Silberbasis genügt den Anforderungen, insbesondere denen in der Serienfertigung an die Fotowerkzeuge nicht mehr in jedem Falle. So ist die Silberemulsionsschicht besonders empfindlich gegen Verkratzen. Für die Belange der Feinleitertechnik (Stegbreiten unter 100 µm) reicht die Dimensionsstabilität und das Auflösungsvermögen solcher Fotovorlagen nicht mehr aus. Ein gleitender Übergang zu den Strukturierungstechnologien der Halbleitertechnik wird sichtbar. Zunehmend kommen Chrommasken* und das Verfahren der Direktbelichtung, siehe Bild 7.3, bei der Strukturübertragung** zur Anwendung.

* https://www.chemie.de/lexikon/Fotomaske.html

** https://epp.industrie.de/allgemein/verkuerzte-fertigungszeiten

7.2.2 Fotolithografie

Mithilfe einer Fotomaske (Fototool) erfolgt eine Bildübertragung im Kontaktverfahren über Schattenprojektion oder durch optische Abbildung auf einen lichtempfindlichen (UV-empfindlichen) Polymerfilm. Heute benutzt man dafür vorgefertigte Halbzeuge, wie Fotoresiste oder Fotolacke, die dann eine festhaftende Maske bilden. Für diese Verfahrensweise hat sich die Bezeichnung Fotolithografie oder Fotodruck eingebürgert. Der Polymerfilm verändert sich bei Belichtung z. B. mit UV-Belichtern (PC-Printern) chemisch so, dass er entweder im nachfolgenden Entwicklungsprozess löslich oder unlöslich ist. Damit sind „Grautöne", wie beim Silberfilm mit weicher Gradation, nicht möglich und auch nicht erwünscht. In den nachfolgenden Prozessen, wie Ätzen oder elektrochemisches Auftragen von Metallen auf diese Oberflächen, werden saubere lackfreie Flächen benötigt.

Die Strukturauflösung wird begrenzt durch die Wellenlänge des Lichtes, durch die numerische Apertur des abbildenden Linsensystems, durch Kontrast und Auflösung des Resists und mögliche Reflexionen vom Substrat. Durch Unterlichtung, Streuung, Reflexion oder Beugung kann es bei diesem Verfahren zu Bildverfälschungen kommen. Unter Beachtung dieser Einschränkung eignet sich die Fotolithografie zur Erzeugung von Masken für die Strukturierung von Schichten bzw. Metalloberflächen und zur Herstellung von Druckwerkzeugen für den Siebdruck.

Die Suche nach effektiveren Verfahren zur Strukturübertragung führt zur Direktbelichtung und zur Direktstrukturierung. Im Bild 7.4 soll das Prinzip verdeutlicht werden.

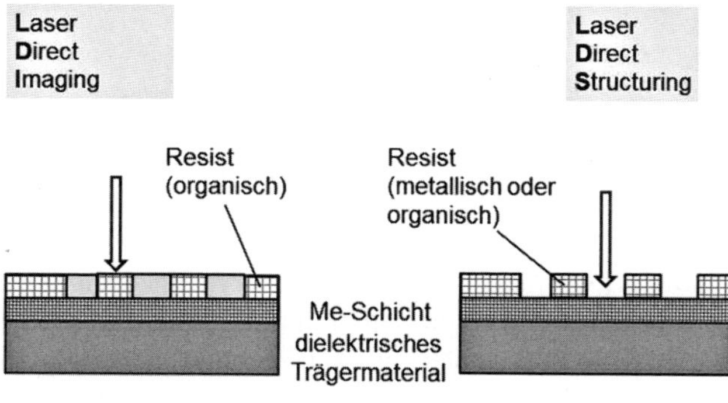

Bild 7.4: Strukturübertragung durch Direktbelichtung

In der Mikroelektronik und in der Mikromechanik spielt die Fotolithografie eine entscheidende Rolle. Nach der Belichtung des Resists folgt die Entwicklung, durch die der Resist strukturiert wird. Dadurch wird die Voraussetzung für das nachfolgende Ätzen, Dotieren oder Schichtabscheiden geschaffen. Danach kann der Resist wieder abgelöst werden.

Neben der optischen Lithografie gelangen die UV-Lithografie, die Ionenstrahl- und die Röntgenlithografie zum Einsatz, z. B. LIGA-Technik und Rapid Prototyping. Ideale Abbildungsverhältnisse bietet die Synchrotronstrahlung, wenn man den notwendigen technischen Aufwand in Kauf nimmt.

Die technische Realisierung der Fotolithografie lässt sich also durch die folgenden Merkmale kennzeichnen:

- Anwendung von Fotopolymeren (Fotolack, Fotoresist),
- Verarbeitung bei Gelblicht im Lithografiebereich,
- hohe Reinraumforderung im Bereich der Strukturierung,
- Belichtung mit sichtbarem Licht (Halogenstrahler), z. B. zur Herstellung mikromechanischer Strukturen,
- Belichtung in Printern mit UV-Licht 450 bis 250 nm, bei kleineren Strukturbreiten 193 nm (ArF-Laser),
- Maschinenentwicklung.

Fotoresist

Ein flüssiger oder fester fotoempfindlicher Polymerfilm, der Resist, wird durch Tauchen, Sprühen, Gießen, Laminieren oder Siebdruck (z. B. Lötstoppmaske) auf die Substratoberfläche aufgebracht. Nach dem UV-Belichten entwickelbare **Positivresists** werden durch eine Fotoreaktion soweit entnetzt bzw. chemisch verändert, dass sich die belichteten Stellen durch spezielle Entwickler (chlorierte Kohlenwasserstoffe, verdünnte Natronlauge oder Sodalösung, warmes Wasser u. ä.) herauslösen lassen. Bei **Negativresists** ist der Vorgang umgekehrt – die belichteten Stellen werden vernetzt.

Je nach Dicke und chemischem Verhalten unterscheidet man Galvano- oder Ätzresists, eine andere Unterscheidung ist die in Festresists (Trockenresist, Fotofestresist) und Flüssigresists (Fotolacke, Gießfilmresist). In jedem Fall handelt es sich um organische lichtempfindliche Polymere. Hier sollen nur Festresists (Dry Film Photoresist) in ihrer Anwendung betrachtet werden.

Die optische Auflösung der Fotoresists ist begrenzt auf die Breite der organischen Kettenmoleküle, die im Bereich zwischen 10 und 100 nm liegt. Ein weiterer auflösungsbegrenzender Effekt ergibt sich aus der dreidimensionalen Netzstruktur, in die bei Entwicklung das Entwicklermedium eindringt und sie aufquellen lässt.

Zur Unterscheidung zwischen Positiv- und Negativ-Resist (siehe Bild 7.5) gilt:

- Bei Negativresist entsteht ein Negativ der Maskenstruktur („Fotopolymer“ vernetzt durch Strahlung, **unbelichteter** Resist beim Entwickeln entfernt).
- Beim Positivresist entsteht eine Kopie der Maskenstruktur (**belichteter** Resist wird depolymerisiert und beim Entwickeln entfernt).

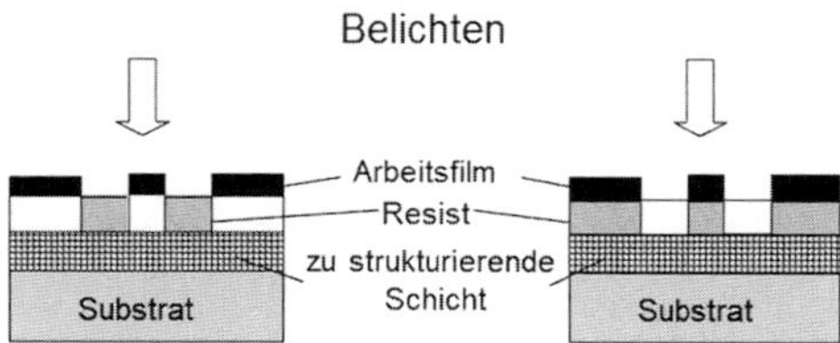

Nach dem Entwickeln liegt eine Ätzresistmaske vor

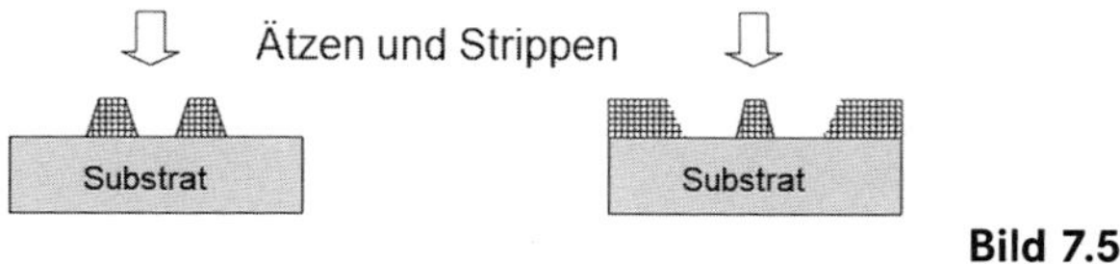

Negativresist Positivresist

Bild 7.5: Verarbeitung von Positiv- und Negativ-Fotoresists

Die Grundkomponenten eines Photoresists, siehe Tabelle 7.2, bilden:

- das Basispolymer,
- die Lösungsmittel (bei Lacken),
- Sensibilisatoren und
- Additive.

Tabelle 7.2: Bestandteile von Fotoresists*

Empfindlichkeit	UV (400 – 315 nm)	g- und i-Linie g-Linie 435 nm i-Linie 365	KrF-Laser (248 nm)
Basispolymer	Cycl. Gummi	Novolakharz	Polyhydroxystyrol-Harz
Sensibilisator	Bisazide	Naphtochinondiazide (NQD)	Photo Acid Generator (PAG)
Bilderzeugung	Negativ Radikalvernetzung Entwickler: org. LM	Positiv Veränderung der Löslichkeit Entwickler: wässrig-alkalische Lsg.	Positiv chemisch verstärkt (chemical amplified) Entwickler: wässrig-alkalische Lsg.

* http://www.polymerjournals.com/pdfdownload/1112985.pdf

Das Polymer hat entweder die Funktion, weiter zu vernetzen (Negativresist) oder eine gesteigerte Löslichkeit (Fotosolubilisierung) der bestrahlten Bereiche zu erzeugen (Positivresist).

Negativresists bestehen u. a. aus Polyisoprenpolymeren oder Polyvinylcinnamat. Diese Basispolymere sind nicht chemisch aneinander gebunden, sondern vernetzen oder polymerisieren, wenn sie bestrahlt werden.

Positive Photoresists bestehen aus Phenol-Formaldehyd-Novolakharzen. Diese Polymeren sind relativ schwerlöslich, durch Belichtung erhöht sich deren Löslichkeit in geeigneten „Entwicklern".

Laminieren

Ein Trockenresist besteht aus Trägerfolie, Fotopolymerschichtfolie und Schutzfolie. Der thermoplastische Folienverbund wird mittels Heißrollenlaminator (Bild 7.6) auf die Substratoberfläche gepresst. Das Entfernen der Trägerfolie erfolgt vor dem Laminieren, der Schutzfolie nach dem Belichten.

Bild 7.6: Heißrollen-Laminator (Fortex Modell 610)

In diesem Arbeitsschritt wird der UV-lichtempfindliche Fotofestresist auf das Substrat aufgebracht. Der Fotoresist (Bild 7.7) liegt in Form einer Folie aufgerollt auf den Vorratsrollen des Laminators vor und wird unter Druck und Wärme auflaminiert (Laminiertemperatur 115 ± 3 °C, Laminiergeschwindigkeit 0,6 bis 1,2 m × min^{-1}), wenn das Substrat durch die Walzen des Laminators tritt. Bei diesem Verfahren erhält man eine sehr gleichmäßige Resistschicht.

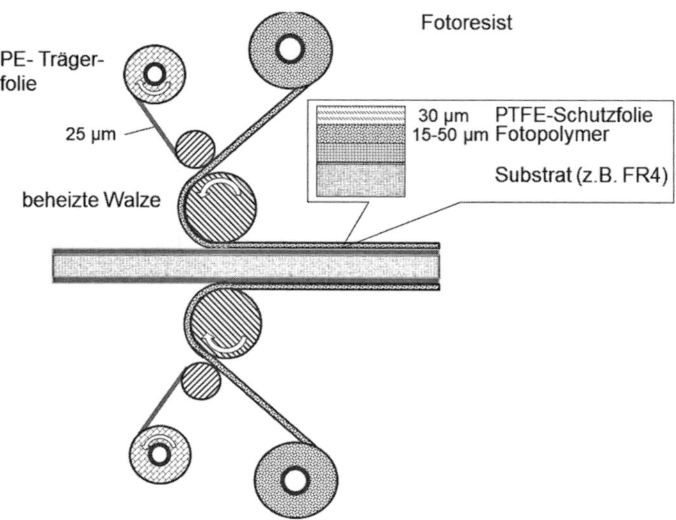

Bild 7.7: Prinzip des beidseitigen Laminierens mit Fotoresist

Belichten

Dem Schritt Belichten unmittelbar vorgelagert ist die Filmjustage. Dabei gilt es, die Arbeitsfilme (Fototools) zum Zuschnitt auszurichten und zu fixieren.

Zum Belichten sind UV-Lichtquellen erforderlich. Es sind nur Anlagen geeignet, die eine Belichtung mit hochparallelem Licht ermöglichen, z. B. Printer (Bild 7.8).

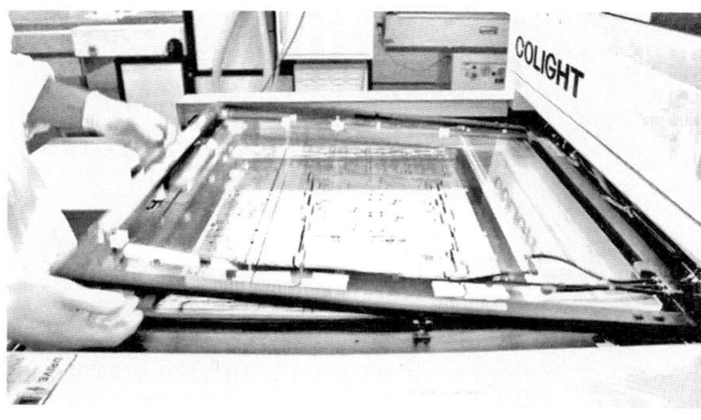

Bild 7.8: Belichter (Printer) (www.eurocircuits.com)

Vor dem eigentlichen Belichtungsvorgang ist die optimale Belichtungszeit mit einem Stufenkeil, der Fenster mit unterschiedlicher definierter Schwärzung enthält, zu bestimmen. Die Auswertung des Belichtungsergebnisses geschieht nach folgenden Kriterien:

- Die Fotoresistoberfläche muss glatt und porenfrei sein.
- Bestimmung der Werte für die Belichtungsstufe, die nach der Entwicklung der Testplatte noch stehen bleibt.

Um das Abschwemmen der Fotoschicht während des Entwickelns von der Metalloberfläche zu vermeiden, ist grundsätzlich nach dem Belichten die Haltezeit zur Nachpolymerisation und Verbesserung der Haftfestigkeit zu beachten. Eine Zwischenlagerung laminierter Substrate sollte drei Tage nicht überschreiten, da durch Erwärmung beim Laminieren fotochemische Reaktionen im Polymeren gestartet wurden, die im Normalfall im Entwickler zum Stillstand kommen.

Entwickeln

Zur Freilegung der übertragenen Struktur ist es notwendig, den unbelichteten bzw. den fotochemisch veränderten Teil des Fotoresists aus der Schicht herauszulösen. Dem Entwicklungsvorgang folgt unmittelbar ein intensives Spülen. Die Hauptaufgabe der Spülung besteht in der Unterbrechung des Entwicklungsvorganges und in der Beseitigung von Entwicklerresten von der Warenoberfläche sowie aus der Fotoschicht. Für die meisten, in alkalischen Medien entwickelbaren Resists gelten folgende Parameter:

- Arbeitstemperatur 32 °C,
- Entwickler: Sodalösung 1 % (Na_2CO_3), mit 0,75 ml/l Entschäumer,
- Einhaltung der mit dem Stufenkeil bestimmten Entwicklungszeit, dabei ist die Entwicklungszeit abhängig von der Resiststärke, der Entwicklertemperatur und dem Typ der zur Verfügung stehenden Entwicklungsmaschine.

Bei einer Kontrolle der Ergebnisse der Strukturübertragung, z. B. bei FR4-Material, sollte nach Entwicklung des Resistes nach der in Tabelle 7.3 aufgeführten Arbeitsschritte die Haftung der fotolithografischen Maske und die Ätzbarkeit der freien Cu-Flächen getestet werden.

Tabelle 7.3: Schritte für den Qualitätstest nach erfolgter Strukturübertragung

Schritt	Wirksubstanz	Zeit in t/min
Tauchen in Voraktivierungslösung	HCl 15 %	1,0
Spülen	H_2O, RT	0,5
Beizen	Na-Peroxidisulfat (NaPS)	1,5
Dekapieren	H_2SO_4	1,0
Spülen	H_2O, RT	0,5

Nicht angeätzte glänzende Cu-Flächen, die sich nach dem Ätztest erkennen lassen, weisen auf organische Deckschichten hin, die später zu Fehlstellen und einer Verminderung der Haftfestigkeit beim nachfolgenden Galvanisieren führen.

Eine Anwendung von Fotofestresistmasken als Galvanoresist zeigt Bild 7.9. Die Muster für diese REM-Aufnahmen sind mit einer 35 µm starken Festresistschicht laminiert und anschließend wie angegeben weiterverarbeitet worden.

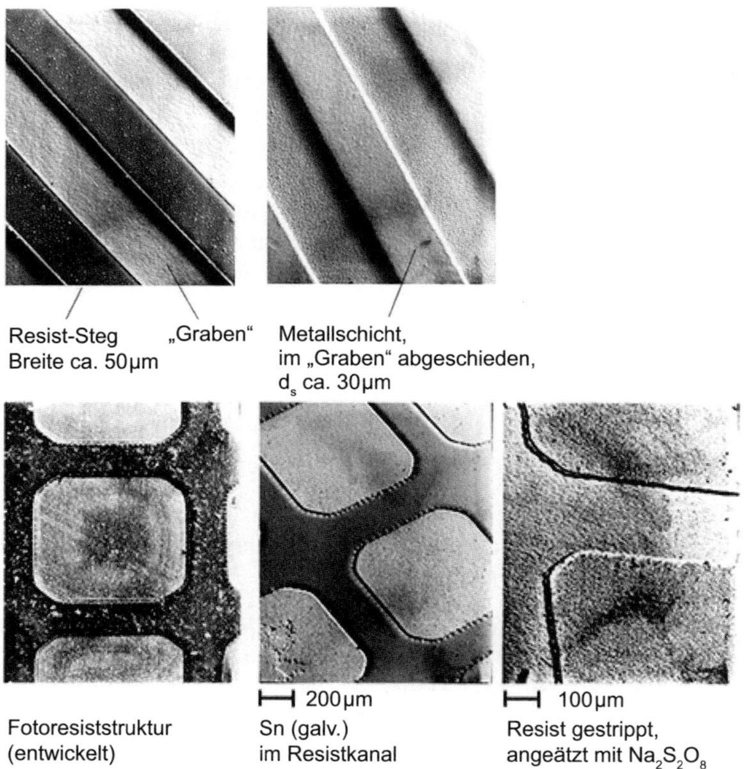

Bild 7.9: Anwendung von Fotoresistmasken zur Abscheidung strukturierter galvanischer Schichten, hier Sn

7.2.3 Siebdruck

Der Siebdruck ist eine Drucktechnik (Druckverfahren), bei dem die druckenden Stellen der Druckform siebartig geöffnet sind. Die Übertragung des Druckmediums erfolgt durch eine Rakel. Die zu druckende Struktur wird auf ein feinmaschiges Sieb übertragen, wobei die zu druckenden Stellen auf dem Sieb offen bleiben.

Für industrielle Fertigungsprozesse verwendet man Gewebe oder Gaze als Träger aus synthetischen Fasern (Polyestergewebe) und für Spezialaufgaben Metallgewebe (Edelstahl, Bronze). Das ursprünglich für Siebdruckrahmen verwendete Material war Holz. Durch die geringe Feuchtigkeits- und Chemikalienbeständigkeit sowie ungenügende Formstabilität der Holzrahmen hat sich der Metallrahmen (Vierkantprofil aus Aluminium) durchgesetzt. Das Bespannen der Rahmen übernimmt heute meistens ein spezieller Spannservice.

Eine Siebdruckschablone stellt man vorzugsweise fotolithografisch her. Für diese Schablonen wird das Gewebe mit einer lichtempfindlichen Emulsion, der Kopierschicht, beschichtet. Dabei kann diese Emulsion entweder in flüssiger Form auf einen Polyesterträger gegossen werden oder als dünne Filmschicht vorliegen. Das beschichtete Gewebe wird mit einer Kopiervorlage (Positiv, Negativ) seitenrichtig abgedeckt und mittels UV-Lichtquelle

(300 - 380 nm) belichtet. Durch die anschließende Freilegung (Entwicklung) erhält man die gewünschte Struktur (siehe Bild 7.10 und Bild 7.11).

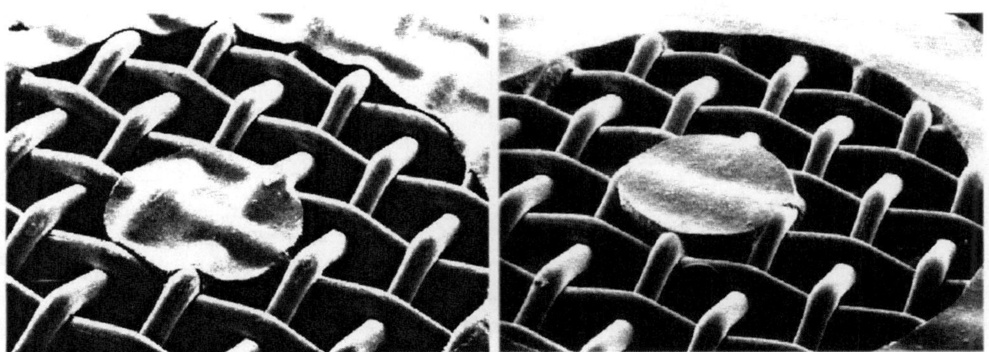

Bild 7.10: Drucksieb mit fotolithografischer Maskierung, links = optimal, rechts = fehlerhaft (Maschenweite 60 µm)

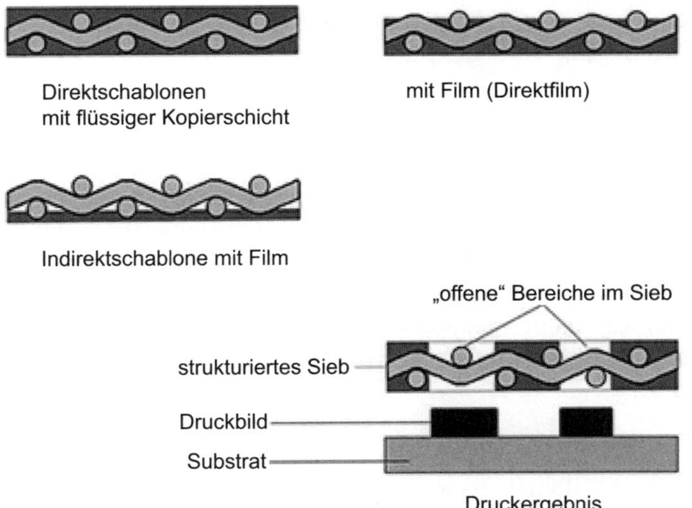

Bild 7.11: Varianten fotochemisch hergestellter Drucksiebe

Siebe können mehrfach verwendet werden. Dazu muss man nach dem Drucken die Schablone von Resten des Druckmediums reinigen und dann die Kopierschicht mit einem Entschichter vom Gewebe waschen.

Im Siebdruckverfahren lässt sich eine Vielzahl von Materialien bedrucken, entsprechend vielfältig ist das Angebot an **Druckmedien,** wie Ätzresists, Lötstopplack, Lotpasten, SMD-Kleber. An sie sind u. a. folgende Anforderungen zu stellen:

- physikalisch schnelltrocknend auf Lösemittelbasis,
- thixotropes Verhalten.

Eine Darstellung des Siebdruckvorganges enthält Bild 7.12.

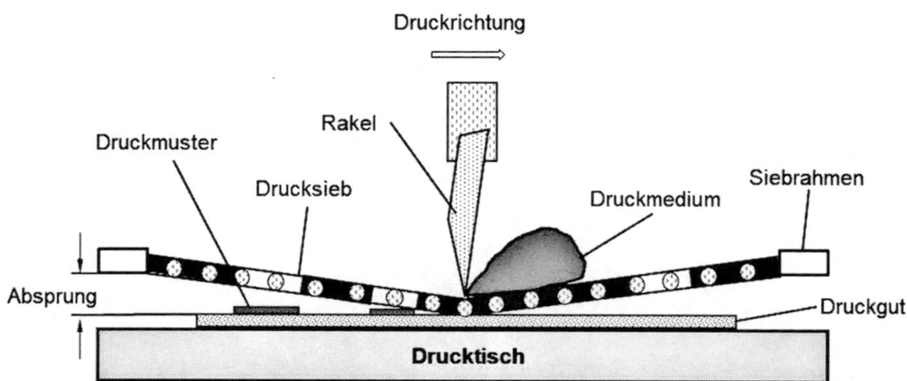

Bild 7.12: Siebdruckvorgang

Am Handdrucktisch führt man die Rakel von Hand, in Siebdruckmaschinen automatisch. Allen maschinellen Systemen ist gemeinsam, dass die Druckeinheit motorgetrieben ist. Der An- und Abtransport des Druckgutes erfolgt durch Greifersysteme. Im Siebdrucker bildet die Druckrakel das zentrale Werkzeug.

7.2.4 Ätzverfahren

Wie bei den Vorbehandlungsverfahren bereits gezeigt, könnte man das Ätzen als eine erwünschte und zielgerichtet angewandte Abtragreaktion auffassen. Dies gilt gleichermaßen für das Ätzen metallischer wie nichtmetallischer Werkstoffe. Die Gesamtheit des Ätzvorganges besteht aus dem Substratwerkstoff und dem Ätzmedium sowie der umgebenden Gasphase bzw. dem Arbeitsumfeld. Dafür charakteristisch ist die Grenzfläche Substrat/Medium, die eine heterogene Phasengrenze darstellt. Ätztechniken kommen in vielfältiger Weise zur Anwendung, wie z. B.:

- zur flächigen Aufrauhung, bzw. Veränderung der Oberflächenmorphologie (ätzmatt),
- in der Drucktechnik (Tiefdruckplatten, Prägewerkzeuge),
- zur Fertigung von Metallfolie-Formteilen,
- zur Herstellung von Schildern und Frontplatten mit Inschriften und Abbildungen,
- zur Kennzeichnung,
- bei metallografischen Untersuchungen,
- in der Leiterplattentechnik (Subtraktivtechnik),
- in der Halbleitertechnik (Si-Technologie).

Die in der Praxis angewandten Ätzverfahren übertragen die fotolithografisch hergestellten Strukturdetails in das Substrat oder entfernen das Substratmaterial ganzflächig, wenn keine Maske aufliegt. Es lassen sich zwei Grundprinzipien unterscheiden:

- Nassätzverfahren und
- Trockenätzverfahren (Plasmaätzen).

Die eingesetzten Nassverfahren sind hinsichtlich ihrer Ätzwirkung sowohl isotrop als auch anisotrop, wie im Bild 7.13 dargestellt.

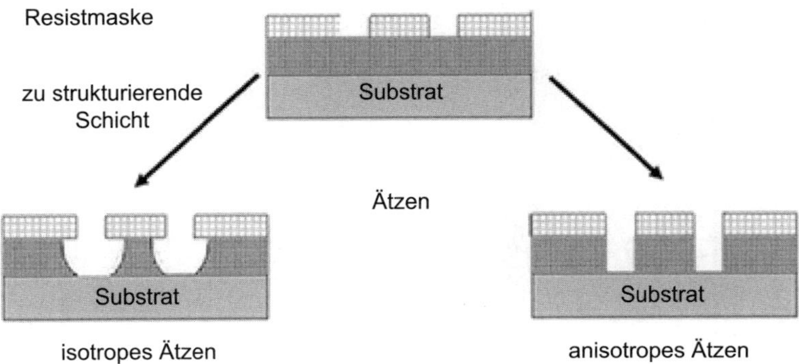

Bild 7.13: Isotropes und anisotropes Ätzen

Das Maskenmaß wird beim isotropen Ätzen um den Betrag der Unterätzung und der Schichtdicke verringert. Sofern die Unterätzung in die Größenordnung der zu übertragenden Struktur kommt, ist die Grenze des Verfahrens erreicht. Der Unterätzfaktor (*F*) ist durch das Verhältnis Ätztiefe (*d*) zur Verminderung der Strukturbreite (*s*) nach dem Ätzen definiert, entsprechend Bild 7.14. Unter optimalen Ätzbedingungen beträgt der Unterätzfaktor > 2.

$$F = \frac{d}{s} \tag{7.1}$$

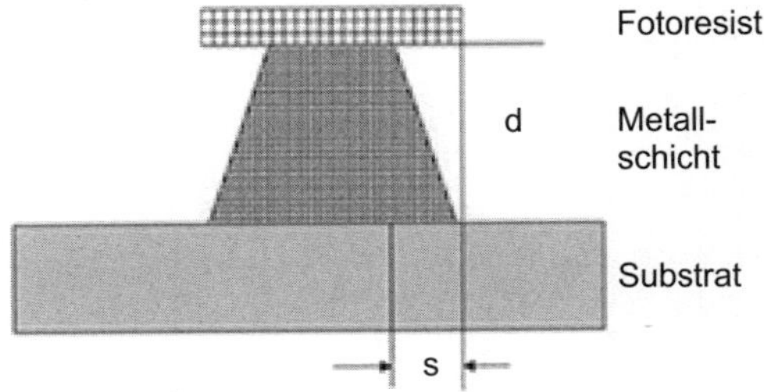

Bild 7.14: Unterätzfaktor

Nassätzen

Unabhängig davon, dass die Strukturtreue der Nassätztechniken mit immer kleiner werdenden Strukturbreiten abnimmt, besitzen sie weiterhin Bedeutung für viele Strukturierverfahren. Das Ätzen geschieht durch Eintauchen oder Besprühen mit Ätzlösungen. Beim Ätzen polykristalliner Werkstoffe ergibt sich ein isotroper, bei Verwendung einkristalliner, wie z. B. Halbleiter-Si, ein anisotroper Ätzabtrag.

Vorteil der Nassätzung ist die meist einfache Prozessführung und -kontrolle. Ätzzeit, Ätztemperatur und elektrochemisches Potenzial bestimmen die Ätzrate, deren Reproduzierbarkeit und somit die Prozessführung. In Tabelle 7.4 sind einige gebräuchliche Ätzmittel und ihre Anwendung aufgeführt, ausgewählte Ätzreaktionen enthält Tabelle 7.5. Bild 7.15 und Bild 7.16 zeigen Ätzanlagen für flächige Werkstücke, wie Leiterplatten, Frontplatten und Formteile. Das Ergebnis der Anwendung verschiedener Ätztechniken für prismatische Teile zeigt Bild 7.17.

Tabelle 7.4: Ätzlösungen für metallische Werkstoffe

Werkstoff	Bestandteile der Ätzlösung															
	$NaOH$	NH_4OH	$NaCN$	H_2O_2	HF	HCl	HNO_3	H_2SO_4	H_3PO_4	$FeCl_3$	$Na_2S_2O_8$	$CuCl_2$	H_2O	CH_3COOH	I_2	KI
Mg							x									
								x								
									x							
Al	x															
							5		80				10	5		
Ti				4,5	4,5								91			
					x	x										
					x		x									
Zn										16			84			
						x										
Cu									1		22		77			
				40				60								
										50			50			
		x										x				
Ag						33	33						33			
													88		3	9
		17		17									66			
Au			x	x												
					70	30										
													88		3	9
FeCrNi						33	33						33			
							x	x	x							
						x						x				
										50			50			
NiCo					x		x		x							
						x	x									

Basiskonzentrationen der Ätzmedien: HCl = 37 % HCl in H_2O, HNO_3 = 70 % HNO_3 in H_2O, H_2SO_4 = 98 % H_2SO_4 in H_2O, HF = 50 % HF in H_2O, H_2O_2 = 30 % H_2O_2 in H_2O, H_3PO_4 = 85 % H_3PO_4 in H_2O, NH_4OH = 29 % NH_3 in H_2O, CH_3COOH = 99 % CH_3COOH in H_2O. Die Zahlenangabe in der Tabelle sind Anteile von 100 in ml.

Festsubstanzen: $FeCl_3 \cdot 6H_2O$, I2, KI, $Na_2S_2O_8$. Zahlenangaben in Anteilen von 100 g.

Tabelle 7.5: Reaktionen in elektrochemischen Ätzlösungen

Substrat	Ätzmittel	Reaktion
Si	HNO_3/HF	$Si + HNO_3 + 6HF \rightarrow H_2SiF_6 + HNO_2 + H_2 + H_2O$
SiO_2	HF	$SiO_2 + HF \rightarrow H_2 + SiF_6 + 2H_2O$
Cu	$Na_2S_2O_8$	$Cu + Na_2S_2O_8 \rightarrow CuSO_4 + Na_2SO_4$
	$CuCl_2$	$Cu + CuCl_2 \rightarrow 2CuCl$
Ag	HNO_3	$3Ag + 4HNO_3 \rightarrow 3AgNO_3 + NO + H_2O$
Au	HCl/HNO_3	$2Au + 3HNO_3 + 9HCl \rightarrow 2AuCl_3 + 3NOCl + 6H_2O$
	NaCN	$4Au + 8NaCN + O_2 \rightarrow 4Na[Au(CN)_2] + 4NaOH$
Al	NaOH	$2Al + 2NaOH + 2H_2O \rightarrow 2NaAlO_2 + 3H_2$
Ti	HF	$Ti + 6HF \rightarrow H_2TiF_6 + 2H_2$
Zn	HCl	$Zn + 2HCl \rightarrow ZnCl_2 + H_2$

Bild 7.15: Durchlaufätzanlage

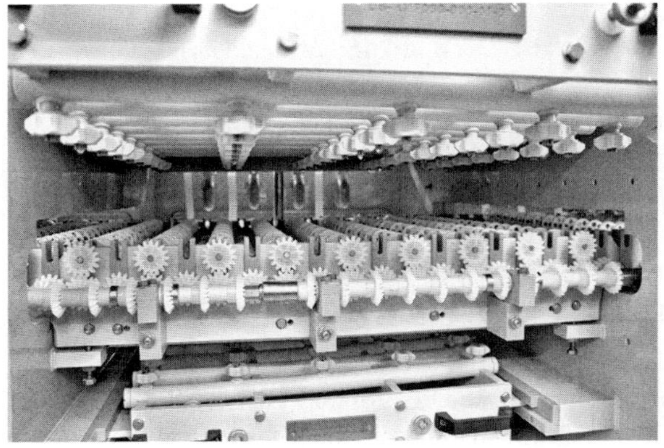

Bild 7.16: Sprühmodul einer Ätzmaschine

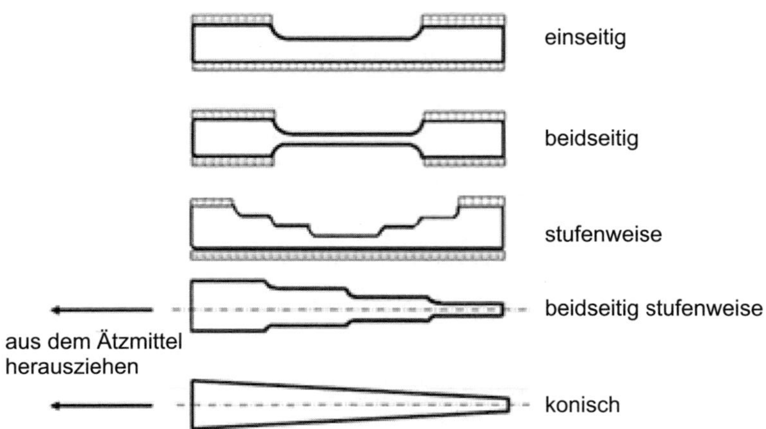

Bild 7.17: Ätztechniken für prismatische Teile (mit Resist) und Bleche

Trockenätzen

Im Gegensatz zu den Nassverfahren verwendet man hier Gase, die bevorzugt in Plasmen dissoziieren, Ionen bilden und dann gemeinsam mit den im Gasraum vorhanden Neutralteilchen Oberflächenreaktionen bewirken oder das Substratmaterial physikalisch abtragen (absputtern, abglimmen). In gleicher Weise lassen sich auch Ionenstrahlen nutzen.

Durch die Wahl der Füllgase, des Druckbereiches und der Elektrodenanordnung und -form ergeben sich verschiedene Ätzverfahren. Ein Ätzangriff auf das Substrat kann rein physikalisch, chemisch oder chemisch-physikalisch sein (siehe Bild 7.18).

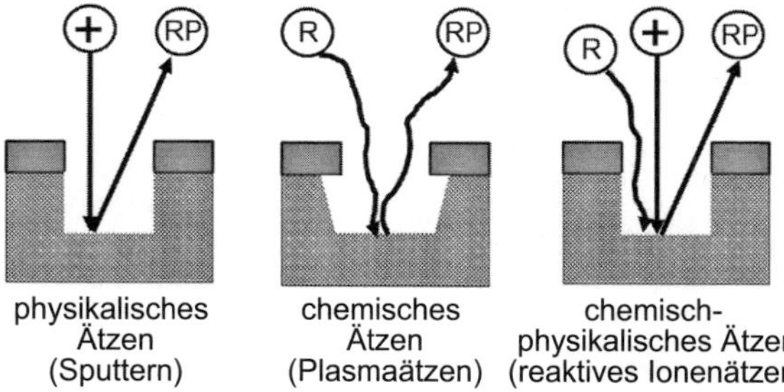

Bild 7.18: Ätzmechanismen beim Trockenätzen, R = reaktives Gas, RP = Reaktionsprodukt

Der Impuls der auftreffenden Ionen bewirkt hauptsächlich beim Trocken- oder physikalischen Ätzen den Materialabtrag. Er erfolgt bevorzugt in Richtung der auftreffenden beschleunigten Ionen und verläuft nahezu anisotrop. Zu den physikalischen Ätzverfahren zählen das Ionenstrahlätzen (engl.: *Ion Beam Etching,* IBE) und das Sputterätzen (engl.: *Sputter Etching,* SE).

Im Falle des chemischen Ätzens verläuft eine chemische Reaktion zwischen Neutralteilchen (z.B. Radikalen) aus dem Plasma und den Oberflächenatomen des Substratwerkstoffes unter Entstehung gasförmiger Reaktionsprodukte. Aufgrund der geringen mittleren freien Weglänge der Neutralteilchen bewegen sie sich rein statistisch und der Ätzangriff erfolgt isotrop. Besonders feine Strukturen lassen sich damit nicht herstellen. Die Selektivität aber ist höher als die des physikalischen Ätzens. Das Plasmaätzen (engl.: *Plasma Etching*, PE) ist ein Verfahren des chemischen Trockenätzens. Mithilfe dieses Verfahrens hergestellte Strukturen für die Fertigung von Mikroprozessoren zeigt Bild 7.19.

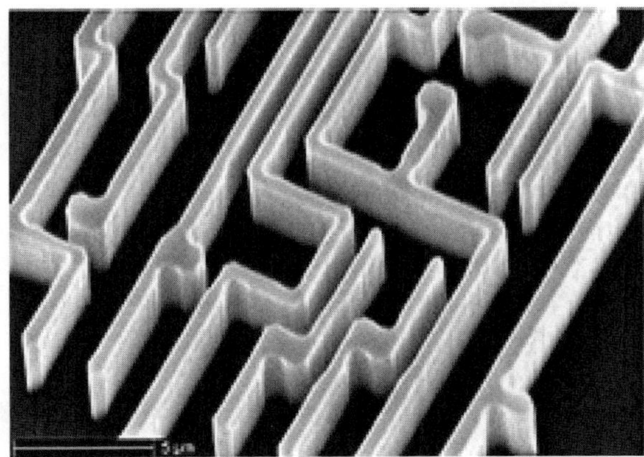

Bild 7.19: Plasmageätzte Mikrostruktur (Maßstab: 5 µm)

Treffen gleichzeitig Ionen auf die Oberfläche und verlaufen chemische Reaktionen, die zum Ätzabtrag führen, spricht man vom chemisch-physikalischen Ätzen. Vertreter dieses Ätzens sind das reaktive Ionenätzen (engl.: *Reactive Ion Etching*, RIE) und das reaktive Ionenstrahlätzen (engl.: *Reactive Ion Beam Etching*, RIBE).

Als Ätzanlagen kommen die in Abschn. 4.2 beschriebenen vakuumtechnischen Ausrüstungen zur Anwendung.

7.3 Anwendung von Strukturierungstechniken

7.3.1 Struktur- und Formteilätzen

Hierunter versteht man solche Strukturierverfahren, bei denen mithilfe von Resistmasken und anschließendem Ätzen Oberflächen strukturiert oder freitragende Metallfolien durchgeätzt werden. Hauptschritte sind:

- Herstellung der Fotovorlage,
- Strukturübertragung durch Siebdruck oder Fotolithografie,
- elektrochemisches Abtragen.

Im Ergebnis entstehen entweder Strukturen oder Formteile. Bearbeiten lassen sich auf diese Weise bevorzugt Aluminium und Al-Legierungen, Kupfer und Cu-Legierungen, Titan und Titanlegierungen, Nickel, Stahl und rostfreier Stahl.

Als Verfahrensvorteile des Formteilätzens lassen sich hervorheben:

- geringe Werkzeugkosten,
- schnelle Realisierung,

- nahezu freie Gestaltbarkeit planarer Geometrien,
- keine Beeinflussung der Werkstoffeigenschaften durch Wärmeeintrag,
- gratfreie Kanten,
- technisch saubere, fett- und lubrikationsfreie Oberflächen,
- geringe Strukturbreiten mit konstant hoher Präzision,
- Fertigung von Einzelstücken bis zu hohen Serien.

Durch die Anwendung abtragender elektrochemischer Verfahren zur Formgebung für flächenhafte Werkstücke können auf recht einfache Weise kompliziert geformte Teile hergestellt werden. Es erfolgt eine Bearbeitung ohne Eintrag mechanischer oder thermischer Spannungen in das Formteil. Ausgangspunkt der Strukturübertragung ist die Herstellung einer Fotovorlage (Fototool). Sie bildet einerseits die Bildvorlage zur Siebherstellung (Siebdruckverfahren), andererseits das Fotowerkzeug bei der Belichtung des Fotoresistes (Fotolithografie, Fotodruck). In beiden Fällen erfolgt nach der Ausbildung der Resistmaske ein Ätzprozess. Alternativ kann auch über Laser-Direkt-Imaging (LDI) der Fotoresist belichtet werden. Einzelne Verfahrensstufen soll Bild 7.20 verdeutlichen. Mithilfe der Ätztechnik hergestellte Leadframes der Fa. Precision Micro mit einer Fertigungstoleranz von ± 25 µm zeigt Bild 7.21.

Bild 7.20: Formteilätzen aus Cu-Blech (d = 100 µm). Links Fotonegativ, rechts Formteile geätzt und galvanisch vernickelt

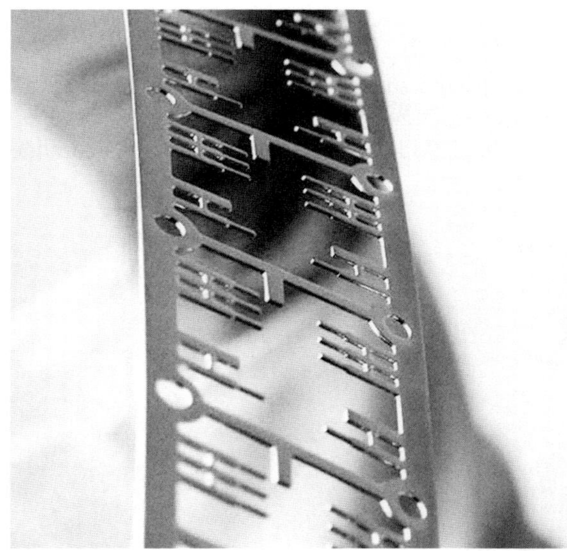

Bild 7.21: Durch Ätztechnik hergestellter Leadframe

Als Ätzmittel dient saures Kupferchlorid (HCl, $CuCl_2$, H_2O). Es arbeitet bei einem Kupfergehalt von 90 - 120 g/l und einer Temperatur von 48 °C. Die Ätzfähigkeit hängt wesentlich vom Redoxpotenzial des Gleichgewichtes

$Cu^{2+} + e^- \rightarrow Cu^+$

ab, das entsprechend einzustellen ist.

Beim Formteilätzen ergibt sich aus der Tatsache der Unterätzung für größere Materialstärken, in Abhängigkeit von der Strukturbreite, die Notwendigkeit des beidseitigen Ätzens.

Das Tiefätzen von Schrift in Metallplatten stellt einen Anwendungsfall für das Strukturätzen dar, wie das für die Herstellung von Namensschildern, Informationstafeln, Prägeformen u. ä. genutzt wird. Bild 7.22 zeigt eine tiefgeätzte Schrifttafel aus nichtrostendem Edelstahl für eine Aufstellung im Freien.

Bild 7.22: Tiefgeätzte Schrifttafel für den Außenbereich, rechts: Ausschnitt (Tafelgröße: 0,2 m x 0,25 m, Werkstoff 1.4311, Ätzmittel: $CuCl_2$/HCl)

7.3.2 Drucken von Pasten

Neben dem strukturierten Auftrag von Druckpasten zur dekorativen Gestaltung bzw. von visuellen Informationen, auf die hier nicht weiter eingegangen werden soll, spielt der Pastendruck in der Dickschichttechnik für Leit- und Widerstandsschichten eine bedeutende Rolle (siehe Bild 7.23).

Bild 7.23: Dickschichtstruktur für Leitgummi-Tastatur (Kammstruktur: 4 mm x 6 mm)

Allen Pasten gemeinsam sind:

- die Wirksubstanz und
- Binde- und Lösemittel.

Weitere Unterschiede ergeben sich aus dem Haftmechanismus zwischen Substrat und Paste. Dazu unterscheidet man in:

- Pasten mit Glasfritte,
- Pasten mit Polymerfritte und
- Pasten ohne Fritte.

Darüber hinaus sind noch Leitkleber bekannt, die ähnlich einer Polymerpaste aus einem organischen Kleber und einer metallischen Wirksubstanz bestehen. In den Pasten realisiert man über die **Wirksubstanz** die jeweils beabsichtigte Leitfähigkeit der Leitbahn über den Widerstand bis zum Isolator. Durch die **Bindemittel** (organische Polymere) halten alle Bestandteile der Paste zusammen und bestimmen gemeinsam mit dem **Lösungsmittel** über die Viskosität die Druckfähigkeit der Paste.

Im Einbrennprozess entsteht durch Erweichen der Glasfritte zwischen den Körnern der Wirksubstanz eine ca. 0,1 µm dicke Glasschicht, die für die Leitungselektronen gerade noch durchlässig ist. Gleichzeitig bewirkt die Fritte die haftfeste Verbindung zwischen Schicht und Substrat. Fritten bestehen aus Glaspulvern auf der Basis von SiO_2, B_2O_3 und PbO unter Zusatz von Bi_2O_3 als Flussmittel.

In Polymerpasten, die nicht für das Einbrennen vorgesehen sind, übernimmt die **Polymerfritte** gleichzeitig die Funktion des Bindemittels. Sie vermittelt die Haftung auf dem Substrat und besteht aus Härter und Reaktionsharzen, wie Epoxid-, Silicon- und Acrylharzen. Zum dosierten Auftrag von Lotwerkstoffen für oberflächenmontierbare Bauelemente, z. B. beim Reflow-Löten, benutzt man **Lotpasten**. Die Paste entsteht durch die Verteilung kugelförmiger Lotkörner mit ca. 50 µm Durchmesser (Wirksubstanz) in einem Bindemittel, bestehend aus Kolophonium, mit Anteilen an Kunststoffen und Flussmitteln (siehe Bild 7.24).

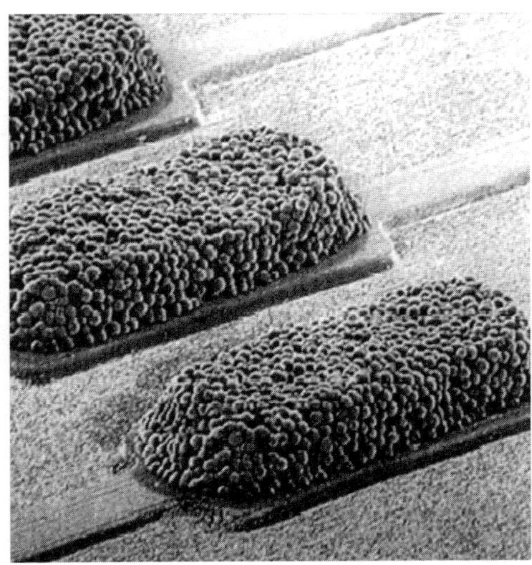

Bild 7.24: Lotpastendruck (Kontaktfläche: 1 mm x 3 mm)

Im Bild 7.24 deutlich erkennbar sind die übereinander liegenden Lotwerkstoffperlen. Für den speziellen Fall des Lotpastendrucks wendet man sehr oft auch anstelle des Siebdruckes den Schablonendruck an. Hierbei dient als Druckschablone eine durch Ätzen oder mithilfe von Laserstrahlung strukturierte Metallfolie von ca. 200 µm Dicke.

7.3.3 LIGA-Verfahren

Eine Möglichkeit, sehr genaue zwei- und zweieinhalbdimensionale Strukturen herzustellen, bietet das LIGA-Verfahren*. Es kombiniert die Möglichkeiten von Lithografie und galvanischer Aufbautechnik. Der Begriff LIGA fasst die Prozessschritte Lithografie, Galvanik, und Abformung zusammen. In einem Lithografieprozess wird ein Resist aus Kunststoff (z. B. PMMA) auf einer leitenden Unterlage mit harter Röntgenstrahlung belichtet, meist am Synchrotron.

Den schematischen Ablauf des LIGA-Verfahrens verdeutlicht Bild 7.25.

* http://www.x-ray-optics.de/index.php/9-hauptkategorie-deutsch/227-das-liga-verfahren

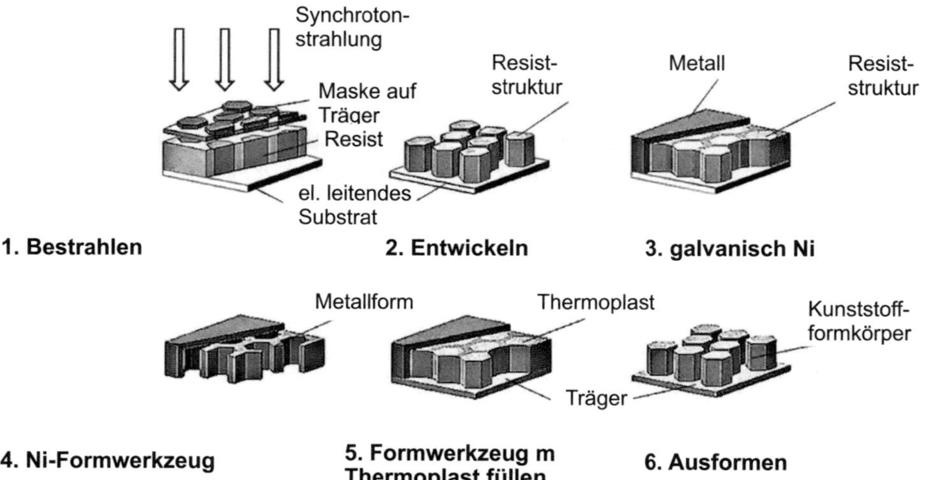

Bild 7.25: Prozessschritte des LIGA-Verfahrens (nach *)

Der eigentliche Strukturierungsvorgang erfolgt durch Fotolithografie mit Fotoresist durch Röntgen- oder Elektronenstrahlung auf einem leitfähigen Substrat. Damit entsteht eine Grundstruktur, deren Zwischenräume galvanisch aufgefüllt werden, bis über dem Fotoresist eine geschlossene Schicht entsteht. Für die Abscheidung von Nickel kommen Sulfamatelektrolyte, für Kupfer Sulfamat- oder Fluoroboratelektrolyte und Gold ebenfalls Sulfamatelektrolyte zur Anwendung. Die Sulfamatelektrolyte erlauben es, bei einer hohen Abscheiderate spannungsarme Metallschichten abzuscheiden. Ein Hauptproblem besteht aber hier in der ausreichenden Benetzung und Durchflutung der Gräben und Spalten. Nach dem Auffüllen der Galvanoform setzt man die galvanische Abscheidung fort, um dadurch die Resiststruktur mit Metall überwachsen zu lassen. Nach dem Herauslösen der Resiststruktur liegt eine Metallform vor. Ein Abformen dieser metallischen Mikrostrukturen mit einem Kunststoff liefert einen Formkörper zur unmittelbaren Verwendung oder zur erneuten Metallisierung. Aspektverhältnisse von 1 : 100 bei Wandstärken von wenigen Mikrometern lassen sich in optischer Qualität selbst bei der zweiten galvanischen Abformung noch herstellen. Die „Bauhöhen“ reichen bis zu 1 mm. Durch mehrfache schräge Belichtung lassen sich auch mehr als zweidimensionale Strukturen herstellen.

Typische Anwendungen sind Mikrozahnräder, Filterstrukturen, Fluidkanäle und optische Spiegelgitter. Das Bild 7.26 zeigt ein nach dieser Technik hergestelltes miniaturisiertes Getriebe.

* https://www.nap.edu/read/10582/chapter/6#148

Bild 7.26: Mit dem LIGA-Verfahren hergestelltes Micro Harmonic Drive Getriebe (Wellenbohrung zentrale Achse 1,5 mm)

Die Herstellung der ersten galvanischen Abformung ist vergleichsweise sehr teuer. Erst durch die vielfache Abformung in Kunststoff und eine zweite galvanische Abformung kommt man zu relativ preisgünstigen Massenteilen höchster Präzision. Ursprünglich wurde das Verfahren vom Kernforschungszentrum in Karlsruhe entwickelt, um Kanalstrukturen für Uran-Anreicherungsanlagen herzustellen. Heute wird das LIGA-Verfahren für viele kommerzielle Anwendungen in der Mikrotechnik genutzt (siehe Abschnitt 4.1.2).

Zusammengefasst gliedert sich das LIGA-Verfahren nach den Angaben des KIT/IMK der Forschungsstelle Karlsruhe GmbH in die fünf Hauptschritte:

1. „Schreiben“ einer Zwischenmaske (ZM) mit etwa 2 µm hohen Goldabsorberstrukturen mittels Elektronenstrahllithografie und Goldgalvanik auf einem Si-Wafer mit Ti-Hilfsschicht.
2. Kopieren der Zwischenmaske in eine Arbeitsmaske (AM) mit etwa 25 µm hohen Goldabsorberstrukturen durch Röntgentiefenlithografie und Goldgalvanik.
3. Kopieren der Arbeitsmaske in bis zu 3000 µm dicke Kunststoffschichten mithilfe der Röntgentiefenlithografie und chemischem Auflösen („entwickeln“) der bestrahlten Bereiche.
4. Galvanisches Abscheiden von Metallen wie Gold, Nickel oder Kupfer in diese Strukturen.
5. Die nach Schritt (4) hergestellten metallischen Mikrostrukturen eignen sich als Präge- oder Formwerkzeuge. So lassen sich große Stückzahlen von Mikrobauteilen durch Abformen in Kunststoffe bei erhöhten Temperaturen fertigen.

Das LIGA-Verfahren und die damit hergestellten Strukturen sind gekennzeichnet durch:

- Vielfältigkeit der Formen für Mikrostrukturen,
- „aspect ratio“ bis über 100 (Strukturhöhe (-tiefe) relativ zu deren Breite),
- parallele, nahezu senkrechte Seitenwände,
- optisch glatte (d. h. glänzende) Wände (z. B. für optische Spiegel einsetzbar),
- hohe laterale Maßhaltigkeit,
- Strukturdetails bis in den Bereich von 50 nm.

7.3.4 Leiterplattentechnik

Für die Herstellung aller Arten von Leiterplatten bildet die Strukturierung der Kupferauflage bzw. die Abscheidung strukturierter Schichten auf Basismaterial die Verfahrensgrundlage. Zur Unterscheidung haben sich die Begriffe durchkontaktierte und nichtdurchkontaktierte Leiterplatte als praktikabel durchgesetzt. Gleichzeitig erweitern sich die Arten der Leiterplatten in Einseiten- oder Einebenenplatten und Mehrebenen- sowie Mehrlagenschaltungen. Um die jeweilige Schaltungsebene herzustellen, stehen hierfür verschiedene Techniken zur Auswahl, siehe Bild 7.27 und Bild 7.28. Die charakteristischen Merkmale der verschiedenen Leiterplattentechniken enthält Tabelle 7.6. Letztendlich aber liegt eine strukturierte Ebene vor, die entweder sofort weiterverarbeitet werden kann (Bestückung, Montage) oder mehrere zusammengehörige, die zur Mehrlagenplatte (Multilayer) verpresst, gelocht bzw. gebohrt und durchkontaktiert werden. Die hauptsächlich hergestellten Leiterplattenarten sind folgende:

- doppelseitige LP,
- HDI/SBU-Leiterplatten (**H**igh **D**ensity **I**nterconnection Schaltung mit Microvias und feinsten Strukturen, SBU (**S**equential **B**uild **U**p Sequentieller Multilayeraufbau, mindestens 2 Pressvorgänge),
- Multilayer-LP,
- Hochfrequenz-LP,
- Dickkupfer-LP,
- Iceberg© (partielle Dickkupferleiterplatten),
- semiflexible LP,
- HSMtec (Hochstrom-, Wärmemanagement, und Mehrdimensionalität),
- Embedded-Technologie (Einbetten von Komponenten in die Leiterplatte)*.

Tabelle 7.6: Charakteristische Merkmale von Leiterplattentechniken

PCB-Technik	Strukturbreite [µm]	Via-Durchmesser [mm]	Kupferdicke Außen [µm]
Standard-PCB	200 - 300	0,6 - 0,7	≤ 70
Feinleiter	180 - 200	04 - 0,6	≤ 40
Feinstleiter	150 - 180	0,2 - 0,4	≤ 35
Mikrofeinleiter	90 - 150	0,2	≤ 30
Mikrofeinstleiter	50 - 90	≤ 0,1	≤ 12

* www.hs-mittweida.de/bandotec

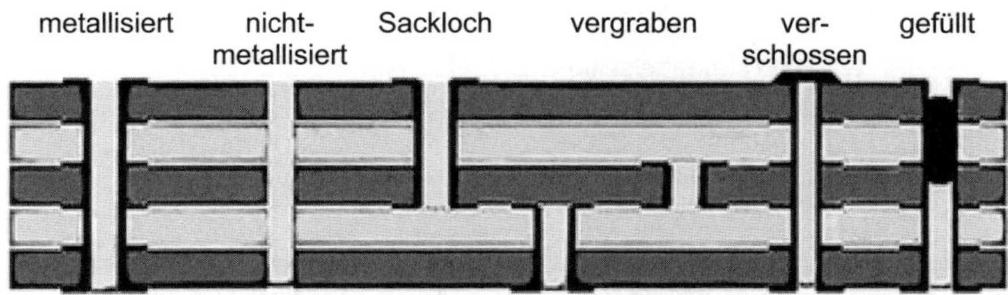

Bild 7.27: Ausführungsformen von Durchkontaktierungen am Beispiel einer Mehrlagenplatte (via = vertical interconnect access)

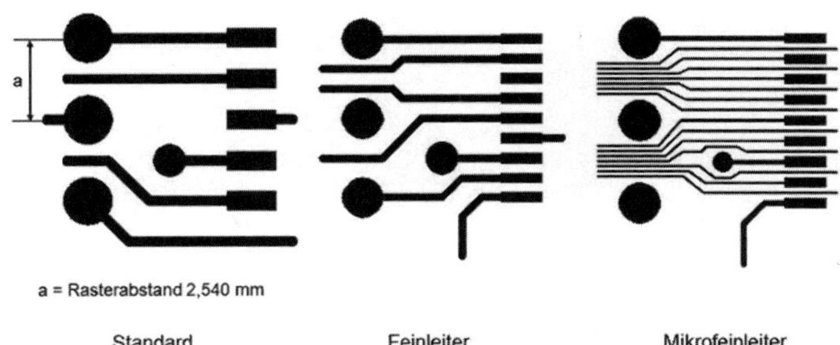

Bild 7.28: Merkmale der verschiedenen Leiterplattentechniken*

Beim Subtraktivverfahren und der Metallresisttechnik sind zur Belichtung Filmpositive einzusetzen. Filmpositive sind, von der Schichtseite betrachtet, seitenverkehrt, dabei muss die Schichtseite im aufgeklebten Zustand nach „unten“ in Richtung Fotoresist zeigen, um Abbildungsfehler, wie Überstrahlungen u. Ä. während des Belichtungsvorganges zu vermeiden.

In der Leiterplattentechnik sind die Subtraktivverfahren die am meisten angewandten zur Herstellung von durchkontaktierten Platten und Innenlagen für Multilayer (siehe Bild 7.29 und Bild 7.30). Zwei Verfahrensvarianten, die Resist-Technik (Pattern plating) und die Tenting-Technik (Paneel plating) kommen vorwiegend zum Einsatz. Als Resistmaterial bei der Resist-Technik verwendet man Metallresist (z. B. Pb/Sn, Au), Fotopolymere und so genannte siebdruckbare Ätzreserven und für die Tenting-Technik spezielle Fotoresiste.

Für Additiv-Leiterplatten benötigt man Trägermaterialien, die vor dem eigentlichen Leiterzugaufbau an den Stellen katalysiert werden, die im Weiteren die Strukturen bilden, wie z. B. kernkatalysiertes Basismaterial oder Basismaterial mit Haftschicht für Katalysatorkeime. Die Semiadditivtechnik ist im Verfahrensablauf stark an die Metallresisttechnik angelehnt.

* https://www.uni-ulm.de/fileadmin/website_uni_ulm/iui.lpt/PDFs/Spezifikation_2016_LPT.pdf

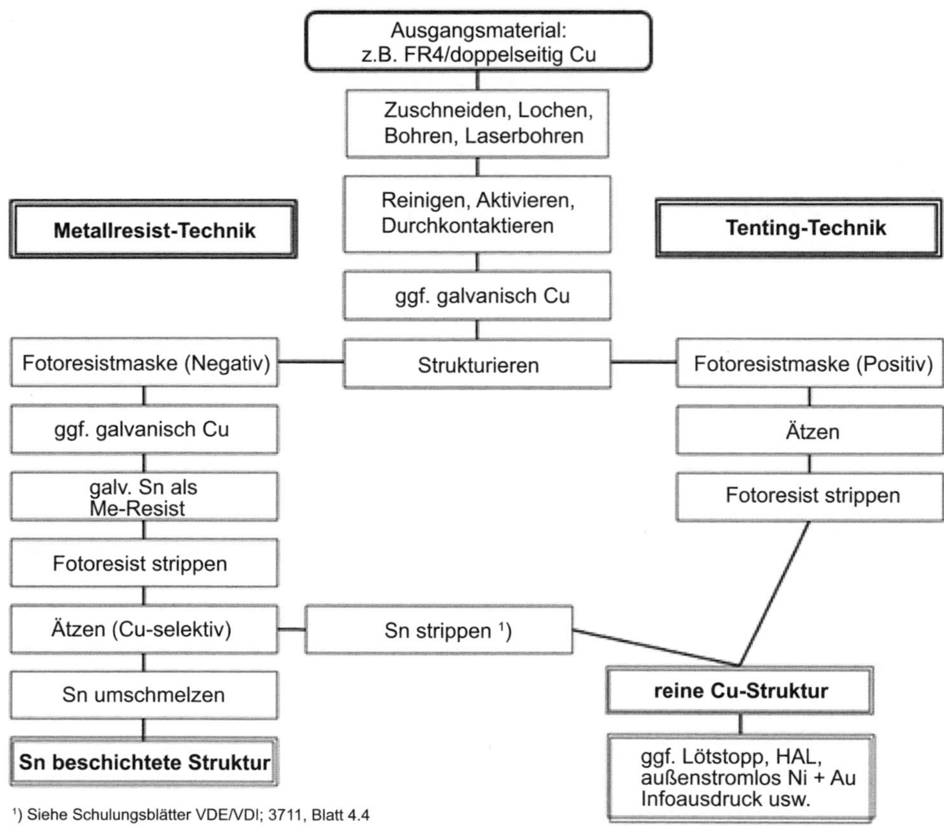

Bild 7.29: Verfahrensablauf der Herstellung durchkontaktierter Leiterplatten (DKL), stark vereinfacht

Bild 7.30: Durchkontaktierung in einer MLL-Platte (Schichtfolge: 1 = Basis-Cu, 2 = chem.-red. Cu, 3 = galv. Sn)

Alle Verfahren der Leiterplattenherstellung, aber insbesondere die Subtraktivtechnik weisen einige Vorteile gegenüber anderen Fertigungsverfahren auf wie:

- geringe Werkzeugkosten,
- schnelle Teilerealisierung,
- volle Flexibilität bei der Geometrie,
- keine Beeinflussung der Werkstoffeigenschaften,
- feine Strukturen in konstant hoher Präzision,
- Herstellbarkeit von Einzelstücken bis zu sehr hohen Stückzahlen,
- Qualitätskonstanz durch verschleißfreie Werkzeuge.

Eine Übersicht zu Verfahren und Technologien in der Leiterplattenfertigung und die damit erreichten Endoberflächen enthält Tabelle 7.7.

Tabelle 7.7: Beschichtungen bzw. Endoberflächen für Leiterplatten

Technologie	Technische Parameter	Normen/Richtlinien
Metallschichten		
Heißluftverzinnung PbSn (Hot Air Levelling HAL)		
Heißluftverzinnung bleifrei/ HASL Lead-free		IPC-6012, RoHS
Chem. Gold / ENIG Electroless Nickel Immersion Gold	Ni: 3 - 6 µm Au: 0,05 - 0,1 µm	IPC-4552
ENEPIG Electroless Nickel Electroless Palladium Immersion (Tauch-) Gold	Ni: 3 - 6 µm Pd: 0,05 - 0,15 µm Au: 0,05 - 0,1 µm	IPC-4552/Ni/Au ASTM-B-679 (Pd)
Hartgold	Au: min. 0,75 µm Flash Gold: 0,12 - 0,36 µm	ASTM-B-486
Chem. Silber	0,15 - 0,45 µm MacDermid Silber-Elektrolyt IPC-4553	IPC-4553
Chem. Zinn	Sn: min. 0,76 µm	IPC-4554
Organische Oberflächen		
OSP Organic Solderability Preservative	Lötschutzmittel (Benzotriazol, Imidazol oder Benzimidazol Thioharnstoff) Me-org. Verb. ca. 100 nm z. B. Enthone Entec Plus HT	IPC-6012
Fotostrukturierbare Lacke/ Folien	Typ Elpemer ©Lackw. Peters in versch. Farben, Lötstopp, Flexlack, Lötabdecklack Coverlayer für Starrflex- u. Flextechn. (DuPont u. Taiflex) Signier-, Schutz- u. Speziallacke (z. B. Durchsteigerfüller)	IPC-CC-830B
Kohlepastendruck	Kohlepastendruck	

Im Bild 7.31 sind wesentliche Richtlinien des Institute for Printed Circuits (IPC) – Association Connecting Electronics Industries enthalten.

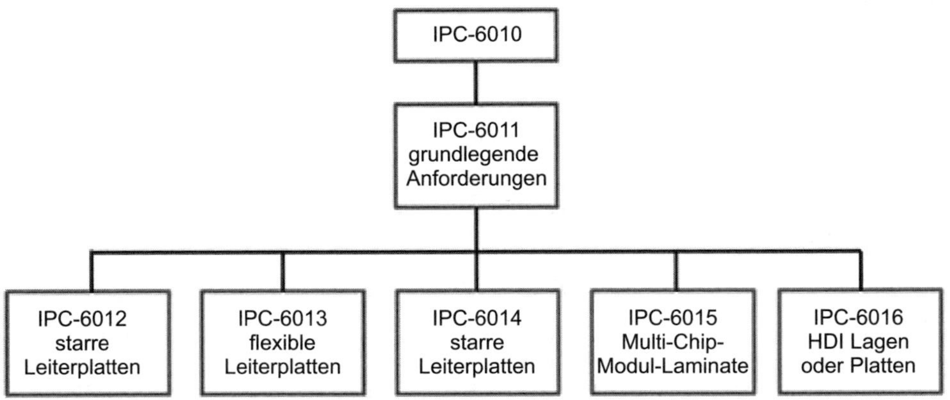

Bild 7.31: Richtlinen für LP-Herstellung

Zur Herstellung von Leiterplatten bieten zahlreiche Unternehmen umfangreiche, detaillierte Leistungen an. Abhängig von der Stückzahl und der Ausführungsart lassen sich von der Serienfertigung bis zur Expresslieferung von Versuchsplatten mit online übermittelten Daten günstige Angebote einholen. Dabei lassen sich vom Auftraggeber nach den Vorgaben des Herstellers alle Daten mit den gebräuchlichen Leiterplatten-CAD-Programmen generieren und übermitteln.

Zusammenfassung

Strukturerzeugung auf Oberflächen

- Methoden zur Strukturierung beschichteter Substrate sind:
  - Subtraktivtechnik,
  - Additivtechnik und
  - Semiadditivtechnik.
- Eine häufig angewandte Möglichkeit für die Strukturübertragung ist die Herstellung einer Maske mittels Fotolithografie durch Anwendung von Fotopolymeren in Form von Festresists und Lacken. Für beide Fälle ist zwischen positiver- und negativer Strukturerzeugung zu unterscheiden.
- Eine weitere Variante der Strukturerzeugung ermöglicht der Siebdruck. Ein feinmaschiges Sieb trägt die zu übertragende Struktur, wobei die Strukturelemente offen sind. Der Siebdruck eignet sich für:
  - Ätzmasken, Lötstoppmasken und Informationsdruck,
  - Leiter- und Widerstandsschichten (Additivtechnik) sowie
  - SMD-Kleber u. a.

- Das Ätzen ist ein Verfahrensschritt der Subtraktivtechnik. Die offenen Strukturdetails der Maske ermöglichen den Materialabtrag aus dem Substrat, durch:
  - Nassätzen,
  - Trockenätzen (physikalisches, -chemisches und chemisch-physikalisches Ätzen).
- Eine spezielle Technik der Galvanoformung ist das LIGA-Verfahren zur Herstellung von Mikrostrukturen. Es kombiniert die Möglichkeiten von Lithografie und galvanischer Aufbautechnik.
- Die Verfahrensgrundlagen der Leiterplattentechnik bilden einerseits die Strukturierung einer Kupferauflage (subtraktiv) auf einem Basismaterial und andererseits die Abscheidung strukturierter Schichten (additiv). Für Additiv-LP benötigt man kernkatalysiertes Basismaterial oder Material mit Haftschicht für Katalysatorkeime.
- Leiterplatten sind in allen gängigen Technologien wie Standard-, HDI-, Microvia-, Starrflex-, und Flexible Leiterplatten durch Online-Fertigung lieferbar. ■

Literatur

BIES, A.: *Konzeption und Aufbau einer direktschreibenden Belichtungsanlage,* Diplomarbeit HTW Saarbrücken, 2002

Forschungszentrum Karlsruhe: LIGA-Verfahren in: http://www.imt.kit.edu/liga.php, zuletzt aufgerufen 28.05.2014

HOFMANN, H.; RICHTER, F.: *Verfahrensvarianten zur Herstellung von Leiterplatten,* Galvanotechnik, 81 (1990) 12, S. 4411 - 4420

http://www.flowcad.ch/cms/upload/downloads/PCBRoadshowHerstellungMultilayerLeiterplatte.pdf, zuletzt aufgerufen 30.11.2019

http://www.leiterplattenakademie.de/lp1/lp1-prospekt.pdf, zuletzt aufgerufen 20.11.2019

http://www.selltron.de/wp-content/uploads/2013/11/Q-print_Leitfaden_V10.pdf, zuletzt aufgerufen 30.11.2019

https://www.chemie-schule.de/KnowHow/Fotomaske zuletzt aufgerufen 20.01.2020

https://www.ncabgroup.com/de/faq-haufig-gestellte-fragen/, zuletzt aufgerufen 30.11.2019

LANDAU, U.; OSTERWALD, S.; PREUSS, S.; KICKELHAIN, J.; MEIER, D.J.; AGATER, M.; BOENKE, A.; BONDZIO, W.: *Abscheidung von Leiterbahnstrukturen mit Leiterbahnabständen von < 50 µm auf flexiblen Schaltungen,* Galvanotechnik, 94 (2003) 11, S. 2677 - 2695

NAUMANN, K.: *Untersuchungen zum Abformverhalten bei der Herstellung von Mikrobauteilen durch das Verfahren der „Zweiten Galvanik“,* Diplomarbeit Hochschule Mittweida 2004

REGENAUER, G. W.: Herstellung von Feinstleiterschaltungen, Metalloberfläche Teil 1 (1988) 2, S. 83 - 87, Teil 2 (1988) 3, S. 135 - 138

RUPRECHT, R.; GIETZELT, T. u. a.: *Abformverfahren für mikrostrukturierte Bauteile aus Kunststoff und Metall,* Jahrbuch Oberflächentechnik, Eugen G. Leuze Verlag KG, Bad Saulgau/Württ., 2001

SCHRECKENBACH, J.P.; MARX, G. u.a.: *Plasmachemische Oxidationsverfahren, Teil 1: Historie und Verfahrensgrundlagen,* Galvanotechnik, 94 (2003) 4, S. 816 - 823

SCHULZ, J.; MAAS, D.; MOHR, J.: *Lithographische Verfahren zur Mustererzeugung in der Mikrosystemtechnik,* Galvanotechnik, 94 (2003) 2, S. 436 - 442

SIMON, H.: *Chemische und elektrochemische Fertigungsverfahren,* Metalloberfläche 9/1988, S. 408 - 416

SÜSS, A.: *Trends in der Leiterplattentechnologie,* Vortrag TU Dresden 07. 10. 2015 , unter: https://www.avt.et.tu-dresden.de/fileadmin/saet/Archiv_2011_2020/Treffen65/Vortrag04_Suess_KSG.pdf, zuletzt aufgerufen 03. 11. 2019

VDE/VDI-Schulungsblätter für die Leiterplattenfertigung, Drucktechnische Verfahren, Fototools, VDE/VDI 3711, Blatt 5

VDE/VDI-Schulungsblätter für die Leiterplattenfertigung, Drucktechnische Verfahren - Siebdruck, 3711, Blatt 5.2

8 Prüfmethoden für Schichten und Oberflächen

Zuerst sollte man sich bei der Beschäftigung mit Prüfmethoden der Oberflächentechnik darüber klar werden, dass Prüfungen der Kontrolle, Messung und Analyse von Oberflächeneigenschaften dienen. Dem gegenüber stehen solche der Prozesskontrolle in der Oberflächentechnik, die hier nicht behandelt werden sollen. Eine Übersicht bevorzugt untersuchter Eigenschaften und Methoden zu ihrer Bestimmung gibt Tabelle 8.1, unberücksichtigt bleibt hierbei die Unterteilung in zerstörende und zerstörungsfreie Prüfmethoden.

Tabelle 8.1: Schicht- und Oberflächeneigenschaften und deren Bestimmungsmethoden

Eigenschaft	Prüfmethode	Normen
Chemische Zusammensetzung	ESMA, AAS, RFA, LA, LIBS, SEM, UV- und IR-Spektroskopie, Kolorimetrie	
Korrosionsverhalten	Salzsprühnebelprüfungen, Kondenswasserklimaprüfung	DIN EN ISO 9227 DIN EN ISO 6270-2
Schichtdicke	Mikroskopie, Coulometrie, Beta-Rückstreuverfahren, Tastschnitt, Gravimetrie, RFA, Quarzmonitorverfahren, Wirbelstromverfahren, Kapazitätsmessung, Interferenzverfahren, magnetinduktiv	DIN EN ISO 2178
Haftung	Allgem. Überblick zur Messung Stirnabzugtest, Schältest, Gitterschnitt, Klebestreifentest Dornbiegeversuch	DIN EN ISO 2819 ASTM D 3359 DIN EN ISO 2409 IPC-SM-840C EN ISO 1519
Porosität	Chemische und elektrochemische Verfahren	DIN EN ISO 10309
Duktilität/Tiefungsprüfung	Ehrichsen-Test	DIN EN ISO 1520
Rauigkeit	Tastschnitt, Hommel-Test	DIN EN ISO 3274
Gefügeaufbau und Topologie	Lichtmikroskopie, TEM, REM, AFM Profilometer	
Farbe und Glanz	Glanzgradmessung	DIN EN ISO 2813
Oberflächenspannung/ Benetzbarkeit	Benetzungstest, Randwinkelmessung, Testtinten	DIN EN 14210
Härte	Mikrohärtemessung	DIN EN ISO 6507-1
Elektr. Durchschlagfestigkeit	Anlegen einer hohen Feldstärke	DIN EN 60243 1-3
Abriebfestigkeit	Steinschlagtest	DIN EN ISO 20567-1

Einige der in Tabelle 8.1 genannten Methoden eignen sich gleichfalls für die Prüfung des Zustandes des Substrates vor der Beschichtung, wie z. B. Benetzbarkeit und Rauigkeit. Im Folgenden sollen ausgewählte Prüfmethoden hinsichtlich der Verfahrensweise und ihrer Aussage vorgestellt werden.

8.1 Chemische Zusammensetzung

Für die Bewertung der Eigenschaften von Metallschichten besitzt die Ermittlung der chemischen Zusammensetzung eine herausragende Bedeutung. Im Gegensatz zu anderen Schichtwerkstoffen bewirken schon geringe Änderungen in der qualitativen und quantitativen Zusammensetzung entscheidende Eigenschaftsänderungen. Der weitaus größte Teil der Methoden der chemischen Schichtanalytik ist deshalb metallbezogen. Die klassischen nasschemischen Analyseverfahren, wie der Trennungsgang und die quantitative Bestimmung einzelner Elemente durch Gravimetrie und Maßanalyse werden heute aufgrund des hohen Aufwandes kaum noch hierfür angewandt. Solche Methoden wie Tüpfelanalyse und Testpapiere aber dienen als Voruntersuchungen zur qualitativen Zusammensetzung. Im Vordergrund der Analytik stehen spektroskopische Verfahren.

8.1.1 Elektronen-Strahl-Mikroanalyse (ESMA)

Bei diesem Verfahren erfolgt die Anregung der Atome in der Schicht durch einen Elektronenstrahl, z. B. in einem Rasterelektronenmikroskop (REM). Es lassen sich Probenbereiche von etwa 1 μm^2 für eine Punktanalyse erfassen. Die Wechselwirkungen in Form der Sekundärstrahlung, die ein Elektronenstrahl, der Primärstrahl, beim Auftreffen auf die Probenoberfläche bewirkt, zeigt Bild 8.1.

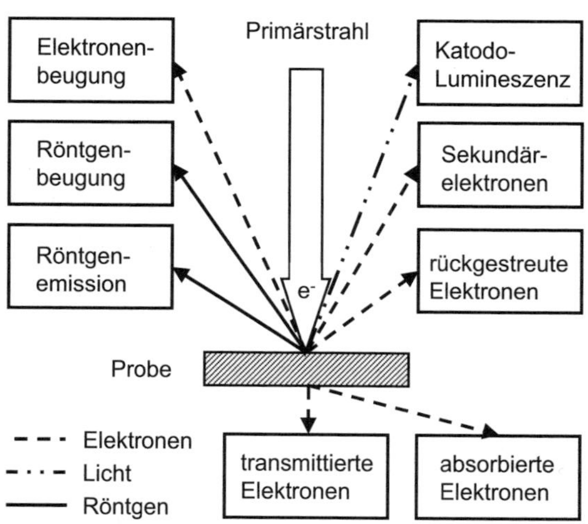

Bild 8.1: Wechselwirkungen des Primärstrahles im REM und ihre Nutzung für analytische Informationen

Für die ESMA-Untersuchung wird von der Sekundärstrahlung die Röntgenemission genutzt. Entweder erfolgt die Auswertung nach ihrem Energiespektrum (EDX für **E**nergy **D**ispersive **X**-Ray-Analysis) oder nach ihrem Wellenlängenspektrum (WDX für **W**ave Length **D**ispersive

X-Ray-Analysis). Die Wellenlänge der emittierten Röntgenstrahlung ist abhängig von der Elektronenkonfiguration der einzelnen Atome. Damit kann eine Identifizierung einzelner Elemente mit der Ordnungszahl > 4 in einem Röntgenspektrometer erfolgen. Die Nachweisempfindlichkeit beträgt 100 ppm. Durch EDX lassen sich Elemente mit Ordnungszahlen > 8 identifizieren, hier liegt die Nachweisempfindlichkeit bei 1000 ppm. Mit dem ESMA-Verfahren lässt sich auch eine quantitative Bestimmung durch Auswertung der Intensität der einzelnen Peaks realisieren. Bild 8.2 zeigt ein ESMA-Spektrum (EDX).

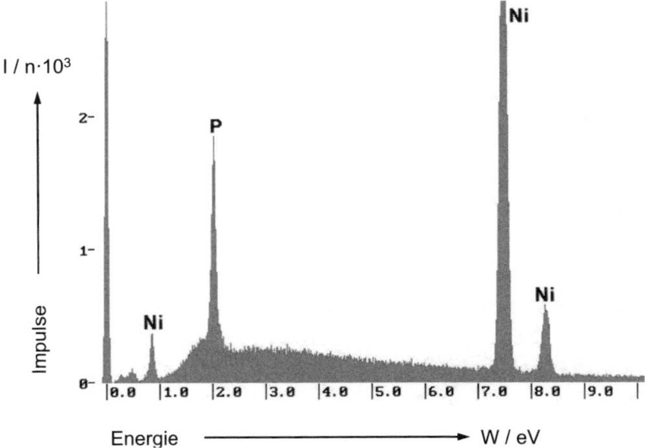

Bild 8.2: ESMA-Spektrum einer außenstromlos abgeschiedenen NiP-Schicht

Eine dem ESMA verwandte Methode zur Schichtanalytik ist die Röntgenfluoreszenz-Analyse (RFA = XRF). Hier erfolgt die Anregung analytisch auswertbarer Fluoreszenzstrahlung durch Anregung mittels Röntgenstrahlung.

8.1.2 Atom-Absorptions-Spektroskopie (AAS)

Sie stellt eine Methode der Elementbestimmung dar und dient vor allem der Bestimmung anorganischer Spuren bzw. Verunreinigungen. Es wird das Absorptionsverhalten von sichtbarem Licht durch freie Atome als analytisches Signal ausgenutzt. Solche freien Atome sind meist in Lösungen vorhanden oder lassen sich thermisch, etwa durch Verdampfen der Probelösung in der Messkammer erzeugen. Der Absorptionsraum wird mit dem Licht einer speziellen Lichtquelle durchstrahlt. Die Änderung der Intensität einer festgelegten Spektrallinie und die Konzentration der Atome im Absorptionsraum stehen in einem bekannten apparatetypischen Verhältnis, sodass eine quantitative Aussage möglich ist. Den schematischen Aufbau eines AAS-Gerätes zeigt Bild 8.3.

Die Lichtquellen der heutigen Geräte sind Hohlkatodenlampen. Im Atomisator werden die freien Atome durch in Flammen gespritzte Aerosole der Probenlösung oder in einem elektrothermischen Atomizer durch elektrische Widerstandsheizung erzeugt. Mithilfe der AAS lassen sich Spuren der Elemente, z. B. As, Pb, Cu, Cd, Zn, aber auch Erdalkalien, z. B. Sr, qualitativ und quantitativ nachweisen. Unter realen Bedingungen kann man Gehalte von 1 ppm und weniger bestimmen.

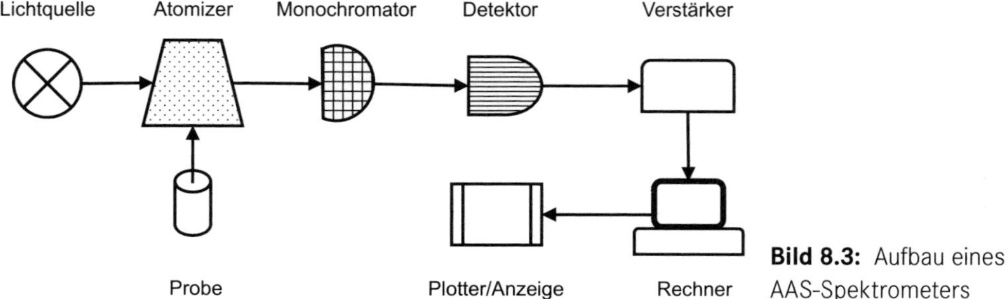

Bild 8.3: Aufbau eines AAS-Spektrometers

8.1.3 UV- und IR-Spektroskopie

Diese universellen Methoden der Analytik organischer Verbindungen können auch zur Bestimmung von Strukturelementen in nichtmetallisch organischen Schichten herangezogen werden. Elektromagnetische Strahlung im UV-Gebiet (Wellenlängenbereich λ = 100 - 400 nm) wird durch die in den Strahlengang gebrachte Probe absorbiert. Es entstehen in den Atomen der Probe durch die Strahlung angeregte Elektronenübergänge, die durch den Bindungszustand beeinflusst werden. Bestimmte Strukturelemente der Probeninhaltsstoffe verursachen stofftypische Absorptionen. Mithilfe eines Spektrometers und einer geeigneten Referenzprobe können stofftypische Spektren aufgezeichnet werden, wodurch eine qualitative Bestimmung von Substanzen möglich ist (siehe Bild 8.4). Bei Messung der Intensitäten der charakteristischen Absorptionen ist auch eine quantitative Aussage möglich.

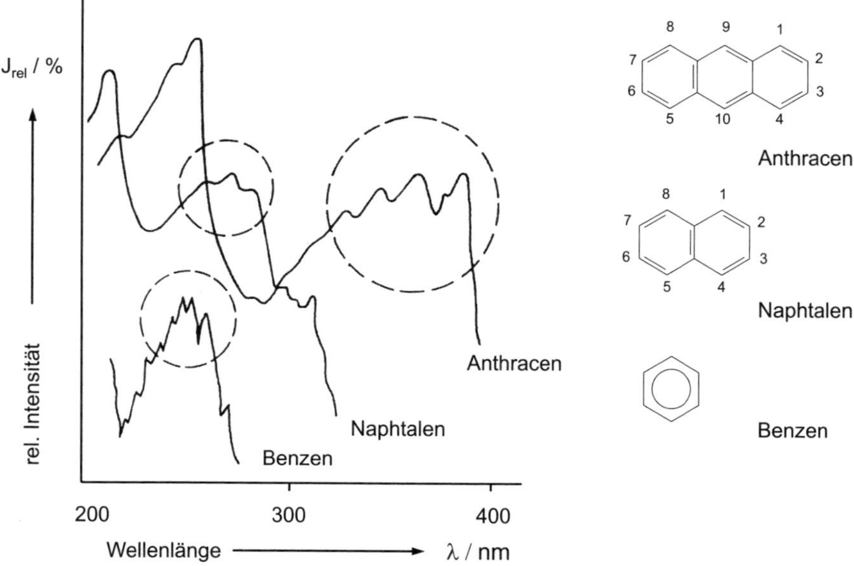

Bild 8.4: Beispiele für UV-Spektren

Das Wellenlängengebiet für die IR-Spektroskopie liegt im Bereich von 2,5 bis 25,0 µm. Hier erfolgen Anregungen von Rotations- und Schwingungszuständen von Molekülen durch

Strahlungsabsorption. In Abhängigkeit von der chemischen Zusammensetzung und der räumlichen Anordnung der Atome, funktionellen Gruppen und Moleküle bzw. Molekülsegmente erfolgt eine charakteristische Absorption bei jeweils typischen Energien, den Schlüssel- oder Gruppenfrequenzen (siehe Bild 8.5 und Tabelle 8.2). Allgemein lässt sich

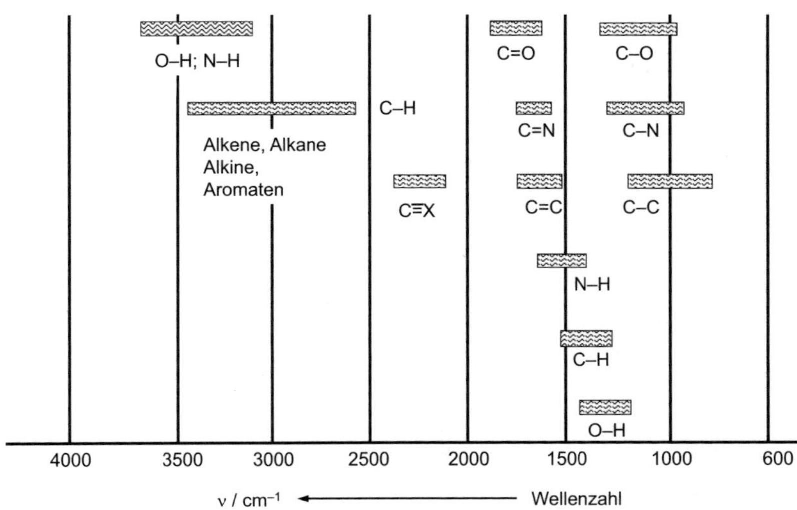

Bild 8.5: Charakteristische Frequenzen in IR-Spektren

Tabelle 8.2: Funktionelle Gruppen und Schwingungen

Wellenzahl ν [cm^{-1}]	Intensität u. Form der Banden	Typ	Stoffklasse
3600 - 3200	b	ν (OH)	Alkohole, Phenole
3200 - 2400	m, sb	ν (OH)	Carbonsäuren
3100 - 3000	m-w	ν (=C-H)	Alkene, Aromaten
3000 - 2800	s-m	ν (-C-H-)	gesättigte Kohlenwasserstoffe
2960, 2870	s-m	ν ($-CH_3$)	gesättigte Kohlenwasserstoffe
2925, 2850	w	ν ($-CH_2$)	gesättigte Kohlenwasserstoffe
1675 - 1630	m	ν (-C=C)	Alkene
1610 - 1590	m	ν (-C=C)	Ringschwingung der Aromaten
1560 - 1515	s	ν ($-NO_2$)	Nitroverbindungen
1470 - 1400	s-m	δ (-C-H)	gesättigte Kohlenwasserstoffe
1460, 1420	m	ν ν (-C=C)	Ringschwingung der Aromaten
1390 - 1370	s	δ ($-CH_3$)	gesättigte Kohlenwasserstoffe
1300 - 1020	ss-s	ν (-C-O-C)	Ether, Ester, Anhydride
970 - 960	s	δ (=C-H)	Alkene
840 - 750	s	δ (=C-H)	substituierte Benzene (1,2 o. 1,4)

ss = sehr stark, s = stark, m = mittel, w = schwach, b = breit, sb = sehr breit, δ = Deformationsschwingungen in der Ebene, ν = Streckschwingung einer R-H-Bindung

feststellen, je schwerer die an der Bindung beteiligten Atome sind, desto niedriger ist die Absorptionsfrequenz (C–H ca. 3000 cm^{-1}; C–C ca. 1000 cm^{-1}; C–Br ca. 650 cm^{-1}) und je stärker die Bindung zwischen zwei Atomen, desto höher die Frequenz (C–C ca. 1000 cm^{-1}; C=C ca. 1600 cm^{-1}; C≡C ca. 2200 cm^{-1}). Liegen die schwingenden Atome nahe beieinander und besitzen sie ähnliche Frequenzen, treten Kopplungen auf.

Auf diese Weise wird der Nachweis bestimmter Atomgruppierungen, bevorzugt in organischen Verbindungen, möglich (IR-Spektrum siehe Bild 8.6) und durch z. B. Verwendung von Vergleichsspektren eine Identifizierung von Substanzen oder die Kontrolle der Einhaltung technischer Parameter bei deren Herstellung.

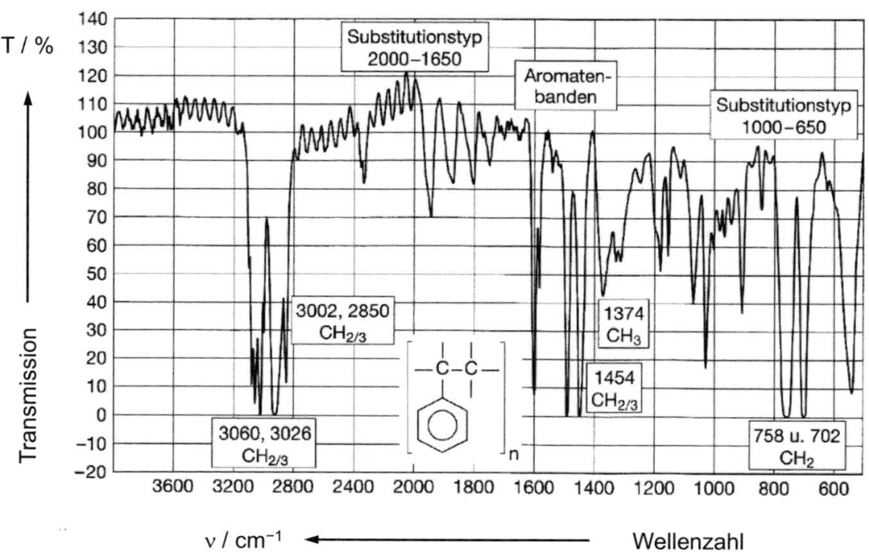

Bild 8.6: IR-Spektrum einer Polystyrenfolie

In der IR-Spektroskopie verwendet man anstelle der Wellenlänge die Angabe der reziproken Wellenlänge, die Wellenzahl ν. Der Messung von Proben mithilfe der IR-Spektroskopie muss eine entsprechende Probenpräparation vorausgehen. Die Untersuchungsproben können im gasförmigen, flüssigen oder gelösten Zustand vorliegen, ihre Untersuchung erfolgt in IR-durchlässigen Küvetten, z. B. aus Kaliumbromid oder feste Substanzen als KBr-Pressling. Speziell für Filme aus organischen Stoffen eignet sich bei entsprechender Schichtdicke auch die direkte Durchstrahlung. Für Messungen an dünnen Schichten auf festen Substraten, wie lackierten Blechteilen, hat die Methode der abgeschwächten Totalreflexion (ATR-Technik) große Bedeutung erlangt. Die FOURIER-IR-Spektroskopie ermöglicht ein gegenüber früheren Gerätekonzeptionen verbessertes Auflösungsvermögen und einen höheren Energiefluss.

8.1.4 Kolorimetrie

Dieses Verfahren erlaubt es, durch Transparenzmessung gefärbter Lösungen oder den direkten Vergleich mit Kalibrierlösungen auf die Konzentration der die Färbung bestimmenden Komponente zu schließen.

Lässt man Licht der Intensität I_0 durch eine Lösung treten, die in einer Küvette vorliegt, wirken drei Teilintensitäten. Ein Teil I_D tritt durch die Lösung hindurch, der Teil I_A wird von der Lösung absorbiert und der Teil I_R wird im Strahlengang an den Grenzflächen reflektiert. Alle Teilintensitäten addieren sich zur Gesamtintensität I_0. Es gilt:

$$I_0 = I_D + I_A + I_R$$

Bezieht man die Teilintensitäten jeweils auf I_0, erhält man Transparenz, Absorptionsvermögen und Reflexionsvermögen. Im Gegensatz zur Fotometrie benötigt die Kolorimetrie kein monochromatisches Licht. Das ist ein Grund für den relativ geringen apparativen Aufwand. Nach Zugabe einer Reagenzlösung zur Probelösung vergleicht man die entstandene Färbung mit den Färbungen einer Reihe von Standardlösungen bekannter Konzentration unter gleichen Bedingungen. Die Kolorimetrie lässt sich vor allem für Routineuntersuchungen in der betrieblichen Kontrolle einsetzen. Grundsätzlich aber müssen die zu untersuchenden Proben durch Aufschluss- bzw. Löseverfahren in wässrige Lösungen überführt werden. Nach einmaliger Vorbereitung von Vergleichsnormalen oder Kalibrierkurven sowie der Bereitstellung geeigneter Chemikalien, ein Kolorimeter vorausgesetzt, stellt die Kolorimetrie eine Schnellanalysenmethode dar, deren Nachweisgrenze im Bereich von ca. 100 ppm liegt.

8.2 Korrosionsverhalten

8.2.1 Kondenswasserklimaprüfung

Mit diesem Test nach DIN EN ISO 6270-2 soll unter Einwirkung hoher Feuchte in Form von kondensierendem Wasserdampf die Beständigkeit einer Beschichtung ermittelt werden. Bei einer Temperatur von 40 °C befindet sich die Probe in einer gesättigten Wasserdampfatmosphäre, sodass es zur Kondensation von Wasserdampf auf der Oberfläche kommt. Man arbeitet unter Konstant- oder Wechselklima. Durch Zugabe von SO_2 lässt sich dieser Test verschärfen (Kesternicht-Test nach DIN EN ISO 6988).

8.2.2 Salzsprühnebelprüfungen

In der DIN EN ISO 9227 findet sich eine genormte Korrosionsprüfung, unter Verwendung von bei 35 °C feinversprühter NaCl-Lösung als Korrosionsmittel. Das Besprühen erfolgt auf eine geneigte Probe mit 1,5 ml/h (bezogen auf 80 cm² Oberfläche) in einer Kammer, unter Verwendung feuchter Pressluft. Als Prüflösungen sind möglich reine 5 % NaCl-Lösung oder mit Essigsäure auf pH 3,2 eingestellte 5 % NaCl-Lösung. Schädigungen der Oberfläche bzw. der Beschichtungen zeigen sich durch Korrosionsmerkmale, wie z. B. Rotrost bei Eisenwerkstoffen. Sie deuten auf Schwachstellen hin. Zur vergleichenden Angabe der Korrosionsbeständigkeit nach diesem Test dient die Zeit, nach der sich vergleichbare Schäden feststellen lassen.

8.2.3 Bewitterungsversuche

Durch Bewitterungstests sollen Aussagen über die Verwendbarkeit von Beschichtungen oder Konversionsschichten unter Freiluftbedingungen getroffen werden. Von besonderem Interesse ist dabei die Wirkung von UV-Strahlung auf Beschichtungen mit organischen Stoffen. So regeln DIN EN ISO 4892 und DIN EN 513 die Durchführung der Witterungs- und Klimabeständigkeit unter UV-Einwirkung auf die Beständigkeit von Beschichtungen (Xenon-Test). Unter Einbeziehung von Vergilbungsmessungen nach ASTM E 313 lässt sich die Vergilbung von Beschichtungen (ASTM G 53) ermitteln.

8.3 Schichtdicke

Eine der wichtigsten Zielgrößen in der Oberflächentechnik ist die Schichtdicke. Sie ist sowohl für die Eigenschaften einer Funktionsschicht als auch für die Kostenermittlung von großer Wichtigkeit. Je nach Material des Schicht- oder Grundwerkstoffes eignen sich verschiedene physikalische und chemische Effekte zur Schichtdickenbestimmung (siehe Tabelle 8.3). Die Messgeräte, die nach den unterschiedlichsten Methoden arbeiten, liefern je nach genutztem Effekt sehr unterschiedliche Ergebnisse, je nachdem, ob es sich um ein örtlich eng begrenztes Volumenelement handelt oder das gesamte Schichtvolumen herangezogen wird. Bei der Nutzung chemischer Methoden zur Schichtdickenbestimmung muss die Stoffbezogenheit der Aussage Berücksichtigung finden, d. h. deren Selektivität. Es ist also immer erforderlich, für die konkrete Messaufgabe das geeignete Messverfahren festzulegen. Einige Auswahlkriterien für Schichtdickenmessverfahren soll folgende Zusammenstellung geben:

- Welchen Einfluss auf das Verfahren haben Grund- und Schichtwerkstoff?
- Welche Form und Größe stehen als Messfläche zur Verfügung?
- Wie groß ist der technische und zeitliche Vorbereitungs- und Messaufwand?
- Welches Zubehör erfordert das Verfahren (Chemikalien, Bearbeitungstechnik usw.)?
- Welche statistische Sicherheit und welche Genauigkeit bietet das Verfahren?
- Kann zerstörend oder zerstörungsfrei gemessen werden?

Tabelle 8.3: Systematik der Schichtdickenmessverfahren

Messprinzip	Zerstörende Verfahren	Zerstörungsfreie Verfahren
chemisch-mechanisch	chemisch Auflösen, Feinzeiger chemisch Auflösen, Gravimetrie	
chemisch	chemisch Auflösen, Titration chemisch Auflösen, AAS Coulometrie*)	
mikroskopisch	metallografischer Schliff*)	REM
elektromagnetisch		magnetinduktive Verfahren*) Wirbelstromverfahren*) kapazitive Verfahren Quarzmonitorverfahren*)
optisch		Lichtschnittverfahren Interferenzverfahren*) Ellipsometrie
akustisch		Ultraschallverfahren
mechanisch		Profilometrie Messuhr
radiometrisch		Beta-Rückstreuverfahren*) Röntgenfluoreszenz-Verfahren*)

*) Eine Beschreibung dieser Messverfahren erfolgt im Weiteren.

8.3.1 Mikroskopisches Verfahren

Von den zerstörenden Verfahren hat insbesondere die mikroskopische Untersuchung an Querschliffen der Probe die größte Bedeutung. Obwohl die Reproduzierbarkeit der Schichtdickenbestimmung unter Vergleichsbedingungen bei ca. 1 µm liegt, ermöglicht diese Methode gleichzeitig die Beurteilung der Schichtdickenverteilung im Bereich der gesamten Abbildung. In vielen Fällen lassen sich auch Schichtfolgen (Sandwich-Strukturen, siehe Bild 8.7), wie z. B. Ni-außenstromlos und darauf auf Cu und Ni galvanisch abgeschieden, getrennt sichtbar machen.

Bild 8.7: Schichtfolge auf einem Keramiksubstrat

8.3.2 Coulometrisches Verfahren

Mithilfe dieses Verfahrens bestimmt man die Auflagemasse (Flächengewicht) einer Metallschicht durch örtliches anodisches Auflösen. Zur Messung wird eine Elektrolysezelle auf die zu messende Schicht aufgesetzt. Dazu füllt man sie mit einem geeigneten Elektrolyten, der dabei die Schicht chemisch nicht angreift. Die Schichtauflösung darf nur bei Stromfluss erfolgen. Bei konstanter Stromdichte und Ablösefläche ist die Dicke des abgelösten Schichtwerkstoffes proportional der Zeit. Die Schichtdicke berechnet sich nach der Beziehung:

$$d_s = \frac{k \cdot I \cdot \eta}{\mathrm{A} \cdot \rho} \cdot t \left[\frac{\mathrm{mg}}{\mathrm{A} \cdot s} \cdot \frac{\mathrm{A}}{\mathrm{mm} \cdot \mathrm{mm}} \cdot \frac{\mathrm{mm} \cdot \mathrm{mm} \cdot \mathrm{mm}}{\mathrm{mg}} \cdot s \right]$$

k = Abscheidungskonstante (stofftypisch)
I = Arbeitsstrom
η = Stromausbeute
A = Anodenfläche
ρ = Dichte des abgelösten Schichtwerkstoffes
t = Ablösezeit

Eine Bestimmung der Fläche A und der Stromausbeute η erfolgt durch Eichmessungen. Für den Betrieb in der Praxis sind diese Faktoren dann in einem zum Messgerät gehörenden Rechner abgespeichert. Die eigentliche Messung ist eine Zeitbestimmung zwischen Einstellpunkt des Konstantstromes und Potenzialsprunges, der die Schichtauflösung anzeigt. Das Kontaktpotenzial zwischen einer Referenzelektrode und dem Schichtmaterial geht dann in das zwischen Referenzelektrode und Grundmaterial über. Das Prinzip der Messanordnung zeigt Bild 8.8.

Für die Ausführung der Messung ist eine gereinigte, von Fremd- und Deckschichten befreite Oberfläche nötig, wobei sich passivierende Schichten besonders nachteilig auswirken würden. Einsetzbar ist dieses Verfahren zur Untersuchung an elektrisch leitenden Schichten auf metallischen Unterlagen. In der Regel lassen sich damit Schichtdicken bis ca. 50 µm ermitteln, bei dickeren Schichten könnte eine Erneuerung des Elektrolyten erforderlich werden.

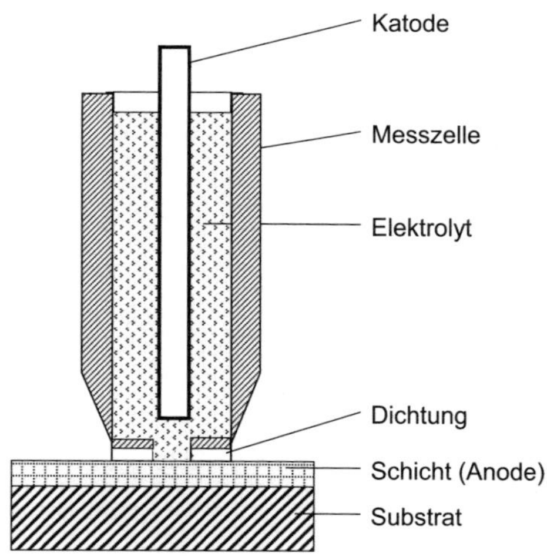

Bild 8.8: Prinzip der coulometrischen Messung

8.3.3 Elektromagnetische Messung

Derartige Messverfahren, wie das magnetinduktive und das Wirbelstrom-Verfahren haben als zerstörungsfreie Messungen zur Bestimmung der Schichtdicke Bedeutung. Sie gestatten Untersuchungen ohne komplizierte Probenvorbereitung, bei günstigster Reproduzierbarkeit und Genauigkeit.

Beim **magnetinduktiven Verfahren** wird die Dicke einer nichtmagnetischen Schicht auf einer magnetischen Unterlage bestimmt, auch der umgekehrte Fall lässt sich realisieren (z. B. Nickelschicht auf Kupfer). Für die Ausführung der Messsonde kennt man die Einpol- und Zweipolsonde. Das Messprinzip einer Zweipolsonde zeigt Bild 8.9. Jede Sonde umfasst in einem festen Aufbau die Erregerspule und die Messspule. In das durch die Erregerspule erzeugte magnetische Feld wird die Probe gebracht. Die Änderung der Induktionsspannung in der Messspule bildet die Messgröße. Von Bedeutung ist es, dass immer ein reproduzierbares Aufsetzen (Sauberkeit der Oberfläche, Geometrie des Messkopfes) des Systems auf die Oberfläche des Messobjektes gewährleistet ist.

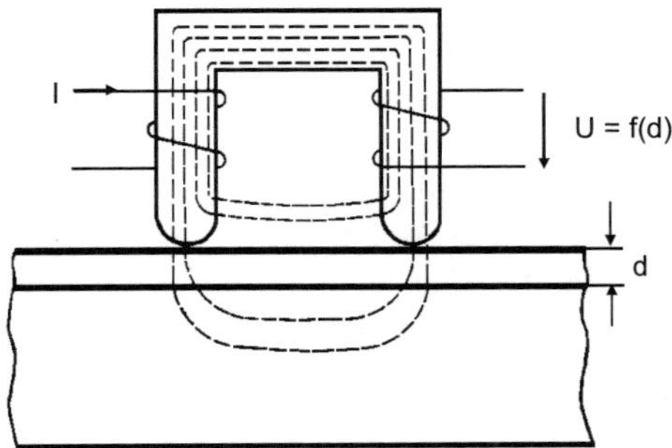

Bild 8.9: Schema einer magnet-induktiven Zweipolsonde

Die Schichtdickenmessung nach dem **Wirbelstromprinzip** ist der magnetischen sehr ähnlich. Dabei sind die Bauform der Sonde und die Messdurchführung gleich. Mit dieser Methode können elektrisch nichtleitende Schichten auf elektrisch leitenden Substraten gemessen werden, wie z. B. Al_2O_3-Schichten auf Al, oder elektrisch leitende Schichten auf Isolatoren.

Bei der Messung nach dem **Wirbelstromverfahren** steuert man die Messsonde (Spule) mit einem hochfrequenten Wechselstrom an. Setzt man diese Spule auf das Messobjekt, werden im elektrisch leitenden Teil der Probe Wirbelströme erzeugt, deren Feld das Feld der Erregerspule schwächen. Das Ausmaß der Dämpfung des Feldes der Messspule stellt die Messgröße dar. Von besonderem Einfluss auf Reproduzierbarkeit und Genauigkeit dieser Messung ist die Geometrie des Aufsetzpunktes, ebenso die Geometrie der jeweils zu messenden Oberfläche sowie der Abstand der Sonde zur Oberfläche.

Für beide elektromagnetische Verfahren müssen die Sondenmaterialien verschleißfest sein, um auch unter den Bedingungen der Praxis Messfehler, die durch Verschleiß der Sonde entstehen können, auszuschließen. Weiter zu beachten ist die Rauigkeit der zu messenden Oberfläche. Das Messergebnis entspricht deshalb immer nur einer mittleren Schichtdicke. Zur Kalibrierung der Messsonden sollte man daher Eichnormale mit der jeweiligen Schichtkombination auf glatten Oberflächen einsetzen.

8.3.4 Beta-Rückstreuverfahren

Bei diesem Verfahren bestrahlt man das Messobjekt mit Elektronen aus einer β-Strahlungsquelle. Diese Elektronen dringen in die Oberfläche ein und werden sowohl von der Schicht als auch vom Substrat zurückgestreut. Das Eindringvermögen dieser Elektronen beträgt nur wenige Mikrometer, sodass sich nur dünne Schichten messen lassen. Die rückgestreuten Elektronen erfasst ein Detektor, der mit einem PC-Auswertesystem gekoppelt ist. Bild 8.10 veranschaulicht das Messverfahren.

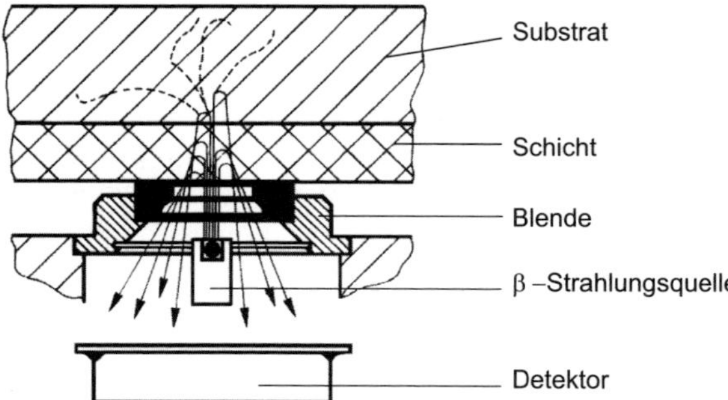

Bild 8.10: Prinzip des Beta-Rückstreuverfahrens

Werkstoffe streuen entsprechend ihrer Ordnungszahl die Elektronen unterschiedlich stark. Elemente mit niedriger Ordnungszahl streuen die Elektronen wesentlich weniger als diejenigen mit hoher Ordnungszahl. Zur Vorbereitung einer Messung gehört deshalb unbedingt eine Kalibrierung mit einer Probe, die den gleichen Aufbau besitzt wie die zu messende.

Ein Vorteil des Beta-Rückstreuverfahrens besteht darin, dass als Elektronenquelle Radionuklide einsetzbar sind. Diese Isotopenquellen sind naturgegebene hochstabile Strahler. Durch Wahl verschiedener Strahler lässt sich deren Energie vorbestimmen und somit auch die Eindringtiefe. Weiterhin ist dieses Verfahren ein zerstörungsfreies Messverfahren, eine Präparation des Messobjektes ist ebenfalls nicht erforderlich, sodass in kürzester Zeit (max. 20 s) die Messwerte vorliegen. Eigenschaften der Probe, wie Leitfähigkeit, Permeabilität und Kristallstruktur besitzen keinen Einfluss auf das Messergebnis. Die Bedeutung des Beta-Rückstreuverfahrens liegt in der guten Reproduzierbarkeit der Messergebnisse, in ihrer hohen Genauigkeit, insbesondere der Messung von Edelmetallschichten auf Kupferwerkstoffen sowie der Bestimmung von Schichten auf Leiterbahnen. Gleichzeitig kann die Schichtdicke von z. B. Lötstopplacken gemessen werden.

8.3.5 Röntgenfluoreszenz-Analyse (RFA)

Bei dieser Messung wird die Probe mit einer Rötgenstrahlung bestrahlt und die dadurch angeregte Fluoreszenzstrahlung analysiert. Ebenfalls möglich ist es mit einem β-Strahler, z. B. ^{241}Am, mit einer Halbwertszeit von 458 Jahren die Fluoreszenz anzuregen. Mithilfe eines Kollimatorsystems fokussiert man die Strahlung auf einen Messpunkt im Bereich von wenigen Mikrometern. Die in der Probe angeregte Fluoreszenzstrahlung ist charakteristisch sowohl für den Grund- als auch den Schichtwerkstoff (siehe Bild 8.11).

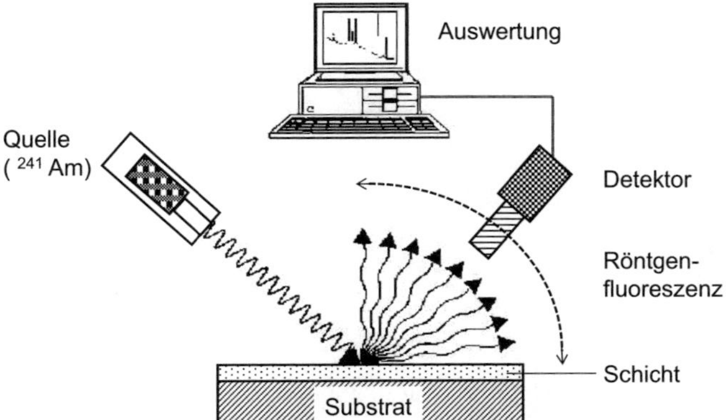

Bild 8.11: Schematischer Aufbau einer RFA

Durch Anwendung entsprechender Software lässt sich der Strahlungsanteil vom Grundwerkstoff eliminieren, sodass eine Schichtanalyse mit RFA unabhängig vom Grundwerkstoff durchführbar ist. Die Strahlung, die vom Messpunkt ausgeht, wird von einem energiedispersiven Detektor nachgewiesen.

Die Intensität der Fluoreszenzstrahlung einer Atomart hängt ab von der Anzahl der angeregten Atome. Bei Schichten aus einem Material der Ordnungszahl > 20 ist die Fluoreszenzintensität eine Funktion der Schichtdicke. Um mit der RFA Schichtdicken messen zu können, muss also eine Kalibrierung mit Standards vorausgehen, die mit anderen Methoden, wie z. B. metallographischer Schliff gemessen wurden. Die RFA-Messung ermöglicht reproduzierbare Ergebnisse von wesentlich dünneren Schichten im Vergleich zu mikroskopischen und dem Beta-Rückstreuverfahren.

8.3.6 Interferenzmessverfahren

Voraussetzung für das Licht-Interferenzverfahren ist eine Stufe zwischen Substrat und Schicht sowie hohes und gleiches Reflexionsvermögen beider. Oft muss man deshalb die Messstelle mit einer dünnen Metallschicht, z. B. Silber oder Aluminium bedampfen. Zur Messung verwendet man monochromatisches Licht der Wellenlänge l und ein halbdurchlässiges Referenzgläschen, das auf die Stufe gelegt wird, um Interferenzen zu erzeugen. Mithilfe eines Interferenzmikroskops erhält man ein Bild der Interferenzlinien mit der typischen Versetzung a' für die Stufe (siehe Bild 8.12).

Bild 8.12: Mikroskopische Aufnahme zur Interferenzschichtdickenmessung

Ist der Abstand zweier Interferenzlinien a, so lässt sich die Höhe der Stufe a' als Schichtdicke d_s mit der Gleichung

$$d_s = \frac{a' \cdot \lambda}{a \cdot 2}$$

ermitteln. Diese Methode eignet sich zur Messung von Schichtdicken im Gebiet von über einem Mikrometer.

8.3.7 Quarzmonitorverfahren

Zur Schichtdickenmessung wird hier der Effekt der Frequenzänderung eines Schwingquarzes infolge seiner Massezunahme durch Beschichten genutzt. Die wesentlichen Vorteile dieses Messverfahrens sind:

- eine kontinuierliche In-situ-Messung,
- ein Messbereich von 0,03 – 3 µm,
- der Temperaturkoeffizient der Frequenz ist klein,
- Unabhängigkeit vom Schichtwerkstoff und
- Eignung für Schichtfolgen.

Soll diese Methode eine Aussage ergeben, müssen die Abscheidungsbedingungen auf dem Schwingquarz und dem zu beschichtenden Substrat gleich sein. Für die Messung wählt man üblicherweise eine Resonanzfrequenz von 5 MHz. Bei Messung mit einem Quarzplättchen beträgt die Frequenzänderung bei einer Beschichtung mit 3 µm Ag ca. 150 kHz.

8.4 Haftung

Bei allen Schichtsystemen stellt die Haftung des Systems auf den Substratwerkstoffen, einschließlich der zwischen den Schichten, die eigentliche Voraussetzung für die Funktionssicherheit des Erzeugnisses dar. Zur Erfüllung aller technisch funktionellen Aufgaben muss davon ausgegangen werden, dass sich bei den auftretenden Belastungen durch Transport, Montage und Anwendung die Funktionsschicht nicht löst, auch nicht partiell. Ist die erforderliche Haftfähigkeit an Funktionsflächen nicht gegeben, dann sind beispielsweise Korrosions- und Verschleißschutz, der elektrische Kontaktwiderstand, die elektrische Leitfähigkeit und die Einhaltung geforderter Maßtoleranzen nicht mehr garantiert.

Unter **Haftung** oder auch **Haftfähigkeit** versteht man den Widerstand gegenüber einer trennenden Beanspruchung in einem Verbund, wie z. B. Substrat/Schicht. Als verwertbare Aussage daraus ergeben sich Vergleichsmöglichkeiten in der Art: besser oder schlechter. Die Haftung ist eine quantitative Größe aus dem Quotienten Kraft und Trennfläche.

$$\sigma_H = \frac{F_i}{A_w}$$

F_i zur Überwindung der Haftung erforderliche innere Kraft
A_w wahre Oberfläche

Der experimentellen Messung zugänglich sind die zur Trennung aufgewandte äußere Kraft F_a und die geometrische Oberfläche A_g. Damit ergibt sich für die Haftung σ_V:

$$\sigma_v = \frac{F_a}{A_g}$$

Dieser Ausdruck wird im Allgemeinen als Haftung bezeichnet.

Prüfverfahren liefern in diesem Zusammenhang das Resultat gut oder nicht geeignet, was sich gegebenenfalls noch feiner unterteilen lässt. Das Ergebnis einer Messung ist stets ein Zahlenwert mit einer physikalischen Dimension, in diesem Fall $N \cdot m^{-2}$.

Häufig angewandte Prüfverfahren sind:

- Gitterschnittprüfung,
- Tiefungsprüfung nach Erichsen und
- Biegeversuch.

Für die Messung der Haftung wendet man bevorzugt an:

- das Stirnabzugverfahren und
- das Schälverfahren (Peel-Test).

8.4.1 Gitterschnittprüfung

Sie dient der Feststellung, wie gut die Haftung einer Beschichtung auf dem Substrat ist. Es handelt sich hierbei bevorzugt um die Prüfung von Lackschichten und von Metallschichten auf Kunststoffen. Hierzu trennt man mit einem Schneidgerät (Messerklinge, Ritzsträhler) in festgelegten Abständen die Schicht bis zum Grundmaterial durch (siehe Bild 8.13), bevorzugt wird ein Mehrschneidengerät mit 6 Schneiden in ein oder zwei Millimeterabstand. Es soll ein Gitter mit 25 Quadraten entstehen.

Nach dem Abziehen mit einem definierten Klebeband (Tape Test) dürfen sich bei Einhaltung des Gitterschnittkennwertes Gt 0 keine Lackpartikel ablösen. Die weitere Unterteilung umfasst die Werte Gt 1 (5 %), Gt 2 (15 %), Gt 3 (35 %) und Gt 4 (65 %).

Ein noch einfacheres Verfahren ist die Prüfung der Haftung nach IPC-SM-840C. Hierzu bringt man ein definiertes Klebeband auf die Beschichtung und reißt es anschließend ruckartig ab, wobei keine Lackabrisse auftreten dürfen.

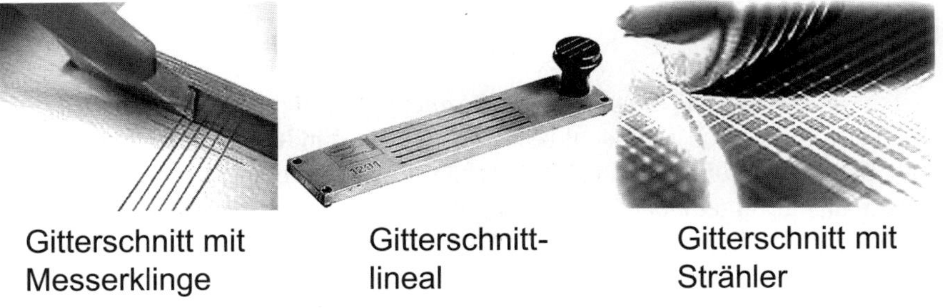

Bild 8.13: Gitterschnittprüfung für Lacke und Anstriche nach DIN EN ISO 2409

8.4.2 Tiefungsprüfung nach Erichsen

Bei dieser Methode spannt man das Probeblech mit der zu prüfenden Beschichtung zwischen Halter und Matrize ein (siehe Bild 8.14). Mit einem gehärteten Kugelstößel erfährt die Probe eine Einbeulung (Tiefung). Dabei wird die Beschichtung einer zunehmenden Biegung und Dehnung solange ausgesetzt, bis sich die ersten Risse zeigen. Der hierbei in Millimeter gemessene Weg des Stößels wird als Erichsen-Tiefungswert IE bezeichnet. Er ist Ausdruck für die Dehnbarkeit der Schicht und ihre Haftung. Die Rissbildung der Tiefungsprüfung nach Erichsen erfolgt visuell, vorzugsweise mikroskopisch.

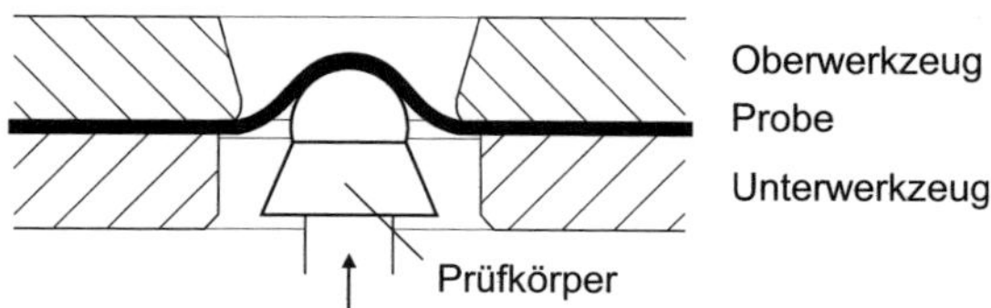

Bild 8.14: Tiefungsprüfung nach DIN EN ISO 1520

Will man eine Aussage zur Duktilität des metallischen Schichtwerkstoffes erhalten, ist der Erichsen-Test ebenfalls anwendbar. Dazu muss der Schichtwerkstoff in Form einer Folie mit einer Mindestdicke vorliegen.

8.4.3 Biegeversuch

Auf einfache Weise erhält man eine Aussage zur Haftung von Schichten auf biegsamen Substraten (Kunststoff/Metall, Metall/Metall, Metall/Lack), in dem man die Probe über einen Dorn mit wählbarem Radius (Dornbiegeversuch EN ISO 1519) jeweils um 90° bis zum Abblättern der Schicht biegt (siehe Bild 8.15). Die Maßzahl der Schichtqualität ist die Zahl der Biegungen.

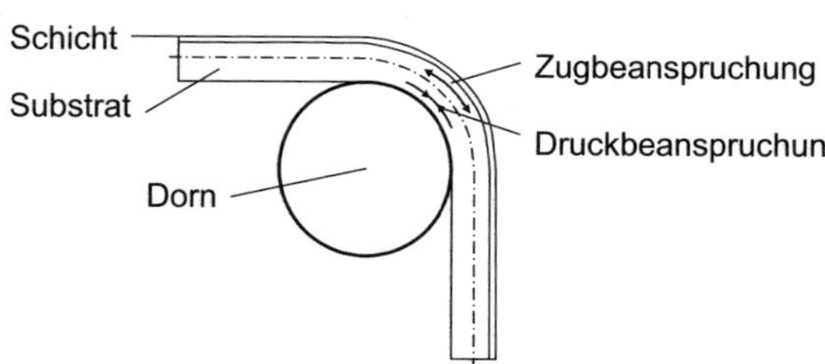

Bild 8.15: Prinzip des Biegeversuches

8.4.4 Stirnabzugverfahren

Bei diesem auch als Stirnabreiß-Test (Pull-off) bezeichneten Messverfahren erfolgt die Trennung des Verbunds durch eine senkrecht zur Haftverbindung (Normalspannung) wirkende Kraft. Die Ankopplung der Prüfkraft erfolgt durch ein oder zwei mit der Probe verbundene Stempel, die aufgeklebt oder evtl. aufgelötet sein können, wie das aus Bild 8.16 ersichtlich wird.

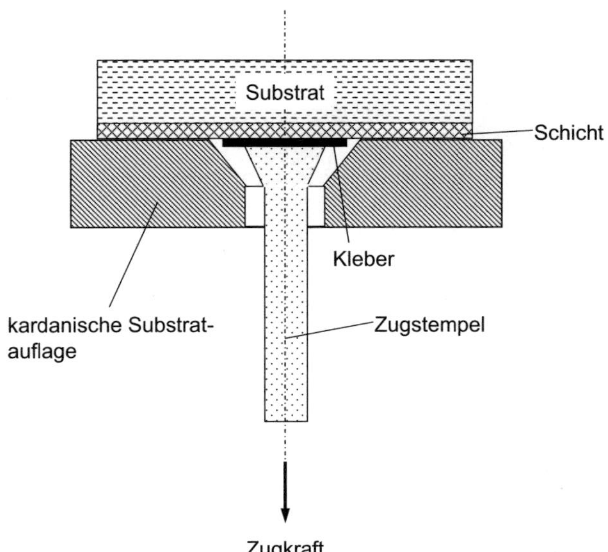

Bild 8.16: Prinzip des Stirnabzugverfahrens

Da diese Messung auf den fundamentalen physikalischen Größen Kraft und Fläche beruht, ist es als einziges Absolutverfahren für Vergleiche und zu Kalibrierung der anderen Haftfestigkeitsprüfmethoden geeignet. Allerdings muss man bei der Versuchsdurchführung folgende Fakten berücksichtigen:

- Senkrechte Befestigung der Zugstempel, um Scherkräfte zu vermeiden.
- Erfolgt eine Trennung zwischen Stempel und Kleber, kann keine Messung erfolgen. Die Haftfestigkeit ist größer als dieser Messwert.
- Der Messbereich wird begrenzt durch die Kleberhaftung.

8.4.5 Schälverfahren (Peel-Test)

Bei der Charakterisierung der Haftfestigkeit von Metall-Kunststoff-Verbunden kommt dem Schälverfahren eine bedeutende Rolle zu. Die Anwendungsbereiche liegen darum in der Leiterplattentechnik und auf dem Gebiet der Kunststoffmetallisierung. Das Prinzip ist das Abziehen eines definierten Schichtstreifens und der kontinuierlichen Messung der Trennkraft. Es gibt verschiedene Schältestvarianten, die sich im Abzugswinkel voneinander unterscheiden (siehe Bild 8.17).

Die gemessene Trennkraft wird über die Trennstrecke aufgezeichnet (siehe Bild 8.18) und statistisch ausgewertet. Allgemein bekannt ist, dass alle Schältests stark abhängig von der Zuggeschwindigkeit sind, deshalb sind sehr genaue Angaben über sie erforderlich. Weitere, die Messergebnisse beeinflussende Faktoren sind die Streifenbreite, die Konstanz des Abzugswinkels, die Schichtdicke, die gemittelte Rautiefe und mechanische Eigenschaften der Schicht.

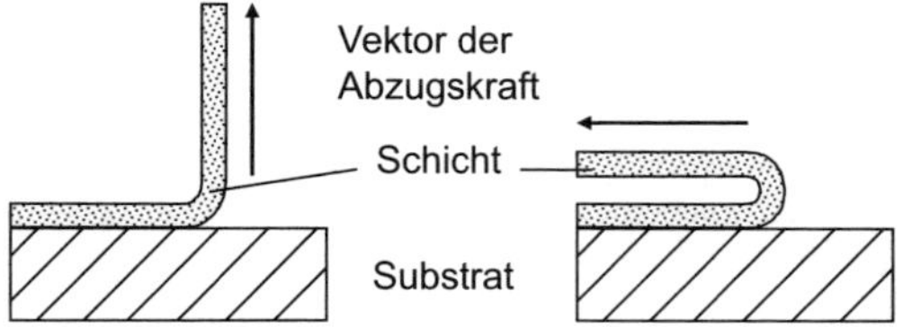

Bild 8.17: Schältestvarianten

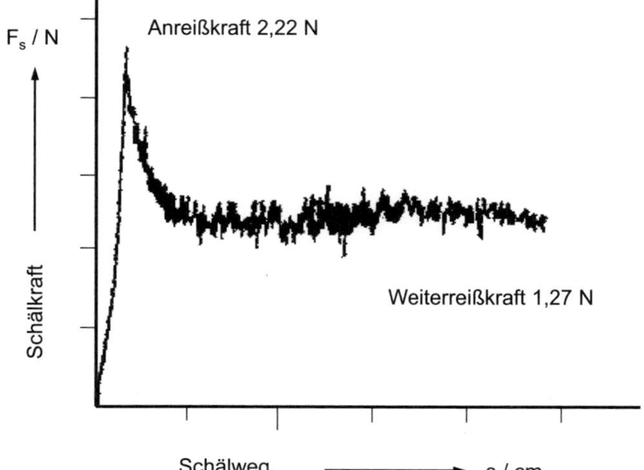

Bild 8.18: Schälkraftdiagramm für ein Leiterplattenbasismaterial

Messergebnisse von Schältests erlauben in erster Linie einen Vergleich zwischen Proben gleicher Substrat- und Schichtwerkstoffe und dienen damit der Qualitätskontrolle. Mithilfe des Stirnabzugsverfahrens, unter Benutzung von gleichartig hergestellten Proben, ist eine Kalibrierung möglich.

8.5 Porendichte

Neben ungenügender Haftfestigkeit stellt die Anwesenheit von Poren einen schwerwiegenden Schichtdefekt dar. Poren sind lokal, auf kleine Areale begrenzte Bereiche, ohne Schichtmaterial. Man unterscheidet:

- durchgehende Poren,
- geschlossene Poren und
- offene, aber nicht durchgehende Poren.

Eine durchgehende Pore, bei welcher der Substratwerkstoff direkt mit der Umgebung in Kontakt steht, bedeutet eine starke Minderung des Korrosionsschutzwertes. Eine geschlossene Pore stellt sich als verminderte Schichtdicke an dieser Stelle dar. Die offene Pore kann sich bei Belastung zur durchgehenden Pore entwickeln.

Durch Angabe der Porendichte (Anzahl der Poren pro cm^2) lässt sich die Schichtqualität charakterisieren. Man unterscheidet vier Gütekategorien (GK):

- GK I: keine Poren,
- GK II: bis zu 10 Poren · cm^{-2},
- GK III: 10–100 Poren · cm^{-2} und
- GK IV: > 100 Poren · cm^{-2}.

Für die Bestimmung der Porendichte sind eine Reihe chemischer, elektrochemischer und physikalischer Methoden bekannt. Je nach Schichtwerkstoff und zu erwartender Porendichte erfolgt die Auswahl des infrage kommenden Verfahrens.

Eine erhöhte Wirksamkeit der chemischen Prüfungen erzielt man durch Anlegen einer Spannung zwischen Substrat als Anode und einer auf dem angefeuchteten Filterpapier aufliegenden Deckelektrode als Katode. Bei Spannungen im Bereich von 2 – 20 V liegen die Prüfzeiten bei einigen Sekunden.

Elektrisch nichtleitende Schichten (Lacke, Al_2O_3, Emaille) können durch Messung, z. B. der Durchschlagfestigkeit, auf ihre Porosität geprüft werden. Von entscheidendem Einfluss auf das Messergebnis sind Elektrodenform (Spitze und Scheibe) und der Andruck dieser Elektroden.

Grundlage der chemischen Porositätsprüfung ist eine chemische Reaktion des Grundwerkstoffes mit einem Reagenz unter Bildung einer charakteristisch gefärbten Verbindung. Das setzt voraus, dass der Schichtwerkstoff nicht mit diesem Reagenz reagiert bzw. im Falle einer Reaktion eine farblose Verbindung bildet. Als Beispiele aus der Vielzahl der Möglichen sollen hier zwei genannt werden.

8.5.1 Ferroxyltest

Geprüft werden können hiermit Systeme mit Eisenwerkstoffen als Substrat. Die Farbreaktion beruht auf der Bildung von Berliner Blau (Eisen (II)-hexacyanoferrat (III), $Fe_3[Fe(CN)_6]_2$). Die Testlösung enthält 1g · l^{-1} Kaliumhexacyanoferrat (III) und 30 g · l^{-1} NaCl in vollentsalztem Wasser. Eine günstige präparative Variante besteht im Auflegen eines mit der Testlösung getränkten Filterpapierstreifens für ca. 20 s. Die Poren zeigen sich durch blaue Punkte auf dem Papier und können ausgezählt werden.

8.5.2 Test mit Diacetyldioxim (Dimethylglyoxim)

Dieser Test ermöglicht die Bestimmung der Porendichte speziell für Nickel- und Nickellegierungen als Substratwerkstoffe. Diacetyldioxim bildet mit Nickelionen eine charakteristisch rot gefärbte Ni-Komplexverbindung.

Voraussetzung dafür ist das Auflösen des Nickels am Porengrund, z. B. mit einem Gemisch aus HCl und H_2O_2. Mit der alkoholisch-ammoniakalischen Lösung des Reagenz tränkt man einen Filterpapierstreifen und verfährt, nach dem Abstreifen der überschüssigen Lösesäure, in Analogie zum Ferroxyltest.

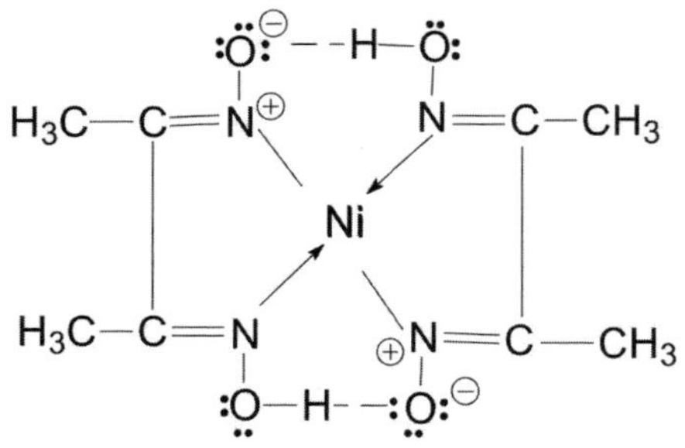

Ni-Diacetyldioxim

8.6 Morphologie und Topologie

Nicht nur die chemische Zusammensetzung der Schicht ist bestimmend für ihre Anwendbarkeit, sondern in hohem Maße auch die Form, die Größe, die Verteilung und die Orientierung der Kristallite, d. h. die Morphologie und Topologie der Oberfläche. Als geeignete Verfahren zu ihrer Untersuchung haben sich die Rasterelektronenmikroskopie (REM) und die Rasterkraftmikroskopie (allgemein bekannt unter AFM = **A**tomic **F**orce **M**icroskopy) durchgesetzt.

Die **Rasterelektronenmikroskopie** ermöglicht mithilfe von Elektronenstrahlen eine tiefenscharfe Abbildung von Objektoberflächen. Es sind Vergrößerungen von bis zu 250 000-fach möglich. Die wesentlichen Baugruppen eines Rasterelektronenmikroskops (REM) sind:

- Hochvakuumkammer,
- Elektronenquelle,
- Elektronenlinsensystem zur Bilderzeugung,
- Ablenkeinheit zum „Rastern“ (Scannen) des Elektronenstrahles und
- Detektoren zur Aufnahme der Rückstreu- und Sekundärelektronen.

Der Elektronenstrahl mit einer Energie von einigen kV bis einigen 10 kV rastert die Oberfläche ab. Die entstehenden Sekundärelektronen dienen über einen Detektor in Kombination mit einer Bildverarbeitungseinheit der Darstellung der Oberfläche. Es sind Auflösungen der Oberflächentopologie bis ca. 10 nm möglich. Durch eine Auswertung der Rückstreuelektronen erhält man Informationen über den Materialkontrast (siehe auch Bild 8.1). Die Anwendung des REM ist an eine elektrisch leitende Oberfläche der Probe gebunden, die gegebenenfalls durch Aufdampfen bzw. Sputtern leitend gemacht wird. Geräte die im VP-Modus arbeiten können, gestatten Aufnahmen ohne diese vorausgehende Behandlung.

Das Prinzip der **Rasterkraftmikroskopie** (AFM) beruht darauf, dass mit einer sehr feinen Spitze aus einkristallinem Silizium die Oberfläche abgetastet wird (x- und y-Richtung). Zwischen der Abtastspitze und der Probenoberfläche kommt es durch nebenvalente Wechselwirkung zur Anziehung bzw. zur Abstoßung durch Annäherung der Elektronenhüllen von Messspitze und Substrat. Dadurch wird eine Auflösung von ca. 5 nm möglich. Das Höhenprofil (z-Richtung) des Messgebietes kann nach einer Datenverarbeitung dreidimensional dargestellt werden (siehe Bild 8.19).

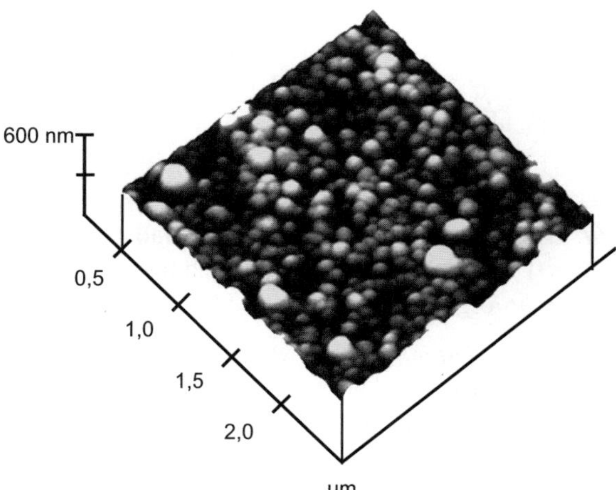

Bild 8.19: AFM-Aufnahmen von ZnO-Schichten auf Glas

Bei der AFM-Technik sind zwei Betriebsarten zu unterscheiden, die *constant force mode* und die *constant height mode.* Im ersten Fall wird die Kraft des sich auslenkenden Messfühlers (Cantilever) konstant gehalten, im anderen Fall die Höhenauslenkung.

Aus der Funktionsweise der AFM ergibt sich die Möglichkeit der Abbildung der Oberflächentopologie von elektrisch nicht- oder schlechtleitenden Materialien. Außerdem gestattet die AFM In-situ-Messungen des Keimbildungs- und Schichtwachstumsvorganges, z. B. bei der außenstromlosen Metallisierung. Für die Auswertung von AFM-Aufnahmen ist zu berücksichtigen:

- Große Kantensteilheit schränkt das Auflösungsvermögen ein und
- zusätzlich zur Kraft in z-Richtung entsteht eine Kraft in x-Richtung (Reibkraft).

8.7 Optisches Erscheinungsbild von Schichten

Zum optischen Erscheinungsbild einer Beschichtung zählen Farbton, Helligkeit (Weißgrad), Deckvermögen (Kontrastverhältnis) und Glanzgrad. Diesen Merkmalen ist gemeinsam, dass sie mit entsprechenden Geräten gemessen werden können, wodurch sich Werte ergeben, die vom subjektiven Empfinden unabhängig sind. Somit ergibt sich die objektive Vergleichbarkeit und Einhaltung von Qualitätsnormen.

Der *Farbton* einer Beschichtung definiert sich als *„... ein durch das Auge vermittelter Sinneseindruck ...“* nach DIN EN ISO 2813. Er kann mit einem Farbmessgerät exakt vermessen werden.

Da auch der Farbton wiederum einer subjektiven Empfindung entspricht, ist man in der Praxis darauf angewiesen, Farbtöne zu spezifizieren. Einerseits bedient man sich dabei verschiedener Farbtonsammlungen, wie der RAL-Farbtöne (Deutschland) oder der NCS-Farbskala (Schweden). Andererseits lassen sich Farbtöne nach ISO 7724-1 durch die messtechnische Bestimmung von drei physikalischen Parametern charakterisieren:

- Helligkeit (L),

- Rotanteil ($a > 0$) bzw. Grünanteil ($a < 0$) und
- Gelbanteil ($b > 0$) bzw. Blauanteil ($b < 0$).

Unterschiede zwischen den Farbtönen werden als *E*-Wert bestimmt:

$$\Delta E = \sqrt{\Delta L^2} + \Delta a^2 + \Delta b^2$$

Helligkeit ist nach DIN 5033 *„... die Stärke einer Lichtempfindung...“*. Als Maß der Helligkeit dient der Normfarbwert (Hellbezugswert) *Y*. Eine Messung erfolgt auch hier mit einem Farbmessgerät auf schwarz-weißem Kontrastuntergrund.

Als **Deckvermögen** gibt DIN 55945 an: *„... die Fähigkeit einer Beschichtung, die Farbe oder Farbunterschiede des Untergrundes zu verdecken...“*. Das Maß dafür ist der Deckvermögenswert, der angibt, mit welcher Menge eines Beschichtungsstoffes der Kontrastuntergrund so beschichtet werden muss, dass der vereinbarte Wert erreicht wird. Eine Angabe erfolgt entweder in $m^2 \cdot l^{-1}$ oder $m^2 \cdot kg^{-1}$.

Der Sinneseindruck, der allgemein durch die Reflexion von Licht an der Oberfläche entsteht, ist nach DIN EN ISO 2813 der **Glanzgrad.** Er wird durch folgende Faktoren beeinflusst:

- Beschaffenheit der Oberfläche,
- Art der Beleuchtung,
- Betrachtungswinkel und
- Wahrnehmung durch den Betrachter.

Glanz entsteht durch die Spiegelung von Licht an der Oberfläche von Erzeugnissen. Weil die Glanzgrade unterschiedlicher Oberflächen stark schwanken – vom Hochglanz einer polierten Metalloberfläche über Lackierungen bis zum samtartigen Glanz einer Velourbeschichtung – legen verschiedene Normen die Messbedingungen fest. Um Werte zu erhalten, die mit dem visuellen Eindruck bei unterschiedlichen Glanzgraden gut vergleichbar sind, muss bei Messungen mit Glanzmessgräten der Einfallswinkel des Lichtes variiert werden können. Es gilt, je niedriger der Glanzgrad, desto flacher der Einfallswinkel. Untersetzt man das am Beispiel des Glanzgrades für Kunststoffdispersionsfarben, erhält man die in der Tabelle 8.4 angegebenen Werte.

Tabelle 8.4: Glanzgrade für Kunststoffdispersionsfarben für Innen

Glanzgrad	Beobachtungswinkel [°]	Reflektometer-Messwert [%]
hochglänzend (HG)	20	64 ± 5
glänzend (G)	60	62 ± 5
halb-/seidenglänzend (SG)	60	31 ± 5
halb-/seidenmatt (SM)	85	45 ± 3
matt (M)	85	7 ± 1

Eine Bestimmung des Glanzgrades erfolgt durch fotoelektrische Messung des von der Oberfläche direkt reflektierten Lichtes. Der Glanzgrad ist definiert als der Quotient aus dem gerichtet- und dem diffusreflektierten Anteil des auffallenden Lichtes.

8.8 Benetzbarkeit

Der Rand- oder Kontaktwinkel, den eine Flüssigkeit auf einem Substrat bildet, kennzeichnet dessen Benetzbarkeit. Je kleiner der Randwinkel ist, umso besser erfolgt eine Benetzung der Oberfläche, bzw. desto besser ist die Fähigkeit der Benetzung durch die entsprechende Flüssigkeit und je kleiner ist deren Oberflächenspannung. Mit dieser Feststellung sind Aussagen zum Zustand der Oberfläche hinsichtlich von Fremdschichten ebenso möglich, wie die Beurteilung der Eignung von z. B. Flüssiglacken für konkrete Werkstückoberflächen.

Als bevorzugtes Verfahren zur Ermittlung der Benetzbarkeit eines Substrates wendet man die **Randwinkelmessung** nach der Methode des liegenden Tropfens an. Der auf dem Substrat aufliegende Flüssigkeitstropfen wird z. B. mithilfe eines Bildverarbeitungssystems abgebildet. An den Dreiphasenpunkt Substrat – Flüssigkeit – Luft legt man eine Tangente an (siehe Bild 2.12), deren Winkel zur Festkörperoberfläche als Randwinkel definiert ist. Als Messflüssigkeit in der Praxis kommt Wasser zur Anwendung.

Bei der Vergrößerung des Wassertropfens auf der Substratoberfläche misst man den Vorrückwinkel, der meist größer ist als der bei Verkleinerung des Tropfens messbare Rückzugswinkel. Die Differenz zwischen beiden bezeichnet man als Randwinkelhysterese. Ihre Größe ist von der Rauheit und Morphologie der Substratoberfläche sowie der Phasenverteilung abhängig.

Für eine einfache und schnelle Überprüfung der Benetzbarkeit im Produktionsbereich haben sich sog. Testtinten und Teststifte bewährt (ASTN D 2578-84). Das Ausbreiten (Spreiten) der Testflüssigkeit auf der Warenoberfläche zeigt die Benetzungsfähigkeit an. Eine ausreichende Benetzbarkeit ist vorhanden, wenn die aufgetragene Testflüssigkeit ca. 3 s stehen bleibt. Perlt sie vorher zusammen, ist die Benetzbarkeit ungenügend. Aus der Tatsache heraus, dass sehr unterschiedliche Warenoberflächen (Metall, Kunststoff, Glas, Keramik, Holz usw.) zu beschichten sind, muss man verschiedene, hinsichtlich Oberflächenspannung darauf abgestimmte Testflüssigkeiten einsetzen.

Um die Benetzbarkeit mit Loten, z. B. bei Leiterplatten, zu prüfen, misst man die Kraft, die beim Herausziehen einer Testplatte aus dem geschmolzenen Lot auftritt. Je nach Behandlungszustand der Kupferoberfläche ergeben sich unterschiedliche Adhäsionskräfte und damit unterschiedliche Messwerte.

Zusammenfassung

Prüfmethoden

- Sowohl für die Beurteilung der Schichteigenschaften als auch der Kontrolle im Verfahrensverlauf sind geeignete Prüfmethoden erforderlich.
- Wesentliche Verfahren zur Ermittlung der chemischen Zusammensetzung sind:
  - Elektronen-Strahl-Mikroanalyse (ESMA),
  - Atom-Absorptions-Spektroskopie (AAS),

- UV- und IR-Spektroskopie und
- Kolorimetrie
- Prüfverfahren zum Korrosionsverhalten sind unter anderem:
  - Kondenswasserklimaprüfungen,
  - Salzsprühnebeltests und
  - Bewitterungsversuche.
- Zur Bewertung der Funktion und der Herstellungskosten von Schichten dienen in besonderem Maße Methoden der Schichtdickenmessung. Zu unterscheiden ist in zerstörende und zerstörungsfreie Prüfverfahren.
- Die Haftung des Schichtsystems bildet die Voraussetzung für die Funktionssicherheit des Erzeugnisses. Die Untersuchungsmethoden liefern qualitative (Schnelltests) oder quantitative (Messwerte) Aussagen.
- Weitere Aussagen zur Schichtqualität liefern:
  - Untersuchung der Porendichte,
  - Charakterisierung zur Morphologie und Topologie und
  - Aussagen zu Farbton, Helligkeit, Glanzgrad und Deckvermögen
- Durch Ermittlung der Benetzbarkeit von Oberflächen lässt sich deren Oberflächenaktivität charakterisieren und damit ihre Wechselwirkung an der Phasengrenze. ■

Literatur

Arbeitssicherheitsgesetz (ASiG) - vom 12. Dezember 1973, zuletzt geändert durch Artikel 226 der Verordnung vom 31. Oktober 2006

Firmenschrift ERICHSEN, *Mess- und Prüfgeräte für die Oberflächentechnik* in: http://www.erichsen.de/service/downloads/downloads/oberflaechenpruefung-2010-11, zuletzt aufgerufen 25.07.2014

GADZHOV, IL.; MANTCHEVA, R.: *Coulometrische Bestimmung der Dicke von Nickelüberzügen auf Stahlerzeugnissen*, Galvanotechnik, 94 (2003) 10, S. 2429 - 2432

Gesetz zum Schutz vor schädlichen Umwelteinwirkungen durch Luftverunreinigungen, Geräusche, Erschütterungen und ähnlichen Vorgängen (Bundes-Immissionsschutzgesetz BImSchG), letzte Änderung durch: Art. 2 G vom 11. August 2009 (BGBl. I S. 2723, 2727)

GRIEPENTROG, M.: *Haftfestigkeit von metallisiertem Kunststoff - Prüfung und Validierung*, Galvanotechnik, 94 (2003) 2, S. 308 - 321

HEUBERGER, U.: *Schichtdickenmessung mit Kombigeräten nach der Wirbelstrom- und magnetinduktiven Methode*, Galvanotechnik 92 (2001) 9, S. 2354 - 2366

LIEBRECHT-KÄSZMANN, J.; PIETSCHMANN, J.: *Prüfung von Lackierungen*, Galvanotechnik 93 (2002) 3, S. 758 - 764

MARKSCHLÄGER, P.; MANN, D.; METZNER, M.: *Der Schicht auf den Grund gehen - Verfahren zur Schichtdickenmessung*, Qualität und Zuverlässigkeit Carl Hanser Verlag München, 8/98, S. 966 - 970

MEILI, U.: *Haftfestigkeit von Metallschichten auf Kunststoffen*, Metalloberfläche 1/91, S. 33 - 35

MICHALZIK, G.: *Mechanische Charakterisierung von Lackschichten mit dem Kraft-Eindringtiefe Verfahren*, Galvanotechnik, 94 (2003) 9, S. 2252 - 2260

NITZSCHE, K.: *Schichtmeßtechnik*, Vogel Buchverlag Würzburg, 1997

Praktikumsanleitung Schichtdickenmessung WP-3, TU Ilmenau Fakultät für Elektrotechnik und Informationstechnik, Institut für Werkstofftechnik in: https://www.tu-ilmenau.de/fileadmin/media/wt_wet/Praktika/EIT-MNE%20%28B.Sc.%29/Praktikumsanleitung/MNE4_Schichtdickenmessung.pdf, zuletzt aufgerufen 25.07.2014

Röntgenfluoreszenzanalyse in: http://www.ndt.net/article/dgzfp02/papers/v05/v05.htm, zuletzt aufgerufen 15.05.2014

SCHMITT, G.; MÖLLER, K.; METZGER, W.; HARNISCH, C.; BEIER-KORBMACHER, M.: *Entwicklung eines produktionsnahen Kurzzeitprüfverfahrens zur Qualitätssicherung von Konversionsschichten*, Galvanotechnik 93 (2002) 2, S. 383 - 389

STAIB, W.; NEUMAIER, P.; BERRIE, P. G.: *Nicht zu dick und nicht zu dünn*, Sonderdruck aus „productronic“ 9/89, S. 53 - 58

Verordnung (EG) Nr. 1907/2006 (*REACH-Verordnung*)

9 Aspekte des Umweltschutzes und der Arbeitssicherheit

Der Oberflächentechnik wohnt je nach Verfahren, die Nutzung umwelt- und gesundheitsgefährdender Stoffe inne. Daraus leiten sich die Konsequenzen ab, wie:

- Rückhaltung dieser Stoffe im Verfahrenskreislauf,
- Rückgewinnung,
- Verhinderung der Emission über Abluft, Abwasser und Abfall,
- sachgemäßer Umgang und
- Entwicklung schadstoffarmer bzw. schadstofffreier Technologien.

Mit der Optimierung der Verfahren durch Anwendung von Prozesssteuerungs- und -regelungssystemen, wirksamen Anlagen des Emissionsschutzes, der Abwasserbehandlung und einer abgestimmten Prozessorganisation nähert man sich diesen Zielen an.

9.1 Regenerierung und Entsorgung von Reinigungs- und Entfettungslösungen

9.1.1 Organische Lösungsmittel

Während des Entfettungsvorganges wird das Lösungsmittel (siehe auch S. 38) mit dem gelösten Stoff, das heißt dem Fett, Öl oder Wachs, aber auch mit Feststoffen, wie Staub angereichert. Da sich dabei das Lösungsmittel chemisch nicht verändert, lässt es sich im Kreislauf führen. Perchlorethen, Trichlorethen, Aceton und 1,1,1-Trichlorethan sind die in der Metallindustrie am häufigsten eingesetzten organischen Lösungsmittel. Späne, Staub und Metallabrieb können mittels Filtration abgetrennt werden, der gelöste Stoff hingegen nur durch Destillieren.

Eine Verminderung des Lösungsmittelverbrauches und damit auch der lösungsmittelhaltigen Abfälle lässt sich durch gasdicht gekapselte Entfettungsanlagen mit Beschickungsschleusen, integrierter Lösungsmittelrückgewinnung und Kreislaufführung erreichen.

Für die Rückgewinnung von Lösungsmitteln eignen sich verschiedene Abscheide- bzw. Trennsysteme, die nach den folgenden Prinzipien arbeiten:

- Adsorption an Aktivkohle (Körner, Partikel, Fasern), Kieselgel, Aluminiumoxid, Molsiebe, Polymerpartikel und Adsorberharzen,
- Absorption,

- Kondensation,
- Membranverfahren.

Diese Verfahren haben die verschiedensten Vor- und Nachteile, wie in Tabelle 9.1 dargestellt.

Tabelle 9.1: Verfahren der Lösungsmittelrückgewinnung

Verfahren	Vorteile	Nachteile
Adsorption	Grenzwerte werden erreicht (Emissionsgrenzwerte für Abluft)	diskontinuierlicher Betrieb hohe Investitionskosten Rektifikationsabwässer
Absorption	kein Abfall Grenzwerte werden erreicht kontinuierliche Arbeitsweise sicherer Betrieb	zurückgewonnenes Lösemittel beinhaltet evtl. noch Spuren des Absorbers
Kondensation	kein Abfall hohe Reinheit des LM kontinuierliche Arbeitsweise geringer Energie- und Wartungsaufwand	hohe Investitionskosten Grenzwerte (Luft) werden evtl. nicht erreicht
Membranverfahren in Kombination mit Kondensation	geringe Trennleistung geringer Energieverbrauch	befindet sich noch in der Entwicklung hohe Investitionskosten

Am häufigsten kommen die Adsorption an Aktivkohle und Polymerpartikeln, sowie die Kondensation der in der Abluft enthaltenen Lösemittel zur Anwendung. Die Adsorptionsverfahren erfordern eine Desorption der Lösungsmittel. Oft ist ihre Reinheit nach erfolgter Desorption für eine Wiederverwendung nicht ausreichend, sodass man zusätzlich destillieren muss.

Die Entsorgung verbrauchter organischer Lösungsmittel kann durch Verbrennung erfolgen. Da die Abfallverbrennung halogenhaltiger Lösungsmittel auf See eingestellt wurde, die Beseitigungskapazitäten an Land beschränkt sind sowie aufgrund der Umwelt- und Gesundheitsrisiken wurde und wird an Konzepten zur Vermeidung, Verminderung, Substitution, Verwertung und Beseitigung, insbesondere halogenhaltiger Lösungsmittel gearbeitet.

Eine völlige Vermeidung des Einsatzes von Reinigern auf Basis von Lösungsmitteln (VOC-Richtlinie)* ist aus Gründen der Qualitätsanforderungen zur Zeit noch nicht möglich. Möglichkeiten der Verminderung durch Rückgewinnung wurden bereits aufgezeigt. Substitutionsmöglichkeiten sind:

- die Reinigung mit mechanischer Unterstützung,
- wässrig-alkalische Reinigungssysteme sowie
- der Einsatz höhersiedender halogenfreier Kaltreiniger (halogenfreie LM).

* https://www.lacke-und-farben.de/fileadmin/templates/img/pdf/DLI_Dokument_8.pdf

Sollen wässrig-alkalische Reinigungssysteme zur Substitution halogenhaltiger Lösungsmittel verwendet werden, so enthalten diese zusätzlich Tenside, die für die Bildung feinster Öltröpfchen verantwortlich sind. Sie eignen sich für Verfahren, bei denen bereits in wässrigen Medien gearbeitet wird. Vor- und Nachteile der wässrig- alkalischen Reinigung gegenüber der Reinigung mit halogenhaltigen Kohlenwasserstoffen sind in Tabelle 9.2 enthalten.

Tabelle 9.2: Gegenüberstellung wässrig-alkalische Reiniger im Vergleich zu halogenhaltigen Kohlenwasserstoffen

Vorteile	Nachteile
keine Abluftproblematik keine Zündgefahr einfache Anlagen	nicht bei allen Metallen anwendbar; hoher Wasserverbrauch; aufwendige Wasseraufbereitung; energieaufwendiges Trocknen mangelnde Kapillartrocknung; hoher Chemikalienverbrauch erhöhte Rostgefahr

Als weitere Alternative zur Heißentfettung mit halogenhaltigen Kohlenwasserstoffen besteht die Möglichkeit, die Reinigung mit schwersiedenden halogenfreien Kaltreinigern bei Raumtemperatur durchzuführen. Als Lösungsmittel eignen sich grundsätzlich Alkohole, Benzin sowie Mischungen aus Estern und Glykolethern. Die Verwendung bei Raumtemperatur ergibt sich aus der erhöhten Brand- und Explosionsgefahr dieser Lösungsmittel. Um ein mindestens gleich gutes Ergebnis bei Raumtemperatur zu erzielen, muss die Reinigung mechanisch unterstützt werden.

Vor- und Nachteile der Reinigung mittels Kaltreiniger gegenüber der Reinigung mit halogenhaltigen Kohlenwasserstoffen sind in Tabelle 9.3 zusammengefasst.

Tabelle 9.3: Vergleich der Anwendung von Kaltreinigern gegenüber halogenhaltigen Kohlenwasserstoffen

Vorteile	Nachteile
energiesparend niedrige Anlagekosten gute Löslichkeit für unpolare und zusammen mit Wasser für polare Stoffe	Brand- und Explosionsgefahr kaum Rückgewinnung durch Destillation möglich (Grund: Zusätze) Aerosolnebelbildung möglich teils Teiletrocknung nötig

9.1.2 Verminderung, Regenerierung und Entsorgung alkalisch wässriger Reinigungslösungen

Eine Regenerierung alkalisch wässriger Reinigungslösungen ist in der Praxis nicht üblich. Sowohl das bei der Verseifung natürlicher Fette entstehende Propantriol (Glycerol) als auch die Salze der Fettsäuren (Seifen) sind wasserlöslich. Um diese Verbindungen aus der Reinigungslösung zu entfernen, müssten sie abgetrennt werden, ohne dabei die Reinigungslösung selbst zu zerstören.

Zur Entsorgung alkalischer Lösungen werden diese im äquimolaren Verhältnis mit Säuren versetzt und so neutralisiert. Bei einem Säureüberschuss kann es mit dem Propantriol zur Bildung wasserunlöslicher Ester kommen, die sich einfach abtrennen lassen. Unter Zugabe von Calziumchlorid bilden sich schwerlösliche Calziumseifen, die abfiltriert werden können.

Die Standzeiten von tensidhaltigen Reinigungsbädern, in welchen die Tenside mit den Ölen oder Fetten Emulsionen bilden, können durch Entfernen der Öle oder Fette aus dem Reinigungsbad mittels Ultrafiltration erheblich verlängert werden. Dazu werden die Reinigungsbäder über Ultrafiltrationsmodule gepumpt, die verschiedene Bauarten aufweisen können. Das Filtrat (Permeat) wird dem Reinigungsbad wieder zugeführt, während sich auf der Rückstandsseite (Retentat) die Öle und Fette bis auf eine Konzentration von 50 % anreichern. Der Rückstand wird meist durch Verbrennung, d. h. durch Mineralisierung direkt entsorgt. Die dabei entstehende Wärmeenergie kann genutzt werden.

Bei der Ultrafiltration muss beachtet werden, dass der Trübungspunkt der in den Reinigungsbädern verwendeten Tenside bei einer möglichst hohen Konzentration liegt, da sonst zu große Anteile dieser im Retentat verbleiben und damit auch verloren gehen.

Tensidhaltiges Wasser kann in der Produktion Störungen, z. B. durch Schaumbildung und Blockierung von Ionenaustauschern verursachen. Durch Adsorption an Aktivkohle können Tenside zwar aus den Lösungen entfernt werden, doch hat sich dieses Verfahren in der Praxis nicht als brauchbar erwiesen, weil eine Regenerierung der Aktivkohlefilter nicht möglich ist. Derartiges Abwasser aus der Metallindustrie wird daher in der Regel öffentlichen Kläranlagen zugeführt, wo sie zumeist biologisch abgebaut werden.

9.1.3 Verminderung, Regenerierung und Entsorgung von wässrigen Reinigungslösungen, die Dispergiermittel enthalten

Die in der Dispersion enthaltenen Feststoffe, wie Graphit, Metallabrieb oder Schleif- und Poliermittelreste befinden sich in Abhängigkeit von ihrer Dichte an der Oberfläche oder am Boden als Bodenschlamm. Die Abtrennung dieser Feststoffe, aber auch wasserunlöslicher Öle und Fette kann daher auf einfache Art und Weise durch mechanische Trennung erfolgen. Möglich sind hierbei die Sedimentation, die Flotation, die Zentrifugation und die Filtration.

Die **Sedimentation** wird verwendet, wenn die Dichte der Feststoffe wesentlich größer ist als die des Reinigungsbades, sodass sich ein Bodenschlamm bildet. Das Reinigungsbad wird dekantiert, der zurückbleibende Bodenschlamm zum Beispiel durch Eindampfen entwässert.

Durch die **Flotation** werden auf der Oberfläche schwimmende Stoffe abgetrennt, indem sie mechanisch zurückgehalten werden, während das Reinigungsbad kontinuierlich zu- und abgeführt wird.

Auch eine Kombination beider Verfahren ist möglich, sodass Bodenschlamm und Leichtstoffe gleichzeitig von der flüssigen Phase abgetrennt werden können. Damit Stoffe sich durch Sedimentation oder Flotation abtrennen lassen, versucht man durch Fällungsflockung oder durch Anlagerung von Gasbläschen den Dichteunterschied zu vergrößern.

Bei der **Zentrifugation** (auch Schleudern) erfolgt die Trennung eines heterogenen fest-flüssig- oder flüssig-flüssig-Systems unter Einwirkung der Zentrifugalkraft in einem Rotor. Zur Trennung wirken dabei Kräfte, die größer sind als die Schwerkraft. Besonders gut eignet sich dieses Verfahren zur Abtrennung von Flüssigkeiten, wie z. B. Entfettungs- oder Färbelösungen von Schüttgut, aber auch zur Trennung von Suspensionen und Emulsionen.

Dabei ist es möglich, das Zentrifugat ohne weitere Aufbereitung in den Stoffkreislauf zurückzuführen.

Im Gegensatz zu den Schwerkraftverfahren ist bei der **Filtration** kein Dichteunterschied zwischen abzutrennenden Feststoff und dem Reinigungsbad notwendig. Bei der Filtration werden lediglich ein Druckunterschied und eine an die Feststoffpartikel angepasste Porengröße des Filters benötigt. Der Druckunterschied kann entweder als hydrostatischer Flüssigkeitsdruck oder mittels Pumpen aufgebracht werden.

Grundsätzlich wird der abgetrennte Stoff, zum Beispiel durch Erhitzen, Druck- oder Unterdruck entwässert, um sowohl die Masse als auch das Volumen zu verkleinern und zur weiteren Entsorgung, z. B. in eine Deponie zu bringen.

9.1.4 Regenerierung und Entsorgung von wässrigen Beiz- und Neutralisierlösungen

Zum Beizen von Metall werden üblicherweise Schwefel-, Salpeter- oder Salzsäure oder Gemische dieser, gelegentlich aber auch Phosphor-, Fluss- oder Chromsäure (REACH) verwendet. Durch den Vorgang des Beizens kommt es zur Anreicherung von Metallionen in den Lösungen.

Mithilfe stark basischer Ionenaustauscherharze können konzentrierte Säuren entsalzt werden. Als Regenerierungsmittel wird dabei Wasser verwendet. Der Vorgang beruht hier nicht auf einem Ionenaustausch, sondern auf elektrostatischer Wechselwirkung und auf Diffusionsvorgängen. Nur die nicht dissoziierte Säure vermag in das Harz zu diffundieren. Die gewonnene, säurereiche, metallarme Fraktion wird der Beize wieder zugeführt. Die metallsalzhaltige Lösung kann entweder einem Aufbereitungsverfahren für das entsprechende Metall, zum Beispiel durch Elektrolyse oder Zementation, zurückgewonnen werden. Ein anderer Weg besteht in der Fällung mit anschließender Filtration.

Beizen können entsorgt werden, indem man sie neutralisiert. Die dabei entstehenden Lösungen können eingedampft werden, womit man außerdem durch anschließendes Kondensieren vollentsalztes Wasser erhält. Eine zweite Möglichkeit besteht in der Fällung der Schwermetallhydroxide im alkalischen Milieu, der anschließenden Filtration und Neutralisation des Filtrates.

Saure, ebenso wie alkalische Beizen enthalten allerdings sehr oft Inhibitoren, die den Angriff des blanken Metalls nach der Entfernung der Oxidschicht verzögern oder unterbinden sollen. Auch Netzmittel sind oft vorhanden, die die rasche Durchdringung und Benetzung der Oxide ermöglichen. Sie erschweren eine Regenerierung bzw. Entsorgung.

9.1.5 Regenerierung von Spülwässern

Spülen bedeutet Verdünnen der Ausschleppungen aus den Prozessbädern um ein Vielfaches. Das **Spülkriterium** ist der Ausdruck der Spülqualität. Eine gute Spülqualität, die in einem hohem Spülkriterium zum Ausdruck kommt, erfordert damit eine erhebliche Menge Spülwasser. Somit steht die Forderung nach einer hohen Spülqualität der Forderung nach einer Spülwassermengenreduzierung entgegen. Der Einsatz von wenig Spülwasser bei gleichzeitigem Erreichen eines brauchbaren Spülkriteriums ist daher nur denkbar, wenn die eingesetzte Wassermenge mehrfach genutzt wird. Möglichkeiten hierfür sind:

- Ionenaustauschkreislaufverfahren,
- Kreislaufverfahren mit Verdampfung,
- Umkehrosmose im Kreislaufverfahren,
- Kaskadenspülverfahren,
- Möglichkeiten der Kombination dieser Verfahren.

Abwasser und Abfall entstehen infolge der Verschleppung der Prozesslösungen in die Spülbäder durch Überheben der Ware. Sehr effektive Maßnahmen zur Verminderung setzen genau hier an. Abhängig von der verwendeten Ausrüstung ergeben sich die folgenden Möglichkeiten:

- Abtropfen, Abblasen, Abquetschen, Abschütteln,
- langsames Ausfahren der Warenträger, Bewegung der Trommel über dem Bad,
- Verringerung der Metallkonzentration in der Badlösung,
- Verringerung der Viskosität der Bäder (Temperaturerhöhung),
- verarbeitungsgerechte Konstruktion der Ware und der Warenträger,
- Pflege der Warenträger, Perforation der Trommeln, Gestellentmetallisierung.

9.1.5.1 Ionenaustauschkreislaufverfahren

Die durch das Spülen eingeschleppten Ionen werden an Ionenaustauschern gegen Wasserstoffionen und Hydroxidionen ausgetauscht, das heißt, die Austauscher werden beladen:

Kationenaustausch am Beispiel von Na^+ und Cu^{2+} (R... Kunstharz)

$R - H + Na^+ \leftrightharpoons R - Na + H^+$

$2\,R - H + Cu^{2+} \leftrightharpoons R_2 - Cu + 2\,H^+$

Anionenaustausch am Beispiel von CN- und CrO_4^{2-} (R... Kunstharz)

$R - OH + CN^- \leftrightharpoons R - CN + OH^-$

$2\,R - OH + CrO_4^{2-} \leftrightharpoons R_2 - CrO_4 + 2\,OH^-$

Ist die Beladung der Ionenaustauscher beendet, müssen sie mit Säure (Kationenaustauscher) bzw. Lauge (Anionenaustauscher) regeneriert werden. Die anfallenden Regenerate enthalten alle Ionen, die sich zuvor im Spülwasser befanden, allerdings in einer erheblich höheren Konzentration, das heißt in einem sehr geringen Volumen, welches dann der Entgiftung und Neutralisation zugeführt werden kann. Beim Ionenaustauschverfahren benötigt man große Mengen an Spülwasser, da zwischen jeder Beladung, Eluierung und Regenerierung zu spülen ist. Der Nachteil des Ionenaustauschkreislaufverfahrens besteht in der Anreicherung von Salzen im Abwasser (Salzfracht, Neutralsalze).

9.1.5.2 Kreislaufverfahren mit Verdampfung

Auch beim Kreislaufverdampfungsverfahren fließt ein hoher Spülwasserstrom. Die Abtrennung der Ionen erfolgt durch Salzbildung beim Eindampfen. Das Kondensat wird anschließend wieder aufgefangen; man erhält damit vollentsalztes Spülwasser einer hohen und gleichmäßigen Qualität. Der Rückstand aus dem Verdampfer muss entsorgt werden. Der Vorteil des Verfahrens ist die Vermeidung salzhaltigen Abwassers.

9.1.5.3 Umkehrosmose im Kreislaufverfahren

Bei diesem Verfahren erfolgt die Reinigung der Spülwässer mittels einer Membran unter Anwendung von hohen Drücken (Umkehrosmose). Dabei treten lediglich die relativ kleinen Wassermoleküle durch die Mikroporen der Membran hindurch (Permeat). Die Salzionen mit ihren voluminösen Hydrathüllen gelangen nicht hindurch und reichern sich auf der anderen Seite der halbdurchlässigen Wand an (Konzentrat). Dieses Verfahren arbeitet kontinuierlich.

9.1.5.4 Kaskadenspülverfahren

Beim Kaskadenspülverfahren ist der Spülwasserstrom klein und wird ohne Zwischenreinigung mehrfach genutzt. Das Spülwasser fließt hierbei entgegen der Arbeitsrichtung, sodass zuerst im konzentriertesten und zuletzt im saubersten Wasser gespült wird.

Für das erste Kaskadenbad wünscht man sich eine möglichst hohe Konzentration, um die gelösten Stoffe einer Rückführung zugänglich zu machen. Im Idealfall ist der Spülwasserüberlauf gleich groß der Eigenverdunstung des vorangegangenen wässrigen Prozessbades. Ist der Spülwasserbedarf größer als die Eigenverdunstung, so wird der Wasserüberhang künstlich verdampft und das Kondensat wieder der letzten Kaskadenstufe zugeführt.

Grundsätzlich muss für Kaskadenspülungen vollentsalztes Wasser verwendet werden, da sich sonst die Härte des Wassers erhöhen würde.

Einen Vergleich der Verfahren zur Spülwasserrückgewinnung enthält Tabelle 9.4.

Tabelle 9.4: Verfahren zur Spülwasserrückgewinnung

Verfahren	Vorteile	Nachteile
Ionenaustauschkreislaufverfahren	konstant gute Wasserqualität geringe Abwassermengen	viele Spülbehälter, Rückgewinnung, z. B. von Metallsalzen möglich, meist diskontinuierlich, höhere Investition, Austauscher muss entladen werden
Verdampfungsverfahren mit Kreislauf	beste Wasserqualität kein Abwasser	hoher Energiebedarf, keine Rückgewinnung von Wert- und Inhaltsstoffen
Umkehrosmose	sehr gute Wasserqualität (Permeat)	Konzentrat ist Abfall, höhere Investition, Membran empfindlich gegen Badchemikalien (z. B. Oxidationsmittel)
Kaskadenspülverfahren	Rückgewinnung geringe Abwassermengen	nur mit vollentsalztem Wasser möglich, Platzbedarf
Kombination von Kaskadenspülverfahren und Ionenaustauschkreislaufverfahren	Rückgewinnung konstant gute Wasserqualität	geringerer Platzbedarf

9.1.6 Metallrückgewinnung aus wässrigen Lösungen

NE-metallhaltige Lösungen, insbesondere aus der Galvanik, werden elektrolytisch aufgearbeitet, sodass ein Metallrecycling in marktfähiger Form möglich ist. Bei der Gewinnungselektrolyse besteht das prinzipielle Problem in der kontinuierlichen Abreicherung der Metallionen im Elektrolyt. Damit ist eine ständige Änderung der Elektrolysebedingungen verbunden. Es sind drei Zellentypen zu unterscheiden, zur Abscheidung aus:

- cyanidischen Lösungen, z. B. Ag, Cu, Zn und Messing,
- schwefelsauren Elektrolyten, z. B. Cu, Ni und
- chloridhaltigen Lösungen durch Membranelektrolyse, z. B. Cu, Ni.

Mit dieser sehr umweltfreundlichen Methode können sowohl Konzentrate als auch verdünnte Lösungen ohne Chemikalieneinsatz abgereichert werden.

9.2 Entgiftung von Abwässern

Bei der galvanischen Beschichtung ist die Verwendung cyanidischer und chromathaltiger Elektrolyte nach wie vor nicht vermeidbar. Aufgrund der hohen Giftigkeit muss ihre vollständige Beseitigung im Abwasser durch Entgiftung erfolgen. Problematisch ist zusätzlich im Falle der Hartverchromung der Einsatz von PFOS. Eine Möglichkeit zur Vermeidung von PFOS besteht z. B. in der Verwendung ionischer Flüssigkeiten der Firma IOLITEC GmbH & Co. KG, Denzlingen.

Bei der Wahl zwischen chemischen oder elektrolytischen Entgiftungs- bzw. Rückgewinnungsverfahren kommt den elektrolytischen die größere Bedeutung zu. Die Verwendung chemischer Verfahren hat fast immer den Nachteil, dass der Abwasserkreislauf und die Abluft zusätzlich belastet werden, was zu einer Erhöhung der Abwasser- und Deponiekosten führt.

9.2.1 Cyanidentgiftung

Die Giftigkeit des Cyanidions beruht auf der Bildung eines sehr stabilen Komplexes mit den Eisenionen des Hämoglobins, die dadurch ihre Fähigkeit für den Sauerstofftransport verlieren. Darüber hinaus komplexieren sie Schwermetallionen und erschweren so deren Abtrennung. Cyanidische Elektrolyte sind für die galvanischen Abscheidung, vorwiegend für Zink, Kupfer, Silber und Gold, wegen ihrer einfachen Handhabung und kalkulierbaren Galvanisierungsergebnissen unverzichtbar. Unterschiedliche Abwasserzusammensetzung und Cyanidgehalt erlauben kein universelles Entgiftungsverfahren. Das Prinzip der Cyanidentgiftung besteht bevorzugt in der Oxidation des Cyanidstickstoffes mit verschiedenen Oxidationsmitteln zu verschiedenen Oxidationsstufen.

1. Oxidation mit Natriumhypochlorit (NaOCl)

   Bei pH 10 entstehen als Endprodukte Na_2CO_3, N_2 und NaCl.

2. Oxidation mit Wasserstoffperoxid, evtl. mit UV-Unterstützung

   Es erfolgt eine direkte Oxidation bis zum Cyanat, ohne die Zwischenstufe CNCl, bei der UV-unterstützten Reaktion bis zum CO_2 und N_2.

3. Elektrolytische Oxidation

   Die anodische Oxidation zu CO_2 und N_2 arbeitet gegenüber 1. ohne Aufsalzung. Allerdings bilden sich bei hohen Chloridgehalten Chlor-Sauerstoff-Verbindungen.

Durch Zugabe von Fe(II)- und Fe(III)-Salzen zu cyanidhaltigen Abwässern bildet sich der schwerlösliche Komplex $Fe_4[Fe(CN)_6]_3$ (Berliner Blau), z. B. bei Überschuss von Fe(III)-Ionen.

9.2.2 Chromatentgiftung

Chrom in der Oxidationsstufe + 6 liegt im Abwasser als Chromation CrO_4^{2-} oder als Dichromation $Cr_2O_7^{2-}$ vor. Chrom(VI)-Ionen stammen aus Verchromungselektrolyten, Chromatierungslösungen und Eloxierelektrolyten. Die Reduktion des Chromates führt zu der um den Faktor 100 weniger giftigen Chromitstufe (+ 3). In Abhängigkeit vom pH-Wert des Abwassers erfolgt die Reduktion in der Hauptsache mit drei verschiedenen Reduktionsmitteln.

1. Im sauren Bereich mit Natriumhydrogensulfit ($NaHSO_3$)

   Es ist das am häufigsten angewandte Verfahren.

2. Im neutralen bis schwach alkalischen Bereich mit Natriumdithionit ($Na_2S_2O_4$)

   Dieses Reduktionsmittel ist verhältnismäßig teuer, führt aber zur nahezu quantitativen Reduktion des Chromates und findet Anwendung bei geringen Chromatkonzentrationen.

3. Im alkalischen Bereich mit Fe-(II)-Salzen

   Das Verfahren ist dann zu empfehlen, wenn Eisenionen gleichzeitig mit zu entfernen sind.

Eine „indirekte Entgiftung“ stellt die Entfernung der Cr(VI)-Ionen mithilfe von Ionenaustauschern dar. Damit ergibt sich die Möglichkeit der unmittelbaren Rückgewinnung des Chromates.

9.3 Organische Beschichtung und Umweltschutz

Zur Verwirklichung von ökologisch vertretbaren Wegen des Beschichtens mit organischen Polymeren ergeben sich zwei Wege:

- Minimierung oder Vermeidung der Verwendung von organischen Lösungsmitteln,
- Verminderung des Overspray und/oder
- Recycling des Overspray.

Eine Verringerung des Lösungsmittelanteils ergibt sich beim Einsatz von High-Solids-Lacken, Wasserlacken und Pulverlacken. Beträgt z. B. der Lösungsmittelanteil in Wasserlacken noch ca. 25 %, so führt die Nutzung der Pulverlacke zur lösungsmittelfreien organischen Beschichtung. Bei der Pulverlackierung entfallen darüber hinaus Anlagen zur Reinigung der Abluft. Lackschlämme, die als Sonderabfälle zu entsorgen wären, fallen nicht mehr an.

Ein weiterer Aspekt besteht im Verzicht auf schwermetallhaltige Pigmente. Cadmium und Blei finden seit Jahren keine Verwendung mehr, der Einsatz von Chrom(VI) wurde nahezu halbiert.

Der Vergleich der Spritzlackierverfahren zeigt eine Vielfalt von Möglichkeiten zur Verminderung des Overspray, die aber immer im Zusammenhang mit Pigment-, Bindemittel- und Lösungsmittelanteilen zu sehen sind. So beträgt z. B. bei einer Hochdruck-Druckluftzerstäubung der Auftragwirkungsgrad nur 40 - 50 % im Vergleich zur Airless-Zerstäubung mit bis zu 75 %. Allerdings ist die Airless-Zerstäubung nur mit nichtabrasiver Pigmentierung anwendbar.

Während bei der Anwendung von Nasslacken eine Rückgewinnung nahezu ausgeschlossen ist, lässt sich beim Pulverlackieren das vorbeigesprühte Pulver dem Kreislauf wiederzuführen.

9.4 Arbeitssicherheit

Vom Grundsatz her regelt das Arbeitssicherheitsgesetz (ArbSichG/AsiG) die Verantwortung der Betreiber technischer Anlagen. Im § 1 heißt es dazu:

„Der Arbeitgeber hat nach Maßgabe dieses Gesetzes Betriebsärzte und Fachkräfte für Arbeitssicherheit zu bestellen.

Diese sollen ihn beim Arbeitsschutz und bei der Unfallverhütung unterstützen. Damit soll erreicht werden, dass

1. *die dem Arbeitsschutz und der Unfallverhütung dienenden Vorschriften den besonderen Betriebsverhältnissen entsprechend angewandt werden,*
2. *gesicherte arbeitsmedizinische und sicherheitstechnische Erkenntnisse zur Verbesserung des Arbeitsschutzes und der Unfallverhütung verwirklicht werden können,*
3. *die dem Arbeitsschutz und der Unfallverhütung dienenden Maßnahmen einen möglichst hohen Wirkungsgrad erreichen."*

Durch die Störfallverordnung vom 2. Mai 2000 (Störfall V) sind die Pflichten der Anlagenbetreiber weiter präzisiert, wie z. B. die Definition des Betriebsbereiches und welche Angaben bei einem Störfall mindestens anzuzeigen sind, wie:

- Ausreichende Angaben zur Identifizierung der gefährlichen Stoffe oder deren Kategorie (Chemikalienkataster, VAwS),
- Menge und Aggregatzustand der gefährlichen Stoffe,
- Verwendungszweck der eingesetzten Stoffe in den Anlagen des Betreibers und
- Gegebenheiten in der unmittelbaren Umgebung eines Betriebsbereiches, die einen Störfall auslösen oder verschlimmern können (Hochwassergebiet).

Die Organisation der Arbeitssicherheit wird getragen durch die Aufgaben der Berufsgenossenschaften, die Pflichten des Unternehmers und die Pflichten der Arbeitnehmer. Darüber hinaus gelten allgemeine Forderungen, wie:

- Der Unternehmer hat für sichere Arbeitsmöglichkeiten zu sorgen.
- Der Unternehmer hat dem Arbeitnehmer den Arbeitsbereich zuzuweisen.
- Verantwortlich für die Arbeitssicherheit in einem Betrieb ist immer der Unternehmer bzw. der Arbeitgeber.
- Die Arbeitnehmer sind verpflichtet diese Möglichkeiten zu nutzen und alle Arbeitsschutzmaßnahmen zu unterstützen.
- Arbeitgeber und Arbeitnehmer sind gemeinsam an der Realisierung der Arbeitssicherheitsmaßnahmen beteiligt.

Neben der Hauptaufgabe, der Verhinderung von Unfällen besteht die Aufgabe der Berufsgenossenschaft, den infolge eines Unfalles entstandenen Personenschaden zu regulieren und zu minimieren. Hierzu werden alle zugänglichen Informationen über Unfälle gesammelt und ausgewertet, was u. a. zur Verbesserung von Schutzmaßnahmen führt.

Beim Umgang mit Gefahrstoffen hat der Arbeitgeber Maßnahmen zu treffen, die dem Schutz der Gesundheit, des Lebens und der Umwelt dienen. Dazu kann z. B. eine sogenannte Arbeitsbereichsanalyse nach TRGs 402 *„Ermittlung und Beurteilung der Konzentrationen gefährlicher Stoffe in der Luft in Arbeitsbereichen“* durchgeführt werden.

Der Arbeitgeber muss entsprechende Betriebsanweisungen erstellen, in denen die beim Umgang mit Gefahrstoffen auftretenden Gefährdungen sowie erforderliche Schutzmaßnahmen und Verhaltensregeln festgelegt werden und die sachgerechte Entsorgung der Abfälle geregelt ist (TRGs 555).

Die aufgeführten Aspekte des Umweltschutzes und der Arbeitssicherheit auf dem Gebiet der Oberflächentechnik zeigen einerseits das hohe „Gefährdungspotenzial“, das vielen Verfahren der Schichtbildung und Schichtumwandlung innewohnt; andererseits existiert auf Basis jahrzehntelanger Forschungs- und Entwicklungsarbeit in Deutschland ein gleichermaßen großes „Schutzpotential“.

Als besonderer Schwerpunkt lässt sich aus heutiger Sicht die Erzielung des Einklangs zwischen Ökologie und Ökonomie für die langfristige Strategie erkennen. Das im Kreislaufwirtschafts- und Abfallgesetz formulierte Ziel: *„Vermeiden, Vermindern, Verwerten“* gibt auch die weiteren Entwicklungsaufgaben für die Oberflächentechnik vor. Dabei kommt dem Vermeiden die höchste Priorität zu. Es sollte aber immer bedacht werden, dass jedes Verwerten eine „end of pipe“-Technik ist, die die relative Entlastung der Umwelt mit wirtschaftlichem Aufwand und teilweiser neuer Belastung der Umwelt erkauft.

Zusammenfassung

Arbeitsicherheit und Umweltbelastung

- In allen Verfahren der Oberflächentechnik sind Aspekte des Umweltschutzes integriert, sowohl technologisch als auch ökonomisch. Das betrifft:
  - Energieeffizienz,
  - Regenerierung und Entsorgung von Reinigungs- und Entfettungslösungen, Beizmitteln sowie Neutralisierlösungen,
  - Rückgewinnung von Spülwässern und Metallsalzen.
- Cyanidische- und chrom-VI-haltige-Elektrolyte müssen nach Verbrauch vollständig entgiftet werden. Problematisch ist der Einsatz von PFOS bei der Hartverchromung.
- Methoden zur Vermeidung der Umweltbelastung bei der Beschichtung mit organischen Polymeren sind:
  - Minimierung der Verwendung organischer Lösungsmittel,
  - Verminderung des Overspray bzw. Recycling und
  - Verfahren des Pulverlackierens.
- Die Erzielung des Einklangs zwischen Belastung der Umwelt, den Verfahrenskosten und der Energieeffizienz ist die Strategie bei der Anwendung vorhandener Beschichtungsverfahren sowie auch bei der Entwicklung neuer.

Literatur

BISCHOF, H.; PÖTSCHKE, U.; SPERL, B.: *Technischer und medizinischer Arbeitsschutz in Betrieben der galvanotechnischen Oberflächentechnik*, Galvanotechnik, 94 (2003) 12, S. 2946 - 2950

CHRISTOSKOVA, ST.; STOJANOVA, M.: *Die Cyanide als ökologisches Problem und effektive Methoden zu deren Entgiftung*, Galvanotechnik, 94 (2003) 11, S. 2835 - 2843

Firmenschrift USF GÜTLING, *Recycling und Abwassertechnik in der Metallindustrie*, 2000

FISCHWASSER, K.; LIEBER, H.-W.; SCHMID, E.; SCHWARZ, R.: *Stoffkreislaufschließung bei abtragenden Verfahren*, Metalloberfläche (1997) 9, S. 652 - 658

GIEBLER, E.; HAUSER, S.; NEUMANN, K.-H.; REICH, A.: *Effektive Methode zur Untersuchung von Spritzspülprozessen*, Galvanotechnik, 95 (2004) 1, S. 214 - 221

GÜLBAS, M.: *Recyclingverfahren und -anlagen in der Oberflächenbehandlung und metallbearbeitenden Industrie*, Galvanotechnik, Teil 1, 94 (2003) 4, S. 961 - 968, Teil 2, 94 (2003) 5, S. 1263 - 1268, Teil 3, 94 (2003) 8, Teil 4, 94 (2003) 10, S. 2564 - 2568

HARTINGER, L.: *Handbuch der Abwasser- und Recyclingtechnik*, Carl Hanser Verlag, München Wien, 2. Auflage, 1991

KÄSZMANN, H.: *Herausforderung REACH am Beispiel Chrom*, ZVO-Report Ausgabe 2, März 2013, S. 18 - 19

KIMMERL, P.; LAMPARDER, L.: *Umweltgerechte Galvanotechnik*, Metalloberfläche (1998) 4, Sonderdruck

KUNZ, P. M.: *Behandlung flüssiger Abfälle*, Vogel Buchverlag Würzburg, 1995

LOHMEYER, S.: *Wassernutzung und Abwasserreinigung in Betrieb und Kommune*, Expert Verlag Böblingen, 1993

LUTZ, W.: *Entsorgung der Metallhydroxidschlämme in Galvaniken*, Galvanotechnik, 92 (2001) 9, S. 2528 - 2533

LUTZ, W.: *Betrachtung zu Energiespar- und Umweltschutzmaßnahmen sowie der Betriebssicherheit der entsprechenden Anlagen*, Galvanotechnik, 93 (2002) 7, S. 1867 - 1868

METZNER, M.: *Recyclingtechnologien für die wässrige Vorbehandlung*, Metalloberfläche (1999) 6, S. 14 - 17

MÖBIUS, A.; FUHRMANN, A.; PIES, P. jun.: *Entmetallisieren*, Teil 1, Metalloberfläche (1997) 9, S. 659 - 666

MÜLLER, N.: *Lagern wassergefährdender Stoffe*, Galvanotechnik, 94 (2003) 7, S. 1756 - 1761

ONDRATSCHEK, D.: *Abfallvermeidung in industriellen Lackierbetrieben*, Metalloberfläche (1997) 9, S. 516 - 520

ROLL, J.: *Entsorgungstechnik Chemie und Verfahren*, Wiley-VCH Weinheim, New York, Basel, Cambridge, Tokyo, 1996

SCHULZ, TH.; CZESKA, B.: *Verfahrensgerechter Einsatz von Verdampfern*, Metalloberfläche, (1997) 3, S. 174 - 178

SIGG, L.; STUMM, W.: *Aquatische Chemie*, B. G. Teubner Verlag Stuttgart, 1994

SÖRENSEN, M.; WECKENMANN, J.: *Enviolet - moderne Entgiftung von Abwässern und Elektrolyten aus dem Bereich chemisch Nickel*, Galvanotechnik, 93 (2002) 4, S. 1099 - 1104

STOTTROP, J.: *Ver- und Entsorger*, Verlag TÜV Rheinland GmbH Köln, 1991

SÜSS, M.: *Externe Entsorgung galvanischer Abwässer*, Metalloberfläche (1996) 12, Sonderdruck

SÜSS, M.: *Verringerung von Stoffverlusten bei der chemischen und elektrochemischen Oberflächenbehandlung - Leitfaden zur Abfallverwertung*, Galvanotechnik, Teil 1, 94 (2003) 6, S. 1363 - 1373, Teil 2, 94 (2003) 7, S. 1620 - 1630, Teil 3, 94 (2003) 8, S. 1879 - 1887, Teil 4, 94 (2003) 9, S. 2152 - 2160, Teil 5, 94 (2003) 10, S. 2433 - 2442, Teil 6, 94 (2003) 11, S. 2696 - 2701, Teil 7, 94 (2003) 12, S. 2973 - 2979, Teil 8, 95 (2004) 1, S. 79 - 84

SUTTER, H. (Hrsg.): *Vermeidung und Verwertung von Abfällen*, EF-Verlag für Energie- und Umwelttechnik GmbH Berlin, 1989

THIELE, W.; WILDNER, K.; HEINZE, G.: *Innovative Elektrolysetechnik - nicht nur zur effektiveren Rückgewinnung von Metallen aus Prozesslösungen und Abwässern*, Galvanotechnik, 93 (2002) 8, S. 1983 - 1991

Verordnung zur Durchführung des Bundes-Immissionsschutzgesetzes (31. BImSchV), 21. August 2001

WINGER, R.: *Overspray-Kreislaufführung*, Metalloberfläche (1998) 10, S. 813 - 814

WINKEL, P.: *Abfallaufkommen bleibt existenzielles Problem*, Galvanotechnik, Teil 1, 94 (2003) 5, S. 1103 - 1113, Teil 2, 94 (2003) 6, S. 1527 - 1539

WINKEL, P.: *Die zwei Seiten der Qualität und des Umweltschutzes*, Galvanotechnik, 94 (2003) 4, S. 970 - 981

WINKEL, P.: *Gesundheitsgefahren und Grenzwerte*, Galvanotechnik, 94 (2003) 11, S. 2844 - 2855

Übergreifende Literatur

ASSMANN, K.; GAIDA, B.: *Technologie der Galvanotechnik,* Eugen G. Leuze Verlag Saulgau, 1996

ATKINS, P. W.; de PAULA, J.: *Physikalische Chemie,* Wiley-VCH Weinheim, 5. Auflage 2013

AWISZUS, B.; BAST, J.; DÜRR, H.; MATTHES, K.-J.: *Grundlagen der Fertigungstechnik,* Fachbuchverlag Leipzig im Carl Hanser Verlag, 5. Auflage, 2012

BACH, F.-W.; MÖHWALD, K. u. a. (Hrsg.): *Moderne Beschichtungsverfahren,* Wiley-VCH, Weinheim, 2005

BODE, E.: *Funktionelle Schichten,* Hoppenstedt Technik Tabellen Verlag 1989

COWIE, J. M. G.: *Chemie und Physik der synthetischen Polymeren,* Vieweg Lehrbuch, 1997

HOFMANN, H.; SPINDLER, J.: *Werkstoffe in der Elektrotechnik,* Fachbuchverlag Leipzig im Carl Hanser Verlag, 7. Auflage, 2013

HOLZE, R.: *Leitfaden der Elektrochemie,* B. G. Teubner, Stuttgart Leipzig, 1998

KAISER, W.: *Kunststoffchemie für Ingenieure,* Carl Hanser Verlag München Wien, 2006

KANANI, N.: *Galvanotechnik,* Carl Hanser Verlag München Wien, 2. Auflage, 2009

KITTEL, H.: *Lehrbuch der Lacke und Beschichtungen,* Band 1 – 3, S. Hirzel Verlag Stuttgart – Leipzig, 2. Auflage, 1998

LEUZE, H.; JELINEK, T. W.; EUGEN, G. (Hrsg.): *Praktische Galvanotechnik,* Leuze Verlag Saulgau/Württ., 4. Auflage, unveränderter Nachdruck 1988

MÜLLER, K. P.: *Praktische Oberflächentechnik,* Vieweg Verlag Braunschweig/Wiesbaden, 3. Auflage, 2002

RUF, I.: *Organischer Metallschutz,* Vincentz Verlag Hannover, 1993

WESTKÄMPER, E.; WARNECKE, H. J.: *Einführung in die Fertigungstechnik,* Teubner Stuttgart Leipzig Wiesbaden, 5. Auflage, 2002

Bildnachweis

Fotografische Aufnahmen, metallografische (Andras Eysert) und REM-Aufnahmen (Enrico Gehrke) fertigten Mitarbeiter der Fachgruppe Werkstofftechnik an der Hochschule Mittweida an. Die zahlreichen Zeichnungen wurden durch die Autoren überarbeitet und teilweise neu gestaltet.

Darüber hinaus konnten wir weiteres Bildmaterial nutzen. Die Autoren bedanken sich für die Erlaubnis, nachfolgende Bilder verwenden zu dürfen:

Bild Nr.	Titel	Urheber
2.3	Gitterfehler	SCHREIBER, E.: VDI-Berichte Nr. 256, VDI-Verlag Düsseldorf, 1976
2.10 (oben)	Teilkristallinität in Thermoplasten	http://www.polymerservice-merseburg.de
4.19 (1 u. 2)	Galvanikanlage Atotech DynaPlus®,	Atotech, Berlin
4.40	Aufbau einer Fe-Zn-Legierungs-schicht	Institut für Korrosionsschutz Dresden
4.41	Lichtmikroskopische Aufnahme	Institut für Korrosionsschutz Dresden
4.43	Feuerverzinkungsschicht an einer Kante	Institut für Korrosionsschutz Dresden
4.52	Sprengplattierte Auflage	KÖGEL, H.: Dissertation, BA Freiberg, 1969
5.11	Kleinteile für KTL-Beschichtung	Dur.Metall GmbH und Co KG, Oelde
5.12	Automobilkarosserie in einer KTL-Anlage	Volkswagen Sachsen GmbH, Sitz: Zwickau
7.8	Belichter (Printer)	Eurocircuits GmbH
7.19	Plasmageätzte Mikrostruktur	FH Vorarlberg/FZMT (A)
7.21	Durch Ätztechnik hergestellter Leadframe	Precision Micro Ltd.
7.26	Micro Harmonic Drive Getriebe	Micromotion GmbH, Karlsruhe

Sachwortverzeichnis

A

B

C

D

E

M

O

T

V

Z